# 无机化学实验

主　编　古映莹　郭丽萍
副主编　王明文　阎建辉　刘志国
主　审　蔡铁军

科学出版社

北　京

# 内 容 简 介

本书包括无机化学实验的基础知识、无机化学实验的基本仪器与操作技术、化学原理及其相关理化性质的测定、元素化学性质实验、无机化合物的制备与表征 5 章，共 47 个实验项目。本书对无机化学实验的学习方法和基本仪器与操作做了系统介绍，对无机化学原理与理化性质的测定关系、元素性质实验及其与定性分析的融合、无机制备的方法等进行了简要阐述，并结合生产、科研实际增加了综合设计型和研究创新型实验内容。

本书可作为高等院校化学、化工、制药、矿物、材料、冶金、环境、生物工程与技术、药学、临床医学八年制、轻工、食品等专业的无机化学实验教材，也可供从事化学实验室工作的人员参考。

**图书在版编目(CIP)数据**

无机化学实验/古映莹，郭丽萍主编. —北京：科学出版社，2013.9

ISBN 978-7-03-038691-5

Ⅰ.①无…　Ⅱ.①古…②郭…　Ⅲ.①无机化学-化学实验-高等学校-教材　Ⅳ.①O61-33

中国版本图书馆 CIP 数据核字(2013)第 227354 号

责任编辑：陈雅娟／责任校对：陈玉凤
责任印制：张　伟／封面设计：迷底书装

科 学 出 版 社 出版
北京东黄城根北街 16 号
邮政编码：100717
http://www.sciencep.com

**北京虎彩文化传播有限公司** 印刷
科学出版社发行　各地新华书店经销
*

2013 年 9 月第 一 版　　开本：787×1092　1/16
2023 年 6 月第七次印刷　　印张：17 1/2
字数：445 000

**定价：45.00 元**
(如有印装质量问题，我社负责调换)

# 前　言

化学是一门以实验为基础的科学。无机化学实验的主要任务是通过实验教学,使学生不仅掌握无机化学的基础知识、基本理论和基本技能,更注重培养观察、归纳、判断、表达能力以及实事求是的科学态度、严谨扎实的工作作风,培养创新意识和分析问题与解决问题的能力。

实验教学是化学教育不可或缺的重要环节,对化学及其相关专业创新人才培养具有化学理论教学无可替代的作用。创新是第一动力,改革与创新是化学实验教学与时俱进、充满活力的源泉。如何在化学教学中既保持实验教学的系统性和相对独立性,又做到与理论教学的合理衔接,并及时反映化学实验研究的新进展,是化学实验课程改革中的重要问题。

本书由中南大学、武汉理工大学、北京科技大学、湖南工业大学、湖南理工学院五校合编,中南大学、武汉理工大学为主编单位。本书的编写历经长沙、沈阳多次会议,凝聚了参编高校各位教师的教学经验和科研心得,是集体智慧的结晶。在本书编写过程中,充分吸收和结合了各高校在无机化学理论和实验课程改革中所取得的成果,力求反映各校的专业特色,所选实验项目涵盖"基本型"、"综合设计型"和"研究创新型"三大类型,环环相扣,由浅入深,充分体现了化学实验教学"思维训练"和"技能训练"的两大功能。本书在实验内容上不再是单一的验证型实验(即使是元素性质的一些验证型实验,也更加注重实验项目的系统性和完整性),而是在保证必要的基础实验、注重学生基础知识和基本操作训练的基础上,增大了如配合物、无机制备等综合设计型实验内容的比例和难度,引入了模拟科学研究真实情景的研究创新型实验,真正使化学基础实验课程成为一门综合能力训练的课程。另外,本书在加强无机制备产品的表征手段、实验的绿色化(如有害试剂的替换、试剂用量的微型化等)和有安全性保障的开放性实验项目的设置等方面也做了有益的尝试。

本书的编排实行"方法论"统帅下的实验教学体系模块化结构,即把全书分为多个实验方法模块,在介绍实验基本方法和原理的基础上,对每个实验方法模块安排多个可供选择的实验项目。这样有利于本书的使用,即通过选择不同实验项目,或者对同一个实验项目选做不同的实验内容,可满足不同高校、不同专业、不同课时的要求。

本书由古映莹、郭丽萍教授担任主编,并负责全书的统稿;王明文、阎建辉、刘志国担任副主编;湖南科技大学蔡铁军教授担任主审;王一凡参与统稿并负责编写中的联络协调。王一凡、古映莹和郭丽萍承担了全书的校稿。编写分工如下(以各章中编者姓名出现的先后为序,编者具体编写内容以教材正文内的落款为准):第1章中南大学王一凡、易小艺;第2章中南大学张寿春、刘绍乾、周建良,武汉理工大学杜小弟、郭丽萍、程淑玉、彭善堂;第3章中南大学王一凡,湖南理工学院张丽、阎建辉,武汉理工大学杨静、郭丽萍、童辉,北京科技大学王明文,中南大学周建良、刘绍乾、张寿春,湖南工业大学王湘英、刘志国;第4章北京科技大学王明文;第5章中南大学古映莹、王曼娟、颜军、易小艺,武汉理工大学杨静、郭丽萍。

湖南科技大学蔡铁军教授在审稿过程中提出了许多建设性意见。此外,本书的编写还得到中南大学化学化工学院、参加无机化学系列教材讨论会的兄弟院校很多领导和老师的关心和支持,在此表示诚挚的谢意!

由于编者学识有限,加之时间仓促,书中错误在所难免,欢迎读者批评指正。

编 者

2023 年 6 月

# 目　　录

# 第1章　无机化学实验的基础知识

## 1.1　无机化学实验的目的和要求

### 1.1.1　无机化学实验的目的

作为 21 世纪的中心科学,化学在人类社会可持续发展的战略中扮演着重要的角色,同时也面临着巨大的挑战。要解决可持续发展中的种种化学问题,需要我们以全新的观念、思路和方式去学习化学。

实验性是化学学科的主要特征之一。一部化学史充分地证明了现存的化学原理和学说几乎都是在实验数据的基础上建立的。也就是说,化学学科的任何一项重大突破,无一例外都是化学实验的结果。即使在化学发展到理论与实践并重的今天,化学实验仍然是化学学科发展的基石。因此,在实验中学习化学,无疑是最有效和最重要的化学学习方法之一。

目前,人们不仅能够通过实验研究地球重力场作用下发生的化学过程,而且已开始通过实验系统研究物质在磁场、电场、光能、力能和声能等作用下的化学反应,还有在高温、高压、高纯、高真空、无氧、无水、太空失重、强辐射以及这些条件组合下的化学反应。化学实验水平的不断提升,将进一步促进化学与其他学科的相互交叉和融合,也必将使化学为人类社会的发展创造更多新的奇迹。

无机化学实验的目的如下:

(1) 在理论课堂中所获得的基本概念、重要理论和元素性质等通过实验得到验证、巩固、拓宽和提高。

(2) 正确地掌握实验操作的基本技能和常见精密仪器的使用方法。

(3) 通过独立准备与设计实验,细致观察与记录实验现象,分析和归纳实验结果,正确处理实验数据和作出科学的结论等环节,初步了解科学研究的基本方法,从而培养独立思考和勇于实践的工作能力。

(4) 培养严谨的科学态度,实事求是的工作作风,准确、细致、整洁的工作习惯,创新的意识和环保的观念,为学习其他课程和今后从事与化学相关领域的科研和生产打下坚实的基础。

### 1.1.2　无机化学实验守则

(1) 实验前认真预习、领会实验的目的和原理,熟悉实验步骤和注意事项,做到心中有数,有条不紊地做好实验;预习时,根据实验内容写好预习报告,设计好表格,查好有关数据,以便实验过程中及时、准确地记录现象和数据。

(2) 进入实验室后,一切要听从指导教师安排,特别是注意遵守实验室的安全要求,如未经教师指点,不要任意扭动仪器旋钮、开关等。

(3) 实验开始前先清点仪器设备,如发现缺损,应事先报告教师并补领。实验中如有仪器破损,应及时报告并按规定手续换取新仪器和按章赔偿,未经教师同意,不得挪用其他同学的仪器。

(4) 实验时应保持肃静,集中精力,严格按照教师示范的基本操作要领进行操作,仔细观察和及时记录实验现象和数据,并运用所学理论知识积极思考,得出实验结论或解释实验现象。

(5) 实验时应保持实验室和实验台面的整洁。实验中的废弃物应倒入废液缸中,严禁投入或倒入水槽内,以防水槽和下水管堵塞或腐蚀。

(6) 实验时要爱护国家财产,注意节约水、电、试剂。按照规定的方法取用试剂。使用精密仪器时必须严格按照操作规程,如发现仪器有故障,应立即停止使用,并及时报告。

(7) 实验室内的一切物品(仪器、试剂和产品)均不得带出实验室。

(8) 实验完毕,实验原始记录须经教师签字认可。若无需补做,才能将玻璃仪器洗涤干净,放回原处,并整理自己的台面,做好个人卫生。每次实验由学生轮流当值日生,值日生职责如下:整理公用仪器和试剂,打扫实验室卫生,清倒废物,关好水、电、门、窗。

(9) 认真撰写和按时上交实验报告,报告的条目和格式应符合要求,对于实验现象和可能存在的问题要进行深入的讨论。

### 1.1.3 无机化学实验课程的重要环节

1. 实验预习

实验预习归纳起来是看、查、写、测四个字。

(1) 看:认真阅读实验教材和理论教材的有关内容。预习时应解决以下几个问题:明确实验目的和要求,懂得实验的基本原理和操作方法,熟悉实验步骤,预测实验现象,找出实验关键,解答相应的思考题。

(2) 查:通过查阅本书附录、有关手册以及与本次实验相关的教材内容或文献,了解实验中要用到的或可能出现的基本原理、化学物质的性质和有关理化常数。

(3) 写:在看和查的基础上认真书写预习报告。其内容包括:找出本实验的重点、难点和实验成败的关键,要做的步骤,要看的结果,要注意的事项。

(4) 测:预习完毕,有条件的话,通过网上实验预习测试系统验证预习效果。

2. 基本操作

基本操作包括玻璃仪器的操作和精密仪器的操作规程,是化学实验技能的重要体现。教材对基本操作有图文描述,教师在实验课中也会示范,学生应仔细观察教师强调的动作要领(这些要领往往是基本操作考试的计分点)。

例如"移液管洗涤与使用"操作,若要求学生取 25.00mL 一定浓度的 HCl 溶液于锥形瓶中,其动作要领为:①移液管润洗程序、次数和手法;②吸液时,左手持洗耳球,管尖伸入试剂瓶内液体中部,不能吸空;③放液至刻度的方法(右手食指控制管口、管垂直、管尖停靠试剂瓶内壁、平视);④管尖停靠试剂瓶内壁约 15s;⑤放液至锥形瓶的方法(双手垂下放松、管垂直、管尖靠锥形瓶内壁);⑥液面放至管尖后,管尖停靠锥形瓶内壁约 15s,再左右旋动即可。

3. 实验原始记录

原始记录是第一手资料,不许誊写和用铅笔书写,数据不得涂改,要求如下:

(1) 记录每一步操作所观察到的现象,如溶液颜色变化、有无气体或沉淀产生、是否放热等,气体的颜色、沉淀的颜色和形状。

(2) 记录实验中测得的各种数据,如质量、体积、吸光度、pH、旋光度、熔点、沸点、蒸气压、真空度等。

(3) 记录产品的色泽、晶形等。

(4) 实验步骤中的内容可用符号简化,如"加"用"+"表示,加热用"△"表示,沉淀用"↓"表示,气体逸出用"↑"表示,滴数用"d"表示,化合物仅写分子式,仪器以图示代之等。

(5) 实验操作中的失误也应记录。

4. 实验报告

实验结束只能说科学研究工作完成了一半,当论文撰写完毕时才算最终完成。论文撰写是感性认识上升到理性认识、综合运用上升到创新思维的过程,其基础是实验报告。因此,实验报告是科学训练的重要环节,要求内容翔实、条理清楚、简明扼要。实验报告一般应包括下列几个部分:

(1) 实验目的。实验目的是要明确为什么进行实验,应掌握哪些原理和基本操作。

(2) 实验原理。文字叙述或图表要简单明了,写出主要反应的方程式。

(3) 实验试剂与仪器。写出主要的试剂和仪器,包括规格、型号和编号。

(4) 实验步骤。尽量用简图、表格、框图、化学式、符号等形式清晰地表示实验步骤。

(5) 实验现象与原始记录。注意应将教师签字的实验原始记录卡贴在报告里。

(6) 数据处理。这是对整个实验记录的处理。根据原始记录,将观察到的现象和测得的原始数据重新整理(最好列表,表格要精心设计,使其易于显示数据或现象的变化规律及其与参数之间的相互关系)后写入报告中。对于定量实验,按照误差分析要求进行数据处理;对于合成或提纯实验,应计算产率或回收率。

(7) 实验结果。实验结果是整个实验的成果。对于定量实验,其结果应列出表格与图,并作必要的说明。对于定性和合成实验,其结果主要描述、分析和解释实验现象,如产物的形态、颜色或气味、产量等,并尽量写出对应的化学反应方程式。

(8) 实验讨论或结论。讨论是对影响实验的主要因素、异常现象或异常数据以及实验结果与理论值产生差异的原因进行解释,同时,可对实验方法及装置提出改进建议。结论是根据讨论对实验结果用明确、肯定的语言作出的最后判断。

无机化学实验报告的形式可以多种多样,但归结起来主要有定性实验和合成提纯实验两种。定性实验常用表格形式表示(具体例子参见第 4 章 4.2.3 表 4-1),主要包括步骤、现象、反应式、解释或结论等栏目;合成提纯实验报告常用到流程图形式,如"氯化钠提纯"报告中实验步骤的流程图,见图 1-1:

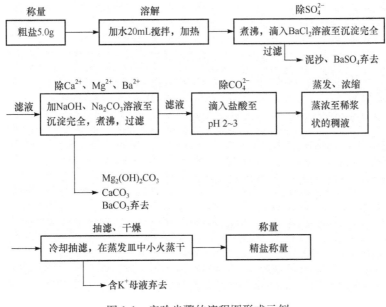

图 1-1　实验步骤的流程图形式示例

5. 文献查阅

1) 工具书

(1) *Lange's Handbook of Chemistry*(兰氏化学手册)。第 1～10 版由 N. A. Lange 主持编纂,原名《化学手册》。N. A. Lange 逝世后,从第 11 版开始至第 15 版由 J. A. Dean 任主编,并更为现名,以纪念 N. A. Lange。最新版第 16 版于 2004 年 12 月发行,由 J. G. Speight 任主编。全书英文版共 1600 余页,分 11 部分,内容包括有机化合物,通用数据,换算表和数学,无机化合物,原子、自由基和键的性质,物理性质,热力学性质,光谱学,电解质、电动势和化学平衡,物理化学关系,聚合物、橡胶、脂肪、油和蜡及实用实验室资料等。该书所列数据和命名原则均取自国际纯粹与应用化学联合会最新数据和规定。

(2)《分析化学手册》(第二版,化学工业出版社)。全套书由 10 个分册构成:《基础知识与安全知识》、《化学分析》、《光谱分析》、《电分析化学》、《气相色谱分析》、《液相色谱分析》、《核磁共振波谱分析》、《热分析》、《质谱分析》和《化学计量学》。该手册注意贯彻国家标准《量和单位》的基本原则,注重所用单位与有关国标规定的一致性;在取材上突出实用性,注重基础知识、基础数据与分析技术的最新进展内容;在内容上注重科学性与准确性;在编排上强调系统性与查阅方便。

(3) *CRC Handbook of Chemistry and Physics*(CRC 化学与物理手册)(90th ed, D. R. Lide,2010)。该手册分为基本常数、单位和换算因子,符号、术语和命名法,无机化合物物理常数(给出近 3000 种元素和无机化合物的一些主要性质和数据),有机化合物物理常数(收集了 10000 多种有机化合物的熔点、沸点、密度、折射率数据和在不同溶剂中的溶解性能),化学物质的标准热力学性质表(包括标准摩尔生成热、标准摩尔吉布斯自由能、标准摩尔熵和等压摩尔热容),流体的性质(包括水的一些性质,气体的范德华常量、临界常数、蒸气压等),分析化学(主要有无机物测定用有机分析试剂,酸和碱的解离常数,水溶液的性质等),分子结构和光谱(包括键长,化学键强度,偶极矩,电负性等),固体的性质(主要有晶体的对称性及晶体的其他性质,金属及合金的性质等),实验室常用数据(包括常用实验室溶剂及其性质,压力对沸点的影响,沸点升高常数,凝固点降低常数),索引等 20 个部分。

2) 化学相关网址

(1) 网上化学课程。

大学化学实验 CAI http://chemlabs. nju. edu. cn/lab/

美国德克萨斯大学网上课程 http://www. utexas. edu/world/lecture

(2) 化学数据库。

汤森路透科学数据库 http://thomsonreuters. com/web-of-science/

万方数据库 http://db. sti. ac. cn

科学数据库 http://www. sdb. ac. cn

美国国家标准与技术研究院(NIST)物性数据库 http://webbook. nist. gov/chemistry

(3) 信息资源。

中国期刊网 http://chinajournal. net. cn/

美国化学与工程新闻 http://cen. acs. org/index. html

化学学科信息门户 http://chin. csdl. ac. cn/

化工引擎 http://www. chemyq. com/index. htm

Google 学术搜索 http://scholar. google. com. hk/

美国化学会化学文摘(CAS)http://www.cas.org

Sigma 公司 http://www.sigmaaldrich.com

### 1.1.4　实验数据的处理方法

#### 1. 实验数据与有效数字

**1) 有效数字的定义**

要想获得准确的实验数据,不仅需要准确测量,还需要正确记录与计算。正确记录是指记录数字的位数,数字的位数反映测量的准确程度。所谓有效数字就是实际上能够测量得到的数字。

有效数字包括可靠数字和可疑数字。有效数字的位数是由分析方法和仪器准确度决定的,其最末位的数字称为可疑数字,可疑数字前面的所有数字都是可靠数字。过多或过少地使用有效数字都会对分析结果的准确度产生误解。

例如,用最小刻度为 1mL 的量筒测量出液体的体积为 10.3mL,其有效数字是三位,其中 10 直接由量筒的刻度读出,为可靠数字,而 0.3 则是用肉眼估计的,它不太准确,是可疑数字。又如,在台秤上称量某物体的质量为 5.6g,其有效数字是两位,由仪器制造精度所限,台秤只能称准到 0.1g,故该物体的质量为 5.6g±0.1g,即使在游码上可以读出 5.62g。再如,万分之一分析天平可以称准到 0.0001g,在分析天平上称量某物体的质量为 5.6000g,表示该物体质量为 5.6000g±0.0001g,其有效数字是五位,即便分析天平的读数可达小数点后 5 位。

值得指出的是,"0"在数字中有时是有效数字,有时不是。这与"0"在数字中的位置有关。

(1) "0"在数字前,仅起定位作用,不是有效数字。因为"0"与所取的单位有关。例如体积记为 0.0025L 与 2.5mL 准确度完全相同,两者都是两位有效数字。

(2) "0"在数字的中间或在小数的数字后面,则是有效数字。例如 2.05、0.200、0.250 都是三位有效数字。

(3) 以"0"结尾的正整数,它的有效数字的位数不确定。例如 25000,这种数应根据实际有效数字情况改写成指数形式。如果为两位有效数字,则改写成 $2.5 \times 10^4$;如果为三位有效数字,则写成 $2.50 \times 10^4$。

**2) 有效数字的运算规则**

数据处理时,经常遇到一些有效数字位数不相同的数据,必须按一定规则进行计算,减少错误,使之符合准确度的实际情况。

(1) 加减运算。加减运算后,各个数值绝对误差传递,所得结果的有效数字位数应与各原数中小数点后的位数最少者相同。例如

$$0.254 + 21.2 + 1.23 = 22.7$$

21.2 是三个数中小数点后位数最少者,该数有 ±0.1 的误差,因此运算结果只保留到小数点后第一位。这几个数相加的结果不是 22.684,而是 22.7。

(2) 乘除运算。乘除运算后,各个数值相对误差传递,所得结果的有效数字位数应与原数中有效数字位数最少的相同,而与小数点的位置无关。例如

$$2.3 \times 0.524 = 1.2$$

其中 2.3 的有效数字位数最少,因此,结果应保留两位有效数字。

(3) 对数运算。对数的有效数字位数仅由尾数的位数决定,而且尾数部分的所有"0"都为有效数字。首数只起定位作用,代表该数的方次,不是有效数字。对数运算时,对数尾数的位

数应与相应真数的有效数字位数相同。例如，$c(H^+) = 1.8 \times 10^{-5} mol \cdot L^{-1}$，它有两位有效数字，所以，$pH = -lg c(H^+) = 4.74$，其中首数"4"不是有效数字，尾数"74"是两位有效数字，与 $c(H^+)$ 的有效数字位数相同。又如，由 pH 计算 $c(H^+)$ 时，当 $pH = 2.72$，则 $c(H^+) = 1.9 \times 10^{-3} mol \cdot L^{-1}$，不能写成 $c(H^+) = 1.91 \times 10^{-3} mol \cdot L^{-1}$。

3) 有效数字的修约规则

数据处理时，常遇到一些准确度不同即有效数字位数不同的数字，每一个测量值的误差都要传递到结果里面去，对于这些数据，必须按一定规则修约。当有效数字位数确定后，多余的尾数应弃去。有效数字的修约一般应遵循"四舍六入五留双"的规则：

当尾数≤4时，舍去；当尾数≥6时，进位；当尾数=5时，5后面有非0数时，进位；当尾数=5时，5后面为0时，若5的前位数为奇数，则进位，若5的前位数为偶数，则舍去。

在确定有效数字位数时，还应注意化学计算中常会遇到表示分数或倍数的数字，不是测量所得数字，称为非测量数，其有效数字位数可视为无限。误差表示时，如准确度和精密度在多数情况下只取1～2位有效数字，最多不超过两位。此外，用计算器计算时，只对最后的结果进行修约。

2. 实验结果的误差分析

由于分析方法、测量仪器、试剂和分析人员主客观因素等方面的原因，实验结果的测量值与真实值不可能完全一致。分析结果与真实值之差称为误差(error)。误差是客观存在的，只可能尽量减小，不可能完全消除。依据产生的原因不同，误差可分为系统误差和偶然误差两大类。

1) 系统误差与偶然误差

(1) 系统误差(systematic error)又称可测误差，是由某种固定、经常性原因引起的具有单向性和重复性的误差，其大小、正负可重复显示，并可测量。系统误差影响分析结果准确度，它可以通过校正减小或消除。

系统误差的产生可由分析方法本身原因引起，如重量分析中沉淀的溶解损失、滴定分析中反应不完全等；也可由仪器不够精密引起，如容量器皿刻度不准确、砝码质量不符等；还可由分析人员操作技术与正确操作技术之间的差别引起，如分析人员辨别颜色偏深、读取刻度数偏高等均会引起实验分析结果偏高或偏低。

(2) 偶然误差(accidental error)又称随机误差，是由一些偶然原因引起的误差，其大小、正负不定，不能重复显示。引起原因可能是测量时外界温度、湿度、气压、放置时间等微小的变化。偶然误差影响分析结果的精确度和准确度。很难找到定量的影响因素，它不能通过校正的方法减小或消除，但可以通过增加测定次数、用数理统计方法处理分析结果以减小。

(3) 过失(fault)是工作中的差错，是由操作者违反规程而造成，如加错试剂、读错刻度，此数据应在处理分析结果前舍去。

2) 误差的表示方法

(1) 误差与准确度。准确度(accuracy)是指测量值与真实值接近的程度。测量值与真值越接近，测量越准确。误差是衡量测量准确度高低的尺度，有绝对误差(absolute error)和相对误差(relative error)两种表示方法。

绝对误差是测量值与真值之差。若以 $x_i$ 代表单次测量值，以 $x_t$ 代表真值，则绝对误差 $E$ 为

$$E = x_i - x_t \tag{1-1}$$

　　绝对误差以测量值的单位为单位,误差可正可负。误差的绝对值越小,测量值越接近于真值,测量的准确度就越高。

　　相对误差 RE 是绝对误差 $E$ 与真值 $x_t$ 的比值,表示如下:

$$RE = \frac{E}{x_t} \times 100\% \tag{1-2}$$

　　相对误差反映了误差在测量结果中所占的比例,它同样可正可负,但无单位。在比较各种情况下测量值的准确度时,采用相对误差更为合理。

　　例如,用分析天平称量两个试样,一个是 0.0020g,另一个是 0.5002g。两个测量值的绝对误差都是 0.0001g,但相对误差分别为

$$RE = \frac{0.0001}{0.0020} \times 100\% = 5\%$$

$$RE = \frac{0.0001}{0.5002} \times 100\% = 0.02\%$$

　　可见,当测量值的绝对误差相同时,测定的试样量越大,相对误差就越小,准确度越高。因此,对常量分析的相对误差应要求严格,而对微量分析的相对误差可以允许大些。例如,用滴定法进行常量分析时,允许的相对误差仅为千分之几,而用光谱仪器法等进行微量分析时,允许的相对误差可为百分之几,甚至更高。

　　(2) 偏差与精密度。精密度(precision)是平行测量的各测量值之间互相接近的程度。各测量值间越接近,测量的精密度越高。精密度的高低用偏差来衡量。偏差表示数据的离散程度,偏差越大,数据越分散,精密度越低。反之,偏差越小,数据越集中,精密度就越高。偏差有以下几种表示方法。

　　绝对偏差(deviation)是单个测量值与测量平均值之差,其值可正可负。若令 $\bar{x}$ 代表一组平行测量的平均值,则单个测量值 $x_i$ 的偏差 $d$ 为

$$d = x_i - \bar{x} \tag{1-3}$$

　　平均偏差(average deviation)是各单个偏差绝对值的平均值,以 $\bar{d}$ 表示:

$$\bar{d} = \frac{\sum\limits_{i=1}^{n} |x_i - \bar{x}|}{n} \tag{1-4}$$

式中:$n$ 表示测量次数。平均偏差均为正值。

　　相对平均偏差(relative average deviation)是平均偏差 $\bar{d}$ 与测量平均值 $\bar{x}$ 的比值,以 $R\bar{d}$ 表示,其定义式如下:

$$R\bar{d} = \frac{\bar{d}}{\bar{x}} \times 100\% = \frac{\sum\limits_{i=1}^{n} |x_i - \bar{x}|/n}{\bar{x}} \times 100\% \tag{1-5}$$

　　实验教学中一般要求学生用 $R\bar{d}$ 表示分析结果的精密度,因为其计算简便。

　　标准偏差(standard deviation)以 $s$ 表示。在平均偏差和相对平均偏差的计算过程中忽略了个别较大偏差对测定结果重复性的影响,而采用标准偏差则可以突出较大偏差的影响。对少量测定值($n \leqslant 20$)而言,标准偏差 $s$ 的定义式如下:

$$s = \sqrt{\frac{\sum\limits_{i=1}^{n} (x_i - \bar{x})^2}{n-1}} \quad 或 \quad s = \sqrt{\frac{\sum\limits_{i=1}^{n} x_i^2 - \frac{1}{n}\left(\sum\limits_{i=1}^{n} x_i^2\right)}{n-1}} \tag{1-6}$$

相对标准偏差(relative standard deviation)RSD 是标准偏差 $s$ 与测量平均值的比值,也称为变异系数(coefficient of variation)CV。RSD 的定义式如下:

$$\text{RSD} = \frac{s}{\bar{x}} \times 100\% = \frac{\sqrt{\dfrac{\sum\limits_{i=1}^{n}(x_i - \bar{x})^2}{n-1}}}{\bar{x}} \times 100\% \qquad (1\text{-}7)$$

在实际工作中,多用 RSD 表示分析结果的精密度。

例如,4 次标定某溶液的浓度为 0.2041、0.2049、0.2039 和 0.2043mol·L$^{-1}$。其测定结果的平均值、平均偏差、相对平均偏差、标准偏差及相对标准偏差分别为

$$\bar{x} = (0.2041 + 0.2049 + 0.2039 + 0.2043)/4 = 0.2043$$

$$\bar{d} = (0.0002 + 0.0006 + 0.0004 + 0.0000)/4 = 0.0003$$

$$\text{R}\bar{d} = \frac{\bar{d}}{\bar{x}} \times 100\% = (0.0003/0.2043) \times 100\% = 0.2\%$$

$$s = \sqrt{\frac{0.0002^2 + 0.0006^2 + 0.0004^2 + 0.0000^2}{4-1}} = 0.0004$$

$$\text{RSD} = (0.0004/0.2043) \times 100\% = 0.2\%$$

(3)重复性与再现性。重复性(repeatability)和再现性(reproducibility)均反映了测定结果的精密度,但两者具有不同概念。重复性是指在同样操作条件下,在较短时间间隔内,由同一分析人员对同一试样测定所得结果的接近程度;再现性是指在不同实验室之间,由不同分析人员对同一试样测定结果的接近程度。如果要将分析方法确定为法定标准时,应进行再现性试验。

(4)准确度与精密度的关系。准确度与精密度的概念不同。当有真值(或标准值)作比较时,它们从不同侧面反映了分析结果的可靠性。准确度表示测量结果的正确性,精密度表示测量结果的重复性或再现性。

图 1-2 表示甲、乙、丙、丁 4 人测定同一试样中某组分含量时所得的结果。每人均测定 6 次。试样的真实含量为 10.00%。由图 1-2 可见,甲所得结果的精密度虽然很高,但准确度较低;乙的精密度和准确度均好,结果可靠;丙的精密度很差,其平均值虽然接近真值,但这是由于大的正负误差相互抵消的结果,纯属偶然,并不可取;丁所得结果的精密度和准确度都不好。由此可见,精密度是保证准确度的先决条件,精密度差,所得结果不可靠。但高的精密度不一定能保证高的准确度,因为可能存在系统误差(如甲的结果)。总之,精密度高不一定准确度高,而准确度高必须以精密度高为前提。

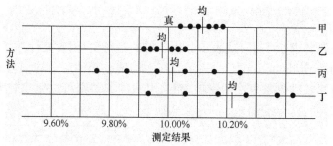

图 1-2 定量分析中的准确度与精密度

由于真值通常是未知的,如果消除或校正了系统误差,精密度高的有限次测量的平均值 $\bar{x}$ 就接近于真值 $x_t$。因此,测定结果的精密度是用来衡量测定结果是否可靠的依据之一。

### 3. 实验数据的图解法表达

实验数据是表达实验结果的重要方式之一,因此要求实验者将测量的数据正确地记录下来,加以整理、归纳、处理,并正确地表达由实验结果所获得的规律。实验结果通过数据表达的方法主要有三种,即列表法、图解法和数学方程法。在此仅介绍实验课程中常用的图解法。

图解法可使实验测得的各组数据之间的相互关系表达得更为直观,并可由图线较简便地显示函数变化的最高点、最低点或转折点等特性,还可确定经验公式中的常数等。以下是作图的要点。

1）作图工具

在处理化学实验数据时,作图所需的工具主要有铅笔、直尺、曲线板、曲线尺、圆规等。

2）坐标纸

最常用的是直角坐标纸。此外,还有半对数坐标纸和全对数坐标纸(对数-对数坐标纸)等。

3）坐标轴

用直角坐标纸作图时,以自变量为横轴,应变量(函数)为纵轴,所得曲线表示两变量之间的定量依赖关系。在曲线所示的范围内,欲求对应于任意自变量值的应变量值,均可方便地从曲线上直接读出。坐标轴比例尺的选择一般遵循下列原则。

（1）有效数字的全部位数都能表示出来,使图上读出的各物理量的精密度与测量时的精密度一致。

（2）方便易读。例如,用坐标轴 1cm 表示数量 1、2 或 5 都是适宜的(表示 3、4 等其他数量就不妥当),此时对应的比例尺为 1/10、1/5、1/2(当某个实验代表点落在坐标纸上的一个最小方格中时,这个方格按相应的比例尺可分别想象成 10 等分、5 等分和 2 等分来估读,而这个估读数恰好是有效数字的最后一位,即可疑数字)。当然,横轴和纵轴可取不同的比例尺。

（3）在前两个条件满足的前提下,还应考虑充分利用图纸,若无必要,坐标的原点不必作为变量的零点,即横轴和纵轴的读数不一定从零开始,需视具体情况而定。

（4）在坐标轴旁应注明该轴变量的名称和单位。在纵轴的左边和横轴的下边每隔一定距离写下该处变量应有的值,以便作图及读数。

4）代表点

代表点是指在坐标轴中与测得的各数据相对应的点。代表点反映了测得数据的准确度和精密度。将相当于测得数量的各点绘于图上,在点的周围画上圆圈⊙(也可用⊗表示)、方块、矩形或其他符号(严格来说,这些符号的面积大小应代表测量的精密度)。若同一坐标纸上有几组不同的测量值,则各组测量值之代表点应用不同的符号以示区别,并须在图上注明。

5）曲线

在图纸上作好代表点后,按代表点的分布情况,用曲线板或曲线尺连出尽可能接近于各实验点的曲线。曲线应光滑均匀,细而清晰。曲线不必也不可能通过所有各点,但各点应在曲线两旁均匀分布,在数量上和远近程度上应近似于相等。

6）图名及图坐标的标注

每个图应有简明的标题即图名,说明坐标轴代表的物理量、比例尺以及主要的测量条件(如温度、压力等)。

## 1.2　化学实验室的安全知识

安全问题不仅与个人生命安危有关,而且关系到国家、集体的宝贵财产。在化学实验中,经常使用易燃、易爆、易腐蚀或有毒性的化学试剂,大量使用易损的玻璃仪器和某些精密分析仪器,使用水、电、煤气等。因此,在化学实验室工作,首先必须在思想上高度重视安全问题,决不能麻痹大意。

### 1.2.1　化学实验室安全规则

(1) 必须了解实验环境,熟悉水、电、煤气阀门及消防用品的位置和使用方法。

(2) 不用湿的手、物接触电源。水、电、煤气用后立即关闭。点燃的火柴用后立即熄灭,不得乱扔。

(3) 严禁在实验室内饮食、吸烟,或把食具带入实验室。实验完毕必须洗净双手。

(4) 洗液、浓酸、浓碱等具有强烈的腐蚀性,使用时应特别注意。

(5) 能产生有刺激性或有毒气体(如 $H_2S$、$HF$、$Cl_2$、$CO$、$NO_2$、$SO_2$ 等)的实验必须在通风橱内进行。嗅闻气体时,应用手将逸出容器的气体慢慢搧向自己的鼻孔,不能将鼻孔直接对着容器口。

(6) 为避免液体溅出伤人,加热试管时,不要将试管口对着自己或他人;不要俯视正在加热、浓缩的液体;稀释酸(特别是浓 $H_2SO_4$)、碱时,应将它们慢慢注入水中,并不断搅拌。

(7) 在了解物质性质之前,不得随意混合各种化学药品,以免发生意外事故。

(8) 使用易燃、易爆的化学品如氢气、强氧化剂(如 $KClO_3$)之前,要首先了解它们的性质,使用中应注意安全。

(9) 易挥发和易燃物的实验必须远离火源。易挥发和易燃物不得用烧杯和敞口容器盛装,不得倒入废液缸。

(10) 有毒药品(如氰化物、汞盐、铅盐、钡盐、重铬酸钾等)要严防入口或接触伤口,也不能倒入水槽,应回收处理。

(11) 实验室药品及其他物品不得私自带走。

(12) 禁止穿拖鞋、高跟鞋、背心、短裤(裙)进入实验室。

### 1.2.2　化学实验室事故的预防与处理

1. 火灾的预防与处理

在化学实验中,常用的苯、酒精、汽油、乙醚、丙酮等有机溶剂大多是易燃的,而且多数反应需要加热。一些特殊物质(包括无机物)与其他物质的混合更是易引起火灾的火源。例如,活性炭与 $NH_4NO_3$,沾染了 $KClO_3$ 等强氧化剂的衣服,浓 $H_2SO_4$ 与抹布,浓 $HNO_3$ 与可燃性物质,液氧与有机物,$Al$ 与有机氯化物,磷化氢、硅化氢、烷基金属和白磷等与空气接触,浸过硝基苯酚的滤纸扔到废物箱内,易燃气体与火种等。此外,继电器工作和电闸开关产生的电火花与聚积的易燃易爆气体接触,保险丝与额定电流不相符,实际用电功率大于电线的安全通电量,电器接触点(如电插头)接触不良,都可能引起电器、电线起火等。因此,实验室防火显得十分重要。实验室一旦发生火灾,首先要沉着冷静,然后采取针对性的灭火措施。

1) 预防实验室火灾的注意事项

(1) 不得在实验室存放大量的易燃物,一切涉及易挥发和易燃物质的实验应尽可能在远离火源的地方进行。

(2) 实验装置安装一定要正确,操作必须规范。易挥发和易燃溶剂的加热必须采用具有回流冷凝的装置,且不能直接用明火加热。

(3) 要经常检查电、气开关。

2) 实验室火灾的灭火措施

(1) 防止火势扩展。首先关闭煤气等火源,停止加热,切断电源,以免引燃电线,停止通风,减少空气流动,移走易燃药品(特别是易爆物质)。

(2) 及时扑灭火焰。实验室一般不能用水灭火,因水能与某些化学药品(如金属钠)发生剧烈反应或将可燃物表面扩大,反而引起更大的火灾。一般的小火可以用湿抹布、石棉布或砂子扑盖燃烧物(实验室都应备有放在固定处的砂箱和石棉布),即可灭火。火势大时,需根据起火原因采用不同类型的灭火器。

(3) 实验人员衣服着火时,切勿惊慌乱跑,应赶快脱下衣服或用湿衣服在身上抽打或一边呼救一边就地打滚灭火。

3) 实验室常用的灭火器

(1) 泡沫灭火器。这种灭火器内装发泡剂碳酸氢钠和硫酸铝溶液,使用时将灭火器倒转,即从喷嘴自动喷出大量 $CO_2$ 泡沫。这种灭火器适宜于一般有机物的火灾,但不能扑灭电器火灾。

(2) $CO_2$ 灭火器。这是一种常用的实验室灭火器,钢筒内装有压缩 $CO_2$。使用时一手提灭火器,一手握住喷射 $CO_2$ 的喇叭把手(不准握喇叭筒,否则会被低温冻伤),打开灭火器开关后把喷射出的 $CO_2$ 气流对准火头,火焰则由于低温和缺氧而熄灭。这种灭火器适用于扑灭由有机物和电器设备引起的火灾。

(3) 1211 灭火器。这是一种新型的高效灭火器材,内装二氟一氯一溴甲烷。其主要优点是灭火效能高,毒性低,绝缘性好,对金属无腐蚀作用,久储不变质,但价格高。这种灭火器适用于扑灭易燃液体、气体、固体和电器设备引起的火灾。

## 2. 爆炸事故的预防

如果实验过程中发生爆炸,后果是非常严重的。为了防止爆炸事故的发生,必须注意以下事项:

(1) 实验装置一定要安装正确,常压与加热系统必须与大气相通。

(2) 在减压系统中不得使用不耐压的锥形瓶、平底烧瓶等玻璃仪器。

(3) 某些化合物容易爆炸,如有机过氧化物、芳香族化合物和硝酸酯等,受热或敲击均会爆炸。因此,在蒸馏醚类化合物如乙醚、四氢呋喃等之前,必须检查是否存在过氧化物,如有,应预先除去,再进行蒸馏,且切勿蒸干,以免发生爆炸。再者,芳香族硝基化合物也不宜在烘箱内干燥。

(4) 在使用易燃易爆物(如氢气、乙炔等)或遇水会发生激烈反应的物质(如钠、钾等)时要特别小心,必须严格按照实验规定操作。此外,在处理 $HClO_4$ 的反应、$Mg(ClO_4)_2$ 的酯类反应以及面对乙醇与浓硝酸混合、$Co(NO_3)_2$ 与 $HNO_3$、$HNO_2$ 的混合时,也要特别注意防爆。

(5) 对反应过于激烈的实验,应特别注意。有些化合物因受热分解,体系热量和气体体积突然猛增会发生爆炸。因此,对这类反应,应控制加料速度,使反应缓慢进行。

3. 中毒事故的预防与处理

(1) 产生有刺激性、腐蚀性或有毒气体的实验必须在通风橱内进行或应装有吸收装置,实验室内要保持空气流通。需闻气体气味时,反应器或试管口应离面部 20cm 左右,用手轻轻扇向鼻孔,不能对着管口闻。

(2) 一切化学药品尤其是有毒药品(如氰化物、重铬酸钾、钡盐、铅盐、砷的化合物)禁止入口或接触伤口,剩余的废液也不能随便倒入下水道。有些有毒物质易渗入皮肤,因此不能用手直接拿取或接触化学药品。实验室内更不准饮食、吸烟。实验后必须洗净双手。

(3) 剧毒品应有专人保管,不得乱放。使用者必须严格按照规定程序领取和按照操作规程进行实验。

(4) 实验中如吸入气体有头晕、恶心等中毒症状,如吸入氯气、氯化氢气体时,可吸入少量乙醇和乙醚的混合蒸气使之解毒。如吸入硫化氢气体而感到不适时,立即到室外呼吸新鲜空气。万一毒物进入口内时,将 5~10mL 稀硫酸铜溶液加入一杯温开水中,内服后,用手指伸入咽喉部催吐。凡上述中毒症状严重者,均应立即送往医院救治。

4. 触电的预防与处理

违章用电除易引起火灾外,还经常造成人身伤亡。为了预防和应对触电,应注意以下几点:

(1) 不用潮湿的手接触电器。

(2) 电源裸露部分应进行绝缘处理。

(3) 所有电器的金属外壳都应接地。

(4) 实验时,应先接好电路后才接通电源。实验结束时,应先切断电源再拆线路。

(5) 修理和安装电器时,应先切断电源。

(6) 不能用试电笔试高压电。使用高压电源应有专门的防护措施。

(7) 如有人触电,应迅速切断电源。低压(110~220V)电击时,营救者首先要很好地使自己与大地绝缘,然后用绝缘材料(如布、干木、橡胶、皮带)将受害者拉开。若可能为高压电线,最好在切断电源前不要去触碰受害者。一旦可以安全接触受害者,应迅速检查动脉脉搏、呼吸功能和意识状态。首先要保持呼吸道畅通,若未发现自动呼吸或发生心跳停止,则应立即采取人工呼吸、胸部按压等复苏措施,然后迅速送往医院进行抢救。

5. 化学灼伤的处理

浓酸、浓碱和溴等化学药品具有强烈的腐蚀性,切勿溅入眼睛和溅在皮肤、衣服上,否则易引起灼伤。因此,在使用或转移这类药品时要格外小心,如稀释 $H_2SO_4$ 时,应将其慢慢倒入水中并不断搅动,绝不能反向进行,以免迸溅。如果被酸、碱或溴灼伤,应先立即擦掉,再用大量水冲洗,然后按以下方法处理。

(1) 酸灼伤。皮肤灼伤可用 5% 碳酸氢钠溶液冲洗,然后搽上碳酸氢钠油膏或凡士林;眼睛灼伤可用 1% 碳酸氢钠溶液清洗。严重者应立即送往医院就医。

(2) 碱灼伤。皮肤灼伤可用 1%~2% 乙酸溶液冲洗,再搽上凡士林;眼睛灼伤可用 1% 硼酸溶液清洗。严重者应立即送往医院就医。

（3）溴灼伤。应立即用酒精洗涤，然后涂上甘油或烫伤油膏。

6. 割伤与烫伤的处理

（1）割伤。在玻璃工操作或使用玻璃仪器时，因操作或使用不当，可能会割伤。要预防割伤，玻璃工操作一定要规范，玻璃仪器使用应正确。若被割伤，应先挑出玻璃碎片，用蒸馏水或稀双氧水清洗伤口，轻伤时可抹上龙胆紫或红药水，并用消毒纱布包扎。严重割伤并大量出血时，应在伤口上方扎紧或按住动脉止血，并立即送往医院救治。

（2）烫伤。在玻璃工操作或加热试管时容易发生烫伤，要预防烫伤，应注意切勿用手触摸刚加热的玻璃管棒以及玻璃仪器，加热试管时也不要将管口指向自己或别人，更不要俯视正在加热的液体，以免溅出的液体将人烫伤。若发生烫伤，切勿用水冲洗，应在烫伤处抹上黄色的苦味酸溶液或稀高锰酸钾溶液，再擦上凡士林或烫伤膏。严重者应立即送往医院。

（中南大学　王一凡）

## 1.3　化学实验室"三废"的处理方法

实验室常要排放废气、废液、废渣。由于各类实验工作内容不同，产生的"三废"中所含的化学物质及其毒性不同，数量也有较大差别。为了保证实验人员的健康，防止环境的污染，实验室"三废"的排放应遵守我国环境保护的有关规定。

### 1.3.1　化学实验室常见废气的处理

在实验室进行可能产生少量废气的操作时，都应在有通风橱的条件下进行，如加热酸、碱溶液和有机物的硝化、分解等都应在通风橱中进行。如果实验室排出的废气量较少时，一般可由通风装置直接排至室外，但排风口必须高于附近屋顶 3m。当产生的废气量较大时，在排放之前必须采用吸附、吸收、氧化、分解等方法进行预处理。

化学实验室排放的废气中主要污染物质有二氧化硫、氮氧化物、氟化物、碳化物和各种有机气体。根据废气化学性质不同，采用的处理方法不同。例如，对碱性气体可以稀硫酸、稀硝酸溶液吸收，对酸性气体可以烧碱、纯碱溶液或氨水吸收，对氧化性废气采用亚硫酸盐溶液还原吸收，对还原性废气采用次氯酸钠、高锰酸钾溶液、饱和臭氧溶液氧化吸收，对易形成配合物的废气如 CO，可通入硫酸亚铁溶液，使之形成配合物被吸收。

上述方法针对不同的气态污染物有不同的吸收效果，因此这些方法既可以单独使用也可以组合作用。吸收气态污染物后的溶液可按照废水处理办法进一步进行处理。

### 1.3.2　化学实验室常见废液的处理

化学实验室所产生的废液特点是数量少、种类多、组成经常变化，排放这些废液时，如不加处理将直接污染环境，危害人民健康。根据实验室废液特点，应做到分类收集、存放，集中处理，并且要求处理方法简单，操作简易，处理效率高，不需要很多投资。

1. 废液分类的目的

实验室废液需依照成分、特性分门别类加以收集和储存，可以达到三个目的：

（1）便于处理。各种废液化学性质、毒性迥异，处理方法也各不相同，为了便于统一处理，需要依据特性加以分类。

（2）避免危险。废液任意混合极易造成不可预知的危险。例如，KCN 倒入酸性溶液中会产生剧毒的 HCN 气体。

（3）减低处理成本。废液成分不明确，处理程序会变得复杂，相应的处理成本也将增加。

### 2. 相容性废液的分类

相容性的废液可以收集到一起，集中处理。储存容器必须贴上标签，标明种类和储存时间，注意存放时间不宜太长。

根据不同情况，相容性废液一般分为以下七类：

（1）酸类废液：盐酸、硫酸、硝酸等废液及洗涤液，不含重金属的无机酸类，重铬酸盐废液，含氟或磷酸类废液，无机盐溶液（不含氰、汞、重金属）。

（2）碱类废液：氢氧化钠、氢氧化钾等碱性废液，碳酸钠、碳酸钙及氨类等废液，无机盐废液（不含氰、汞、重金属）。

（3）重金属类废液：含铁、钴、镍、锰、铝、镁、锌、铜、砷、铅、银等重金属废液，含 $Cr(III)$ 废液。

（4）汞系列废液：汞、汞合金、废汞、硫酸汞、硝酸汞、氯化汞等。

（5）有机废液（含卤素类）：脂肪族含卤化合物，如氯化甲烷、氯仿、二氯甲烷、四氯化碳、甲基碘等；含卤化合物，如氯苯、苯甲氯等。

（6）有机废液（非卤素类）：不含水的脂肪族碳氢化合物溶剂废液，如醚类、烷类、酮类、酯类等；脂肪族氧化物，如醛缩醇、醇类、丙酮、丙烯酮、乙酸酯等；脂肪族含氮化合物，如乙腈、甲基氰等。

（7）废油：各种动植物的废油类，如重油、松节油等；各类润滑油、机油等。

### 3. 几种常见废液的处理方法

下面介绍几种常见废液的一般处理方法：

1）酸类废液处理

无机酸废液先收集在塑料桶中，然后以过量的碳酸钠或氢氧化钙的水溶液中和，或用废碱液中和，中和后用大量水冲稀排放。

2）碱类废液处理

用稀废酸液中和后，用大量水冲稀排放。

3）重金属类废液处理

控制溶液酸度，再以硫化物或氢氧化物形式沉淀，以废渣的形式处理。例如：

（1）单质汞处理。若不小心将金属汞散落在实验室内，必须立即用滴管将汞珠拣起，收集于玻璃瓶中，且用水覆盖起来。对于洒落于地面难以收集的微小汞珠，应尽快撒上硫磺粉，覆盖一段时间，使其生成硫化汞后清除干净。如果室内汞蒸气浓度超过 $0.01\mathrm{mg} \cdot \mathrm{m}^{-3}$，可用碘净化。通过碘蒸气与空气中的汞蒸气反应，生成不易挥发的碘化汞，然后再彻底清扫干净。

（2）汞、镉、铅废液处理。用石灰将废液调到 pH $8\sim10$，使废液中 Pb、Cd 生成氢氧化物沉淀，也可在碱性条件下加入过量硫化钠，使其生成硫化物沉淀。这些沉淀以废渣形式处理。

（3）铬废液处理。含 $Cr(VI)$ 的废液有较大毒性，可以向含铬废液中加入还原剂，如硫酸亚铁、亚硫酸氢钠、二氧化硫、水合肼等，在酸性条件下将 $Cr(VI)$ 还原成 $Cr(III)$，再通过 NaOH

调节 pH 8.5～9.5,生成氢氧化铬沉淀。沉淀可与煤粉一起焙烧,处理后铬渣可填埋。

（4）砷废液处理。在含砷废液中加入氧化钙,调节并控制 pH 为 8,生成砷酸钙和亚砷酸钙沉淀。也可调节含砷废液 pH 为 10 以上,加入硫化钠与砷反应生成难溶硫化物。沉淀以废渣形式处理。

4）有机废液、废油的处理

若废液量较多、有回收价值的溶剂应蒸馏回收使用。无回收价值的少量废液可以用水稀释排放,或者用吸附法、溶剂萃取法或氧化分解法处理。若废液量大,可用焚烧法进行处理,但必须采取措施除去燃烧产生的有害气体（如 $SO_2$、$HCl$、$NO_2$ 等）。

5）氰化物类物质的处理

氰化物及其衍生物都是剧毒的,在溶液中的浓度不得超过 $1.0×10^{-4}\%$,因此,含有氰化物的废液任何时候都不得直接倒入实验室水池内。低浓度的氰化物可以加入氢氧化钠调节废液 $pH>10$,再倒入过量的硫酸亚铁溶液中,生成无毒的亚铁氰化钠后再排入下水道。或者加入氢氧化钠调至 $pH>10$ 以上,再加入过量高锰酸钾（以 3% 计）、次氯酸钠或漂白粉,充分搅拌,使 $CN^-$ 氧化分解。

### 1.3.3　化学实验室废渣的处理

化学实验过程中产生的废渣如果作为废弃垃圾,同样会对环境造成污染。由于实验过程产生的废渣量小,不同于工业废渣处理。一般情况下,实验室废渣都是收集储存,然后集中处理,不能将为数不多的废渣倒在生活垃圾处,而以深坑掩埋的方法为好。

（中南大学　易小艺）

# 第 2 章　无机化学实验的基本仪器与操作技术

## 2.1　常用玻璃仪器与加工方法

### 2.1.1　常用玻璃仪器的类型、规格和用途

　　化学实验室使用的玻璃器皿,按照它们的用途大体可分为容器类、量器类和其他器皿三大类。

　　(1) 容器类玻璃器皿主要有试剂瓶、烧杯、烧瓶等。根据它们能否受热又可分为可加热器皿与不宜加热器皿。

　　(2) 量器类玻璃器皿主要有量筒、移液管、滴定管、容量瓶等。这类玻璃器皿一律不能受热。

　　(3) 其他器皿包括具有特殊用途的玻璃器皿,如冷凝管、分液漏斗、干燥器、分馏柱、砂芯漏斗、标准磨口玻璃仪器等。瓷质类器皿包括蒸发皿、布氏漏斗、瓷坩埚、瓷研钵等。

　　表 2-1 列出了实验室中常用的一些玻璃仪器。

**表 2-1　常用的玻璃仪器**

| 仪器 | 规格 | 主要用途 | 注意事项 |
|---|---|---|---|
| 试管　离心试管 | 分为硬质试管、软质试管、普通试管、离心试管。普通试管以管口外径×长度(mm)表示,如 15mm×75mm。离心试管以容积(mL)表示 | 用作少量试剂的反应容器,便于操作和观察。离心试管还可用于定性分析中的沉淀分离 | 可直接用火加热。硬质试管可以加热至高温。加热后不能骤冷,特别是软质试管更容易破裂。离心试管只能用水浴加热 |
| 量筒 | 以所能量度的最大容积(mL)表示。上口大、下口小的称为量杯 | 用于液体体积的量度 | 不能加热,不能用作反应容器 |
| 烧杯 | 以容积(mL)大小表示。外形有高、低之分,并分为带有刻度和无刻度的 | 用作反应物较多时的反应容器,使反应物易混合均匀 | 加热时应放置在石棉网上,使受热均匀,反应液体不得超过其容积的 2/3 |

续表

| 仪器 | 规格 | 主要用途 | 注意事项 |
|---|---|---|---|
| 滴瓶　细口瓶　广口瓶 | 以容积(mL)大小表示。分为棕色、无色两种 | 广口瓶用于盛放固体药品,滴瓶、细口瓶用于盛放液体药品,不带磨口塞子的广口瓶可作集气瓶 | 不能直接用火加热。瓶塞不要互换,如盛放碱液时要用橡皮塞,不能用磨口瓶塞,以免玻璃磨口瓶塞被腐蚀粘结 |
| E20° 100mL 容量瓶 | 以刻度线以下的容积(mL)大小表示 | 用于配制准确浓度的溶液,配制时液面应恰与刻度线相切 | 不能加热,瓶塞不能互换并注意防止打碎 |
| 锥形瓶 | 以容积(mL)表示。分为有塞的和无塞的 | 反应容器,适用于滴定操作,便于摇荡 | 加热时应放置在石棉网上,使受热均匀,盛液不能太满 |
| 称量瓶 | 以外径(mm)×高(mm)表示。分扁形和高形两种 | 用于准确称取一定量的固体物质 | 不能直接用火加热,盖子不能互换 |
| 漏斗　长颈漏斗 | 以口径(mm)大小表示 | 用于过滤等操作,其中长颈漏斗适用于定量分析中的过滤操作 | 不能直接用火加热 |
| 布氏漏斗 | 布氏漏斗为瓷质的,以容积(mL)或口径(cm)大小表示,吸滤瓶以容积大小表示 | 两者配套使用,用于无机制备中晶体或沉淀的减压过滤,利用水泵或真空泵降低吸滤瓶中压力以加速过滤 | 不能用火直接加热,滤纸要略小于布氏漏斗的内径 |
| 分液漏斗 | 以容积(mL)大小和形状(球形、梨形)表示 | 用于互不相溶的液-液分离,也可用于气体发生器装置中滴加液体 | 不能用火直接加热,漏斗的磨口塞不能互换,活塞处不能漏液 |

| 仪器 | 规格 | 主要用途 | 注意事项 |
|---|---|---|---|
| 移液管　吸量管 | 以所能量度的最大容积(mL)表示。无刻度的称移液管,有刻度的称吸量管。此外,还有自动移液管 | 用于精确移取一定量体积的液体 | 将液体吸入,注意不要吸入空气,液面超过刻度 2~3cm。用移取液润洗 3 次<br>管中残留的液体一般不要吹出 |
| 酸式滴定管　碱式滴定管 | 按刻度最大标度(mL)分,有 25、50、100 等规格。分为酸式滴定管(具玻璃活塞)和碱式滴定管(用乳胶管连接玻璃尖嘴)两种 | 用于滴定或量取较标准体积的液体 | 滴定管先用自来水检查,查是否灵活流畅、堵塞、漏液、内壁挂水珠和存在气泡等<br>装液前用蒸馏水和预装溶液分别润洗三次<br>碱管下端橡皮管不能用洗液洗 |
| 圆底烧瓶　平底烧瓶 | 以容积(mL)大小表示,有圆底烧瓶和平底烧瓶 | 常用作反应容器 | 加热时放置在石棉网上使加热均匀 |
| 蒸馏烧瓶 | 以容积（mL）大小表示 | 用于液体蒸馏,也可用于少量气体的发生 | 加热时放置在石棉网上使加热均匀 |
| 洗气瓶 | 以容积(mL)大小表示,有 125、250、500、1000 等规格 | 用于净化气体,反接也可作安全瓶(或缓冲瓶)用 | 接法要正确(进气管要通入液体中)<br>洗涤液流入容器的高度一般为 1/3~1/2 |

| 仪器 | 规格 | 主要用途 | 注意事项 |
|---|---|---|---|
| 表面皿 | 按直径(mm)大小表示,有 45、65、75、90 等规格 | 盖在烧杯上,防止液体迸溅,也可用于晾干样品 | 不能用火直接加热 |
| 蒸发皿 | 以口径(cm)或容积(mL)大小表示,有瓷、石英、铂等不同材质,分有柄和无柄 | 用于蒸发液体,随液体性质不同可选用不同材质的蒸发皿 | 能耐高温,但不宜骤冷,蒸发溶液时一般放在石棉网上加热,也可直接用火加热 |
| 坩埚 | 以容积(mL)大小表示,有瓷、石英、铁、镍或铂等不同材质 | 灼烧固体用,随固体性质不同可选用不同材质的坩埚 | 可用火直接灼烧至高温,灼热的坩埚不要直接放在桌上(可放在石棉网上) |
| 研钵 | 以口径大小表示,有瓷、玻璃、玛瑙或铁等不同材质 | 用于研磨固体物质,按固体的性质和硬度选用不同材质的研钵 | 不能用火直接加热,不能敲击,只能挤压研磨 |
| 干燥器 | 以外径(mm)大小表示,分普通干燥器和真空干燥器 | 内放干燥剂,可保持样品或产物干燥 | 注意防止盖子滑落而打破。红热的物品待冷到室温后才能放入 |

### 2.1.2　常用玻璃仪器的洗涤和干燥方法

1. 仪器的洗涤

化学实验室经常使用各种玻璃仪器,为了使实验准确无误,首先应保证所使用的玻璃仪器干净,符合实验要求。洗净的玻璃仪器,水在器壁上自然地流动,器壁表面被水膜均匀润湿,且不挂水珠。如果器壁上局部挂水珠或有水流拐弯的现象,则表明未洗干净。玻璃仪器使用后应尽早洗净,以免久置难以洗净。

洗涤玻璃仪器的方法很多,应根据实验的要求、污物的性质和沾污的程度来选用。一般说来,附着在仪器上的污物既有可溶性物质,也有尘土和其他不溶性物质,还有油污和有机物质。针对这些情况,可以分别采用下列洗涤方法。

(1) 用水涮洗。试管、量筒或烧杯通常可以采用这种方法洗涤,具体方式如下:在试管(量筒或烧杯)内倒入约 1/3 体积的自来水,振摇片刻后倒掉,再倒入相同量的自来水,再振摇片刻,倒掉,然后用少量蒸馏水涮洗一两次(必要时可增加冲洗次数),此试管即可用来做实验。

(2) 用水刷洗。用毛刷就水刷洗,既可以使可溶物溶去,也可以使附着在仪器上的尘土和不溶物质脱落下来,但往往洗不掉油污和有机物质。

(3) 用去污粉、肥皂或合成洗涤剂洗。肥皂和合成洗涤剂的去垢原理已众所周知,不必再重述。去污粉是由碳酸钠、白土、细沙等混合而成的。使用时,首先把要洗的仪器用水湿润(水不能多），洒入少许去污粉，然后用毛刷擦洗。碳酸钠是一种碱性物质，具有强的去油污能力，而细沙的摩擦作用以及白土的吸附作用则增强了仪器清洗的效果。待仪器的内外器壁都经过仔细的擦洗后，用自来水冲去仪器内外的去污粉，要冲洗到没有微细的白色颗粒状粉末为止。最后，用蒸馏水冲洗仪器三次，把自来水中带来的钙、镁、铁、氯等离子洗去，每次的蒸馏水用量要少一些，采取"少量多次"的原则，注意节约。

（4）用铬酸洗液洗。这种洗液是由等体积的浓硫酸和饱和重铬酸钾溶液配制成的，具有很强的氧化性，对有机物和油污的去污能力特别强。在进行精确的定量实验时，往往用到一些口小、管细的仪器，它们很难用上述的方法洗涤，就可用铬酸洗液来洗。

往仪器内加入少量洗液，使仪器倾斜并慢慢转动，让仪器内壁全部被洗液润湿。转几圈后，把洗液倒回原瓶内。然后用自来水把仪器壁上残留的洗液洗去。最后用蒸馏水洗三次。

如果用洗液把仪器浸泡一段时间，或者用热的洗液洗，则效率更高。但要注意安全，不要让热洗液灼伤皮肤。

能用其他方法洗干净的仪器，就不要用铬酸洗液洗，因为后者成本较高。但实验要求高的仪器除外。

洗液的吸水性很强，应该随时把装洗液的瓶子盖严，以防吸水，降低去污能力。当洗液用到出现绿色（重铬酸钾还原成硫酸铬的颜色）时，就失去了去污能力，不能继续使用。失去去污能力的铬酸废液不可直接排放，应加入 $FeSO_4$ 使其还原成为 $Cr^{3+}$ 后再用大量的水稀释后排放。

### 2. 特殊物质的去除

应该根据器壁上的物质的性质"对症下药"，采用适当的方法或药品来进行处理。例如沾在器壁上的氧化剂（二氧化锰、高锰酸钾）或铁锈可用浓盐酸来处理除去；氯化银、溴化银污迹可用硫代硫酸钠溶液加以洗除。

凡是已洗净的仪器，绝不能再用布或纸擦拭。否则，布或纸的纤维将会留在器壁上而沾污仪器。

几种不同洗液的配方与使用方法如下：

（1）铬酸洗液：20g 重铬酸钾溶于 40mL 水中，冷却后，慢慢加入 360mL 工业浓硫酸（切不可将水倒入浓硫酸中）。清除器壁上残留的油污，用少量洗液刷洗或浸泡一夜，洗液可重复使用。

（2）工业盐酸洗液：浓盐酸或（1＋1）盐酸液。清除碱性物质及大多数无机物残液。

（3）纯酸洗液：（1＋1）、（1＋2）、（1＋9）的盐酸或硝酸溶液。清除 Hg、Pb 等重金属杂质。

（4）碱性洗液：质量分数为 10％的氢氧化钠水溶液。加热后使用，去油效果较好，但加热时间太长会腐蚀玻璃。

（5）氢氧化钠-乙醇（或异丙醇）洗液：120g 氢氧化钠溶于 150mL 水中，用质量分数为 95％的乙醇稀释至 1L。清除油污及某些有机物。

（6）碱性高锰酸钾洗液：4g 高锰酸钾溶于少量水中，再加入 100mL 质量分数为 10％的氢氧化钠溶液，贮于带胶塞玻璃瓶中。清洗油污或其他有机物质，洗后器壁沾污处有褐色二氧化锰析出，再用浓盐酸或草酸洗液、硫酸亚铁、亚硫酸钠等还原剂去除。

（7）酸性草酸或酸性羟胺洗液：10g 草酸或 1g 盐酸羟胺，溶于 100mL（1＋4）盐酸溶液中。清除氧化性物质如高锰酸钾洗液洗涤后析出的二氧化锰，必要时加热使用。

（8）硝酸-氢氟酸洗液：50mL 氢氟酸、100mL 硝酸与 350mL 水混合，贮于塑料瓶中盖紧。

利用氢氟酸对玻璃的腐蚀作用有效地去除玻璃、石英器皿表面的金属离子。不可用于洗涤量器、玻璃砂芯滤器、吸收器及光学玻璃零件。使用时应特别注意安全,必须戴防护手套。

（9）碘-碘化钾洗液：1g 碘和 2g 碘化钾溶于水中,并稀释至 100mL。清除黑褐色硝酸银污物。

（10）有机溶剂：汽油、二甲苯、乙醚、丙酮、二氯乙烷等。清除油污或可溶于该溶剂的有机物质,使用时要注意其毒性及可燃性。

（11）乙醇、浓硝酸洗液：于待洗涤容器内加入不多于 2mL 的乙醇,再加入 4mL 浓硝酸,静置片刻,立即发生激烈反应,放出大量热和二氧化氮,反应停止后再用水冲洗。操作应在通风橱中进行,做好防护。不可事先混合,用一般方法很难洗净的少量残留有机物可用此液。

3. 仪器的干燥

干燥仪器可以采用下列方法：

1）晾干

晾干是最常用的干燥方法。将洗涤干净的仪器倒置在干净的仪器架或搪瓷盘中,放于通风干燥处,任其水分自然挥发而干燥。晾干适用于不急于使用的仪器。

2）吹干

体积小又急需干燥的玻璃仪器,可以用电吹风、压缩空气等吹干。

3）烘干

需要干燥的玻璃仪器较多时,可选用电烘箱（图 2-1）烘干。为促使水分迅速蒸发,烘箱内的温度可调节到 105℃（以烘箱顶部温度计为准,一般控温旋钮的刻度不准）。一般恒温半小时即可。操作时,将需要烘干的玻璃仪器先控干水分,再瓶口朝下放入烘箱隔板上（不能稳定倒置的仪器则倾斜放置）,以利于残余水分流出。烘箱底层要放一个搪瓷盘,用来承接从玻璃仪器流下的水珠,防止水珠直接滴到底板的电炉丝上,损坏烘箱。

4）烤干

将仪器直接放在火源上加热,使水分快速蒸发而使仪器干燥的方法称为烤干法。此法适用于可以直接加热或耐高温的仪器,如试管、烧杯、烧瓶、坩埚等。

仪器加热前应先将外壁水分擦干。烧杯、烧瓶等可放在石棉网上用小火烤干。试管、蒸发皿、坩埚等都可以直接用火烤干。

烤干试管时,先将试管外壁水分擦干,用试管夹夹住试管上端,管口稍微朝下倾斜（图 2-2）,避免水珠倒流炸裂试管。先使试管底部接近火源,再反复移动试管使各部位都受热均匀。最后,当试管内水珠消失后,直立试管赶尽水汽。

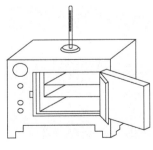

图 2-1　电烘箱

图 2-2　烤干试管

对于厚壁瓷质仪器,不能烤干,但可以烘干。

5) 快干

快干法是指利用有机溶剂的挥发作用使仪器快速干燥的方法。所用有机试剂是能与水混溶且容易挥发的溶剂,如乙醇、丙酮、乙醚、乙醇与丙酮混合物等。利用这些试剂的挥发性,可以将仪器内部的残留水分迅速带走。

快干法一般是在实验过程中急需干燥仪器的情况下临时使用。另外,有些计量仪器(如移液管、刻度吸管等)带有刻度,不能加热干燥,因为加热会影响这些仪器的精度,所以这些仪器的干燥也可采用快干法。

操作时,先擦干仪器外壁,再向仪器内倒入少量(3～5mL)能与水混溶且挥发性强的有机溶剂,转动仪器使溶剂在内壁流动,当内壁被有机溶剂全部湿润后,倒出溶剂并将其回收,少量残留的有机溶剂会迅速挥发而使仪器干燥。如果用电吹风的热风将残留试剂吹出,则仪器干燥得更快。

### 2.1.3 简单玻璃加工方法

在化学实验中常使用玻璃棒、滴管、导管、弯管等,这些用品需要自己动手加工,因此,学习简单玻璃工操作很有必要。

简单的玻璃加工通常是指玻璃管(棒)的切割、熔光、弯曲和拉制等。

#### 1. 玻璃管(棒)的切割

在加工玻璃管时,首先要根据需要的长度切割玻璃管。在确定好截取位置后,将玻璃管平放在桌面。用左手握管并用拇指按住截取部位,右手用锉刀(或薄片砂轮、瓷片)的棱边在欲切割的位置用力朝一个方向锉一次(图 2-3),锉出一道深而短的凹痕。凹痕要与玻璃管垂直,否则不能保证玻璃管管口截面的平整。不要来回锉。

锉出凹痕后应马上将两手拇指齐放在凹痕背面,两拇指按住凹痕迅速地轻轻向前推折[图 2-4(a)],同时两食指分别向外拉[图 2-4(b)],将玻璃管快速截断。截断的玻璃管应该截面平整,否则不合要求。

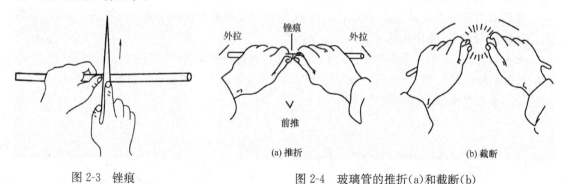

图 2-3　锉痕　　　　　　　图 2-4　玻璃管的推折(a)和截断(b)

#### 2. 玻璃管(棒)的熔光

切割后的玻璃管(棒)截面尖锐锋利,容易划伤皮肤或割破橡皮管、橡皮塞等,因此必须放在火焰中烧熔,使截面平滑,这一操作称为玻璃管(棒)的熔光,又称圆口。

熔光操作:将玻璃管的截断面一端放入氧化焰中,角度约 45°,不断前后移动并均匀转动玻璃管,直至管口红热平滑为止(图 2-5)。

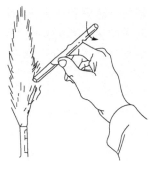

　　加热时间太长或太短的效果都不好。加热太久,玻璃熔化过度会使管口缩小;时间太短,则玻璃熔化不够,管口不平滑。转动不均匀会导致管口不圆。事先准备一块石棉网,刚刚经过熔光的玻璃管温度很高,要放在石棉网上自然冷却。不可直接放在实验台上,以防烧坏台面。玻璃管即使冷却到不呈红色了,其温度仍然很高,也不可用手接触,防止烫伤。

　　玻璃棒熔光方法与此相同。

图 2-5　熔光

### 3. 玻璃管的弯曲和拉伸

　　在安装实验仪器装置时,常常需要弯曲为一定角度的导管,这就需要学会如何弯曲玻璃管。在制备滴管、毛细管时,需要拉伸玻璃管,这也是很基本很有用的实验技术,所以也应学习掌握。

　　1) 玻璃管的弯曲

　　第一步:烧管。双手平持玻璃管,将欲弯曲部位放入氧化焰中烧红,同时均匀转动玻璃管,注意左右移动并且用力匀称,并稍向中间渐推(图 2-6)。

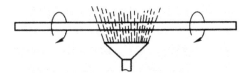

图 2-6　烧管

　　第二步:弯管,有吹气法和不吹气法。

　　吹气法:掌握火候,待弯曲部位烧软到合适程度后,取离火焰,一端管口用棉花堵住,左手持管,迅速从另一端吹气,同时右手迅速弯管(图 2-7)。

　　不吹气法:掌握火候,将玻璃管移出火焰后两手迅速均匀向内用力,将管弯成"V"字形(图 2-8)。待弯好的玻璃管冷却变硬后才松手。如果需要角度较小的弯管,则进行多次重复操作即可。

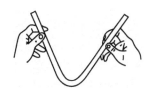

图 2-7　吹气法弯管　　　　　　　图 2-8　不吹气法弯管

　　2) 玻璃管的拉伸

　　第一步:烧管。双手平握玻璃管,将拉伸部位放在氧化焰中,两手均匀用力,一边移动一边转动玻璃管,烧的时间比弯管要长,玻璃软化程度比弯管时更大。

　　第二步:拉制。火候合适之后,两手均匀用力,边旋转边水平向外拉伸,控制温度,拉伸至管径细部达到要求为止(图 2-9)。理想的拉制效果应该是拉伸部位粗细均匀。

若烧管不够或受热不均,则拉伸效果不好(图 2-10)。

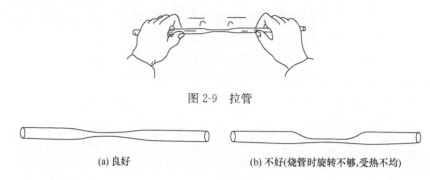

图 2-9　拉管

(a) 良好　　　　　　　　　　　　(b) 不好(烧管时旋转不够,受热不均)

图 2-10　拉管效果比较

如果需要制备熔点管,则先将拉细部位截下所需长度,然后将熔点管一端在火焰上烧熔封口即可。测定未知物熔点时,先将待测样品装入熔点管,再将另一端烧熔封口。

(中南大学　张寿春)

## 2.2　玻璃量器及其使用方法

化学实验的常用仪器大多是玻璃仪器。根据用途的不同,玻璃仪器可分为容器类、量器类和其他常用器皿三大类。

量器类玻璃仪器是指可以用来量取液体体积的容器。量筒、量杯、移液管、吸量管、滴定管、容量瓶等都属于量器,它们具有不同的准确性,使用方法也不同。但在使用不同量器量取液体、读取液体体积时,都以液体弯月面的最低点为准,即仪器垂直时,使视线与液体的弯月面的低点处保持同一水平面,弯月面最低点与刻度线水平相切的刻度就是液体体积的读数(图 2-11)。

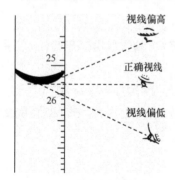

图 2-11　玻璃量器读数方法

### 2.2.1　量筒和量杯

量筒和量杯常用于对液体体积要求不十分精确的液体的量度,有 10mL、20mL、100mL 等多种规格,使用时可按具体情况选用较合适规格。

用量筒量取液体时,左手持量筒,用大拇指指尖指示所需体积的刻度处,右手持药瓶(注意标签应朝手心处),瓶口紧靠量筒口边缘,慢慢注入液体(图 2-12)到所需刻度。

### 2.2.2　移液管和吸量管

移液管[图 2-13(a)]和吸量管[图 2-13(b)]用于准确移取一定体积的液体。

移液管中部有一膨大部分(称为球部),管径上有一条刻线。球部上面标明有 20℃时溶液达到刻线时的准确体积。常用的移液管有 5mL、10mL、25mL、50mL 等规格。

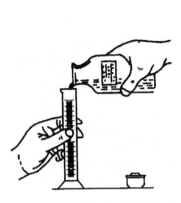

图 2-12　用量筒量取液体的方法

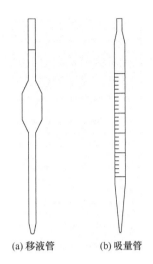

(a) 移液管　　　(b) 吸量管

图 2-13　移液管与吸量管

吸量管是一根内径均匀、具有分刻度的玻璃管。常用的吸量管有 0.1mL、0.5mL、1mL、2mL、5mL、10mL、20mL、25mL 等规格，最小分度为 0.1mL、0.02mL、0.01mL 等。少数吸量管上标有"吹"字，表示当液体放净后，须将管尖残液吹入容器中，移取的液体体积才与量取的目标体积相符。

移液管的移液操作：先将移液管用自来水冲洗干净，并用蒸馏水涮洗两三次后，用滤纸吸去管尖残水，擦去管外水滴。再用待取液润洗两三次，以免量取的液体被残留在移液管内壁的蒸馏水所稀释。再次用滤纸吸去管尖残液后，便可以进行移液操作了。

移液时用右手拇指和中指捏住管径上方，其位置以食指能轻松自如地压住管口为宜。

管尖放入待取液体中，注意管尖不要触及瓶底，也不要距离液面太近，以防吸液时因液面迅速下降而导致空气吸入。

左手握住洗耳球并将其中的空气挤出，用球尖按住管口，缓慢松开左手使溶液吸入管内 [图 2-14(a)]。反复多次，使液面超过移液管上部的刻度线。然后左手迅速移开洗耳球，同时立即用右手食指按紧管口，维持液面不下降。

右手上提移液管使管尖离开液面但低于瓶口。将管尖靠着瓶内壁，保持移液管与水平垂直，右手食指稍稍放松，右手拇指和中指捏住管径轻微来回转动，使液面缓慢平稳下降。当溶液的弯月面与刻线相切时，立即用右手食指按紧管口，使液体不再流出。管尖处若有悬滴，则可使管尖接触瓶内壁以去除悬滴。注意：整个液面调节操作均由右手独立完成，不要借助左手握管调节。

将移液管从瓶内移出，用滤纸吸去移液管下部外面的溶液，注意滤纸不要接触管口。左手握住盛液容器(锥形瓶或容量瓶等)，右手将移液管下部放入容器内。移液管保持垂直，承接容器保持倾斜，

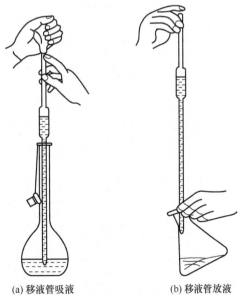

(a) 移液管吸液　　　(b) 移液管放液

图 2-14　移液管的使用

管尖靠在容器内壁上,松开右手食指[图 2-14(b)],让液体沿内壁自然流完。液体不再流出后,继续保持放液状态 15s 左右,以便移液管内壁上附着的溶液流尽。然后将管尖靠在容器内壁上旋转一圈,去除管尖悬滴,再将移液管移出盛液容器。移液管管尖内的残液不能用外力或洗耳球吹出,移液管的准确体积不包括管尖内的残留液体(移液管上标注"吹"字的例外)。

移液管用完后要放在移液管架上,并且管尖朝上。

吸量管的洗涤、润洗、移液操作与移液管相同。由于吸量管可以准确量取不同体积的液体,所以使用时需注意以下问题。

1) 吸量管使用之前的注意事项

(1) 看清吸量管的总体积,以便选择合适的规格。

(2) 看清吸量管的分刻度值,以便确定移取溶液放出后的终读数。

(3) 看清吸量管的上部有无"吹"字,若有,必须吹出管尖残留溶液。

2) 吸量管使用时的注意事项

同时平行量取几份溶液时,每次都要重新吸液到起始刻度处,都必须重新调零。不能在前一份溶液放完后,不经过吸液调零就继续用同一吸量管放另一份溶液。只有每次调零,才能保证每次都利用同一吸量管的相同部位量取液体,才能尽量减小平行取样造成的误差。

### 2.2.3　酸式滴定管和碱式滴定管

滴定管是定量分析工作中的常用仪器,是滴定时准确测量溶液体积的量器,有时也可以用于精确取液。它是管径均匀、具有精确刻度的细长玻璃管。常量分析常用规格有 50mL 和 25mL,最小刻度为 0.1mL,读数可估计到 0.01mL。半微量和微量分析还用到 1mL、2mL、5mL、10mL 的滴定管。滴定管除常见的无色玻璃材质的外,还有棕色玻璃滴定管,用于滴定易见光分解的溶液。有的滴定管带有蓝带,可使读数时更为清晰易读。

滴定管一般分为两类:酸式滴定管[图 2-15(a)]和碱式滴定管[图 2-15(b)],它们的差别在于滴定管下端控制液体流速的开关不同。

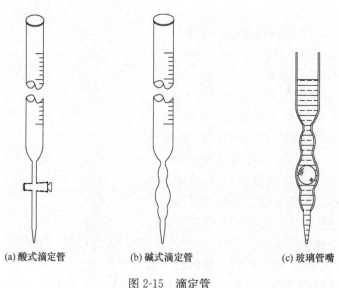

(a) 酸式滴定管　　　　(b) 碱式滴定管　　　　(c) 玻璃管嘴

图 2-15　滴定管

酸式滴定管下端是玻璃活塞,旋转活塞,溶液即从管内流出。它适于装酸性溶液和氧化性溶液,而不能盛装碱性溶液,碱性物质会与玻璃反应而使活塞发生粘连。碱式滴定管下端是用一段橡胶管连接的带尖嘴的玻璃管[图 2-15(c)],橡胶管内有一玻璃珠,代替玻璃活塞,用于控制液体的流速。碱式滴定管用于盛装碱性溶液和还原性溶液,凡是与橡胶反应的氧化性溶液都不能装在碱式滴定管中。

滴定管的使用主要包括查漏、洗涤、装液(赶气泡,调零)、滴定及读数五大步骤。

### 1. 查漏

滴定管在使用前要检查是否漏水,活塞是否旋转灵活,该操作称为查漏。

酸式滴定管查漏的具体操作是先往滴定管中加入自来水至"0"刻度以上,旋转玻璃活塞检查水流是否通畅,活塞是否灵活,旋转活塞时是否漏液。然后再记录读数,静置 2min 后检查读数有无变化。若无变化,则将活塞旋转 180° 再静置 2min,看读数是否仍然不变,不变则表明滴定管不会漏液,可以放心使用。

如果酸式滴定管漏水或玻璃活塞转动不灵活,则要取下活塞将其洗净,用滤纸或纱布将活塞及活塞孔擦干,将滴定管平放在桌面上,在活塞的细端及较粗的一端均涂抹一圈凡士林。凡士林涂层要厚薄均匀、适当。涂抹太多时,过多的凡士林会被挤入小孔堵塞活塞,太少则容易漏水或使活塞发涩,转动不灵活。

涂匀凡士林后,将活塞对准活塞套中央插入。插时,活塞孔应与滴定管平行,径直插入活塞套,不要转动活塞,这样避免将油脂挤到活塞孔中。插紧活塞后,在活塞小端套上小橡皮圈(剪下一段橡胶管),以防活塞脱落。必要时可用橡皮筋在活塞大小两端交替缠绕,进一步加固稳定活塞。装配完成后,朝一个方向缓慢转动活塞,直到观察到活塞全部透明为止。活塞涂凡士林和安装如图 2-16 所示。

如果凡士林涂抹过多导致活塞堵塞,则要拆下清除。若是活塞孔被堵,可用细铁丝将凡

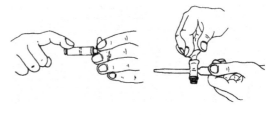

图 2-16　活塞涂凡士林和安装

士林捅出。如果滴定管下端出口管被堵,则要先把滴定管用水装满,再将滴定管的出水管浸泡在热水中,当管内凡士林融化后迅速开启活塞,使管内水冲出并带走融化的凡士林。也可以用有机溶剂浸泡溶解以去除管内的凡士林,如采用氯仿或四氯化碳,以达到清除疏通的效果。

碱式滴定管使用前要检查玻璃珠大小是否合适,橡胶管是否老化,是否漏液。将碱式滴定管装水后记录读数,静止 2min 后再检查读数是否变化。如果碱式滴定管漏液,则可将橡胶管内玻璃珠位置移动一下,看漏液是否停止。若仍漏液,则说明玻璃珠太小或橡胶管已经松弛老化,需要更换玻璃珠或橡胶管。

### 2. 洗涤

滴定管是定量分析仪器,对仪器洁净度要求严格,因此要求在装溶液之前必须进行规范的洗涤操作。其洗涤步骤包括自来水冲洗、蒸馏水淌洗和待装液润洗。

自来水冲洗和蒸馏水淌洗是其中的主要步骤,这一步洗涤负责完成滴定管的污渍去除,要求达到流出液清亮无色、滴定管内壁不挂水珠的程度。必要时要用洗涤剂刷洗或用洗液浸泡。待装液润洗步骤则是为了消除上步残液对浓度的影响,应该遵循"少量多次"原则,用液较少,一般润洗两三次。

用洗涤剂或洗液清洗碱式滴定管时,要先将橡胶管内的玻璃珠取出,再将碱式滴定管的上端浸没在装有洗涤剂或洗液的烧杯中。挤出洗耳球中的空气,把其尖端插入橡胶管中,然后缓慢松开洗耳球,使烧杯中的洗涤剂或洗液吸入滴定管内。当洗涤剂或洗液上升到一定高度而未达到橡皮管时,停止用洗耳球吸液,并用弹簧夹夹紧橡皮管,静置数分钟。之后松开弹簧夹,使洗涤剂或洗液流回烧杯,并将之倒回回收瓶中。最后,用自来水充分冲洗滴定管,直至流出液无色清澈,滴定管不挂水珠。

用自来水冲洗掉滴定管的污渍后,还要用少量蒸馏水淌洗两三次,以去掉管内的自来水。再用少量待装液润洗两三次后,洗涤步骤完成。

3. 装液(赶气泡,调零)

往滴定管内装入溶液时,要直接将溶液从试剂瓶倒入滴定管,不能借助漏斗、烧杯等其他仪器,以防试剂被中间环节污染。

溶液装入后,应先赶去管尖内的气泡,才能调零。要赶去酸式滴定管管尖的气泡,首先要将溶液加至"0"刻度线以上,以保持较高的水柱压力,然后迅速开启活塞,利用在较高水压下迅速射出的液体将管尖内的气泡冲出。

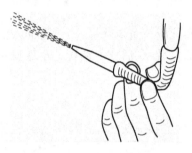

碱式滴定管与酸式滴定管相比,气泡相对容易赶出,但也更容易带入新的气泡。当碱式滴定管加满溶液后,将橡胶管稍向上弯曲,同时挤压玻璃珠使溶液从缝隙间射出(图 2-17),由于气泡会朝上跑,所以会随水流流出。此时需要注意的是,赶掉管尖气泡后,捏住玻璃珠的手指只能缓慢松开,如果手指松得太快太猛,又会将新的气泡带入碱式滴定管管尖内。

图 2-17　碱式滴定管排气泡

滴定管赶尽气泡后,需要重新装液至刻度线以上,才可进行调零操作。调零时,右手拇指和食指拎住滴定管,左手旋转玻璃活塞或捏挤玻璃珠以控制水流,双眼平视零刻度,当液体的弯月面与 0.00 刻度(或低于该刻度的附近刻度)相切时,立即停止放液。如果此时管尖处挂有悬滴,可用干净滤纸吸掉或在锥形瓶外壁靠掉。读取并记录此时弯月面的读数,以此作为滴定液的初始体积。

以上赶气泡和调零操作都应该在水槽中进行,操作中要避免将溶液射到其他人身上或流到地面。

4. 滴定

将滴定管夹在滴定架上,滴定管高度一般以滴定管尖插入承接容器(锥形瓶或烧杯)口 1~2cm 为宜。也可根据滴定操作者站立高度调节,以操作者直立后手腕平端的适宜操作高度来确定。

滴定时右手握住锥形瓶直颈部位(图 2-18),用手腕带动锥形瓶均匀水平旋转。不要用手抓住锥形瓶下部来回震荡,否则容易使液体溅出。左手控制滴定速度。

酸式滴定管和碱式滴定管的操作不同:

用酸式滴定管滴定时,左手大拇指从前面(滴定管靠近滴定者一边)放在活塞旋钮的上方,食指和中指则从后面(滴定管远离滴定者一边)放在活塞旋钮的下方(图 2-18),无名指和小拇指自然弯曲。稍微旋转活塞旋钮,就可以控制滴定液的流出速度。左手旋转活塞的同时,要带动旋塞向掌心方向施力,以避免旋塞转动时因发生外移而出现漏液,但向掌心方向施力也不宜过大,以免旋塞不畅,影响滴定速度的控制。

用碱式滴定管滴定时,左手大拇指和食指、中指同时捏住橡胶管并挤压玻璃珠,使溶液从缝隙中滴出。无名指和小拇指自然弯曲(图 2-19),或用无名指和小拇指轻轻夹住下端玻璃管,以稳定玻璃尖管的位置。

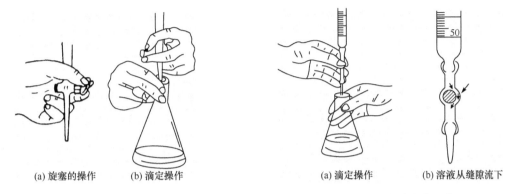

(a) 旋塞的操作　　(b) 滴定操作　　　　　　　(a) 滴定操作　　(b) 溶液从缝隙流下

图 2-18　酸式滴定管操作　　　　　　　图 2-19　碱式滴定管操作

滴定操作应该直立进行。眼睛观察锥形瓶中溶液颜色的变化,而不是注视滴定管内液面的下降。左手根据滴定进程控制滴定液的流速。滴定速度变化可大致分为线滴、串滴、点滴、滴半滴四个阶段。滴定开始时,一般速度可以较快(除某些反应外,如用高锰酸钾溶液滴定草酸溶液等),此时可使液滴成线(但还是能看见滴状)。紧接着是"串滴",一滴接一滴地成串滴入。当可以看到颜色变化明显时,就需放慢滴定速度,改为"点滴",即滴加的一滴引起的颜色变化完全消失之后,再滴加下一滴。当滴到最后,颜色消失需要较长时间的振荡才能达到时,就必须采用"滴半滴"操作,以免滴过终点。"滴半滴"是指用左手控制滴定液悬挂在管尖形成悬滴(悬而不滴),然后用洗瓶吹出少量水将悬滴带入锥形瓶中,或使管尖接触锥形瓶内壁,用内壁靠下悬滴,再用蒸馏水吹洗锥形瓶内壁。在进行"滴半滴"操作之前,要先用洗瓶淋洗锥形瓶内壁,使附着在内壁上的滴定液全部进入溶液发生反应。在整个滴定过程中,右手须不停地朝一个方向均匀旋转锥形瓶,促使瓶内反应充分进行。

当溶液颜色达到终点且颜色变化保持半分钟不褪时,滴定到达终点。

5. 读数

读数是整个滴定操作中看似最容易的步骤,也是产生误差的主要步骤。正确的读数操作是:读数要在滴定停止后静止 1~2min 再进行,以便附着在滴定管内壁上的溶液完全流下来。读数时应取下滴定管,用右手大拇指和食指拎着滴定管上端,让滴定管尽量保持垂直,使视线与管内弯月面水平,读出弯月面低点处刻度读数,估读到小数点后第二位,如 0.02mL、25.35mL 等。为了准确读数,对于无色溶液可以在滴定管后衬一张黑色卡片纸,将卡片下移至距离弯月面约 1mm 处,使弯月面的反射层呈黑色,以便准确读数[图 2-20(a)]。读数后要及时将原始数据记录在实验记录本上。

读数时容易出现的错误有:

(1) 不将滴定管取下读数。由于滴定架通常不能保证滴定管处于完全垂直状态,所以不取下来读数会带来较大的读数误差。

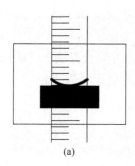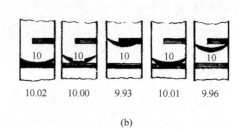

(a)　　　　　　　　　　　　　　　　　(b)

图 2-20　滴定管读数

（2）取下滴定管后用右手握住滴定管进行读数。握住滴定管会造成手掌用力控制滴定管，因此难以保证其完全垂直，而以两个手指（大拇指和食指）拎住滴定管，由于手指用力较弱，可以利用其重力保持滴定管自然垂直。

（3）视线与弯月面不水平，高于或低于弯月面[图 2-11，图 2-20(b)]。

（4）没有进行估读，实验数据有效数字位数不够。

滴定结束后，要把滴定管内剩余溶液倒掉，而不能倒回原试剂瓶内。

滴定管洗涤干净后，要管尖朝上、管口朝下夹在滴定架上。再将酸式管玻璃活塞打直（活塞孔径与滴定管平行），或挤压碱式管橡胶管内的玻璃珠，以放空管尖残液。

### 2.2.4　容量瓶

容量瓶主要用于准确配制一定体积和一定浓度的溶液。

容量瓶是一种细颈梨形的平底玻璃瓶（图 2-21），管口部位为磨口，并配有磨口塞。瓶颈上刻有环形标线，瓶体上标有 20℃ 时溶液达到标线时的准确体积。常用的容量瓶有 25mL、50mL、100mL、250mL、500mL、1000mL 等规格。

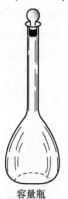

为保证密合性，容量瓶与塞子要配套使用，塞子一般不能互相调换或另配。由于塞子打破后容量瓶无法继续使用，所以在使用前应用细绳将磨口塞绑定在容量瓶的瓶颈上，防止塞子不慎打破、摔碎或与其他容量瓶的塞子弄混。系绳余留长度不用太长，2～3cm 即可，以可以开启塞子为宜。

容量瓶使用前要先检查是否漏水。试漏操作：往容量瓶中加入自来水至刻度线以上，塞好瓶塞，一手按住瓶塞，另一手托住瓶底，然后将容量瓶倒立数分钟，仔细观察瓶口是否有水渗出。如不漏水，再将塞子旋转 180° 后，继续倒立瓶体数分钟，看瓶口漏水与否。经检验不漏水的容量瓶才能使用。当用于分析测定实验时，需要用到多个规格相同的容量瓶，此时有必要将容量瓶进行编号。

容量瓶　
图 2-21　容量瓶

容量瓶可用来将精确称量的固体试剂配制成准确浓度的溶液。配制时要先将精确称量的固体物质在烧杯中加少量水搅拌溶解，将溶液沿玻璃棒转移入容量瓶中[图 2-22(a)]，注意使玻璃棒与容量瓶的接触点位于瓶颈标线以下（定容之前要避免溶液滴加到标线以上的瓶颈部位）。然后用少量蒸馏水洗涤烧杯内壁，并将洗涤液转移至容量瓶内，重复此洗涤和转移操作三四次，此后进行定容。

当容量瓶内溶液达到容器体积的 1/2 ～2/3 时，用窝心的右手五指同时托住瓶底，水平画圆振荡容量瓶，使内部溶液初步混匀（注意：切记不可将瓶倒立，定容完成后才可将瓶体倒立）。

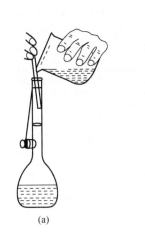

(a)　　　　　　　　　　　(b)　　　　　　　　　　　(c)

图 2-22　容量瓶的使用

继续用洗瓶沿玻璃棒加入蒸馏水,至瓶内液面离标线约 1cm 时,改用滴管滴加蒸馏水,小心加到溶液弯月面与标线相切,此即定容步骤完成。

定容后塞紧瓶塞,一手大拇指和中指握住瓶颈,食指压紧瓶塞,另一手则托住瓶底,然后将瓶倒立[图 2-22(b)、(c)],气泡随之升到瓶底。用手摇动瓶底,以使溶液混合均匀。再倒转容量瓶,使气泡升至顶部。边倒边摇,反复操作,利用气泡的升腾作用和人为摇动,使瓶内溶液充分混合均匀。

容量瓶还可用于将准确体积和浓度的浓溶液稀释成准确体积和浓度的稀溶液。稀释时,先用移液管或吸量管移取准确体积的浓溶液,放入容量瓶中,再加入蒸馏水至 1/2 处初步混匀,继续加水定容,其操作与上面的步骤相同。定容后来回倒转容量瓶,同上方法摇匀,即可配制成所需浓度的稀溶液。

热溶液不能直接转移到容量瓶中进行定容,需要冷却至室温后再转移定容,否则误差较大。

容量瓶是量器不是容器,所以不能用来长期存放溶液。容量瓶中若有需要长期存放的溶液,则应转移到试剂瓶中贮存。盛装准确浓度溶液的试剂瓶应先用该溶液润洗两三次,然后再装溶液,以确保溶液浓度不受到影响。

容量瓶不得在烘箱中烘烤,也不允许以任何方式加热。

对于一般的分析测试实验,我国生产的玻璃量器能够满足准确度的需要,不用校准。但是有些分析测试实验准确度要求很高,因此所用玻璃量器必须进行校准,如滴定管、容量瓶等常用称量法校准。称量法的原理是准确称量量器中所容纳或放出的水的质量,根据水的密度计算出该量器在 20℃时的容积。

(中南大学　刘绍乾)

## 2.3　衡量仪器及其使用方法

天平是实验室衡量质量用的衡器。天平的种类很多,一般可按其结构、精度、用途或称量范围等分类。通常所说的天平是指杠杆天平,我国目前采用的方法是相对精度分类法,即以天平分度值与最大称量值之比来划分精度级别,规定按天平名义分度值与最大载荷之比将天平分成10级(表2-2)。

**表2-2　天平的等级**

| 精度级别 | 名义分度值与最大载荷的比值 | 精度级别 | 名义分度值与最大载荷的比值 |
|---|---|---|---|
| 1 | $1\times10^{-7}$ | 6 | $5\times10^{-6}$ |
| 2 | $2\times10^{-7}$ | 7 | $1\times10^{-5}$ |
| 3 | $5\times10^{-7}$ | 8 | $2\times10^{-5}$ |
| 4 | $1\times10^{-6}$ | 9 | $5\times10^{-5}$ |
| 5 | $2\times10^{-6}$ | 10 | $1\times10^{-4}$ |

### 2.3.1　托盘天平

托盘天平又称台秤,是实验室中常用的称量仪器。托盘天平多为双盘,一般能准确到0.1g。托盘天平的构造如图2-23所示。横梁架在托盘天平座上,横梁左右各有一个盘子用来承重物和砝码。横梁中部的上下有指针,用以指示天平的平衡状态。

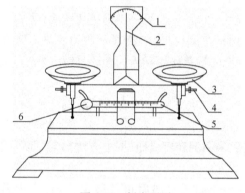

**图2-23　托盘天平**

1. 刻度盘;2. 指针;3. 托盘;
4. 螺旋;5. 游标尺;6. 游码

使用托盘天平前,先将游码拨至游标尺左端"0"刻度处,检查指针是否停在刻度盘上中间位置,如果指针停在刻度盘中间位置,则无需调节便可使用。否则,须调节托盘下面的螺旋(可进可出),改变横梁重心位置,使指针停在中间位置(称为零点)。称量时,左边托盘放称量物,右边托盘放砝码,5g或5g以上的砝码放在砝码盒内,5g以下的砝码通过移动游标尺上的游码来调节。当添加砝码使托盘天平两边平衡时,指针停在近中间的位置称为停点,停点和零点之间允许偏差为1小格,此时砝码所示的质量就是称量物的质量。称量应注意以下几点:

(1)称量药品不能直接放在托盘上,应在左盘先放上纸片或表面皿、小烧杯、称量瓶等盛器,再放在盛器上称量。易潮解或具有腐蚀性的药品必须放在玻璃容器内,不可放在纸片上称量。

(2)热的物体不能直接称量,需冷却到室温后再称量。

(3)称量完毕后,将砝码放回砝码盒中,并将游码退回到"0"刻度处。

(4)托盘天平应保持清洁,托盘上洒有药品时,必须立即清除干净。

### 2.3.2　分析天平

**1. 分析天平的工作原理**

分析天平是实验室最常用的一种精密衡置仪器。其称量的精确度一般为万分之一克,与托盘天平一样是根据杠杆原理设计的,如图2-24所示。设有一杠杆ABC,B为支点,A、C两端所受的力为$W_1$、$W_2$,当达到平衡时,支点两边的力矩相等,即$W_1\times AB=W_2\times BC$。

因为天平是等臂的,即 $AB=BC$,故 $W_1=W_2$,而 $W=mg$($g$ 为重力加速度),有 $m_1g=m_2g$, $m_1=m_2$,即在等臂天平中被称物的质量 $m_1$ 等于砝码的质量 $m_2$。

当分析天平使用不当时,会造成支点刀 B 的磨损,致使支点两边的力臂不相等,精度下降,因此应特别注意保护好支点刀。

2. 分析天平的结构

半自动机械加码电光天平是一般化学实验室中使用较多的一种分析天平,其结构如图 2-25 所示。它主要由天平梁、升降枢、光学读数装置、机械加码装置等部件组成。

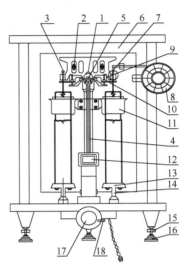

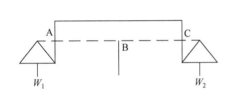

图 2-24　杠杆原理示意图

图 2-25　半自动电光分析天平

1. 天平梁；2. 平衡螺丝；3. 吊耳；4. 指针；5. 支点刀；6. 框罩；7. 环码；
8. 指数盘；9. 支力销；10. 托叶；11. 阻尼筒；12. 投影屏；13. 称盘；
14. 托盘；15. 螺旋脚；16. 垫脚；17. 升降枢；18. 微动拨杆

(1) 天平梁。天平梁是天平的主要部件,由铝合金制成。梁的中间和两端装有 3 个三棱形的玛瑙刀,中间的玛瑙刀的刀口向上,放在天平柱的玛瑙刀面上,天平两端的两个玛瑙刀的刀口向下,通过蹬(或称吊耳)上的玛瑙平板与刀口接触,蹬上有挂托盘与空气阻尼器内筒的悬钩。中间的玛瑙刀称为支点刀,两端的玛瑙刀称为承重刀。支点刀与承重刀的尖锐程度决定天平的灵敏度,应注意保护刀口防止损伤。另外在梁的正中装有细长的指针,指针的偏转可以指示梁的平衡情况。梁的两边各装有一个平衡螺丝,用来调节天平的平衡位置。

(2) 升降枢。为了保护刀口,当天平不工作时,由两个托叶将天平梁支住,使刀口离开天平柱上的承刀面;当天平工作时,则由升降枢将托叶放下,刀口缓缓落在天平柱的刀承面上,使天平处于工作状态。另外,升降枢还控制着电光读数装置的开关,升降枢放下,电源开关打开,可在投影屏上看到缩微标尺的投影;升降枢上升,则电源切断。

(3) 托盘和阻尼装置。天平有两个托盘挂在吊耳下,可分别用于放置砝码和被称物品。盘下装有盘托,在支起托叶的同时,盘托支持托盘,防止其摆动。为了尽快地使天平静止下来,提高称量速度,吊耳下面安装了阻尼器,它是由两只内外相互套合而彼此不接触的铝盒构成。外盒固定在天平柱上,内盒挂在吊耳上面,利用空气阻尼作用,天平很快停止摆动而达到平衡。

(4) 砝码和机械加码装置。砝码放在砝码盒(图 2-26)内。最大质量为 100g,最小质量为 1g。1g 以下、10mg 以上是用金属丝做成的环码,分别挂在环码钩上,利用机械加码装置来加减环码,可在 10～990mg 范围内调节质量(图 2-27),其中外轮调节范围为 10～900mg,内轮调节范围为 10～90mg。10mg 以下则由电光读数装置直接读出。

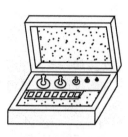 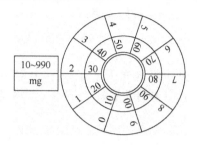

图 2-26　砝码盒　　　　　　　　图 2-27　机械加码指数盘

(5)光学读数装置。光学读数装置如图 2-28 所示,由升降枢控制电路的开关,小灯泡的光线将固定在指针下端的微分标尺,经放大、反射后在投影屏上显示出来,并能准确地读出 10mg 以下的质量。在升降枢下面有一微动调节杆,可使投影屏左右移动,用于天平零点调节。

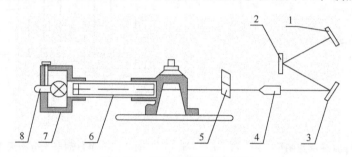

图 2-28　光学读数装置示意图
1. 投影屏;2,3. 反射镜;4. 物镜筒;5. 微分标牌;6. 聚光管;7. 照明筒;8. 灯头座

(6)天平橱和水平仪。为了防止灰尘、酸气、水气的侵蚀以及空气对流对天平称量的影响,而设置了天平橱。橱上有 3 个门,前面的门是清理、维修时才打开,左右两个门供取放被称物和砝码用。称量读数时,3 个门都要关闭。天平要保持水平,才能进行准确称量,因此在天平柱上装有气泡水平仪,指示天平是否水平,当气泡在水平仪的正中央时天平才水平,否则需用天平橱下的两只螺旋脚来调节。一般是由安装天平者进行整节。

### 3. 分析天平的灵敏度

天平的灵敏度通常是指在天平的一个盘上增加 1mg 质量所引起的指针偏转的程度,指针偏转程度越大,天平的灵敏度越高。灵敏度($E$)的单位为分度·$mg^{-1}$。在实际工作中,常用灵敏度的倒数来表示天平的灵敏度,即

$$S = \frac{1}{E} \text{（mg·分度}^{-1}\text{）}$$

$S$ 称为天平的分度值,也称感量,单位为 mg·分度$^{-1}$。因此,分度值是使天平的平衡位置产生一个分度变化时所需的质量值(mg)。可见,分度值越小的天平,其灵敏度越高。分度值太小,灵敏度太高,则天平不稳定;分度值太大,灵敏度太低,则称量误差大。一般要求分析天平的分度值为 10mg/(100±2)分度。

4. 半自动电光分析天平的使用方法

（1）天平检查。称量前首先应检查天平是否处于正常工作状态、是否水平，天平梁是否套在托叶上，砝码是否齐全，环码有无脱落，机械加码装置是否在零位置，秤盘是否干净，灯泡是否亮，投影屏上显示刻度是否清晰。

（2）零点调整。当天平空载（不加砝码和重物）时，用左手顺时针旋转升降旋钮接通电源，此时可看到标尺的投影在摆动，当投影稳定后，观察投影屏上的刻线与标尺的零点是否重合，通过微调拨杆的移动使其重合，否则应关闭升降枢，调节天平梁上的平衡螺丝（一般由实验室老师处理）。零点调整好后，关闭升降枢，再打开升降枢看刻度线是否指零，否则需再次调整，直到两次打开升降枢时投影屏上刻度都指零为止。

（3）预称物体质量。如果被称物体的质量较大，则应先在托盘天平上预称，估计到 0.1g，若发现被称物体超过 200g，则不能在这种型号的分析天平上称量。

（4）称量物体。将被称物体从左侧门放在左盘中心，从右侧门加砝码于右盘。然后轻轻转动升降枢，观察指针移动方向，判断砝码或环码是太重还是太轻。若指针迅速向左移动，表示砝码或环码太重，反之则太轻，应随即轻轻地关闭天平，加减砝码或环码时（注意每次加减砝码或环码时，都必须预先关闭升降枢以保护天平梁上的刀口）要按由大到小的顺序加减。只有当天平启动后，指针偏转不明显时，才能从投影屏上观察。屏上刻线往"＋"方向迅速移动，表示环码太轻，反之则太重，应加减环码。当屏上刻线往"＋"方向移动缓慢时，则应将升降枢全部打开，观察屏上刻线停止的位置，此点称为载重时的平衡点，也称停点，记下停点值，这时被称物体的质量＝盘中砝码质量＋指数盘读数＋投影屏读数。

例如，先在天平右盘上放置 16g 砝码，然后旋动机械加码指数盘旋钮，指针停止后投影屏上刻线指在图 2-29 所示位置，这时物体的质量为

右盘砝码质量：10g＋5g＋1g＝16g

指数盘读数：200mg＋30mg＝230mg

投影屏读数：1.6mg

被称物体质量＝16＋0.230＋0.0016＝16.2316（g）

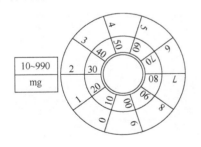 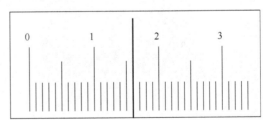

图 2-29　光学读数装置示意图

（5）结束工作。称量完毕，取出被称物体和砝码，指数盘旋至 0，同时校对读数记录。在空载条件下检查天平零点，看是否与称量前的零点重合，如不重合则说明在称量过程中操作出现错误，应重称。检查天平是否复原，复原后罩好天平罩，并登记使用情况。

5. 半自动电光天平使用规则

（1）电光天平是一种精密的称量仪器，应注意爱护，不准任意移动天平，应保持天平内的清洁。

（2）在加减砝码和取放被称物体时，一定要预先将升降枢关上，以免损坏刀口，降低天平的灵敏度。开启升降枢时动作要轻缓，发现光标移动很快应立即轻轻关闭升降枢。

（3）天平不能超载（>200g），也不能称量过冷或过热的物体。化学药品不能直接放在天平盘上，一般装在称量瓶中。

（4）砝码一定要用镊子取放，较大的砝码和物体应尽量放在托盘中央。使用机械加码装置一定要轻轻地逐格转动。

（5）称量完毕，将天平复原，并检查天平是否休止，砝码是否齐全，机械加码装置指数盘是否置零，被称物是否取出。关好天平门，登记使用情况，请教师检查签字后才能离开天平室。

### 2.3.3 电子天平

**1. 电子天平的特点**

电子天平又称电磁力式天平，它与传统杠杆式机械天平比较主要有如下特点：

（1）传感器的反应速度快，从而可以提高称量速度。

（2）结构简单，体积小，重量轻，受安装地点的限制小。

（3）称量信号可以用计算机进行数据处理，自动显示、记录称量结果。

（4）称重传感器密封性好，从而有优良的防潮、防腐蚀性能。

（5）没有作为支点的刀承和刀口，稳定性好，机械磨损小，减轻了维修保养工作，使用方便，寿命长。

（6）精度高。

因此，电子天平目前已成为衡器发展的主流。

**2. 电子天平的构造及工作原理**

电子天平的构造及工作原理如图2-30所示。

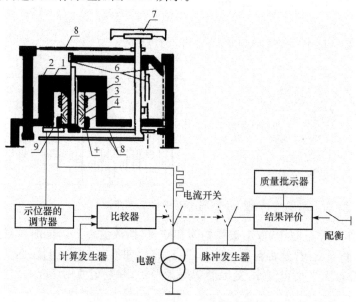

图2-30　电子天平结构示意图

1. 磁轭；2. 磁钢；3. 极靴；4. 补偿线圈；5. 温度补偿；
6. 挠性轴承；7. 秤盘；8. 导向杆；9. 示位器

根据称重传感器的工作原理,电子天平又可分为电容式、电感式、磁电式、电磁式和电阻应变式。无论哪种类型的电子天平都是利用称重传感器作为变换元件,把被称物体的质量按一定的比例关系转换成与其相应的电信号,然后用电子仪表进行测量和显示。

电子天平的外观如图 2-31 所示。

图 2-31　电子天平外观图

（1）底座部。这是安装电子天平全部部件的基础。天平的磁轭、磁钢、极靴、罗伯威尔机构支架、水准器以及天平绝大部分的测量、控制、显示部分的电器件及其线路都安装在底座上或固定于与底座相连的支架上。在底座的下表面装有三只脚,其中两只是用以调整水平的底脚螺丝。在绝大多数电子天平上,显示部分通常和天平主机装在一起,此时,常安装在底座上表面的前端部位。

（2）载荷接受、传递部。这是电子天平接受外界载荷,并将该载荷以力或力矩的形式传递给载荷测量、控制部分的机械装置。它通常由称量盘(衡量盘)、护环、护板、导向杆等零部件所组成。

（3）载荷的测量、控制、显示部。这是电子天平测量载荷的质量值,对测量过程实行开环或闭环控制,并将测量结果显示出来的装置。通常也将天平的开关、校准、配衡(除皮)、调零、打印等若干功能键也归于此部。

（4）框罩部。这是安装在底座上的部件。它起着固定天平外形,防止外界灰尘、气流对传感器和天平主机内其他电器件或系统产生干扰的装置。框罩部也可作为天平主机内的个别零部件空间定位用(只限无精确度定位要求)的框架。精确度高的天平,通常框罩部备有门、窗,称量盘在天平罩内。对于精确度要求不太高的天平,往往不带天平罩。

BS210S 型电子天平外形及显示屏、控制板见图 2-32、图 2-33。

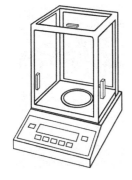

图 2-32　BS210S 型电子天平外形

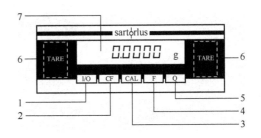

图 2-33　BS210S 型电子天平显示屏及控制板
1. 开/关键；2. 清除键(CF)；3. 校准/调整键(CAL)；4. 功能键(F)；
5. 打印键；6. 除皮/调零键(TARE)；7. 质量显示屏

### 2.3.4　称量的常用方法

#### 1. 直接称量法

称物体前,先测定天平零点,将被称量的物体在台秤上称出质量,然后把物体放在天平左盘中,在右盘上加上相应质量的砝码(全自动分析天平则相反),使平衡点与零点重合,此时砝码所示的质量就等于物体的质量。这种称量方法适用于洁净干燥的器皿、金属物体等。称量时不得用手直接取放被称物,可用镊子、纸片等适当方法。

#### 2. 指定质量称样法

这种方法是为了称取指定质量的试样,要求试样本身不吸水并在空气中性质稳定,如金属、矿石等,其过程如下:

(1) 先按直接称量法称容器(如表面皿、铝铲)的质量,并记录平衡点。

(2) 如指定称取 0.4000g 时,在右边秤盘增加 0.4000g 砝码,在左边秤盘的容器中加入略少于 0.4000g 的试样,然后用牛角匙轻轻振动,使试样慢慢落入容器中,直至平衡点与称量容器的平衡点刚好一致。全自动分析天平的操作则相反。

这种方法的优点是称量过程简单,结果计算方便,日常的分析中广泛采用这种称量方法。

#### 3. 减量称样法

这种方法称出样品的质量不要求固定数值,只需在要求的范围内即可,适于称取多份易吸水、易氧化或易与 $CO_2$ 反应的物质。将此类物质盛入带盖的称量瓶中进行称量,即可防尘和防止吸潮,又便于称量操作,其步骤如下:

(1) 在称量瓶中装适量试样(如果试样曾经烘干,应放在干燥器中冷却至室温),用洁净的小纸条或薄膜条套在称量瓶上拿取(不能直接用手拿取),如图 2-34。打扫干净瓶身,先放在台秤上粗称其质量,再用上法拿取放在天平盘中,准确称其质量(设其质量为 $m_1$ g)。

(2) 从天平上减去(取出)与要称得某一数量试样相当(最好是略少)的砝码,用上述拿取称量瓶方法取出称量瓶,在装盛试样的容器上方打开瓶盖,将称量瓶口向容器略为倾斜,用称量瓶盖轻轻地敲击瓶身上部,使试样慢慢落入容器中(不得落入他处,否则重称),如图 2-35 所示,然后慢慢地将瓶竖起,用瓶盖轻敲瓶口上部,使粘在瓶口的试样落入瓶中,盖好瓶盖,再将称量瓶放回天平盘(不得放在任何别的地方,以防沾污)上称量。如此重复操作,直到倾出的试样量达到要求为止。

图 2-34　称量瓶拿取法　　　　　图 2-35　从称量瓶敲出试样操作示意图

(3) 设第二次称得称量瓶与试样重为 $m_2$ g,则第一份试样重为 $(m_1-m_2)$ g。

（4）同上操作，逐次称量，即可称出多份试样。

### 4. 电子天平的称量方法

用电子天平称量的主要特点是快捷，下面介绍几种常用的称量方法。

（1）差减法。与在机械天平上使用称量瓶称取试样的方法相同。

（2）增量法。将干燥的小容器轻轻放在称盘中央，待显示数字稳定后按一下"TARE"键去皮重并显示零点，然后打开天平门往容器中缓缓加入试样并观察屏幕显示，当达到所需质量时停止加样，关上天平门，数字稳定后即可记录所称试样的净质量。

（中南大学　周建良）

## 2.4　化学试剂及其使用方法

化学试剂简称试剂，是指具有一定纯度标准的各种单质、化合物或混合物。化学试剂是许多部门进行科学研究、分析测试必备的物质条件之一，也是新兴技术不可缺少的功能材料和基础原料。化学试剂品种多样，质量标准、规格不尽相同。因此，了解化学试剂的一些基本知识是非常必要的。

### 2.4.1　化学试剂的基本知识

#### 1. 化学试剂的分类和标准

化学试剂种类繁多，其分类方法也是多种多样，目前尚无统一的分类标准。化学试剂若按其组成和结构可分为无机试剂和有机试剂两大类；若以用途为主、兼顾学科和产品结构又可分为一般试剂（通用试剂）、高纯试剂、一般分析试剂（基准与标准试剂、特效试剂、指示剂、各类试纸）、仪器分析用试剂（色谱试剂、光谱试剂）、生化试剂、临床试剂、同位素试剂、专用化学品（电子工业专用化学品、电子微细加工用光刻胶、液晶、荧光粉……）等若干大类。此外，新的试剂种类正随着科学技术和生产的不断发展而不断产生。

国内化学试剂的产品标准分国家标准（GB）、行业标准、地方标准（DB）和企业标准（QB）四种，其中以前两种标准为主。国家标准和行业标准都有强制性标准和推荐性标准之分，如带"GB"、"HG"字样的（表 2-3），分别是强制性国家标准和强制性化工行业标准，必须执行；如带"/T"字样，则为推荐性标准（又称非强制性标准或自愿性标准），企业自愿执行。近年来，有许多化学试剂的国家标准在建立或修订过程中不同程度地采用了国际标准或外国的先进标准。

化学试剂的国家标准大致分基础标准、基准试剂标准和化学试剂标准，通过它们，对化学试剂产品的技术要求、试验方法、检验规则以及标志、包装、运输和贮存等作了规定。几种典型的化学试剂标准代码、性质如表 2-3 所示。

**表 2-3　化学试剂的各类标准示例**

| 标准类别 | 标准名称 | 标准性质 |
|---|---|---|
| GB/T601—2002 | 中华人民共和国国家标准 化学试剂 标准滴定溶液的制备 | 推荐性标准 |
| GB10730—2008 | 中华人民共和国国家标准 第一基准试剂 邻苯二甲酸氢钾 | 强制性国家标准 |
| GB15346—2012 | 中华人民共和国国家标准 化学试剂 包装及标志 | 强制性国家标准 |
| GB2299—1980 | 中华人民共和国国家标准 化学试剂 高纯硼酸 | 强制性国家标准 |
| HG/T3442—2000 | 中华人民共和国化工行业标准 化学试剂 硫酸铝 | 推荐性标准 |

本书只对通用试剂、基准与标准试剂、高纯试剂及其用途作简单介绍。

**2. 通用试剂**

在基础化学实验室最常用的试剂是通用试剂,包括生化试剂。对通用试剂,国家标准分为一级、二级、三级共三种级别(规格),分别称之为优级纯(或称保证试剂、G. R.)、分析纯(A. R.)和化学纯(C. P.)。

市售化学试剂通用以玻璃瓶、塑料瓶或塑料袋盛装,并在其上贴有标签,标签上注明试剂的基本性质,并用不同的符号和标签颜色标记化学试剂级别。标签颜色为国家标准《化学试剂包装及标志》(GB15346—2012)中所规定,还规定基准试剂的标签使用深绿色,生化染色剂的标签使用玫红色,其他类别的试剂均不得使用上述颜色。通用试剂的规格、标志、标签颜色及主要用途如表2-4所示。

**表 2-4　试剂规格和适用范围**

| 纯度级别 | 优级纯(一级) | 分析纯(二级) | 化学纯(三级) | 生物染色剂 |
|---|---|---|---|---|
| 英文符号 | G. R.<br>(guaranteed reagent) | A. R.<br>(analytical reagent) | C. P.<br>(chemical pure) | B. S.<br>(biological stain) |
| 标签颜色 | 深绿 | 金光红 | 中蓝 | 玫红 |
| 适用范围 | 主成分含量最高、杂质含量最低,适用于精密分析和科学研究工作,有的可作为基准物质 | 主成分含量很高、纯度略低于优级纯,适用于重要分析工作及一般研究工作 | 主成分含量高、纯度较高,适用于工矿、学校一般分析工作、化学实验和合成制备 | 配制微生物标本染色液 |

注:在1974年后的一段时间内,通用试剂的试剂级别只有分析纯和化学纯两种级别,2000年左右恢复三种级别。但是目前有的标准也有个别试剂只有1~2种级别。化工行业标准中试剂级别分两级

通用化学试剂定级的依据是试剂的纯度(含量)、杂质含量、提纯的难易以及各项物理性质。例如《化学试剂氯化钠》(GB/T1266—2006)的质量指标中,氯化钠含量(质量分数)优级纯要求≥99.8%,分析纯和化学纯均为≥99.5%,水不溶物依次为≤0.003%、0.005%和0.02%。生化试剂的质量指标注重生物活性、杂质,如蛋白质类试剂经常以其含量表示,而酶是以单位时间能酶解多少物质来表示其纯度,即以活力来表示。

另外,在有些时候会用到进口试剂,应该注意国外分级标准与我国的差异。

**3. 标准物质和基准试剂**

**1) 标准物质**

标准物质(reference material,RM)是指具有一种或多种足够均匀和很好确定的特性,用以校准测量装置、评价测量方法或给材料赋值的一种材料或物质。

标准物质在化学测量、生物测量、工程测量与物理测量中用于校准测量仪器和测量过程,评价测量方法的准确度和检测实验室的检测能力,确定材料或产品的特性量值,进行量值仲裁等。

标准物质可以是纯的或混合的气体、液体或固体。例如,校准黏度用的水,量热法中作为

热容量校准物的蓝宝石,化学分析校准用的溶液等。我国把标准物质分为两个级别,其代号、涵义如表 2-5。

表 2-5　我国标准物质分级及代号涵义

| 标准物质级别 | 一级标准物质 | 二级标准物质 |
|---|---|---|
| 代号 | GBW | GBW(E) |
| ISO 名称 | 有证标准物质(CRM) | 标准物质(RM) |
| 涵义 | 由国家计量行政部门审批并授权生产,由中国计量科学研究院组织技术审定,颁发认定证书。用绝对测量法或两种以上不同原理的准确可靠的方法定值,在只有一种定值方法的情况下,采用多家实验室以同种准确可靠的方法定值,是统一全国量值的一种重要依据 | 由国务院有关业务主管部门(各部委)审批并授权生产,采用准确可靠的方法或直接与一级标准物质相比较的方法定值。定值的准确度应满足现场(实际工作)测量的需要。一般要高于现场测量准确度的 3~10 倍 |

　　标准物质的种类很多:按技术特性分为化学成分或纯度标准物质(如金属、化学试剂)、理化特性标准物质(如离子活度、黏度标样等)或是工程技术标准物质(如橡胶、音频标准等)3 大类;按学科专业分类有钢铁、有色金属、建筑材料、核材料与放射性、高分子材料、化工产品、地质、环境、临床化学与医药、食品、能源、工程技术、物理学与物理化学 13 大类。

　　2) 基准试剂与标准试剂(化学试剂中的标准物质)

　　(1) 基准试剂。基准试剂是一种高纯度、组成与化学式高度一致的化学性质稳定的纯度标准物质。基准试剂可用来直接配制标准溶液,或用于标定其他非基准物质的标准溶液,实验室暂无储备时,一般可由优级纯试剂担当。实验室常用的基准试剂有重铬酸钾、金属铜、邻苯二甲酸氢钾、碘酸钾、氯化钠、碳酸钠、草酸钠、氟化钠、氧化锌、草酸、硝酸银等;pH 基准试剂包括四草酸钾、酒石酸氢钾、邻苯二甲酸氢钾、磷酸二氢钾等。不同级别氯化钠试剂的技术指标如表 2-6 所示。

表 2-6　不同级别氯化钠试剂的技术指标

| 标准编号 | GB10733—2008 | GB/T1253—2007 | GB/T1266—2006 | | |
|---|---|---|---|---|---|
| 名称 | 第一基准 | 工作基准 | 优级纯 | 分析纯 | 化学纯 |
| NaCl(NaCl),wt/% | 99.98%~100.02% | 99.95%~100.05% | ≥99.8% | ≥99.5% | ≥99.5% |
| pH(50g·L$^1$,25℃) | 5.0~8.0 | 5.0~8.0 | 5.0~8.0 | 5.0~8.0 | 5.0~8.0 |
| 澄清度试验/号 | ≤2 | ≤2 | 合格 | 合格 | 合格 |
| 水不溶物,wt/% | ≤0.003% | ≤0.003% | ≤0.003% | ≤0.005% | ≤0.02% |
| 干燥失量,wt/% | — | — | ≤0.2% | ≤0.5% | ≤0.5% |
| 碘化物(I),wt/% | ≤0.001% | ≤0.001% | ≤0.001% | ≤0.002% | ≤0.012% |
| 溴化物(Br),wt/% | ≤0.005% | ≤0.005% | ≤0.005% | ≤0.01% | ≤0.05% |
| 硫酸盐(SO$_4$),wt/% | ≤0.001% | ≤0.001% | ≤0.001% | ≤0.002% | ≤0.005% |
| 总氮量(N),wt/% | ≤0.0005% | ≤0.0005% | ≤0.0005% | ≤0.001% | ≤0.003% |
| 磷酸盐(PO$_4$),wt/% | ≤0.0005% | ≤0.0005% | ≤0.0005% | ≤0.001% | — |
| 砷(As),wt/% | — | — | ≤0.00002% | ≤0.00005% | ≤0.0001% |

| 标准编号 | GB10733—2008 | GB/T1253—2007 | | GB/T1266—2006 | |
|---|---|---|---|---|---|
| 六氰合铁（Ⅱ）酸盐<br>[以 Fe(CN)$_6$计],wt/% | ≤0.0001% | ≤0.0001% | ≤0.0001% | ≤0.0001% | — |
| 镁(Mg),wt/% | ≤0.001% | ≤0.001% | ≤0.001% | ≤0.002% | ≤0.005% |
| 钾(K),wt/% | ≤0.01% | ≤0.01% | ≤0.01% | ≤0.02% | ≤0.04% |
| 钙(Ca),wt/% | ≤0.002% | ≤0.002% | ≤0.002% | ≤0.005% | ≤0.01% |
| 铁(Fe),wt/% | ≤0.0001% | ≤0.0001% | ≤0.0001% | ≤0.0002% | ≤0.0005% |
| 钡(Ba),wt/% | ≤0.001% | ≤0.001% | ≤0.001% | ≤0.001% | ≤0.001% |
| 重金属(以 Pb 计),wt/% | ≤0.0005% | ≤0.0005% | ≤0.0005% | ≤0.0005% | ≤0.001% |

注：wt 表示质量分数

（2）标准试剂。在分析化学中使用的具有已知含量（有的是指纯度）或特性值，其存在量和反应消耗量可作为分析测定度量标准的试剂称为标准试剂。简言之，标准试剂就是衡量其他物质化学量的标准物质。

基准试剂和标准试剂统称标准试剂。标准试剂有许多类，目前国内常用的主要国产标准试剂的等级及用途如表 2-7 所示。

**表 2-7　部分主要的国产标准试剂的等级及用途**

| 类别（级别） | 主要用途 |
|---|---|
| 滴定分析第一基准试剂 | 容量分析工作基准试剂的定值 |
| 滴定分析工作基准试剂 | 容量分析标准溶液的定值 |
| 滴定分析标准溶液 | 容量分析法测定物质的含量 |
| 杂质分析标准溶液 | 仪器及化学分析中微量杂质分析的标准 |
| 一级 pH 基准试剂 | pH 基准试剂的定值和高精密度 pH 计校准 |
| pH 基准试剂 | pH 计的校准（定位） |
| 热值分析试剂 | 热值分析仪的标定 |
| 气相色谱分析标准试剂 | 气相色谱法进行定性和定量分析的标准 |

#### 4. 高纯试剂

在日常化学实验中，使用较多的是分析纯和化学纯试剂。根据实验的不同需求，有时还用到一些具有特殊纯度的试剂。例如某些单晶材料的制备中，为了得到完整无畸变的晶体，需要使用杂质含量小于万分之一甚至更低的试剂（≥99.99% 的试剂）。在原子光谱分析中，需要金属杂质含量低至不会产生任何谱线干扰的试剂作为光谱载体（光谱纯试剂）；高效液相色谱检测中需要使用不会产生基线噪音和杂峰的高纯溶剂（色谱纯试剂）；电子和半导体工业对化学试剂中杂质的要求比一般化学实验高得多，有专用的行业标准（MOS 级试剂）。超纯试剂用于痕量分析和一些科学研究工作。以上这些试剂的生产、贮存和使用都有一些特殊的要求。

值得注意的是高纯试剂控制的是杂质项含量，基准试剂控制的是主体含量，二者有显著的区别。基准试剂可用于标准溶液的配制，但高纯试剂一般不能用于标准溶液的配制（单质氧化物除外）。例如，高纯金属镁标称含量≥99.99% 是指其中金属杂质总量小于 0.01%，但表面往往有较多的氧化物，实际镁元素的含量可能不到 99%；光谱纯的碳酸锂通过发射光谱法检测不出金属杂质,但是可能含有少量氯离子、硫酸根等非金属杂质;色谱纯异丙醇中可能含有少量正丙醇,但作为高效液相色谱流动相却完全合格等。因此不能简单地将高纯试剂当作基准试剂使用。但很多高纯物质经适当处理,如高纯金属经过酸洗、高纯氧化物经过灼烧后,可保证其主成分含量近似认为达到 100%,可以当作基准试剂使用。

　　5. 化学试剂规格的选择原则

　　化学实验中应该按照实际需要选用合适规格的试剂,规格太低会因为杂质的干扰导致实验失败,规格太高则造成较大的浪费,因为随纯度的提高,试剂价格可能会成倍增加。一般制备实验选用化学纯试剂即可,分析测试实验一般须使用分析纯试剂,精确度要求很高的分析实验或特别精密的制备实验,应该选用优级纯试剂甚至高纯度的试剂。配制洗液、冷却浴或加热浴用药品,选用工业品即可。对于有些制备实验,由于粗产物本身就要经过后续提纯,也可以用纯度较低的工业品作为原料。因此,要恰当地选用试剂,必须把实验要求、试剂特性、操作过程等因素综合起来考虑。

## 2.4.2　试剂的取用方法及使用注意事项

　　1. 原瓶试剂的分装和一般取用原则

　　购买的原瓶装试剂不论是液体还是固体,一般不直接取用,而是分装到相应的试剂瓶中备用,或者按一定要求配制成溶液后分装使用(当试剂用量较大时也直接取用原瓶装的试剂)。固体试剂一般装在磨口的玻璃广口瓶中,液体试剂则盛在磨口的玻璃细口瓶(或滴瓶)中。见光易分解的试剂,如 $KMnO_4$、$AgNO_3$ 等,应装在棕色瓶内,并放置于暗处。氢氟酸易腐蚀玻璃、陶瓷,一般存放在塑料容器中。每一种试剂都贴有标签以表明试剂的名称、浓度、纯度。当试剂与瓶口、瓶塞有作用时,如碱溶液对玻璃有腐蚀性,则需用橡皮塞。

　　固体用专用的药匙取用;液体一般直接用量筒或量杯量取,如果需要用滴管取用液体试剂,必须"专管专用",绝不可将公用滴管伸入试剂瓶。

　　取用过程必须严防污染,并且要按量取用,不得浪费。取用后多余的试剂绝不可重新放回原瓶,应放入指定的容器中,贴上标签,另行存放。

　　2. 液体试剂的取用

　　取用液体试剂的方法是量少时用滴加法,量大时可用倾注法。

　　(1) 从滴瓶中取液体试剂时,提起滴管,使下端管口离开液面,用拇指和食指紧捏滴管上部的胶头,赶出滴管中的空气,然后把滴管伸入滴瓶液面下,放开手指,吸入试剂;再次提起滴管,用无名指和中指夹住滴管玻璃部分(不可夹持胶头,否则将造成试剂滴撒),将滴管悬空地放在靠近试管口的上方,用大拇指和食指轻轻挤压胶头使试剂滴入试管中(图 2-36)。

　　必须注意的是用滴管从滴瓶中取出试剂后,应保持滴管垂直,不要平放,尤忌倒置,防止试剂流入橡皮头内腐蚀橡胶,沾污试剂。滴加试剂时,滴管的尖端不可接触容器内壁,应在容器口上方将试剂滴入,也不得把滴管放在原滴瓶以外的任何地方,以免沾污杂质,使瓶内试剂被污染。

　　(2) 用倾注法取液体试剂时,取下瓶塞将其倒置在实验台上,用左手的大拇指、食指和中指拿住容器,用右手拿起试剂瓶,并注意使试剂瓶的标签向上或对着手心,以容器壁撑住瓶口,缓缓倾出所需量的液体,使液体沿着器壁流下(图 2-37)。倒完后应该将试剂瓶口在容器上靠一下,再使瓶子竖直,避免遗留在瓶口的试剂从瓶口流到试剂瓶的外壁。倾注液体时也可用玻璃棒引流。倒完试剂后,应立即盖上瓶塞,并把试剂瓶放回原处,使瓶上的标签朝外。

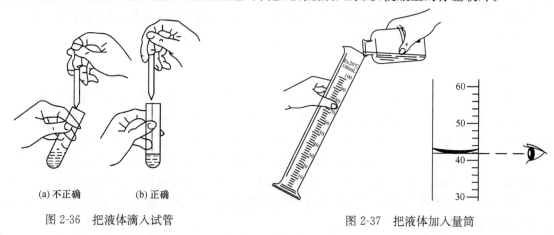

(a) 不正确    (b) 正确

图 2-36   把液体滴入试管

图 2-37   把液体加入量筒

加入反应器内所有液体的总量不得超过容器总容量的 2/3,如用试管不能超过总容量 1/2。量取液体时应该选用适当的量具,一次量足,不要用过大或过小的量具。一般实验用量筒量取即可,若要准确量取一定体积的液体时,应用移液管(吸量管)精确取用(具体操作见移液管的使用)。

3. 固体试剂的取用

固体试剂要用干净的药匙取用。

(1) 药匙两端一般有大小两个匙,取大量固体试剂时用大匙,取用量少时用小匙。使用的药匙必须保持干燥而洁净,使用后要立即清洗干净。当取用的固体试剂要加入试管或其他小口容器时,可将固体试剂放在洁净纸条折成的纸槽上送入。但应注意,易潮解的试剂禁止用纸取用。取用镁条、铁丝、石灰石等尺寸大或形状特殊的固体时用专用的镊子夹取。在任何情况下均禁止用手直接拿取试样。取出试剂后应立即盖上瓶盖,以免试剂受到污染。

(2) 要称取一定量的固体时一般可用台秤。固体试剂要放在光滑的称量纸(具有腐蚀性、强氧化性或易潮解的样品禁用)上、表面皿上或称量瓶中。要求准确称取一定质量的固体时,可在分析天平上用直接法或减量法称取(见分析天平一节)。无论是台秤还是分析天平均禁止将试剂直接放在称量盘中。

4. 试剂使用注意事项

(1) 使用化学试剂前,应熟悉相应化学试剂的性质,在取试剂时方法要正确,注意安全及防止试剂被污染。

(2) 对于剧毒、强腐蚀性、易燃易爆、易挥发、有刺激性的试剂,必须戴上面具和橡胶手套,在通风橱中操作,取用时要特别小心,以免发生意外。不要将药品洒落在实验台和地上,若不慎洒落应根据具体情况采用合适的方法及时处理。

(3) 取用试剂时必须以该试剂标签上的化学式为根据。例如,常用的碳酸钠有无水物、十水合物两种,标签应标明化学式,分别为 $Na_2CO_3$、$Na_2CO_3 \cdot 10H_2O$,取用时看清标签,绝不能仅凭名称为碳酸钠将两者混为一谈。

(4) 拿取试剂瓶时必须用手掌抓住整个瓶身,如果是较大的试剂瓶,还必须用另一只手托住瓶底。对于有螺口瓶盖的试剂瓶,切不可只拿住瓶盖,否则极易因为瓶盖不牢而滑落。盛有强酸、强碱溶液或其他有腐蚀性、易燃性液体的瓶子尤其要注意。盛有溶液的薄壁玻璃器皿(烧瓶、烧杯)移动时也必须托住它们的底部。

(5) 使用高级别试剂,相应的实验用水的纯度及容器的洁净度要与之匹配。

### 2.4.3　常用试剂的纯化与干燥

#### 1. 试剂的纯化

当市售的一般试剂无法满足实验要求,市场上又购买不到合适的试剂时,一般需要自行进行纯化处理,特别是一些不稳定的试剂或容易与环境中物质反应的试剂,往往必须在临用前进行处理。蒸馏和重结晶是最常用的物理纯化方法,沉淀法是最常用的化学纯化方法。此外还有溶剂萃取、离子交换、升华、区域熔融和色谱分离等。对于被水或溶剂污染的物质可能用合适的吸收剂及干燥剂干燥就足够了。应注意的是为了得到高纯度的化合物,在实际应用中,往往需要多种纯化方法结合使用。

各种纯化方法的具体操作将在后续实验中逐步讲授。这里只针对基础化学实验中一些常见试剂和常规纯化方法列举几例说明(表 2-8)。

表 2-8　常见试剂的纯化方法及效果

| 被纯化物质 | 纯化方法 | 纯化过程 | 纯化效果 |
|---|---|---|---|
| 硝酸 | 蒸馏 | 优级纯硝酸经硬质玻璃蒸馏器蒸馏,弃去前后各 20% 的馏分,然后用石英亚沸蒸馏器重蒸一次 | 金属离子质量分数小于 $10^{-9}$ |
| 盐酸 | 等温扩散 | 用石英容器或聚乙烯容器盛装优级纯盐酸 1L 置于大干燥器下层,另用石英容器或聚乙烯容器盛装亚沸蒸馏水 1L 置于干燥器上层,室温(不低于 25℃)静置 10 天,取上层容器的盐酸使用 | 金属离子质量分数小于 $10^{-9}$ |
| 重铬酸钾 | 重结晶 | 100g 重铬酸钾用 300mL 亚沸蒸馏水加热溶解,趁热用玻璃砂芯漏斗过滤,冰水冷却结晶,所得晶体再按上述方法结晶一次 | 纯度≥99.9%,可作为基准试剂 |
| 硼酸 | 离子交换 | 将优级纯硼酸加热(50~60℃)溶于亚沸蒸馏水,制得 10% 左右的溶液,趁热过滤并用强酸性阳离子树脂交换,交换后溶液冷却结晶,50℃ 以下真空干燥 | 达到 MOS 级 |
| 乙醇 | 蒸馏 | 1L 乙醇(95%)中加入 250g 氧化钙,放置 1 昼夜,再回流 30~40min,然后蒸馏 | 水分<0.3% |
| 乙酸 | 重结晶 | 冷冻至 0~4℃ 保持 2h,倾倒出母液,晶体微热至融化,重复上述冷冻结晶过程两三次 | 达到优级纯以上 |
| 苯 | 萃取 | 在分液漏斗中依次用浓硫酸、水、碳酸钠溶液(10%)各洗涤 3 次,用无水氯化钙干燥后蒸馏 | 不含噻吩 |
| 乙二胺四乙酸二钠(EDTA) | 重结晶 | 室温下溶于水至饱和,滴加乙醇至刚产生沉淀,滤除沉淀,滤液中加入等体积乙醇,将所得沉淀抽滤并用乙醇洗涤 | 纯度≥99.9%,可作为基准试剂 |

**2. 试剂的干燥**

空气中含有1%～4%的水蒸气。水蒸气易在各种试剂上冷凝和吸附,是试剂中最常见的杂质之一。有些试剂还具有吸湿性(易潮解),因此含水的情况更加严重。试剂吸水后会造成称量不准确,还会使一些试剂变质(如五氧化二磷、金属钠等),对于一些非水条件下的反应,试剂吸潮将会导致实验失败。

除去固体、气体或液体试剂中的少量水分的过程称为干燥。不同的试剂干燥方法也不同,如晾干、加热烘干、用干燥剂脱水、真空干燥等。这里主要针对固体试剂的干燥介绍几种基本的干燥方法,气体的干燥见2.7.3气体的收集与干燥。

1) 自然干燥

对于在空气中稳定、不分解、不吸潮但是加热易分解或附有易燃、易挥发溶剂的固体,可采用自然干燥法。将其放在表面皿或是面积大的敞口容器内,上面覆盖洁净滤纸,让其自然尾气处理。

2) 玻璃干燥器干燥

(1) 玻璃干燥器。实验室用玻璃干燥器是一种有磨口盖子的厚质玻璃仪器,磨口上涂有凡士林用以密封,器内底部放有干燥剂(一般是变色硅胶或是无水氯化钙),中部有一个可取出的带孔瓷板,供放置待干燥物的容器。干燥器有普通干燥器和真空干燥器两种(图2-38)。

图2-38 玻璃干燥器

开启普通干燥器时,不是把盖子往上提,而是用左手抱住干燥器的腰部,右手握住盖子顶部的圆头,向左前方水平方向缓慢推移,将盖子推开;取下盖子后,可拿在右手中,也可以把它翻过来放在桌子上(使涂有凡士林的一面朝上),放入或取出物品后,必须及时将盖子盖好,此时也应握住盖上圆头,将盖子盖上部分后,水平推移,使盖子的磨口与干燥器口密合。搬动干燥器时,必须用两手的大拇指同时将盖子按住,以防盖子滑落而打碎。

温度很高的物体必须稍冷却后才能放入干燥器内,并在短时间推开盖子一两次。否则,干燥器内空气受热膨胀,可能将盖子冲开,即使能盖好,往往冷却后的负压使盖子很难打开。干燥器应注意保持清洁,不得存放过于潮湿的物品,以免干燥剂很快失效,失效的干燥剂要及时更换。

真空干燥器盖子顶上装有可供抽真空用的活塞,其活塞下端呈弯钩状,口向上,防止在通入空气时,因为气流太猛将固体冲散。干燥效果优于普通干燥器。使用要点如下:①放进物体盖好盖子后,再用真空泵由活塞孔抽除干燥器内的空气5～10min,最后关闭活塞;②打开干燥器时,先打开活塞通入空气,待干燥器内外压力相等方可打开。其余操作同普通干燥器。

(2) 干燥剂。实验室常用干燥剂有着不同的干燥能力,所能干燥的对象也不同,干燥试剂或试样时注意选择。部分干燥剂的干燥能力与干燥对象见表2-9。

表 2-9　常用干燥剂的干燥能力与干燥对象

| 名称 | 干燥对象 | 干燥气体中残留的水量 /(mg·L$^{-1}$) | 干燥剂吸水量 /(g·g$^{-1}$) | 再生温度 /℃ |
|---|---|---|---|---|
| 无水氯化钙($CaCl_2$) | 气体,中性有机物 | 0.1～0.2 | 0.15～0.3 | 250 |
| 无水硫酸镁($MgSO_4$) | 气体,大部分有机物 | 1 | 0.75 | 200 |
| 氧化钙($CaO$) | 气体,醚、醇、胺 | 0.003～0.01 | 0.31 | 难以再生 |
| 无水硫酸钠($Na_2SO_4$) | 大部分有机物 | 12 | 1.27 | 150 |
| 分子筛 | 气体,大部分有机物 | 0.001 | 0.18 | 120～250 |
| 硅胶 | 气体 | 0.002 | 0.2 | 100～200 |
| 浓硫酸 | 气体 | 0.003～0.008 | 不定 | 难以再生 |
| 五氧化二磷($P_2O_5$) | 气体 | 0.00002 | 0.5 | 难以再生 |
| 氢氧化钾 | 气体,醇、胺 | 0.9 | 0.16 | 熔融 |

3）烘干

熔点高、热稳定性好的固体,可将其放在电热鼓风烘箱内烘干。许多基准试剂是在 105～270℃条件下干燥,获得其稳定形式。部分基准试剂的干燥条件见附录十。

烘干是试剂最常用的干燥方法,一般在电热鼓风干燥箱中进行。

电热鼓风干燥箱又名烘箱,是带有电动鼓风机的干燥箱,利用鼓风机强制空气流动,使箱内温度均匀,通过数显仪表与温度传感器的连接来控制箱内的温度,是一种常用仪器设备。其优点是能使箱内被烘物迅速干燥,主要用来干燥样品,也可以提供实验所需的温度环境,常用温度范围为室温～250℃。

使用时应根据水分存在的形式选择适当的干燥温度。一般试剂吸附的水在 105～120℃即可完全赶走。但有些以结晶水形式存在,要完全脱除就需要根据具体物质的性质来确定温度。而有时是需要赶走吸附水、保留结晶水,干燥温度就不能太高。干燥后的试剂要防止再次吸潮,一般需要密闭保存,最好是保存在干燥器中。为避免试剂在干燥过程中高温分解,可使用真空干燥的办法。常用的设备是真空干燥箱。对于受热易分解变质的试剂,则可将其敞口放置在普通干燥器或真空干燥器中数天,使其水分被干燥剂吸收。

4）干燥液体有机试剂

液体有机试剂通常不能加热或真空干燥,一般是将干燥剂直接投入试剂中,使干燥剂直接与其接触,使水分被吸收。因此所用的干燥剂必须不与该物质发生化学反应或催化作用,不溶解于该液体中。对于某些特定体系也可以通过蒸馏的方法除去水分。详细操作将在后续的有机化学实验中讲授。

（武汉理工大学　杜小弟　郭丽萍）

## 2.5　实验用水的种类与选用方法

### 2.5.1　实验用水的种类与制备

在化学实验室中,仪器的洗涤、溶液的配制、产品合成以及分析测试等工作都要用到大量的水。实验室的水应当是饮用水和适当纯度的水。国家标准 GB/T6682—2008 规定分析实验室用水分为三个级别:一级水、二级水和三级水。分析实验室的用水规格、用途和制备方法如表 2-10 和表 2-11 所示。

表 2-10　GB/T6682—2008 分析实验室用水的规格

| 名称 | 一级 | 二级 | 三级 |
|---|---|---|---|
| pH 范围 | — | — | 5.0～7.5 |
| 电导率(25℃)/(mS·m$^{-1}$) | ≤0.01 | ≤0.10 | ≤0.50 |
| 可氧化物质含量(以 O 计)/(mg·L$^{-1}$) | — | ≤0.08 | ≤0.4 |
| 吸光度(254nm,1cm 光程) | ≤0.001 | ≤0.01 | |
| 蒸发残渣(105℃±2℃)含量/(mg·L$^{-1}$) | — | ≤1.0 | ≤2.0 |
| 可溶性硅(以 SiO$_2$计)含量/(mg·L$^{-1}$) | ≤0.01 | ≤0.02 | — |

注：由于在一级水、二级水的纯度下，难于测定其真实的 pH，因此对一级水、二级水的 pH 不做规定

由于在一级水的纯度下，难于测定可氧化物质和蒸发残渣，对其限量不做规定，可用其他条件和制备方法来保证一级水的质量

资料来源：《分析实验室用水规格和试验方法》(GB/T6682—2008)

表 2-11　各级实验用水的用途和制备方法

| 水的级别 | 一级水 | 二级水 | 三级水 |
|---|---|---|---|
| 用途 | 用于有严格的分析要求的分析实验，包括对颗粒有要求的试验，如高效液相色谱分析用水 | 用于无机痕量分析等实验，如原子吸收光谱分析用水 | 用于一般的化学分析实验 |
| 制备方法 | 用二级水经过石英设备蒸馏或是离子交换混合床处理后，再经 0.2μm 微孔滤膜过滤 | 可用多次蒸馏或是离子交换等方法制取 | 用蒸馏或离子交换等方法制取 |
| 贮存容器 | 均使用密闭的专用聚乙烯容器，三级水也可使用密闭、专用玻璃容器 | | |
| 贮存 | 不可贮存，用时制备 | 适量制备，贮存 | |

资料来源：《分析实验室用水规格和试验方法》(GB/T6682—2008)

下面简要介绍几种实验室常用纯水的制备方法。

1. 蒸馏水、多蒸水、亚沸蒸馏水

(1) 蒸馏水。蒸馏是最为古老的获得纯水的方法之一，由于其简便有效，至今仍有广泛的应用。蒸馏时，水中不挥发的组分残留在容器中，而挥发的组分进入蒸馏水的初始馏分中。通常在制备蒸馏水时只收集中间的 60%～70%，排去初始馏分和在蒸馏瓶中残留部分各 10%～20%。蒸馏水可以满足一般无机化学实验和普通化学分析的要求，但其中仍含有一定量的钙、镁、钠等常见离子，在要求较高的实验中则需进一步处理。

实验室可自行搭建简单的蒸馏装置，也有连续制备蒸馏水的商品仪器。蒸馏水器的材质对出水质量有一定影响，早期常用铜制蒸馏水器，所得的水中常含有铜离子。目前已经普遍用不锈钢代替铜材料，但仍会有微量铁、锌、镍等金属离子进入水中。使用硬质玻璃材质的蒸馏水器可获得更好的水质，但易碎，而且微量硅、硼的溶出也难以避免。

为了制备有特殊要求的蒸馏水，一般需要先对原料水进行一些物理或化学处理。例如将水煮沸回流数小时后再蒸馏，可获得不含溶解氧的蒸馏水；加入碱性高锰酸钾再蒸馏，可以使有机物氧化分解，得到不含有机物的蒸馏水；加入硫酸或磷酸酸化，可得到不含氨的蒸馏水；使用硬质玻璃蒸馏器时加入适量甘露醇，可使硼的挥发显著减小。

（2）多蒸水。为进一步除去杂质,得到高纯度的水,可以再次进行蒸馏,所得的纯水称作重蒸水或二次蒸馏水,相应的还有三次蒸馏水。简单的重复蒸馏一次对水质的提升有限,最好进行适当的处理。一般是先在减压条件下将不含二氧化碳和氨的空气气流通入待蒸的水中,以除去水中的二氧化碳等挥发性杂质,然后进行两次蒸馏。第一次蒸馏时加入氢氧化钠和高锰酸钾,第二次在加入高锰酸钾的同时加入少量的硫酸氢钾,以氧化分解水中的有机物,并将挥发性物质转变为难挥发物等。通常在制备重蒸水时收集中间馏分的 80% 左右,弃去初始馏分和在蒸馏瓶中残留部分各约 10%,蒸馏用的蒸馏瓶、冷凝器和接收器最好采用石英或银、铂制品。

（3）亚沸蒸馏水。水在沸腾的过程中会有微小的水滴随蒸气一起逸出,从而使纯化的效果变差。为了克服这一弊端,发展了一种亚沸蒸馏法,其特点是加热管在水面上方通过辐射加热,保持液相温度低于沸点温度,蒸发只在界面上发生。这一方法消除了沸腾时水滴飞溅带出的杂质,再加上使用高纯石英材料,从而可以获得品质极高的超纯水,用于极谱分析、高效液相层析、离子电极、原子吸收分析、临床生化、火焰光度计和各种微量及痕量分析,是制备高纯水或高纯试剂的一种理想设备(图 2-39)。温度应严格控制在酸的沸点以下,溶液不能沸腾。蒸出液体流速应控制在 40mL·h$^{-1}$ 左右。

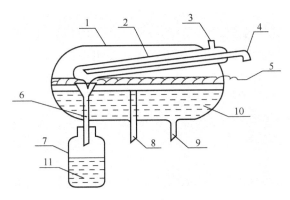

图 2-39　石英亚沸蒸馏装置

1. 亚沸蒸馏器; 2. 冷凝器; 3. 冷却水出口; 4. 冷却水入口; 5. 电热丝; 6. 接液漏斗; 7. 接收瓶;
8. 溢流口; 9. 上料口及残液出口; 10. 盐酸或硝酸; 11. 经亚沸蒸馏提纯的盐酸或硝酸

### 2. 去离子水

离子交换树脂是一类含有可电离的 $OH^-$ 或 $H^+$ 的交联高分子。离子交换树脂中的 $OH^-$ 和 $H^+$ 可以与水溶液中的无机离子发生交换反应:

阳离子交换树脂　　　$R—SO_3^- H^+ + M^+ \longrightarrow R—SO_3^- M^+ + H^+$

阴离子交换树脂　　　$R_4—N^+ OH^- + A^- \longrightarrow R_4—N^+ A^- + OH^-$

根据电荷平衡原理,经过上述两次交换反应后,生成的 $OH^-$ 和 $H^+$ 是等量的,发生中和反应后生成 $H_2O$,从而达到去除水中杂质离子的目的。通过这一原理可制得去离子水。

理论上看,经两次交换即可制得完全不含离子的纯水,但由于离子交换是平衡反应,实际上一般需要多级交换。为了促使交换反应完全,可将两种树脂混合装填,交换产生的 $OH^-$ 和 $H^+$ 立即相遇反应生成水,从而使交换平衡向正向移动。这样制得的水一般称作混床离子交换水,其中无机离子的总量可低至 $10^{-7}mol·L^{-1}$ 以下,适宜在原子光谱分析中使用。

离子交换法只能去除离子性杂质,大部分有机物和微生物无法除掉,而且树脂本身也会溶解一部分进入水中。因此,还需要进一步处理有机杂质(一般用活性炭吸附或紫外光降解)。

### 3. 反渗透纯水

近年来,反渗透膜(reverse osmosis membrane,RO 膜)发展迅速,可通过该方法获得十分廉价的纯水。该方法是基于反渗透原理,即在外压作用下使水分子透过 RO 膜的小孔,而直径较大的杂质分子则留在膜的另一侧,可以将其简化地理解为分子级别的过滤。该方法速度快、能耗低、操作十分简便,与传统的蒸馏法和离子交换法相比优势显著,目前已经在各个化学实验室普及。但该方法获得的水质不够理想,只能用于基础教学和简单合成等一些要求不太高的实验,或者作为进一步纯化的预处理方法。

### 2.5.2　水质的检验

前面介绍的各种纯水品质各不相同,按杂质含量由低到高的顺序排列是:石英亚沸水≈混床离子交换水,二次蒸馏水,硬质玻璃容器一次蒸馏水,金属容器一次蒸馏水,反渗透纯水。

为了准确衡量水质的好坏,应有一些量化的指标,国家标准《分析实验室用水规格和试验方法》(GB/T6682—2008)对实验用纯水的等级指标及其检测方法进行了规定。一般化学实验和常量的化学分析使用三级水即可,微量分析、精密仪器分析、高等无机合成实验一般要求使用二级水,痕量分析、高效液相色谱分析等则要求使用一级水,按上述标准执行可以对精密分析实验的结果提供可靠的保障。但在一般实验中不必完全照搬国家标准进行检测,只需要根据具体的实验要求,针对性地检测其中某一项或几项就可以了。实验室简便检验水质的常用方法主要分为化学检验和物理检验两类,下面作简单介绍。

### 1. 物理检验

(1) 电导率。利用电导仪或兆欧表测定水的电导率或电阻率是最简便而又实用的方法。水的电导率越低(电阻率越高),表示水中的离子越少,水的纯度越高。一般一次蒸馏水的电导率为 $0.2 \sim 0.3 \text{mS} \cdot \text{m}^{-1}$,可基本满足一般化学分析实验的要求。离子交换水的电导率根据交换方式不同,可达 $0.01 \sim 0.1 \text{mS} \cdot \text{m}^{-1}$ 或更低,理论纯水的电导率约为 $0.0055 \text{mS} \cdot \text{m}^{-1}$。通常无机化学实验用水的电导率应小于 $0.5 \text{mS} \cdot \text{m}^{-1}$(电阻率 $0.2 \text{M}\Omega \cdot \text{cm}$ 以上),最廉价的反渗透纯水即可达到要求。仪器分析实验则要求所用水的电导率要低得多。但应注意,电导率指标不能代表非电解质的含量,水中溶解的有机物和微生物是难以通过电导率来检验的。

(2) 吸光度。有机分子中共轭双键的跃迁可以吸收近紫外光,通过分光光度计检测吸光度就可以从一定程度上测知有机物的总量。蒸馏水在 254nm 的吸光度一般都小于 0.01,而离子交换法制得的纯水吸光度普遍较大,不能用于有机化合物相关的分析检测,往往需要进一步经活性炭吸附过滤,或者通过紫外光照射使有机物降解。

### 2. 化学检验

(1) pH 检验:取两支试管,各加入水样 10mL,甲试管滴加 0.2% 甲基红(变色范围 pH 4.4～6.2)溶液 2 滴,不得显红色,乙试管中滴加 0.2% 溴百里酚蓝(变色范围 pH 6.0～7.6)溶液 5 滴,不得显蓝色。

(2) 可氧化物检验:取水样 200mL 于烧杯中,加 20% 稀硫酸 1mL,煮沸后,加 1mL

0.01mol·L$^{-1}$高锰酸钾溶液,加热至沸并保持 5min,溶液仍呈粉红色为合格,若无色则不合格。

(3) 蒸发残渣检验:取水样 500mL,在水浴上蒸干,并在烘箱中于 105℃ 干燥 1h,所留残渣不超过 1.0mg 为合格。

(4) 可溶性硅检验:取 30mL 水样于一小烧杯中,加 1:3 硝酸 5mL 和 5%钼酸铵溶液 5mL,室温下放置 5min(或水浴上放置 30s),加入 10%亚硫酸钠溶液 5mL,摇匀,目视是否有蓝色,如有蓝色则为不合格。

(5) 氯离子检验:取水样 30mL 于试管中,用 5 滴 5%硝酸酸化,加 1%硝酸银溶液 5~6 滴,目视有无白色浑浊如有白色浑浊,则不合格。

(6) 钙离子检验:取水样 30mL 于小烧杯中,加 5%氢氧化钾溶液 5mL,加入少许酸性铬蓝 K-萘酚绿 B 混合指示剂,如溶液呈红色,说明水样有钙离子,则不合格。

(7) 金属离子检验:取水样 25mL 于小烧杯中,加 0.2%铬黑 T 指示剂 1 滴,加 pH=10.0 的氨缓冲溶液 5mL。摇匀后,如呈现蓝色,说明 $Fe^{3+}$、$Zn^{2+}$、$Pb^{2+}$、$Ca^{2+}$、$Mg^{2+}$ 等阳离子含量甚微,水质合格;如呈现紫红色,则说明水不合格。

(8) 二氧化碳检验:取水样 30mL 于有磨口塞的三口烧瓶中,加澄清的饱和氢氧化钙溶液 25mL,塞紧,摇匀后静置 1h,不得有浑浊。

### 2.5.3　纯水的合理选用

化学实验对水质有严格要求,但与前面介绍的试剂选用原则一样,应该是够用即可,不应盲目地追求高纯度。因为高纯水不仅成本更高,而且在保存和使用上都较为复杂,例如将电导率小于 0.01mS·m$^{-1}$ 的亚沸蒸馏水从储罐直接倾倒入烧杯中,就会因为吸收空气中的二氧化碳而使电导率增大数倍,因此只能通过虹吸管取用。要强调的是,合理选择纯水也必须充分考虑实验要求、操作过程和制备方法等各方面的因素。

(武汉理工大学　杜小弟　郭丽萍)

## 2.6　常用加热与冷却的方法

### 2.6.1　三种不同的温度表示及换算关系

温度是热学中最重要的基本概念之一,也是国际单位制 7 个基本量之一。温度概念的建立和测量是建立在热平衡基础之上的,其基本特征在于一切互为热平衡的系统都具有相同的温度,温度是物体分子运动平均动能的标志。温度反映的是物质内部大量分子和原子的热运动,具有统计学意义。对于个别分子来说,温度是没有意义的。一般,分子运动越剧烈,温度越高;反之,物质的温度就越低。

温度只能通过物质随温度变化的某些物理特点来间接测量,而度量物体温度数值的标尺称为温标。目前国际上用得较多的温标有华氏温标(℉)、摄氏温标(℃)、热力学温标(K)。

#### 1. 华氏温标

华氏温标是德国科学家 G. D. Fahrenheir(1681—1736)于 1714 年创立的温标,以符号℉为单位。它以水银作测温物质,规定一定浓度的氯化铵溶液和冰水混合物凝固时的温度为

0°F,把纯水凝固时的温度规定为 32°F,把一个标准大气压下水沸腾的温度规定为 212°F,在 32°F 和 212°F 两个参考温度之间等距离标以 180 个刻度,每一刻度为华氏温标的 1°F。英、美等国家多采用华氏温标。

### 2. 摄氏温标

摄氏温标是瑞典科学家 A. Celsius(1701—1744)于 1742 年创立的,以符号 $t$ 表示,单位为℃。它用水银作测温物质,规定冰水混合物的温度为 0℃,一个标准大气压下水沸腾时的温度为 100℃,在 0℃ 到 100℃ 之间分成 100 等份,每一份就是 1℃。我国及世界上大多数国家用此温标。

摄氏与华氏温标的换算关系是:1°F=1.8×1℃+32。

### 3. 热力学温标

热力学温标又称开尔文温标、绝对温度,是由英国物理学家 L. Kelvin(1824—1907)于 1848 年利用热力学第二定律的推论卡诺定理引入的。它是一个纯理论上的温标,因为它与测温物质属性无关。以 $T$ 表示,单位为 K。它规定水的三相点的热力学温标为 273.16K,从绝对温度 0K 到水的三相点间均分为 273.16 份,每一份为 1K。开尔文温度与摄氏温度的区别只是计算温度的起点不同,即零点不同。

摄氏温度 $t$ 和热力学温度 $T$ 的换算关系是:$T(K)=t(℃)+273.15$。

## 2.6.2 温度计与测温方法

温度计是测量温度仪器的总称。任意物质的某一物理属性(如体积、长度、压力、电阻、温差电势、频率和辐射波长等)随温度而发生单调、显著的改变,都可用其来标识温度,做成温度计。目前市售的温度计有多种,如液体温度计、数字式温度计、热敏温度计等。实验室常用的温度计为液体温度计,包括有酒精温度计、水银温度计、贝克曼温度计和热电偶。

### 1. 温度计

温度计的分类按测量方式分类有接触式和非接触式;按用途分有温度测量和温差测量。某些常见的接触式温度计见表 2-12。

**表 2-12 常见的接触式温度计**

| 温度计分类 | 测温属性 | 举例 | 可用的温度范围/℃ |
|---|---|---|---|
| 液体膨胀温度计 | 液柱高度 | 酒精温度计 | −30～300 |
| | | 汞温度计 | −35～600 |
| 热电偶 | 热电势 | 铂铑-铂热电偶 | −110～1500 |
| | | 镍铬-镍硅热电偶 | −200～1100 |
| 电阻温度计 | 电阻 | 铂电阻温度计 | −260～1100 |
| | | 热敏电阻温度计 | |
| 蒸气压温度计 | 蒸气压 | 氧蒸气压温度计 | 低温 |

液体温度计通常以玻璃为容器,故又称玻璃温度计。液体温度计具有结构简单、实用、方便、价廉的优点,测量精度相对较高,但它的测温范围小(只能测定液体沸点与凝固点之间的温

度)且易碎。温度计的计数分度常有 1℃、1/5℃、1/10℃ 三种。每种温度计都有一定的测温范围,常表示出最高的测温温度,测量温度不允许超过测量计的最高温度。

(1) 水银温度计。水银温度计的测温液体是金属汞,是实验室最常用的温度计。它的最高测量温度可达 360℃ 左右,若用石英代替玻璃,最高温度可达 620℃。量程为 0～50℃,100℃,200℃,250℃,300℃,360℃,600℃(石英玻璃)。金属汞有剧毒,对人体危害大,应谨慎使用,轻拿轻放,避免打碎。一旦打碎洒出汞,要立即用硫磺粉覆盖。

(2) 温差温度计——贝克曼温度计。贝克曼温度计是高精度的水银温度计(图 2-40),刻度 0.01℃,用放大镜可以读准到 0.002℃,测量体系温度范围在 −20～150℃ 的微小温差变化;一般只有 5℃ 量程。使用时,根据需要在测量范围之间调节。贝克曼温度计测量范围较广,精密度高,在早期的实验室中应用较多,但其使用较麻烦,现在逐渐被数字式贝克曼温度计所取代。

(3) 温差温度计——精密温差测量仪。代替贝克曼温度计用来测量微小温度差的仪器是精密温差测量仪。测量原理是温度传感器将温度信号转换成电压信号,经过多极放大器后传至显示器。常见型号的主要技术指标:准确度 ±0.02℃～±0.001℃,测量温差的范围 −20～80℃。

(4) 热电偶温度计。热电偶是目前工业、实验室测温中最常用的传感器,其优点是灵敏度高,可达 $10^{-4}$℃;测温范围广,在 −270～2800℃ 范围内有相应产品可供选用;结构简单,使用维修方便,可作为自动控温检测器等。它是将两种不同的金属丝焊接在一起形成

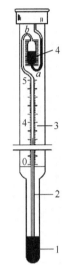

图 2-40　贝克曼温度计
1. 水银球; 2. 毛细管;
3. 温度标尺; 4. 水银储槽

电路,焊接端(工作端)与非焊接端因温差而产生有电势差,这个电势差是温度的函数。它适用温差相差较大的两种物质间的温度的测量,其工作原理见图 2-41。

热电偶温度计一般与温度控制器和补偿导线组成测温仪,与高温电炉等加热设备配套使用。热电偶温度计见图 2-42。

图 2-41　热电偶测温原理示意图

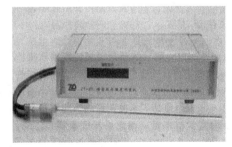

图 2-42　热电偶温度计

其他温度计还有气体温度计、金属电阻温度计、热敏电阻温度计等。

(5) 非接触式温度计。非接触式温度计顾名思义是不直接接触被测物质,利用被测物质所反射的电磁辐射,根据其波长分布或速度和温度之间的函数关系进行温度的测量。特点是不干涉被测体系,无滞后现象,但测温精度较差。

2. 测温方法

测量方法有两种,一种是接触型测量,一种是非接触型测量。接触型测量是指测量物体的温度时,温度计的检测部位直接与测量物体接触,测量部位不与被测物直接接触即为非接触型测量。

接触型测量是实验室常用的测量方式。在用液体温度计测量温度时,将温度计直接接触待测物,通过热量传递,达到待测物与温度计的热平衡,从而知道待测物的温度。

使用水银温度计时,原则上是应将温度计有水银的部位全部浸入待测物体中,特别是精度高的温度计。如果测量精度要求不高,也应将水银球完全浸入待测体。玻璃质的球体壁很薄,容易破碎,应小心使用,不使温度计接触到容器的底部或侧部,更不可将温度计当搅拌棒使用。刚测量过高温物体温度的温度计不能立即用冷水洗,以免水银球炸裂而洒落水银。

玻璃温度计的毛细管制作不易均匀,且具有热滞现象,因此在使用前应对温度计进行校正。

### 2.6.3　常用的加热设备

在实验室中,经常要进行加热、烘干或灼烧等操作,因此必须熟悉实验室常用的加热设备。

加热的方法可分为直接加热和间接加热两种。直接加热是指用明火直接作用于需加热的物体上,使温度升高。对于一些易燃、易爆的物质的加热则使用间接(指不用明火)的方法加热。

1. 加热灯具

1) 酒精灯

酒精灯是实验室中最常用的加热灯具(图 2-43),能达到的温度为 400～800℃。使用酒精灯时应注意以下几点:

图 2-43　酒精灯

（1）灯内酒精的体积应控制在灯容积的 1/2～2/3。

（2）使用时,先取下灯帽,竖放在实验台上。提起瓷质灯芯套管,让管口的酒精蒸气散开;放下套管后,用火柴点燃。不允许用燃着的酒精灯去点着另一个酒精灯。

（3）酒精灯灯焰由下而上分为焰心、内焰和外焰,以外焰的温度最高,应用外焰加热物体。需长时间加热时,最好预先用湿布包围酒精灯,以免灯内酒精受热大量挥发发生危险。

（4）熄灭酒精灯时,用灯帽从侧面盖熄(不许用嘴吹灭),然后取下灯帽,待灯口冷却后,再将灯帽盖上,这样可防止灯口破裂或塑料灯帽受热损坏。

（5）夏天使用酒精灯时应注意防爆。酒精灯造成的小面积失火可用湿布扑灭,大面积失火时应用灭火器材。

2) 酒精喷灯

酒精喷灯能提供比酒精灯更高的加热温度(800～1000℃)。酒精喷灯可分为挂式和座式两种,如图 2-44 所示。两种喷灯的点火和燃烧结构是相似的,区别在于挂式酒精喷灯的酒精储存在挂于高处的储罐内,而座式酒精喷灯的酒精则储存在兼作底座的灯壶内,与灯管部分直接相连。实验室中使用的座式酒精喷灯外火焰温度一般在 800℃ 左右,最高达 1000℃,工作半小时消耗 200mL 左右的酒精。

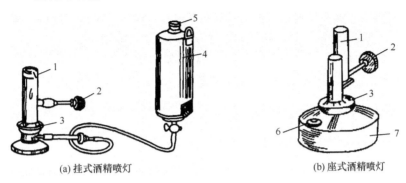

(a) 挂式酒精喷灯　　　　　　　　　　　　　　(b) 座式酒精喷灯

图 2-44　两种酒精喷灯

1. 灯管；2. 空气调节器；3. 预热盘；4. 酒精储罐；5. 储罐盖；6. 酒精壶盖；7. 酒精壶

酒精喷灯的使用方法为：

（1）灯管内的酒精蒸气喷口很细，易堵塞，堵塞后就不能引燃，所以每次使用前应使用通针（或细铁丝）扎通，保持气流通畅。

（2）旋开酒精喷灯的螺旋盖，通过漏斗把酒精倒入酒精壶。为安全起见，酒精壶中酒精的量不可超过壶内容积的 80%（约 200mL）（多数学校要求不得超过容积的 2/3）。旋紧螺旋盖，避免漏气。把灯身倾斜 70° 左右，使灯管内的灯芯润湿，以免烧焦灯芯。

（3）往预热盘里注入 2/3 容积的酒精（不慎撒到预热盘外面的酒精应立即擦干，防止酒精燃烧入酒精壶发生危险），转动空气调节器把入气孔调到最小，然后用火柴点燃预热盘中的酒精，对铜质灯管加热。待酒精气化从喷口喷出时，预热盘内燃烧的火焰便可把喷出的酒精蒸气点燃（如不能点燃，也可用火柴来点燃）。

（4）当喷口酒精蒸气点燃后，再调节空气量，使火焰达到所需的温度。进入的空气越多，也就是氧气越多，火焰温度越高，以此产生高温火焰。

（5）熄灭喷灯。座式喷灯可用事先准备的湿抹布平压灯管上口，火焰即可熄灭，然后垫着湿布旋松螺旋盖（以免烫伤），使罐内温度较高的酒精蒸气逸出。挂式喷灯应先关掉酒精储罐的开关，再关灯管的开关。若灯管的开关发烫，可用湿布盖熄火焰。

酒精喷灯的注意事项为：

（1）挂式喷灯酒精储罐出口至灯具进口之间的橡皮管要连接好，不得有漏液现象，否则容易失火。

（2）酒精喷灯在点燃时，若不能气化完全，酒精会随着蒸气喷发，形成"火雨"，甚至引起火灾。应用湿抹布扑灭火焰（挂式酒精喷灯应先关闭酒精储罐开关），然后重新点燃。喷灯使用过程中附近不能有明火。

（3）不得将酒精壶（储罐）内酒精耗尽。连续使用时间较长时，一般在半小时左右需暂时熄灭喷灯，待冷却后，添加酒精，然后继续使用。

3）煤气灯

煤气灯（本生灯）是常用的中高温加热工具，这种灯可以允许空气和煤气一起进入灯管，当两者的比例调节到 3∶1 时，会得到无光的高温火焰（1500℃），用于加热、灼烧、焰色试验和简单的玻璃加工等操作。通常煤气灯的温度在 1000～1200℃。

　　煤气灯的样式很多,但其构造原理基本相同,均由灯座、灯管两部分构成(图2-45)。灯管与灯座通过螺旋相连,螺旋处还有若干个小孔,转动灯管可以调节空气的进入量;灯座有煤气入口,其对侧有一螺旋针阀,通过旋转螺旋针阀控制煤气出口的流量。

　　煤气灯正常的火焰依下而上分为焰心、还原焰和氧化焰三层,如图2-46(a)。火焰的焰心(内层)是煤气和空气混合物,并未燃烧,温度低,约为300℃;还原焰(中层),煤气不完全燃烧,煤气分解为含碳产物,有还原性,约500℃,火焰呈蓝色;氧化焰(外层),煤气完全燃烧,有过剩的空气,有氧化性,温度最高,火焰呈淡紫色。煤气的组成不同,火焰的温度也有所差异。

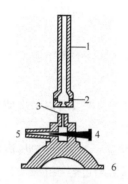

图2-45　煤气灯的构造
1. 灯管;2. 空气入口;3. 煤气出口;
4. 螺旋针阀;5. 煤气入口;6. 灯座

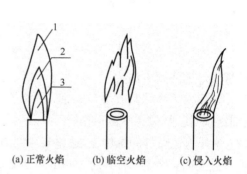

(a) 正常火焰　　(b) 临空火焰　　(c) 侵入火焰

图2-46　火焰的结构和火焰的种类
1. 氧化焰;2. 还原焰;3. 焰心

　　当空气进入量较少时,火焰呈黄色,并伴有黑烟和火星,混合气体会产生小炭粒,此时应加大空气量。煤气和空气进入量的比例不合适时,会产生不正常的临空火焰(煤气和空气的进入量过大)和侵入火焰(空气过量,火焰会产生回火),如图2-46(b)、(c)所示,这时应立即关闭煤气和空气,待灯管冷却后,重新调节和重新点火。

　　使用煤气灯时的步骤:

　　(1) 检查灯座上的螺旋针阀处在关闭状态,旋转灯管,关小空气入口。

　　(2) 打开煤气龙头,擦燃火柴,将点燃的火柴放在灯管口外侧上方(注意,不要将火柴放在灯管口正上方),稍打开煤气灯座的螺旋针阀,将煤气灯点燃。

　　(3) 调节煤气灯座的螺旋针阀,使火焰保持适当高度,这时火焰呈黄色(系炭粒发光所产生的颜色),燃烧不完全,再旋转灯管,逐渐加大空气进入量,使煤气的燃烧逐渐完全,得正常火焰。

　　(4) 使用完毕关闭煤气灯时,应先关闭灯座的螺旋针阀,然后关煤气龙头,灯管中的煤气燃尽,灯即熄灭。

　　切记不用煤气灯时,一定要把煤气龙头关紧,以防煤气泄漏导致煤气中毒。煤气中含有特殊臭味的气体,泄露时极易嗅出。

　　目前,市场上已经出现以丁烷气体为燃料的电子打火式加热器具,有手持式或座式,操作更加简便,也脱离了煤气源的限制。加之丁烷的优异燃烧性质,温度可以达到1100～1200℃,用途也由实验室渗透至更广的方面。

## 2. 电加热设备

常用的电热设备有电炉、电热板、电热套、高温炉、烘箱和各种电加热浴(电热水浴、恒温水浴、油浴、沙浴)等,其中电热板、电热套属非明火电热设备(图 2-47),电炉、管式炉、马弗炉(箱式电炉)等属明火电热设备(图 2-48)。

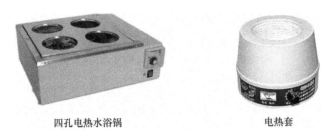

四孔电热水浴锅　　　　　　　　　电热套

图 2-47　实验室常用的非明火电热仪器

电炉　　　　　　　　　管式炉　　　　　　　　　马弗炉

图 2-48　实验室常用的明火电热设备

使用电热设备时要特别注意:①电源电压必须与电热设备的额定电压相符,电源功率要足够;②要有良好的绝缘措施,确保安全。

(1) 电热套、电水浴锅、电热板都是非明火的加热工具,它们加热均匀,可以直接将烧杯、烧瓶等玻璃仪器放置其上加热,安全、方便,常用来加热低沸点、易燃的物体。这些电加热仪器都可以通过调节电阻来控制温度。

电热套是加热烧瓶、烧杯、锥形瓶等的一种新型的节能加热器,常用作各种液体的加热、保温、蒸馏等操作。它的电热元件封闭在耐高温的玻璃纤维绝缘层内,制作成凹面的半球形状,内有保温隔热材料,具有升温快、加热均匀、无明火、节能、使用安全的优点。

(2) 电炉可以代替酒精灯或煤气灯作热源,为实验室所常用。使用电炉时,应保证电源的电压与电炉电压一致。电炉的持续使用时间不要太长,否则,易缩短其寿命。电炉的加热能力以瓦或千瓦来衡量,可加一调温器来控制温度。

(3) 马弗炉的名称取自英文 muffle furnace,muffle 是包裹的意思,furnace 是炉子,熔炉的意思,其他的称谓有电炉、电阻炉、茂福炉、马福炉。马弗炉结构简单、使用方便,应用不同的电阻材料可以达到不同的高温限度(表 2-13),并且通过热电偶、温控仪将温度精确地控制在很窄的范围内,是实验室和工业中最常用的加热设备。

**表 2-13　电阻材料的最高工作温度**（指发热体温度）

| 名称 | 最高工作温度/℃ | 工作气氛 | 发热体名称 | 最高工作温度/℃ | 工作气氛 |
|---|---|---|---|---|---|
| 镍铬丝 | 1060 | 空气 | 钨丝 | 1700 | 真空 $5\times10^{-5}$ torr 或氢气 |
| 硅碳棒 | 1400 | 空气 | ThO85CeO$_2$15 | 1850 | 空气 |
| 铂丝 | 1400 | 空气 | ThO95La$_2$eO$_5$5 | 1950 | 空气 |
| 铂铑合金丝（铂90%,铑10%） | 1540 | 空气 | 钽丝 | 2000 | 真空 |
| 硅钼棒 | 1750 | 氧化气氛下 | 稳定氧化锆 | 2400 | 空气 |
| 钼丝 | 1650 | 真空<1Pa 或氢气 | 石墨炉（管） | 2500~3000 | 真空、中性还原气氛 |

　　注：表中所列温度是不同电阻材料的最高工作温度,炉内工作室的温度将稍低于这个温度。一般使用温度应低于最高工作温度50℃,这样可大大地延长电阻材料的使用寿命;1torr＝133.322Pa

　　马弗炉按加热温度高低分低温马弗炉、中温马弗炉和高温马弗炉;按通常的加热元件分为电阻丝（马弗）炉、硅碳棒炉、硅钼棒炉等;按外观形状又可分为箱式炉、管式炉、坩埚炉等。低温马弗炉广泛用于实验室、工矿企业、科研单位作元素分析测定和一般小型钢件淬火、退火、回火等热处理时加热用;高温马弗炉可作金属熔融、陶瓷的烧结、矿物熔（分）解等高温加热用。

　　马弗炉是密封的高温加热炉,炉膛使用耐高温材料制成。使用马弗炉时,需将待加热物放于瓷坩埚中加热,不能直接放入炉体。马弗炉中不允许加热液体或易挥发、易腐蚀的物体,如果加热过程中有少量的挥发成分,应偶尔、短时、微微打开炉门,放出气体,再关紧炉门。

　　不同的炉子有不同的使用规则,使用前注意阅读有关使用说明。此处仅介绍一些共同的注意事项:

　　（1）工作环境要求无易燃易爆物品和腐蚀性气体,禁止向炉膛内直接灌注各种液体及溶解金属,保持炉膛内的清洁。

　　（2）当马弗炉第一次使用或长期停用后再次使用时,必须进行烘炉干燥:在20~200℃打开炉门烘2~3h,200~600℃关门烘2~3h。

　　（3）温控器应避免震动,放置位置与电炉不宜太近,防止过热使电子元件不能正常工作。搬动温控器时应将电源开关置"关"。

　　（4）使用时,炉门要轻开轻关;物品取放用坩埚钳夹取,注意轻拿轻放,以保证安全和避免损坏炉膛（或加热元件）。从高温炉膛内取放样品时,应戴石棉手套,防止烫伤,取出的样品宜转移到干燥器中放置的缓冲耐火材料上冷却,防止器皿急冷急热炸裂。

　　（5）使用时炉膛温度不得超过最高炉温,也不得在额定温度下长时间工作。实验过程中,使用人员不得离开,随时注意温度的变化,如发现异常情况,应立即断电,并由专业维修人员检修。

　　（6）温度超过600℃后不要打开炉门。等炉膛内温度自然冷却后再打开炉门。

　　（7）实验完毕,关闭开关,切断电源。炉子冷却后及时清理炉膛,备用。

**3. 加热操作**

实验室中常用的受热容器一般有两种材质:玻璃制品和陶瓷制品。玻璃材质的有试管、烧杯、烧瓶、锥形瓶等;陶瓷材质的有蒸发皿、坩埚等。试管、蒸发皿、坩埚可直接放在热源上加热,烧杯、烧瓶等需在明火上放一石棉网加热(石棉网能避免加热不匀、局部过热)或用非明火热源加热。

加热不易分解的液体时,可用明火加热,而低沸点、易燃的有机物则需用非明火热源加热。需要控制温度的反应亦可以用非明火热源加热。如需要把固体加热至高温时,一般是把待加热固体放在瓷坩埚或瓷舟等耐热器皿中,再放进炉内;容器外面有水应擦干;加热后不要立即与冷的或潮湿的物体接触。

1) 直接加热

装有液体或固体的试管可直接加热。加热时,应用试管夹夹住试管的中上部。

(1) 试管中的液体量不要超过试管容积的一半,试管口朝上,与桌面成约 60°的倾斜,试管口不要对着人,如图 2-49。应先加热液体的中上部,慢慢移动试管,热及下部,并不时上下移动或摇荡试管,务使各部分液体受热均匀,以免管内液体因受热不匀而骤然溅出。

在烧杯、烧瓶等玻璃仪器中加热液体时,玻璃仪器必须放在石棉网上,否则容易因受热不均匀而破裂。

(2) 加热固体时,固体量应薄薄地、均匀地铺在试管底部。试管口朝下,防止结晶水倒流入试管底部。加热结束后,不要立即用手接触试管,以免烫伤,操作如图 2-50 所示。

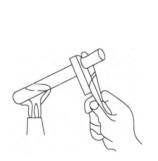

图 2-49　加热试管内的液体

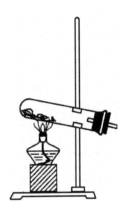

图 2-50　固体的加热

蒸发皿应用于蒸发操作中。当某物质溶液的浓度较稀且该物质的溶解度较大时,需要得到该固体物质,往往采取加热蒸发水分,使物质结晶析出,该过程即为蒸发。蒸发是提纯、重结晶等实验操作必经的过程。蒸发皿的表面积较大,有利于水的蒸发,故蒸发时使用蒸发皿。蒸发皿蒸发溶液时,溶液的量不可超过其容量 2/3,若用明火直接加热,蒸发过程中应注意搅拌,避免浓缩后的液体飞溅。蒸发皿也可来加热较多的固体。加热时应充分搅拌,使固体受热均匀。

2) 间接加热

加热低沸点、易分解、易挥发的物质时,需用非明火加热的方式,也称为间接加热。间接加热可以用前述的非明火电器(电水浴锅、电热套、电热板等)加热,也可用各种热浴加热。间接加热的优点是受热均匀、安全。但用热浴加热时,应保持浴液(沙)的干净。

(1) 电热恒温水浴。加热温度不超过 80℃时,可采用水浴加热。水浴加热是用酒精灯、煤气灯或电等热源加热水,通过水来间接加热放入其中的容器中的被加热物。装水的容器被称为水浴锅。实验室最简易的水浴锅就是大烧杯。市售水浴锅原来一般是铜制的(图 2-51),现在基本已被多孔的电热水浴锅(图 2-47)所取代。水浴锅上面根据需要放置直径不同的铜圈或铝合金圈,以承受各种不同直径的容器。

水浴加热时,装被加热物的容器不应接触水浴锅的锅底,水浴锅内盛水量控制在没过被加热物,而不超过其容积的 2/3,加热过程根据需要随时补充水分,避免将水浴锅中的水烧干。

(2) 空气浴。沸点在 80℃以上的液体也可采用空气浴进行加热,其装置见图 2-52。空气浴是用一个保温的容器包住被加热物,通过加热保温容器间接加热液体。

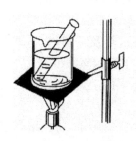  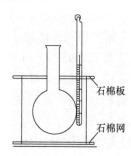

图 2-51　水浴加热　　　　　　　　　　　图 2-52　空气浴

(3) 油浴加热。加热温度在 80~250℃时,可采用油浴加热。常用的浴油有液体石蜡、豆油、棉子油、硬化油(如氢化棉子油)等。植物油可加热到 220℃,液体石蜡可加热到 220℃,硬化油可加热到 250℃。传热介质——油的种类决定油浴所能达到的温度(表 2-14)。

表 2-14　各种浴油的最高温度

| 浴油类型 | 甘油和邻苯二甲酸二丁酯 | 植物油 | 液体石蜡 | 硅油 | 真空泵油 |
|---|---|---|---|---|---|
| 最高温度/ ℃ | 140 | 220 | 220 | 250 | 250 |

容器内反应物的温度一般要比油浴温度低 20℃左右。油浴中应悬挂温度计,以便随时调节灯焰,控制温度。

使用油浴作热源时,要注意温度计不要触及油浴锅锅底,浴油中不能溅入水(特别是热油),保持浴油的纯净。当浴油冒烟严重时,应停止加热。此时,首先熄灭加热的热源(酒精灯、煤气灯或电炉等),再移去周围易燃物。如不慎失火,也应熄灭热源,移走易燃物,然后用石棉板或厚湿布盖住油浴口,火即可熄灭。

加热完毕后,应把烧杯或烧瓶提离浴油液面,放置在浴油上面,待附着在容器外壁上的油流完后,用纸和干布把容器擦净。

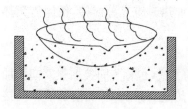

图 2-53　沙浴

(4) 沙浴加热。用铁盘装沙,将容器的下半部埋在沙中加热的方法称为沙浴,其装置见图 2-53。沙浴加热的温度可达到几百度,可用于高温。浴沙最好用洁白、干燥的细沙。沙浴的缺点是沙的热传导能力较差,温度分布不匀,散热快,不容易控制。

使用沙浴时容器底部的沙层最好薄些,使之容易受热,而容器周围的沙层要厚些,使之不易散热。同时,铁盘与桌面之间要垫隔热板,以防烤焦桌面。若插入温度计,温度计最好靠近被加热的容器。

除了上述几种常见的热浴外,还有几种加热方法在实验室也被用到,如熔盐浴,选择合适的熔融盐,可以得到近 500℃的高温。

4. 恒温装置

在测量理化数据(如化学反应速率、化学平衡常数、配合物稳定常数)、进行水盐体系研究以及无机或有机合成等实验时,常需要恒温条件。恒温水浴的使用就可以使被测定物质的温度在一定时间内保持不变。

一个典型恒温水浴装置(图 2-54)主要由水浴槽、搅拌器、电加热器、电接点温度计、普通温度计、精密温度计(贝克曼温度计)和温度传感器组成。其基本原理是:温度传感器中有一弹簧片 B,接通电源后,B 与旁边的一点 C 接触,电路接通,于是加热器开始加热,搅拌器搅拌槽内液体,使各部分的温度均匀。随着温度上升,当达到所需温度时,点接触温度计中的水银因体积膨胀与其上端的铂丝接通,使温度传感器中线圈 A 产生磁场,吸引弹簧片 B,而与 C 断开,加热停止。当温度低于定值,电接点温度计中的水银因体积减小下降,与铂丝脱离接触,线圈 A 失去磁性,弹簧片 B 弹回而与 C 接触,于是又接通了加热器线路,恢复加热。如此反复,从而保持体系恒温。

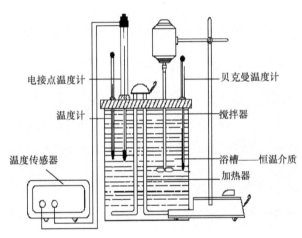

图 2-54　恒温水浴装置示意图

所谓恒温,并非温度保持不变,而是在一定的温度范围内波动。通常,用槽内实际温度与控制温度的差值来表示恒温槽的灵敏度。一般的恒温槽在 20～40℃范围内,灵敏度可准确到 0.1℃左右,好的可精确到 0.05℃。根据恒温范围可以选用不同的恒温介质:

| | |
|---|---|
| −60～30℃ | 用乙醇或乙醇水溶液 |
| 0～90℃ | 用水 |
| 80～160℃ | 用甘油或甘油水溶液 |
| 70～300℃ | 用液体石蜡、汽缸润滑油、硅油 |

## 2.6.4　常用的冷却方法

物体从高温到低温的过程称为冷却。实验室常用的冷却方法有三种。

(1)自然冷却。当物质的温度高于室温而需要冷却到室温时,可将物质在空气中自然放置。

（2）冷风或流水冷却。若需要快速冷却，可用冷风（如电吹风）或流水（如水龙头流出）冷却。

（3）制冷剂冷却。当需要冷却到室温以下时，常用制冷剂冷却。使用制冷剂时要注意防止被冻伤。若需要冷却的温度低于－38℃，不要选择水银温度计（水银的凝固点为－38.87℃）。

**表 2-15　常用制冷剂组成及冷却温度**

| 制冷剂 | 冷却温度/℃ | 制冷剂 | 冷却温度/℃ |
| --- | --- | --- | --- |
| 冰＋水 | －5～0 | 液氨 | －33 |
| $NH_4Cl$＋碎冰（3∶10） | －15 | 干冰 | －60 |
| NaCl＋碎冰（1∶3） | －20～－5 | 干冰＋乙醇 | －72 |
| $NaNO_3$＋碎冰（3∶5） | －20～－13 | 干冰＋丙酮 | －78 |
| $CaCl_2 \cdot 6H_2O$＋碎冰（5∶4） | －50～－40 | 液氨＋乙醚 | －116 |

（武汉理工大学　程淑玉）

## 2.7　气体的获取、收集与干燥

### 2.7.1　实验室气体的获取

#### 1. 少量气体的实验室制备

在化学实验中经常要制备少量气体。气体制备的基本过程主要有实验装置选配和过程控制，具体归纳如下：

气体制备实验装置：发生装置→净化装置→干燥装置→尾气处理装置。

气体制备操作步骤：①组装（从下到上，从左到右）；②检验装置的气密性；③加入药品；④排尽装置内的空气；⑤验纯；⑥反应；⑦拆除装置。

1）实验室制备气体的常用装置

根据原料状态和反应条件，气体制备采用表 2-16 列出的某一种装置进行。

**表 2-16　实验室制备气体的常用装置**

| 反应类型 | 气体发生装置 | 制备的气体 | 注意事项 |
| --- | --- | --- | --- |
| 固体（固体混合物）加热分解 | 图 2-55　固体加热分解 | $O_2$、$NH_3$、$CH_4$等 | （1）固体药品应平铺在硬质试管底部<br>（2）铁夹应夹在距试管口 1/3 处。试管口应稍向下倾斜，以防止产生的水蒸气在试管口冷凝后倒流，而使试管炸裂<br>（3）先用小火将试管均匀预热，然后再在有固体物质的部位加热<br>（4）反应前注意检查气密性<br>（5）如用排水集气法收集气体，当停止制气时，应先把导管从水槽中撤出，然后再撤走酒精灯，防止水倒吸 |

| 反应类型 | 气体发生装置 | 制备的气体 | 注意事项 |
|---|---|---|---|
| 固体与液体反应不需加热 | 图 2-56　固体与液体的反应 | 启普发生器(a)制备 $H_2$、$H_2S$、$CO_2$ 装置 (b) 制备 $NO_2$、$C_2H_2$、$SO_2$、$NO$ 等气体 | (1) 启普发生器用于块状固体与液体在常温下反应制备大量气体；当制取气体的量不多时,也可采用简易装置<br>(2) 加入块状固体药品的大小要适宜,加入液体的量要适当<br>(3) 初次使用时应待容器内原有的空气排净后,再收集气体<br>(4) 在导管口点燃氢气或其他可燃性气体时,必须先检验纯度 |
| 固体与液体反应或液体与液体反应需加热 | 图 2-57　固(液)体与液体的反应 | $Cl_2$、$C_2H_4$ 等 | (1) 烧瓶应固定在铁架台上<br>(2) 先把固体药品放入烧瓶中,再缓缓加入液体<br>(3) 分液漏斗应盖上盖,注意盖上的凹槽对准分液漏斗颈部的小孔<br>(4) 对烧瓶加热时要垫上石棉网<br>(5) 用乙醇与浓 $H_2SO_4$ 加热反应制取乙烯时,为便于控制温度要安装温度计 |

2) 启普发生器的安装和使用

启普发生器[图 2-56(a)]是实验室常用仪器之一。启普发生器适用块状固体和液体反应,且块状固体不溶于水。如果用发生器制取有毒的气体(如 $H_2S$),应在球形漏斗口安装安全漏斗,在其弯管中加进少量水,水的液封作用可防止毒气逸出。下面简要介绍其装配及使用方法。

(1) 装配:将球形漏斗颈、半球部分的玻璃塞及导管的玻璃旋塞的磨砂部分均匀涂抹一薄层凡士林,插好漏斗和旋塞,旋转,使之装配严密,以免漏气。

(2) 检查气密性:打开旋塞,从球形漏斗口注水至充满半球体,先检查半球体下口的玻璃塞是否漏水。若不漏水,关闭导气管旋塞,继续加水,至水到达漏斗球体处时停止加水,静置观察片刻,若水面不下降则表明不漏气,可以使用。从下面废液出口处将水放掉,再塞紧下口塞,备用。

(3) 加料:固体药品放在葫芦容器的圆球部分,由球体上侧气体导出口添加(加料前先放入玻璃棉或橡胶垫圈在发生器圆球底部与球形漏斗颈部之间的间隙处,防止固体漏下)。固体加入量不宜超过球体的1/3。塞好塞子并固定。打开导气管上的旋塞,从球形漏斗加入液体,待加入的液体即将与固体试剂接触时,关闭导气管的旋塞,继续加入液体试剂,加入量以漏斗体积的1/2为宜。

(4) 发生气体(暂停):制气时,打开旋塞,由于压力差,液体试剂会自动从漏斗下降进入中间球内与固体试剂接触而产生气体。若暂停制气时,关闭旋塞,由于反应继续进行,产生的气体使压力增大,将液体压回到球形漏斗中,使固体与液体分离,反应即自动停止。

(5) 添加或更换试剂:当发生器中的固体即将用完或液体试剂变得太稀时,反应变缓慢,生成的气体量不足,此时应及时补充固体或更换液体试剂。先关闭旋塞,让液体压入球形漏斗中使其与固体分离。用橡皮塞将球形漏斗的上口塞紧。更换固体时,取下气体出口的塞子,即可从侧口更换或添加固体;更换液体时,用左手握住葫芦状容器半球体"蜂腰"部位,把发生器先仰放在废液缸上,使废液出口朝上,拔出下口塞,倾斜发生器使下口对准废液缸,慢慢松开球形漏斗的橡胶塞,控制空气的进入速度,让废液缓缓流出。废液倒出后再把下口塞塞紧,重新从球形漏斗添加液体。

另一种更方便和常用的中途更换液体试剂方法是,先关闭旋塞,将液体压入球形漏斗中,然后用虹吸管吸出,吸出液体量视需要而定,吸出废液后,往球形漏斗中添加新试剂。

(6)清理:实验结束,将废液倒入废液缸内(或回收)。剩余固体倒出洗净回收。将仪器洗净后,在球形漏斗与球形容器连接处以及液体出口与玻璃旋塞间夹上纸条,以免长时间不用时磨口粘连在一起而无法打开。

使用注意事项:

(1)启普发生器不能加热。

(2)所用固体必须是颗粒较大或块状的。

(3)移动(或拿取)启普发生器时,应一手握住"蜂腰"部位,一手托住瓶底,绝不可用手提(握)球形漏斗,以免葫芦状容器脱落打碎,造成伤害事故。

#### 2. 气体钢瓶供气

在实验室需大量用气时,可以使用商业气体钢瓶直接获得各种气体。气体钢瓶是用以储存压缩气体或液化气体的特制耐压钢瓶,一般是用无缝合金钢管或碳素钢管制成,为圆柱形,器壁较厚。高压钢瓶容积一般为 40～60L,最高工作压力为 15MPa,最低的也在 0.6MPa 以上。

1) 几种常用气体钢瓶的区分

为了便于区分各种不同的气体钢瓶,保证运输和储存的安全,钢瓶瓶身漆有不同的颜色和不同颜色的横条、字标,以示区别。常用气体钢瓶颜色见表 2-17。

表 2-17　实验室用的几种气体钢瓶的颜色

| 序号 | 气体名称 | 化学式 | 瓶身颜色 | 标字颜色 | 横条颜色 |
|---|---|---|---|---|---|
| 1 | 氮气 | $N_2$ | 黑 | 黄 | 棕 |
| 2 | 空气 | | 黑 | 白 | |
| 3 | 二氧化碳 | $CO_2$ | 黑 | 黄 | |
| 4 | 氧气 | $O_2$ | 天蓝 | 黑 | |
| 5 | 氢气 | $H_2$ | 深绿 | 红 | 红 |
| 6 | 液氯 | $Cl_2$ | 草绿 | 白 | 白 |
| 7 | 液氨 | $NH_3$ | 黄 | 黑 | |
| 8 | 氩气 | Ar | 灰 | 绿 | |
| 9 | 乙炔 | $C_2H_2$ | 白 | 红 | 绿 |
| 10 | 液化石油气 | | 银灰 | 红 | |

2) 气体钢瓶使用注意事项

由于钢瓶的内压很大,而且有些气体易燃或有毒,所以在使用钢瓶时一定要注意安全,操作要特别小心。使用时必须注意以下几点:

(1)高压钢瓶存放于阴凉、干燥且远离明火或热源处,要放置稳妥。高压钢瓶须分类保管,氧气瓶和可燃性气体钢瓶须分开存放。

(2) 搬运时旋紧钢瓶上的安全帽,以保护阀门,应使用专用小车。

(3) 使用钢瓶时,除 $CO_2$、$Cl_2$、$N_2$ 外,一般要用减压阀,减压阀要专用。可燃性气体的钢瓶其气门螺纹是反扣的,不燃或助燃性气体钢瓶其气门螺纹是正扣的。打开气体钢瓶总阀门前,减压阀应处于关闭状态(拧松),然后逐渐拧紧减压阀调到所需压力。在使用可燃气体时需装防回火装置。

(4) 瓶中气体不可用完,应至少保留 0.05MPa 以上的残留压力,可燃性气体应剩余 0.2~0.3MPa,以免低压下其他气体进入瓶内污染钢瓶甚至引起爆炸。

(5) 定期送检钢瓶,一般钢瓶三年检一次,玻璃钢制气瓶一年检一次。

### 2.7.2　气体的净化与干燥

在实验室,由于各种气体制备方法不同,所含杂质也不尽相同,气体本身性质不同,气体净化的方法也因此各不相同,但通常都是先除杂质与酸雾,再将气体干燥。将气体分别通过装有某些液体或固体试剂的洗气瓶、吸收干燥塔或 U 形管等装置(图 2-58),通过化学反应或者吸收、吸附等物理化学过程将其去除,达到净化的目的。

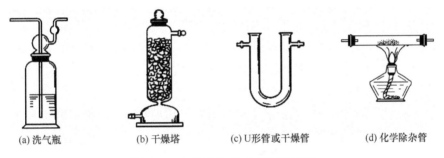

(a) 洗气瓶　　　　(b) 干燥塔　　　　(c) U形管或干燥管　　　　(d) 化学除杂管

图 2-58　气体洗涤、除杂及干燥仪器

除掉了杂质的气体,可根据气体的性质选择不同的干燥剂进行干燥。原则是:气体不能与干燥剂反应。如具有碱性的和还原性的气体($NH_3$、$H_2S$ 等),不能用浓 $H_2SO_4$ 干燥。常用的气体干燥剂见表 2-18。

表 2-18　常用的气体干燥剂

| 气体 | 干燥剂 | 气体 | 干燥剂 |
|---|---|---|---|
| $H_2$ | $CaCl_2$、$P_2O_5$、浓 $H_2SO_4$ | $H_2S$ | $CaCl_2$ |
| $O_2$ | $CaCl_2$、$P_2O_5$、浓 $H_2SO_4$ | $NH_3$ | CaO 或 CaO-KOH |
| $Cl_2$ | $CaCl_2$ | NO | $Ca(NO_3)_2$ |
| $N_2$ | $CaCl_2$、$P_2O_5$、浓 $H_2SO_4$ | HCl | $CaCl_2$ |
| $O_3$ | $CaCl_2$ | HBr | $CaBr_2$ |
| CO | $CaCl_2$、$P_2O_5$、浓 $H_2SO_4$ | HI | $CaI_2$ |
| $CO_2$ | $CaCl_2$、$P_2O_5$、浓 $H_2SO_4$ | $SO_2$ | $CaCl_2$、$P_2O_5$、浓 $H_2SO_4$ |

### 2.7.3　气体的收集与尾气处理

气体的收集方法主要是依据气体的密度和水溶性,有排水集气法和排气集气法两种。

（1）排水集气法适用于收集在水中溶解度很小的气体,如氧气、氢气、氮气等。

（2）收集易溶于水而密度比空气小的气体,如氨气等用排气集气法,集气瓶瓶口向下。

（3）收集易溶于水而密度比空气重的气体,如氯气、二氧化碳等时,用排气集气法,集气瓶瓶口向上。

如果收集的是有毒气体,会污染环境,还需要考虑尾气的处理。对可燃气体一般采用燃烧法（如 CO）;在水中溶解度很大的气体,倒扣漏斗（防倒吸）用水吸收（如 $SO_2$）;其他在水中溶解度不大的则用玻璃管导入合适的溶剂或溶液吸收,如用 NaOH 溶液吸收 $Cl_2$。

（武汉理工大学　彭善堂　郭丽萍）

## 2.8　物质的分离与提纯的方法

物质的分离是指通过适当的方法把混合物中的几种物质分开（要还原成原来的形式）,分别得到所需组分的物质。物质的提纯是指通过适当的方法把混合物中的杂质除去,以得到纯净的物质。分离与提纯的原则和方法基本相同,不同之处是提纯只需除去杂质,恢复所提纯物质原来的状态即可,而混合物分离则要求被分离的每种物质都要恢复至原来状态。

物质的分离方法归纳起来有如下几类：

（1）固体与固体混合物:若杂质易分解、易升华,用加热法;若一种易溶、另一种难溶,可用溶液过滤法;若二者均易溶,但其溶解度受温度的影响不同,用重结晶法;若在不同溶剂中的溶解度相差很大,用萃取法。

（2）液体与液体混合物:若沸点相差较大,用蒸馏（精馏）法;若互不混溶,用分液法。

（3）气体与气体混合物:一般用洗气法。

对不具备上述条件的混合物,可选用化学方法处理,待符合上述条件时再选用上述适当的方法进行混合物的分离。

下面主要介绍固液混合物、液体混合物和固体混合物的分离原理及操作。

### 2.8.1　固-液分离

从天然资源或是化学合成获得所需产物时经常遇到的体系是固液混合物,需要进行固-液分离才能得到纯品。常见的固-液分离方法有倾析法（重力沉降法）、离心沉降法和过滤（抽滤）法等。

**1. 倾析法**

倾析法适用于分离固体、液体密度差别大,固体颗粒较大,静置后能很快沉降的体系。将器皿稍微斜置,使固体沉降到容器底部;倾斜器皿,用玻璃棒引导,把上层液体慢慢倾入到另一容器中（图 2-59）,留下的沉淀物可再加少量溶剂（试液）搅拌、洗涤,静置沉降后,再次倾倒上层清液,重复操作几次即可达到分离目的。

图 2-59　倾析法分离

**2. 离心分离法**

一般实验中常遇到两种情况:一是沉淀物太少,难用常规的过滤法取得沉淀;二是固液两相密度相差不大,难以通过重力沉降达到有效分离。这时可使用离心机进行分离。

离心分离就是利用悬浮液(或乳浊液)密度不同的各组分在高速旋转时受到的离心力不同,沉降分层,实现液-固(或液-液)的有效分离的过程。离心分离方法简单、快捷、方便,是化学实验室常规的分离方法之一。

适用离心分离方法的情况有:①沉淀颗粒小,容易透过滤纸或沉淀量过多而疏松;②沉淀量少或母液量少,分离时应减少损失;③易被氧化不宜长时间过滤的物质,沉淀与母液必须迅速分离;④一般胶体溶液;⑤母液黏稠或沉淀有黏性;⑥少量密度不同、不混溶的液体。

1) 实验室普通离心机的使用

实验室常用的电动离心机如图 2-60。

离心机的使用方法和步骤如下:

(1) 开启离心机前,请仔细检查离心机套管底部,确保垫有玻璃棉、试管垫等材料作缓冲层;将离心机上的变速器按钮和定时器按钮旋至"0",开关调至"关"的位置,然后接通电源。

(2) 离心管所盛液体不能超过其总容积的 2/3。将盛有沉淀和溶液的数支离心管或小试管对称放入离心机的套管内,试管内液体体积要尽量相等,以保持平衡(若只有一支试管内的物质要分离,须另放一支装有体积相近的水的试管在相对的位置),盖上离心机盖。

图 2-60　电动离心机

(3) 启动离心机,慢慢旋转变速器按钮逐渐加速至合适的速度,旋转定时器按钮保持适当的时间,然后逐渐减小转速,让其自然停止(不可用外力强制其停止运转)。

(4) 离心时间与转速应根据沉淀的性质来决定。一般来说,密实的晶形沉淀使用转速约 $1000r \cdot min^{-1}$,$1 \sim 2min$;无定形疏松沉淀的沉降时间稍长些,转速一般为 $2000r \cdot min^{-1}$。如经 $3 \sim 4min$ 仍不能分离,则应通过加入电解质或者加热的方法促使沉淀沉降,然后离心分离。注意离心管不能直接加热而要用水浴加热。

2) 少量溶液和沉淀的分离、洗涤与转移

(1) 溶液和沉淀的分离。将盛有溶液和沉淀的小试管在离心机中离心沉降后,用滴管把清液和沉淀分开。先用手指捏紧橡皮头,排除空气后将滴管轻轻插入清液(切勿在插入溶液以后再捏橡皮头),缓缓放松手,溶液则慢慢进入管中,随试管中溶液的减少,将滴管逐渐下移至全部溶液吸入滴管为止。滴管末端接近沉淀时要特别小心,勿使滴管触及沉淀(图 2-61)。吸出的清液若需留存,则挤入另一支干净的试管中。

图 2-61　用滴管吸去上层清液

(2) 沉淀的洗涤。若沉淀溶解后需再做鉴定,则在溶解之前必须将沉淀上的溶液和吸附的杂质洗去,常用蒸馏水作洗涤剂。用干净的滴管吸取蒸馏水(可用洗瓶)顺离心管内壁(但滴管尖端不要碰到内壁)滴加少许蒸馏水,使沉淀刚好浸没在水中,用玻璃棒充分搅拌,离心分离,溶液用滴管吸出,并尽可能吸尽。一般洗涤两三次即可,必要时可检验是否洗净(在上层清液中滴入 1 滴沉淀剂,若无浑浊,即表示沉淀洗净)。此外,还应根据实验需要决定是否将第一次洗涤液并入分出的离心液中。

(3) 沉淀的转移。如需将沉淀分成几份,可在洗净后的沉淀上加少许蒸馏水,用玻璃棒搅匀后,用滴管吸出浑浊液,转移至另一干净的离心管中。

3) 冷冻离心机

冷冻离心机又称为低温离心机,是带冷冻系统的离心机,其冷冻系统具有吸收电机所产生热量的功能,也可使离心室保持低温状态,防止蛋白质等生物样品变性失活,广泛用于收集微生物、细胞碎片、细胞、大的细胞器、硫酸沉淀物以及免疫沉淀物等,为各类生物化学与分子生物学实验室所常用。

冷冻离心机根据转速的不同分为低速冷冻离心机、高速冷冻离心机和超高速冷冻离心机。这种离心机的离心腔内温度可降至零摄氏度以下,最低温度可达零下 40℃;高速冷冻离心机转速最高可达 120000r・min$^{-1}$,低速冷冻离心机的转速多数在 4000～6000r・min$^{-1}$。

实验室常用的台式高速冷冻离心机一般为不锈钢内腔,有三层安全保护套,配有电子机械门锁联动。离心机带有微机控制、变频电机驱动,可根据需要更换离心机转子,并具有转子自动识别功能,能防止超速使用,能独立设置离心力,运行中可改变和查阅运行参数。设有超温、超速、不平衡、过流、过压等多种保护,确保人身和仪器安全。

冷冻离心机种类繁多,结构、功能不尽相同,使用时应仔细阅读使用说明书并严格按操作规程进行。

3. 过滤法

过滤法是最常用的分离方法之一。当沉淀和溶液经过过滤器时,沉淀留在过滤器上,溶液通过过滤器而进入容器中,所得溶液称为滤液。

有多种因素影响过滤过程,注意选用不同的过滤方法。一般溶液的黏度越小,过滤越快。通常热的溶液黏度小,易过滤。减压过滤因产生较大的压强差,比在常压下过滤快。滤纸的孔隙大小有不同规格,应根据沉淀颗粒的大小和状态选择。孔隙太大,小颗粒沉淀易透过;孔隙太小,又易被小颗粒沉淀堵塞,使过滤难以继续进行。如果沉淀是胶状的,可在过滤前加热破坏,以免胶状沉淀透过滤纸。

过滤法分常压过滤、减压过滤(循环水泵、真空泵)和热过滤等几种。

1) 常压过滤和洗涤的方法

常压过滤要用到的主要物品有锥形玻璃漏斗和滤纸。

(1) 滤纸的选择。滤纸按孔隙大小分为快速、中速和慢速三种,根据燃烧后的灰分又可分为定性滤纸和定量滤纸。定性滤纸灰分少于 0.15%,定量滤纸灰分少于 0.01%。除了做沉淀的定量分析外,一般选用定性滤纸。应根据沉淀的性质选择滤纸的类型:细晶形沉淀,应选用慢速滤纸;粗晶形沉淀,宜选用中速滤纸;胶状沉淀,需选用快速滤纸过滤。一般要求沉淀应装到滤纸圆锥体高度的 1/3 处,最多不超过 1/2 处。根据此要求和沉淀量的多少,可选择 7cm、9cm、11cm 等几种不同直径的滤纸。滤纸的大小还应与漏斗的大小相适应,一般滤纸上沿应低于漏斗上沿约 1cm。

(2) 漏斗的选择。普通漏斗多是玻璃材质的,通常分为长颈和短颈两种。玻璃漏斗锥体的角度为 60°,漏斗颈直径常为 3～5mm,若太粗,不易保留水柱。选用的漏斗大小应以能容纳沉淀为宜。热过滤必须用短颈漏斗,定量分析时必须用长颈漏斗。普通漏斗的规格按斗径(深)划分有 30mm、40mm、60mm、100mm、120mm 等规格。过滤后欲获取滤液,应按滤液的体积选择斗径大小适当的漏斗。

(3) 滤纸的折叠。过滤前,先将滤纸对折两次,把滤纸打开成圆锥体,一边为三层,另一边为一层(图 2-62),放入干燥洁净的玻璃漏斗中。滤纸放进漏斗后,其边沿应略低于漏斗的边沿;漏斗的角度应该是 60°,这样滤纸就可以完全贴在漏斗壁上(如果漏斗角度略大于或略小于 60°,则应适当改变滤纸折叠成的角度,使之与漏斗角度相适应)。用手按着滤纸,从洗瓶吹出少量蒸馏水把滤纸湿润,轻压滤纸四周,使其紧贴在漏斗上。实验中还常将滤纸折叠成菊花状。这种菊花形滤纸由于有效表面积大,过滤速度快,适合于粗晶形产物和有机化合物的过滤。

　　(4) 过滤操作。为了使过滤操作进行得较快,一般采用倾析法过滤。过滤前先斜置烧杯,使沉淀尽量沉降在烧杯底部。过滤时先转移清液,后转移沉淀,以便加快过滤速度。

　　将贴有滤纸的漏斗放在漏斗架上,下边用清洁的烧杯承接,并使漏斗颈末端紧靠烧杯壁。如图 2-63 所示,将玻璃棒靠在三层滤纸一边的中部,将盛有过滤物的烧杯靠在玻璃棒上,先将大部分上层清液缓缓转移至漏斗中,倒入漏斗中液体的液面应低于滤纸边缘下 1cm,切勿超过滤纸边缘。待上层清液剩下少许时,拿起斜置的烧杯并进一步倾斜,边搅动沉淀边倾倒,将烧杯中的沉淀和溶液一起转移至滤纸上,这样可避免滤纸的微孔被沉淀堵塞,加快过滤速度。残留在烧杯上的沉淀可用干净滴管吸取少量的滤液冲洗,直至将沉淀全部转移到滤纸上。最后,用少量洗涤液(沉淀剂、溶剂或蒸馏水)洗涤沉淀一两次。

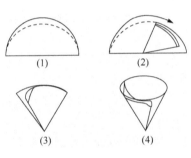

图 2-62　滤纸的折叠

图 2-63　过滤操作

　　综上所述,过滤操作的要点是"一贴两低三靠":滤纸紧贴漏斗内壁;滤纸边缘低于漏斗口边缘,漏斗中液面低于滤纸边缘($>$1cm);烧杯口紧靠玻璃棒,玻璃棒下端紧靠三层滤纸中部,漏斗颈末端紧靠烧杯内壁。先转移清液,后转移沉淀。

　　(5) 倾析法沉淀洗涤。有时为了充分洗涤沉淀,可采用倾析法洗涤,类似于图 2-59 所示的操作。先让烧杯中的沉淀充分沉降,然后用玻璃棒引流,小心将上层清液转移到另一容器中(清液若不需要可弃去),沉淀留在烧杯中。由洗瓶吹入蒸馏水(或溶剂、沉淀剂)进行洗涤,并用玻璃棒充分搅动,再使沉淀沉降,用上面同样的方法倾出清液,沉淀仍留在烧杯中。如此重复数次,即可将沉淀洗净。

　　用倾析法洗涤沉淀的好处是:沉淀和洗涤液能很好地混合,杂质容易洗净。最后过滤时,也是先转移上层清液,再转移沉淀,这样滤纸的微孔不会被沉淀堵塞,分离沉淀的速度较快。

　　2) 热过滤

　　有些溶质在溶液温度降低时很容易结晶析出。为了滤除这类溶液中所含的其他难溶杂质,就需要趁热过滤。过滤时将普通漏斗放在铜质的热滤漏斗内,如图 2-64 所示。

　　铜质漏斗的夹套内装有热水(水不要太满,以免加热至沸后溢出)以维持溶液的温度。热过滤时应选用短颈普通漏斗,以免过滤时溶液在漏斗颈内停留过久,因散热降温,析出晶体而发生堵塞。

图 2-64　热过滤装置

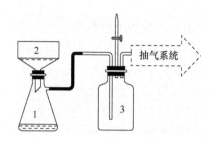

图 2-65　减压过滤装置

1. 抽滤瓶；2. 布氏漏斗；3. 安全瓶

3）减压过滤

减压过滤又称吸滤或抽滤。减压过滤装置如图 2-65 所示，由抽滤瓶、布氏漏斗、安全瓶和真空抽气系统组成。这里的真空抽气系统可以是真空泵、水泵（一般装在实验室中的自来水龙头上）或循环水泵。实验室现在常用的是循环水泵。有时为了获得更好的抽滤效果而用真空泵。

工作时，水泵带走空气，使抽滤瓶中压力低于大气压，若布氏漏斗的滤纸上有任何的溶液存在，由于压力差和重力的作用，这些溶液会快速经过滤纸流入下方的抽滤瓶中，残余的固体则留在滤纸上，大大提高过滤速度。

在水泵和抽滤瓶之间往往安装安全瓶，以防止因关闭水阀或水流量突然变小时自来水倒吸入抽滤瓶，污染其中的滤液。如果不要滤液，也可不用安全瓶。

抽滤的特点是过滤速度快，沉淀干燥效果好，但胶状沉淀和细颗粒沉淀不宜用此方法。

减压过滤操作要点如下：

（1）预备工作。选择一个带有橡皮塞的布氏漏斗和抽滤瓶，橡皮塞的直径与抽滤瓶的口径相匹配。洗净抽滤瓶和布氏漏斗，将布氏漏斗安装在抽滤瓶上，使布氏漏斗的颈口斜面与抽滤瓶的支管相对（以免滤液被吸入进入安全瓶），连接安全瓶、抽气系统（图 2-65）。

（2）贴好滤纸。滤纸的大小应比布氏漏斗的内径略小，以能恰好盖住瓷板上的所有小孔为度。先由洗瓶吹出少量蒸馏水润湿滤纸，再开启水泵，使滤纸紧贴在漏斗的瓷板上（有时为防止滤纸被抽破，根据需要可放置两层滤纸）。

（3）过滤。采取倾析法，先将大部分澄清的溶液用玻璃棒引流倒入漏斗中（多次倾倒时，每次倒入溶液的体积不要超过漏斗容积的 2/3），当漏斗中的清液基本滤完时，将斜置的烧杯进一步倾斜，用玻璃棒搅拌，之后通过玻璃棒引流，将集中在底部的悬浊液一起转移至漏斗滤纸的中间部分。尽量让溶液带走沉淀，如转移不干净，可取出滤瓶中的少量滤液冲洗，继续抽吸至漏斗的颈口无液滴流下为止。

（4）洗涤沉淀。在布氏漏斗内洗涤沉淀时，应暂停抽滤（将连接抽滤瓶支管的橡皮管取下，有安全瓶的将中间支管上的活塞打开与大气相通），让少量洗涤剂缓慢通过沉淀，然后再进行抽滤。

（5）为了尽量抽干漏斗上的沉淀，最后可用一个干净的平顶试剂瓶塞挤压沉淀。当布氏漏斗的颈口无液滴流下时，即表示抽滤完成。

（6）取出沉淀。将连接抽滤瓶支管的橡皮管取下（或是将安全瓶中间支管上的活塞打开与大气相通），关闭水泵，再取下漏斗，用滤纸擦去漏斗颈口残余的滤液，将漏斗的颈口朝上，轻轻敲打漏斗边缘，即可使沉淀脱离漏斗，落入预先准备好的滤纸上或容器中。

减压过滤注意事项如下：

（1）在抽滤过程中不得突然关闭水泵。停止抽滤或需用溶剂洗涤沉淀时，先将抽滤瓶支管上的橡皮管拔去，连有安全瓶的则将活塞打开与大气相通，再关闭水泵。

（2）应注意抽滤瓶内的液面不得高于其支管的水平位置（以免滤液被水泵抽出），否则，应暂停抽滤，取下布氏漏斗，从抽滤瓶的上口倒出滤液后再继续抽滤（注意倾倒滤液过程中应使抽滤瓶的支管向上）。

用抽滤法过滤时，除了布氏漏斗以外，还常用玻璃砂芯漏斗［图 2-66（a）］和玻璃砂芯坩埚［图 2-66（b）］。玻璃砂芯漏斗和玻璃砂芯坩埚是带有微孔玻璃砂芯底板的过滤器，按微孔大小的不同分成 1～6 号。号数小的微孔大，号数越大，微孔越小。根据沉淀颗粒的大小可以选择不同的号数，最常用的是 3 号或 4 号。

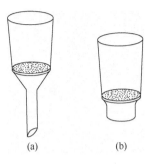

图 2-66　玻璃质砂芯漏斗（a）
和玻璃砂芯坩埚（b）

### 2.8.2　液-液分离

液-液分离是从两种或两种以上的液相混合物中分离出所需组分的分离方法。常用的液-液分离方法有萃取与蒸馏。

#### 1. 萃取与分液

使溶质从一种溶剂中转移到与原溶剂不相混溶的另一种溶剂中，或使固体混合物中的某种或某几种成分转移到溶剂中的过程称为萃取，也称提取。萃取是化学实验室中富集或纯化物质的重要方法之一。

萃取（extraction）是利用液体或超临界流体为溶剂，提取原料中目标产物的分离纯化操作，所以，萃取操作中至少有一相为流体，一般称该流体为萃取剂（extractant），萃取的对象称为目标物。以液体为萃取剂时，如果含有目标产物的原料也为液体，则称此操作为液-液萃取；如果含有目标产物的原料为固体，则称此操作为液-固萃取或浸取（leaching）。以超临界流体为萃取剂时，含有目标产物的原料可以是液体，也可以是固体，称此操作为超临界流体萃取。

常用的萃取剂为有机溶剂、水、稀酸溶液、稀碱溶液和浓硫酸等。实验中可根据具体需求加以选择。

萃取分离法是将样品中的目标化合物选择性转移到另一相中或选择性地保留在原来的相中（转移非目标化合物），从而使目标化合物与原来的复杂基体相互分离的方法。通常称前者为"萃取"、"提取"或"抽取"，后者为"洗涤"。

萃取方法有着广泛的用途，如天然产物中各种生物碱、脂肪、蛋白质、芳香油和中草药的有效成分等都可用萃取的方法从动植物中获得；稀土元素的分离多是用萃取法实现的，用它能从多种稀土组分的原料中分离提纯出每一种稀土元素。

1）液-液萃取法原理

液-液萃取是利用化合物在两种互不相溶（或微溶）的溶剂中的溶解度不同，使化合物从一种溶剂中转移到另一种溶剂中的过程。经过多次萃取可以将绝大部分的化合物提取出来。

分配定律是萃取的主要理论依据。不同物质在不同的溶剂中的溶解度不同，同时，在两种互不相溶的溶剂中加入某种可溶性物质时，它能分别溶解在这两种溶剂中。实验证明，在一定温度下，当某一溶质在互不相溶的两种溶剂中达到分配平衡时，该溶质在两相中的浓度比为一

常数,表示为

$$K = \frac{c_A}{c_B} \tag{2-1}$$

式中：$c_A$、$c_B$ 分别表示一种化合物在两种互不相溶的溶剂中的浓度（$g \cdot mL^{-1}$）；$K$ 为与温度有关的常数,称为分配系数。

在一定温度下,有机化合物在有机溶剂中的溶解度一般比在水中的溶解度大,因此可以用有机溶剂将有机物从水溶液中萃取出来。但除非分配系数极大,否则萃取一次不可能把所需要的化合物从溶液中完全萃取出来。下面进行推导说明。

设 $V_0$ 为水溶液的体积,$V$ 为每次所用萃取剂的体积,$m_0$ 为溶解于水中的有机物的质量,$m_1$,…,$m_n$ 分别为萃取一次至 $n$ 次后留在水中的有机物质量,$K$ 为分配系数。根据分配系数的定义,进行以下推导：

一次萃取

$$K = \frac{c_0}{c_1} = \frac{m_1/V_0}{(m_0 - m_1)/V} \quad \text{其中} \ m_1 = m_0 \frac{KV_0}{KV_0 + V} \tag{2-2}$$

二次萃取

$$K = \frac{m_2/V_0}{(m_1 - m_2)/V} \quad \text{其中} \ m_2 = m_1 \frac{KV_0}{KV_0 + V} = m_0 \left( \frac{KV_0}{KV_0 + V} \right)^2 \tag{2-3}$$

同理,经 $n$ 次萃取后,则有

$$m_n = m_0 \left( \frac{KV_0}{KV_0 + V} \right)^n \tag{2-4}$$

式中：$\dfrac{KV_0}{KV_0 + V} < 1$,所以当用一定量的溶剂萃取时,$n$ 值越大,即当萃取的次数越多时,在水中的有机物的剩余量越少,说明萃取效果越好。这表明,当所用溶剂的量一定时,把溶剂分成数次作多次萃取比用全部溶剂作一次萃取的效果好。这一点十分重要,它是提高分离效率的有效途径。对于与水有少量互溶的体系如乙醚等,上面的公式只是近似的,但也可以定性指出预期的结果。

例如,在 100mL 水中含有 5g 溶质,在 25℃时用 150mL 乙醚萃取。假设分配系数 $K$ 为 10,一种方法是用 150mL 乙醚一次萃取,另一种方法是分三次萃取,每次用 50mL 乙醚,请根据上面关系自行推算并与给出结果（4.17g/4.98g）对照。

多次萃取的效果好过一次萃取。但是,连续萃取的次数不是无限度的,当溶剂总量保持不变时,萃取次数($n$)增加,$V$ 就要减小,$n > 5$ 时,$n$ 和 $V$ 这两个因素的影响就几乎相互抵消了。因此,一般以萃取两三次为宜。

另一类萃取剂的萃取原理是利用它能与被萃取物质发生化学反应。这种萃取常用于从化合物中除去少量杂质或分离混合物,萃取剂如 5％氢氧化钠、5％或 10％的碳酸钠、碳酸氢钠溶液、稀盐酸、稀硫酸等。碱性萃取剂可以从有机相中移出有机酸,或从有机溶剂(其中溶有有机物)中除去酸性杂质(形成钠盐溶于水中),称为“洗涤”；反之,酸性萃取剂可从混合物中萃取碱性物质(杂质)等。浓硫酸可用于从饱和烃中除去不饱和烃,从卤代烷中除去醇、醚等。

2）萃取剂的选择

一般,从水中萃取有机物要求：溶剂在水中溶解度很小或几乎不溶；被萃取物在溶剂中要比在水中溶解度大；溶剂对杂质溶解度要小；溶剂与水和被萃取物都不反应；萃取后溶剂应易于用常压蒸馏回收。此外,价格便宜、操作方便、毒性小、化学稳定性好、密度适当也是应考虑的条件。一般,难溶于水的物质用石油醚提取;较易溶于水的物质用乙醚或苯萃取;易溶于水的物质则用乙酸乙酯萃取效果较好。常用的溶剂有乙醚、乙酸乙酯、石油醚、苯、四氯化碳、氯仿、二氯甲烷、二氯乙烷等,其中乙醚效果较好。使用乙醚的最大缺点是容易着火,在实验室中可以少量使用,但在工业生产中不宜使用。

有时可用将物质从悬浮液或溶液中萃取到另一种溶剂中作为一种纯化处理方法。因此有机物经常可用将其水溶液(或悬浮液)与和水不互溶的合适的溶剂(如苯、四氯化碳、氯仿、乙醚或石油醚)一起振荡后与无机杂质分离。萃取几次后,合并有机相并干燥,然后蒸发掉有机溶剂。萃取前后根据需要还可对待萃取的体系进行前处理(如加入电解质使水相和有机相更好分离)和后处理(如洗涤)等操作。实验室一般使用分液漏斗进行萃取操作。

3) 萃取操作

液体物质的萃取(或洗涤)常在分液漏斗中进行。

下面简要介绍分液漏斗的使用方法。

(1) 使用前的准备。

将分液漏斗洗净后,取下旋塞,用滤纸吸干旋塞及旋塞孔道中的水分,在旋塞孔的两侧均匀涂上一层薄薄的凡士林,然后小心将其插入孔道并旋转几周,至凡士林均匀分布呈透明为止。在旋塞细端伸出部分的环槽内套上一个橡皮圈,以防操作时旋塞脱落。

关好旋塞,在分液漏斗中装上水,观察旋塞两端有无渗漏现象,再开启旋塞,观察液体是否能通畅流下。然后盖上顶塞,用手指抵住,倒置漏斗,检查其严密性。分液漏斗必须确保顶塞严密,旋塞关闭时严密、开启后畅通。使用分液漏斗前须关闭旋塞。

(2) 萃取(或洗涤)操作。

自分液漏斗上口倒入混合溶液与萃取剂,盖好顶塞。为使分液漏斗中的两种液体充分接触,用右手握住顶塞部位,左手持旋塞部位(旋柄朝上),将漏斗颈端向上倾斜,并沿一个方向振摇分液漏斗 (图 2-67)。

振摇几下后打开旋塞,排出因振摇而产生的气体。若漏斗中盛有挥发性的溶剂或在漏斗中用碳酸钠中和酸液,更应特别注意排放气体。反复振摇几次后,将分液漏斗放在铁圈架上,打开顶塞(或使顶塞的凹槽对准漏斗上口颈部的小孔),使漏斗与大气相通,静置分层。

(3) 分离操作。

当两层液体界面清晰后,便可进行分离操作。先把分液漏斗下端靠在接受器的内壁上,再缓慢打开旋塞,放出下层液体(图 2-68)。当两液体间的界线接近旋塞处时,暂时关闭旋塞,将

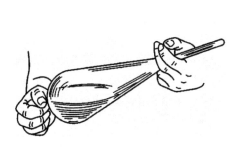

图 2-67　萃取(或洗涤)操作

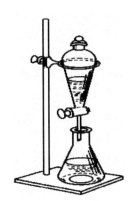

图 2-68　分离两相液体

分液漏斗轻轻振摇一下,再静置片刻,使下层液体聚集得多一些,然后打开旋塞,仔细放出下层液体。当液体间的界线移至旋塞孔的中心时,关闭旋塞。最后把漏斗中的上层液体从上口倒入另一个容器中,切不可从下面旋塞放出,以免被残留的被萃取溶液污染。

明确哪层为有机层后(若分不清哪一层是有机相,可取少量任何一层液体,于其中加水,如分层,即为有机相,否则是水相),将它存放在干燥的锥形瓶中,水溶液再倒回分液漏斗中,再用新的萃取剂萃取。将所有萃取液合并,加入适当的干燥剂进行干燥(参见2.4.3),然后蒸去溶剂。视萃取后所得化合物的性质确定进一步纯化方法。在实验结束前,应保留萃取后的水溶液,以免一旦弄错无法挽救。有时溶液中溶有有机物后密度会改变,注意目标物所在的液层(不要以为密度小的溶剂在萃取时一定在上层)。

(4) 操作注意事项。

a. 分液漏斗中装入的液体量不得超过其容积的1/2,如果液体量过多,进行萃取操作时不便振摇漏斗,两相液体难以充分接触、分离,影响萃取效果。

b. 在萃取碱性液体或振摇漏斗过于剧烈时,往往会使溶液发生乳化现象,有时两相液体的相对密度相差较小,或一些轻质絮状沉淀夹杂在混合液中,致使两相界线不明显,造成分离困难。解决问题的办法是:较长时间静置,往往可使液体分层清晰;加入少量电解质,以增加水相的密度,利用盐析作用破坏乳化现象。

c. 用乙醚萃取时,应特别注意周围不要有明火。刚开始摇荡时,用力要小,时间要短。应多摇动多放气,否则,漏斗中蒸气压力过大,液体会冲出造成事故。

当有些化合物在原有溶剂中比在萃取溶剂中更容易溶解时,就必须使用大量溶剂进行多次萃取。但是间断多次萃取法效率差,且操作烦琐、损失大。为了提高萃取效率,减少溶剂用量和纯化目标物的损失,宜采用连续萃取装置。

在进行萃取后,使溶剂自动流入加热器,受热汽化,冷凝变成液体再进行萃取,如此循环即可萃取出大部分目标物。此法萃取效率高,溶剂用量少,操作简便,损失也小,唯一的缺点是萃取时间长。使用连续萃取方法时,应根据所用溶剂的相对密度小于或大于被萃取溶液相对密度的条件,采取不同的实验装置。

4) 超临界流体萃取简介

超临界流体萃取(SFE,简称超临界萃取)是一种将超临界流体作为萃取剂,把一种成分(萃取物)从另一种成分(基质)中分离出来的技术,起源于20世纪40年代,70年代投入工业应用,并取得成功。使用这种技术时基质通常是固体,但也可以是液体。SFE可以作为分析前的样品制备步骤,也可以用于更大的规模,从产品剥离不需要的物质(如脱咖啡因)或收集所需产物(如精油)。二氧化碳是最常用的超临界流体。

超临界萃取的基本原理是在高于临界温度和临界压力的条件下,用超临界流体溶解出所需的化学成分,然后降低流体溶液的压力或升高流体溶液的温度,使溶解于超临界流体中的溶质因其密度下降溶解度降低而析出,从而实现特定溶质的萃取。超临界流体是处于临界温度和临界压力以上的高密度流体,既不是气体,也不是液体,性质介于气体和液体之间,特点是具有优异的溶剂性质。流体处于超临界状态时,其密度接近于液体密度,并且随流体压力和温度的改变发生十分明显的变化,而溶质在超临界流体中的溶解度随超临界流体密度的增大而增大。超临界萃取正是利用超临界流体的这一性质而进行萃取的。

可作为超临界萃取中萃取剂的物质很多,如二氧化碳、氧化亚氮、六氟化硫、乙烷、甲醇、氨和水等。但用超临界萃取方法提取天然产物时,一般用二氧化碳作萃取剂。因为二氧化碳的临界温度(31℃)接近室温,对易挥发或具有生理活性的物质破坏较少。同时,二氧化碳安全无毒,萃取分离可一次完成,无残留,适用于食品和药物的提取。二氧化碳液化压力低,临界压力(7.31MPa)适中,容易达到超临界状态也是重要原因。

超临界萃取技术的特点与优势有:①可在接近常温下完成萃取工艺,适合对一些对热敏感、容易氧化分解和破坏的成分进行提取和分离;②在最佳工艺条件下,能将提取的成分几乎完全提出,从而提高产品的收率和资源的利用率;③萃取工艺简单,无污染,分离后的超临界流体经过精制可循环使用。

### 2. 蒸馏和分馏

#### 1) 蒸馏

蒸馏是一种使用广泛的纯化方法,主要用于液体或是加热可成为液体的化学试剂,尤其是有机化学试剂的纯化。

蒸馏的主要目的是从含有杂质的化学试剂中分离出挥发性和半挥发性的杂质,或将易挥发和半挥发的主体蒸发出来,而将不挥发和难挥发的杂质留下。

一种物质在不同温度下的饱和蒸气压变化是蒸馏分离的基础。大体说来,如果液体混合物中两种组分的蒸气压具有较大差别,就可以在蒸气相中富集更多的挥发性和半挥发性的组分,液相和蒸气相可以分别地被回收,挥发性和半挥发性的组分富集在气相中,而不挥发性组分被富集在液相中。根据混合物主体与杂质沸点高低和差别的大小,分简单蒸馏、减压蒸馏和水蒸气蒸馏、精馏等几种方法。

沸点在 40～150℃的化学试剂,杂质与主体沸点差别大于 50℃,可采用常压的简单蒸馏。若要除去与主体沸点差别小于 50℃的杂质,则要采用精馏方法。

对于沸点在 150℃以上的化学试剂,或沸点虽在 150℃以下,但对热不稳定、加热易热分解的化学试剂,可以采用减压蒸馏或水蒸气蒸馏。

最简单的蒸馏装置如图 2-69 所示,主要由蒸馏烧瓶、蒸馏头、温度计套管、温度计、直形冷凝管、接引管和接收瓶组成。当一个液体样品被加热并转变成蒸气时,其中有一部分被冷凝而回到原来的蒸馏烧瓶中,而其余的被冷凝转入收集容器中,前者称回流液,后者称流出液。由于蒸馏是连续进行,逸出的和保存在液体中的组成在慢慢地改变,成为一种纯化化学试剂的方法。

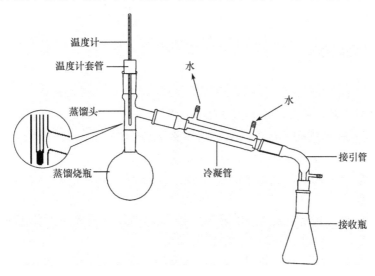

图 2-69　蒸馏装置

2) 分馏

分馏是用分馏柱进行的蒸馏。在分馏过程中,被分馏的化学试剂在蒸馏瓶中沸腾后,蒸气从圆底烧瓶蒸发进入分馏柱,在分馏柱中部分冷凝成液体。此液体中由于低沸点成分的含量较多,因此其沸点比蒸馏瓶中的液体温度低。当蒸馏瓶中的另一部分蒸气上升至分馏柱中时,便和这些已经冷凝的液体进行热交换,使它重新沸腾,而上升的蒸气本身则部分地被冷凝,因此,又产生了一次新的液-气平衡,结果在蒸气中的低沸点成分又有所增加。这一新的蒸气在分馏柱内上升时,又被冷凝成液体,然后再与另一部分上升的蒸气进行热交换而沸腾。由于上升的蒸气不断地在分馏柱内冷凝和蒸发,而每一次的冷凝和蒸发都使蒸气中低沸点的成分不断提高。因此,蒸气在分馏柱内的上升过程中,类似于经过反复多次的简单蒸馏,最终使蒸气中低沸点的成分逐步提高。由此可见,在分馏过程中分馏柱是关键的装置,如果选择适当的分馏柱,最终在接收瓶内所得到的液体可能是纯的低沸点成分或者是低沸点占主要成分的流出物。最精密的分馏设备已能将沸点相差 1～2℃ 的混合物分开。

3. 减压蒸馏

常压蒸馏非常简便,然而,由于许多待蒸馏化合物在接近正常沸点的温度时会发生分解、氧化或重排等反应。有时,杂质在高温下也能催化这些反应。如果用真空泵把蒸馏系统中的空气抽走,使液体表面上的压力降低,就可降低液体的沸点。这种在较低压力下进行的蒸馏称为减压蒸馏。减压蒸馏是分离和提纯有机化合物的一种重要方法,适合高沸点有机化合物或在常压下蒸馏易发生分解、氧化或聚合的有机化合物。

给定压力下的沸点可以近似地从下列公式求出:

$$\lg p = A + \frac{B}{T} \qquad (2\text{-}5)$$

式中:$p$ 为蒸气压;$T$ 为沸点(热力学温度);$A$、$B$ 为常数。如以 $\lg p$ 为纵坐标,$1/T$ 为横坐标作图,可以近似地得到一条直线。因此可以从两组已知的压力和温度值算出 $A$ 和 $B$。再将所选择的压力代入上式算出液体的沸点。但实际上由于分子在液体中的缔合,许多物质沸点的变化与蒸气压的关系并不完全如此,人们往往通过查经验表的方式由 $p$ 确定减压条件下的沸点 $T$。

## 2.8.3 固体物质的提纯

1. 结晶与重结晶

结晶是指物质以晶态的形式从溶液或熔体中析出的过程。由于不同的物质常具有不同的晶格结构,相同晶格结构的物质与不同晶格结构的物质一同结晶的概率很低(只有具有相同晶格结构且半径相近的物质才易一同结晶)。因此,结晶可以使晶态物质与之前复杂的混合物分离,是提纯固体化合物的重要方法之一。

重结晶又称再结晶,是将晶体再次溶于溶剂或熔融以后,又重新从过饱和溶液或熔体中结晶的过程。由于初次结晶或多或少会包裹有少量杂质(光谱分析或熔点测定证实),重复利用溶解(熔化)、再结晶方式,可以得到更高纯度的物质。

晶体熔化法是根据液体混合物在冷却结晶过程中组分重新分布(称为偏析)的原理,通过多次熔融和凝固,制备高纯度(可达 99.999%)金属、半导体材料和有机化合物的一种提纯方法,如应用于高纯度锗、硅的生产。

晶体溶解法则是利用不同物质在同一溶剂中溶解度不同,把混有少量可溶性杂质的晶体溶解,制成接近溶剂沸点的浓溶液,冷却,使它再一次结晶,而让杂质全部或大部分仍留在溶液中,从而达到分离、提纯目的。

对于混合在一起的两种盐类,如果它们在同一种溶剂中的溶解度随温度的变化差别很大,则也可用于晶体混合物的分离,例如硝酸钾和氯化钠的混合物的分离。

在基础化学实验室常使用后一种方法提纯无机混合物或有机混合物。下面介绍该种方法的基本操作。

### 2. 重结晶(结晶)的步骤

重结晶的步骤包括:溶剂的选择与试验→样品的热溶解(配制浓溶液)→热过滤→蒸发(浓缩)→冷却析晶→减压抽滤→晶体洗涤→干燥→提纯物。

1) 溶剂的选择和试验方法

(1) 不与被提纯物质发生反应。

(2) 被提纯的组分在该溶剂中加热时溶解度大而常温下溶解度小,两者差别大,这样才能使待提纯组分大部分结晶出来,损失较少。

(3) 杂质与待提纯成分在溶剂中的溶解度相差很大。例如杂质在热溶剂中的溶解度很小时,趁热过滤将其除去;或者较低温度杂质在该溶剂中溶解度较大时,溶液冷却后杂质留在母液中而与析出晶体分离。

(4) 溶剂沸点不宜太高;溶剂应易挥发、易与晶体分离。

(5) 溶剂的沸点应低于溶质的熔点,以免加热溶解时,溶质熔化形成油状物从溶液中析出,形成具有很大接触面的两液相体系,结晶时,溶质中易夹带杂质及少量溶剂,达不到提纯的效果。此外,溶剂的凝固点应远低于晶体时的温度。

(6) 结晶的回收率高,能形成较好的晶形。

在几种溶剂同样都适宜时,还应根据是否价廉易得、溶剂毒性大小、操作的安全性、回收的难易等来选择。

溶剂溶解试验:如果是已知样品,可以参考文献所用溶剂品种和配比。对于未知样品,则应根据以上原则取少量样品(约 1mg),用不同溶剂(数滴至 1mL)溶解,加热,如在较大量的溶剂中仍不能全部溶解,则可能是不溶的杂质,先过滤除去,然后冷却,观察结晶析出的难易、量的多少和纯度的情况,就可以确定合适的溶剂并进行大量重结晶。如果样品来源不易,可将溶剂挥发,再另换一种溶剂进行溶解度试验。

有时未能选到一种适合的溶剂用于重结晶,可考虑采用两种或三种溶剂组成的混合溶剂。

2) 溶解、热过滤

以水为溶剂重结晶的可以在烧杯、锥形瓶或试管中进行,若是使用挥发性有机溶剂或低沸点溶剂,则须在配置回流冷凝器的圆底烧瓶或锥形瓶中进行,应用水浴加热,并注意安全。

将待提纯固体先在洁净、干燥的研钵中研细,所盛放固体的量不要超过研钵容积的 1/3。对于大颗粒固体只能压碎,不能用磨杵敲击。

将研细的固体放入容器内,根据溶解度估算所需加入的溶剂量(溶剂量以过量 20% 为宜),加热以加快溶解的过程,制得接近溶剂沸点的浓溶液。固体溶解在不断搅拌下进行,用搅拌棒搅拌时,应手持搅拌棒并转动手腕使搅拌棒在液体中匀速转动,不要使搅拌棒碰在容器壁上,以免溅出溶液,损坏容器。待固体溶解之后,稍加静置,趁热过滤除去不溶性杂质(具体操作见 2.8.1 中的热过滤)。注意根据被加热物质的热稳定性,选用不同的加热方法。

3) 化学除杂

溶液中可溶性杂质含量过高时,一般可先通过加入特定沉淀剂生成沉淀予以去除,或将杂质转化为适当的形式后再加沉淀剂除去。例如,粗食盐的提纯,就是依次加入沉淀剂 $BaCl_2$、$Na_2CO_3$-$NaOH$ 以除去其中的 $SO_4^{2-}$、$Ca^{2+}$、$Mg^{2+}$。而在粗硫酸铜的提纯中,则是先用 $H_2O_2$ 溶液将其中的杂质 $Fe^{2+}$ 氧化为 $Fe^{3+}$。

4) 蒸发(浓缩)

可以通过蒸发溶剂或冷却溶液的方法使溶液达到过饱和,从而使晶体析出。溶解度随温度改变而变化不大的物质可以用蒸发溶剂法;溶解度随温度改变而显著变化的物质可使用冷却的方法,也可以将两种方法结合使用。

蒸发常在蒸发皿中进行。因为蒸发的快慢不仅和温度的高低有关,而且和被蒸发液体的表面大小有关,被蒸发液体有较大的表面时,有利于蒸发进行。蒸发皿内所盛液体的量不应超过其容积的 2/3,余下的溶液可逐渐添加。加热方式视物质的热稳定性而定。物质热稳定性大时,可将蒸发皿放在铁三脚架上,用酒精灯(煤气灯)直接加热,或是放在电热板上加热,否则用水浴间接加热。

在蒸发过程中,必要时可适当搅拌以防爆溅。随着水分不断蒸发,溶液逐渐被浓缩。浓缩的程度取决于溶质溶解度的大小及其随温度变化的情况。例如结晶氯化钠晶体时,由于溶解度随温度的变化不大,故应把氯化钠溶液蒸发至稀粥状(但不能蒸干);结晶硫酸铜晶体时,由于溶解度随温度改变而变化显著,结晶时又带出较多的结晶水,只需蒸发至液体表面有结晶膜出现即可。另外,如果结晶时希望出现较大的晶体,就不宜浓缩得太浓。切不可将溶液蒸干,以便使少量杂质留在母液中除去。

5) 结晶(重结晶)

蒸发、浓缩到一定程度的溶液,经冷却后就会析出溶质的晶体。析出晶体的大小与条件有关。如果溶液浓度大,溶质的溶解度小,溶剂蒸发速度快,溶液冷却速度快,摩擦器壁,则析出的晶体就小。如果溶液浓度小,投入一小颗晶种后静置溶液,缓慢冷却(如放在温水浴上冷却),就能得到较大的晶体。

晶体颗粒的大小要适当。颗粒较大且均匀的晶体夹带母液较少,容易洗涤。晶体太小且大小不均匀时,能形成稠厚的糊状物,夹带母液较多,不易洗净。而颗粒太大甚至只得到几颗大晶体时,母液中剩余的溶质较多,损失较大,所以晶粒大小适宜且较为均匀有利于物质的提纯。如果剩余母液太多,还可以再次进行浓缩、结晶,但这次得到的晶体的纯度不如第一次高。

6) 减压过滤、洗涤、干燥

(1) 减压过滤。晶体析出完全后,母液与晶体的分离用减压抽滤法完成(具体操作见 2.8.1 中的减压过滤),容器中残留的结晶可用少量母液冲洗。将晶体尽量抽干,必要时可用玻璃塞或镍刮刀挤压晶体。

(2) 洗涤。停止抽气,滴加少量的洗涤液(或混合溶剂)润湿晶体表面,如果结晶较多且紧密时,可在加入洗涤液后用玻璃棒将结晶轻轻加以搅动,使全部结晶湿润,再抽干,如此操作两三次。最后用刮刀将结晶移至干净的表面皿上进行干燥。

混合在一起的两种盐类,如果它们在一种溶剂中的溶解度随温度的变化差别很大,如硝酸钾和氯化钠的混合物,硝酸钾的溶解度随温度上升而急剧增加,而温度升高对氯化钠溶解度影响很小,则可在较高温度下将混合物溶液蒸发、浓缩,首先析出的是氯化钠晶体,趁热抽滤,除去氯化钠,得到的母液在冷却后可得纯度较高的硝酸钾晶体。

重结晶往往需要进行多次,才能获得较好的纯化效果。

(3) 干燥。根据得到的结晶物的性质决定干燥方式:晾干(洗涤溶剂易挥发)、干燥器中干燥或在烘箱内加热到一定温度烘干。

(武汉理工大学　郭丽萍)

## 2.9　常用仪器简介

### 2.9.1　pH 计

pH 计 (又称酸度计)是用来测量溶液 pH 的仪器。实验室常用的 pH 计型号很多,结构各异,但它们的工作原理是相同的。pH 计面板构造主要有刻度指针显示和数字显示两种。pH 计除了用来测定溶液的 pH 外,还可以配上适当的电极,测定该电极的电极电势。

PHS-3C 型精密酸度计是一种实验室常用的精密 pH 测量仪器,下面以它为例介绍其工作原理和使用方法。

#### 1. pH 计的工作原理

pH 计测溶液 pH 的方法是电位测定法。pH 计主要由指示电极、参比电极和精密电位计三部分组成。

pH 计的工作原理是把对溶液 pH 敏感的玻璃电极(指示电极)和电势稳定的参比电极[常用饱和甘汞电极(SCE)]放在待测溶液中,组成一个原电池,该电池的电动势是玻璃电极和参比电极电势的代数和。由于甘汞电极的电极电势不随溶液 pH 变化,在一定温度下是一定值 $E_{SCE}$,而玻璃电极的电极电势随溶液 pH 的变化而改变,所以它们组成的电池其电动势也只随溶液的 pH 而变化。通过标准缓冲溶液校正之后,可直接测出待测溶液的 pH。

1) 玻璃电极与参比电极

玻璃电极由 Ag-AgCl 电极、盐酸和特制的球形导电玻璃膜构成,如图 2-70(a)所示,把它插入一个待测溶液中,便组成原电池的一个极

$$Ag, AgCl(s) | 0.1 mol \cdot L^{-1} HCl | 玻璃 | 待测溶液$$

其电极电势与溶液 pH 有下列关系

$$E_G = E_G^\ominus - \frac{2.303RT}{F} pH \tag{2-6}$$

式中:$E_G$、$E_G^\ominus$ 分别为玻璃电极的电极电势和标准电极电势;$R$ 为摩尔气体常量;$T$ 为开尔文温标;$F$ 为法拉第常量。该电极的电势随待测溶液 pH 的不同而不同。

饱和甘汞电极由汞、甘汞糊、饱和 KCl 溶液构成,如图 2-70(b)所示。电极反应为

$$Hg_2Cl_2(s) + 2e^- = 2Hg(l) + 2Cl^-(aq)$$

一定温度下饱和 KCl 溶液的浓度为一定值,故饱和甘汞电极的电势也是一定值,与溶液的 pH 无关,298K 时为 0.2415V。

现在许多实验室常用复合电极,它是由玻璃电极与 AgCl-Ag 电极复合而成,前者作指示电极,后者作参比电极,如图 2-70(c)所示。复合电极中的 Ag-AgCl 电极的电极电势也不随溶液 pH 而变化,在一定温度下是一定值。

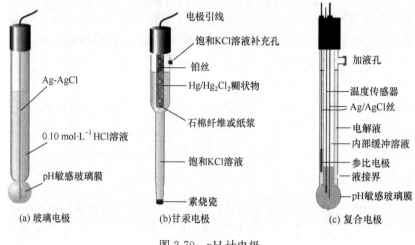

图 2-70　pH 计电极

2) 电池电动势与溶液 pH 的关系

将玻璃电极和饱和甘汞电极插入溶液,组成原电池

$$(-)Ag|AgCl(s),内充液|玻璃膜|试液 \parallel KCl(饱和)|Hg_2Cl_2(s)|Hg(+)$$

该电池的电动势为

$$E = E(Hg_2Cl_2/Hg) - E(H^+/H_2)$$

$$= E_{SCE} - E_G^{\ominus} + \frac{2.303RT}{F}pH = E' + \frac{2.303RT}{F}pH \tag{2-7}$$

式(2-7)表明原电池的电动势与溶液 pH 呈线性关系。斜率为 $2.303RT/F$,它指溶液 pH 变化一个单位时,电池的电动势变化 $2.303RT/F(V)$。为了直接读出溶液的 pH,pH 计上相邻两个读数间隔相当于 $2.303RT/F(V)$,此值随温度的改变而变化。$E' = E_{SCE} - E_G^{\ominus}$。饱和甘汞电极的 $E_{SCE}$ 是已知的,如果 $E_G^{\ominus}$ 已知,则 $E'$ 已知,从所测电动势即可求出溶液的 pH。但是 $E_G^{\ominus}$ 通常是未知的,所以实际测定中是用与待测溶液 pH 相近的标准缓冲溶液标定求得 $E'$。原电池在标准缓冲溶液条件下给出的电动势和在待测溶液条件下给出的电动势分别为

$$E_s = E' + \frac{2.303RT}{F}pH_s \quad E_x = E' + \frac{2.303RT}{F}pH_x$$

式中:$pH_s$ 和 $pH_x$ 分别为标准溶液和待测溶液的 pH。两式相减得

$$pH_x = \frac{F(E_x - E_s)}{2.303RT} + pH_s \tag{2-8}$$

pH 计一般是把测得的电池电动势转换成 pH 表示出来。为了方便起见,仪器设置了定位调节器,当测量标准缓冲溶液的时候,使用调节器把读数直接调节至标准缓冲液的 $pH_s$,这样在测未知溶液时,指针的读数即是溶液的 $pH_x$,一般把前一步称为"校准",后一步称为"测量"。

2. pH 的测定

PHS-3C 型 pH 计采用零电位为 pH=7 的玻璃电极或复合电极。仪器设置了稳定的定位调节器和斜率调节器。前者是用来抵消测量电池的起始电势,使仪器的示值与溶液的实际 pH 相等,而后者通过调节放大器的灵敏度使 pH 整量化。仪器外形如图 2-71 所示。面板上

的主要按钮(键)有斜率调节器、定位调节器、温度补偿调节器、pH-mV 转换开关及读数显示屏,背面是电极和电源插口。

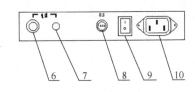

图 2-71　PHS-3C 型 pH 计外观

1. 机箱;2. 键盘;3. 显示屏;4. 多功能电极架;5. 电极;6. 测量电极接口;7. 参比电极接口;8. 保险丝;
9. 电源开关;10. 电源插座;11. Q9 短路插;12. E-201-C 型 pH 复合电极;13. 电极保护套

1) 安装

在测定溶液 pH 时,将复合电极(或玻璃电极、参比电极)用电极夹固定,拔下 pH 复合电极下端的电极保护套,并且拉下电极上端加液孔的橡皮套,使加液孔外露。用蒸馏水清洗电极后置于蒸馏水中。在仪器背部的测量电极接口处插入复合电极,如不用复合电极,则在测量电极接口处插入玻璃电极插头,参比电极接入参比电极接口处;电源插头插入相应插孔内,打开电源开关,按"pH/mV"按钮,使仪器进入 pH 测量状态。预热仪器约 30min。

2) 标定

仪器使用前先要标定。一般来说,仪器在连续使用时每天要标定一次。25℃时,标定的缓冲溶液第一次应用 pH=6.86 的混合磷酸盐缓冲溶液,第二次应用接近被测溶液的 pH 的标准缓冲溶液。如果被测溶液为酸性,应选 pH=4.00 的缓冲溶液;如果被测溶液为碱性,则应选 pH=9.18 的缓冲溶液。

(1) 依次用蒸馏水清洗电极并用滤纸吸去电极表面的水分(有时用待测溶液冲洗一两次),然后将电极放入装有 pH=6.86 标准缓冲溶液的烧杯中(注意电极的敏感玻璃球需完全浸入溶液中),轻轻摇动烧杯,消除气泡并使溶液尽快达到扩散平衡;按"温度"键,使显示为溶液温度值(此时温度指示灯亮),然后按"确认"键,仪器确定溶液温度后回到 pH 测量状态,则温度补偿设置完成。注意:缓冲溶液与待测定溶液的温度必须一致。

(2) 按"定位"键使显示值与标准缓冲溶液当前温度下的 pH 一致(如混合磷酸盐 25℃时的 pH=6.86),然后按"确认"键。标准缓冲溶液的 pH 与温度关系对照见表 2-19,缓冲溶液配制方法见表 2-20。

表 2-19　缓冲溶液的 pH 与温度关系的对照表

| 温度/℃ | 邻苯二甲酸氢钾 0.05mol·kg$^{-1}$ | 混合磷酸盐 0.025mol·kg$^{-1}$ | 四硼酸钠 0.01mol·kg$^{-1}$ |
|---|---|---|---|
| 5 | 4.00 | 6.95 | 9.39 |
| 10 | 4.00 | 6.92 | 9.33 |
| 15 | 4.00 | 6.90 | 9.28 |
| 20 | 4.00 | 6.88 | 9.23 |
| 25 | 4.00 | 6.86 | 9.18 |
| 30 | 4.01 | 6.85 | 9.14 |

续表

| 温度/℃ | 邻苯二甲酸氢钾 0.05mol·kg⁻¹ | 混合磷酸盐 0.025mol·kg⁻¹ | 四硼酸钠 0.01mol·kg⁻¹ |
|---|---|---|---|
| 35 | 4.02 | 6.84 | 9.11 |
| 40 | 4.03 | 6.84 | 9.07 |
| 45 | 4.04 | 6.84 | 9.04 |
| 50 | 4.06 | 6.83 | 9.03 |
| 55 | 4.07 | 6.83 | 8.99 |
| 60 | 4.09 | 6.84 | 8.97 |

**表 2-20　缓冲溶液的配制方法**

| pH | 质量摩尔浓度/(mol·kg⁻¹)(20℃空气中) |
|---|---|
| 4.00 | 称取 10.12g 优级纯邻苯二甲酸氢钾溶于 1000mL 高纯去离子水中 |
| 6.86 | 称取 3.387g 优级纯磷酸二氢钾和 3.533g 优级纯磷酸氢二钠溶于 1000mL 高纯去离子水中 |
| 9.18 | 称取 3.80g 优级纯四硼酸钠溶于 1000mL 高纯去离子水中 |

（3）取出电极，清洗并用滤纸吸去电极表面的水分，再将电极放入与待测溶液的 pH 相近的标准缓冲溶液中，待读数稳定后按"斜率"键使显示值与该标准缓冲液当前温度下的 pH 一致，然后按"确认"键，标定完成。

（4）反复进行上述（2）、（3）步骤，直到显示值符合两标准 pH 为止。经标定后，"定位"键及"斜率"键不能再按，如果触动此键，此时仪器 pH 指示灯闪烁，按"pH/mV"键，使仪器重新进入 pH 测量即可，而无需再进行标定。

3）测量

依次用蒸馏水和待测溶液清洗电极，将电极插入被测溶液中，待仪器显示的数据稳定后即可读数。

一台已经校准过的仪器在一定时间内可以连续测量许多份未知液的 pH。如果电极的稳定性还没有完全建立，经常标定是必要的，注意标定时条件的一致性。

在使用过程中，当换用新电极或"定位"、"斜率"调节器有变动时，仪器必须重新标定。

**2. 电极电势的测定**

（1）将所需的离子选择性电极和参比电极夹在电极架上，将离子电极和参比电极的插头分别插入测量电极接口和参比电极接口处，按下"mV"键。

（2）用蒸馏水清洗电极头部，再用被测溶液清洗一次，插入待测溶液中，搅拌使溶液均匀，显示屏上显示的数值即是该离子选择性电极的电极电势值，单位为 mV。工作电极的电势高于参比电极的电势时，读数会显示负值。

（3）如果被测信号超出仪器的测量范围或测量端开路时，显示屏会不亮，作超载报警。

**3. 仪器的维护与注意事项**

（1）取下电极护套后，应避免电极的敏感玻璃泡与硬物接触，因为玻璃泡的任何破损或擦毛都会使电极失效。保持仪器的输入端、电极插头和插孔干燥清洁。

（2）第一次使用或长期停用的复合电极，在使用前必须在 $3\mathrm{mol} \cdot \mathrm{L}^{-1}$ 氯化钾溶液中浸泡 24h。

玻璃电极一般可以用蒸馏水或 pH=4 的缓冲溶液浸泡。通常使用 pH=4 的缓冲液更好一些，浸泡时间为 8~24h 或更长。参比电极的液接界也需要浸泡，参比电极的浸泡液必须和参比电极的参比溶液一致，一般浸泡几小时即可。

离子选择性电极使用之前要用蒸馏水浸泡活化。

（3）使用玻璃电极和甘汞电极时，必须注意内电极与球泡之间及参比电极内陶瓷芯附近是否有气泡存在，如有必须除去。电极插入溶液后要充分搅拌均匀（2~3min），待溶液静止后（2~3min）再读数。

（4）用标准缓冲溶液标定时，首先要保证标准缓冲溶液的精度，否则将引起严重的测量误差。标准溶液可自行配制，但最好用国家标准给出的标准缓冲溶液。

（5）测量结束后及时将电极保护套套上，电极套内应放少量外参比补充液，以保持电极球泡的湿润，切忌浸泡在蒸馏水中。复合电极不用时套上橡皮套，防止补充液干涸。

（6）复合电极的外参比补充液为 $3\mathrm{mol} \cdot \mathrm{L}^{-1}$ 氯化钾溶液，饱和甘汞电极的电极补充液是饱和氯化钾溶液。补充液可以从电极上端加液小孔加入。

（7）常温电极一般在 5~60℃ 温度范围内使用。若在其他温度测定，应分别选用特殊的低温电极或高温电极。

### 2.9.2　电导率仪

物质按其在电场作用下导电与否分为导体、半导体和绝缘体。导体又可按导电微粒类型分为两大类：金属导体，常温下基于自由电子在电场作用下做定向运动而导电的导体；溶液导体，基于离子的定向移动而导电的导体，称为离子型导体，如日常生活中常见的电解质溶液。在实际生活中，通常用电阻或电阻率来衡量第一类导体的导电能力，用电导或电导率来衡量半导体和第二类导体的导电能力。

液体介质的电导率常用电极电导率仪测定。该类电导率仪以其结构简单、造价低廉，尤其适合低电导率的测定，应用于石油化工、生物医药、污水处理、环境监测、矿山冶炼等行业及科研院所。若配用适当常数的电导电极，还可用于测量电子半导体、核能工业和电厂纯水或高纯水的电导率。

#### 1. 电导率仪工作原理

电导是电阻的倒数，这个关系对两类导体均适用。溶液电导的测量，实际上是通过测量浸入溶液的一对相互平行、截面积和间距已知的电极板之间的电阻来实现的。

当一对电极（通常为铂电极或铂黑电极）插入溶液中，在极板的两端加上一定的电势（为了避免溶液电解，通常为正弦波电压，频率 1~3kHz），然后测量两电极间的电阻 $R$。根据欧姆定律，温度一定时，这个电阻值与电极间距 $L$(cm) 成正比，与电极的截面积 $A$($\mathrm{cm}^2$) 成反比，即

$$R = \rho \frac{L}{A} \tag{2-9}$$

式中：$\rho$ 为电阻率，是长 1cm、截面积为 $1\mathrm{cm}^2$ 导体的电阻（$1\mathrm{cm}^3$ 体电阻），单位为 $\Omega \cdot \mathrm{cm}$。电阻率大小取决于物质的本性和温度。对于固定的电极而言，电极间距 $L$ 和面积 $A$ 是固定的，其

比值 $L/A$ 是一个常数,称为电极常数(或电导池常数),记为 $J$,单位是 $cm^{-1}$。溶液电导 $(G)$ 与电阻 $(R)$ 的关系如下

$$G=\frac{1}{R}=\frac{1}{\rho J}=\kappa\frac{1}{J} \tag{2-10}$$

式中:$\kappa=1/\rho$,即电导率,其物理意义是在电极截面积为 $1cm^2$、电极间距为 $1cm$ 时溶液的电导 $(S \cdot cm^{-1})$。电导的单位是西门子,用符号 S 表示;电导率的单位国际单位制表示为 $S \cdot m^{-1}$,一般实际使用单位为 $S \cdot cm^{-1}$,常用单位为 $\mu S \cdot cm^{-1}$。溶液的电导率与电解质的性质、浓度、溶液温度有关。除非特别指明,一般溶液的电导率是指 25℃时的电导率。

由上式可见,当已知电极常数 $(J)$,并测出溶液电导 $(G)$ 或电阻 $(R)$ 时,即可求出溶液的电导率 $\kappa(\kappa=JG)$。

2. 测量原理

电导率仪由振荡器、放大器和指示器等部分组成。其测量原理如图 2-72 所示。图中 $E$ 为振荡器产生的标准电压;$R_x$ 为电导池的等效电阻;$R_m$ 为标准电阻器;$E_m$ 为 $R_m$ 上的交流分压。由欧姆定律可得

$$E_m=\frac{R_m}{R_m+R_x}E=\frac{R_mE}{R_m+\frac{1}{G}} \tag{2-11}$$

$$\frac{1}{G}=\frac{J}{\kappa}=\frac{R_mE}{E}-R_m \tag{2-12}$$

由此可见,当 $R_m$、$E$ 为常数时,溶液的电导率有所改变时,即电阻值 $R_x$ 发生变化时必将引起 $E_m$ 的相应变化,因此测 $E_m$ 值就反映了电导 $(G)$ 的高低。$E_m$ 讯号经放大检波后,由 $0\sim1mA$ 电表改成的电导率表头直接指示出来。

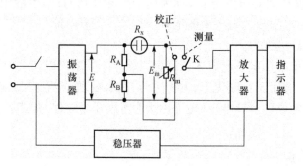

图 2-72　电导率仪测量原理示意图

3. DDS-307 型数显电导率仪的使用

市面上的电极电导率仪种类繁多,外形结构各异,但是其测量原理是相同的。高校基础化学实验室常用的电导率仪型号有 DDS-11A、DDS-12A、DDS-307 等。下面以 DDS-307 型数显电导率仪为例介绍其工作特点和使用方法。

1) 仪表外形及各部件的功能

DDS-307 型电导率仪外形如图 2-73 所示。它除能测定一般液体的电导率外,还能测量高纯水的电导率。讯号输出为 $0\sim10mV$。测量范围 $(0\sim2\times10^5)\mu S \cdot cm^{-1}$,共四挡量程,温度测

量范围是 0～50.0℃，所用温度计精度应高于±0.5℃。实验室常用的电导电极(简称电极)为铂光亮电极或铂黑电极。每一电极有各自的电极(电导池)常数，分别有 $0.01cm^{-1}$、$0.1cm^{-1}$、$1.0cm^{-1}$、$10cm^{-1}$ 四种类型。

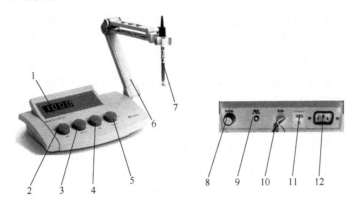

图 2-73 DDS-307 型电导率仪外形及各部件的功能
1. 显示屏；2. 量程选择；3. 电极常数选择；4. 校正；5. 温度补偿；6. 多功能电极支架；
7. 电极；8. 电极插座；9. 输出插口；10. 保险丝管插座；11. 电源开关；12. 电源插座

2) 仪器的使用方法

DDS-307 型电导率仪操作流程简单概括为

安装→开机预热→校准→设置电极常数→设置温度→测量

(1) 开机前的准备。安装多功能电极支架，安装电导电极，用蒸馏水清洗电极。连接电源线，接通电源，预热 30min 后进行校准。

(2) 校准。仪器使用前必须进行校准！将量程选择旋钮指向"检查"，将电极常数旋钮指向"1"刻度线，温度补偿调节旋钮指向"25"刻度线，调节校正调节旋钮，使仪器显示 $100.0\mu S\cdot cm^{-1}$。

(3) 电极常数及其设置。在电导率测量过程中，正确选择电导电极常数十分重要。每支电导电极上都标有具体的电极常数值，应根据被测介质电导率(电阻率)的高低选择不同的电极(表 2-21)。

表 2-21 电极常数与测量范围的关系

| 电极常数/$cm^{-1}$ | 0.01 | 0.1 | 1 | 10 |
|---|---|---|---|---|
| 测量范围/($\mu S\cdot cm^{-1}$) | 0.0～2.0 | 0.2～20.0 | $2～1\times10^4$ | $1\times10^4～1\times10^5$ |

注：电极有"光亮"和"铂黑"两种形式。镀铂电极习惯称为铂黑电极。光亮电极其测量范围以$(0～300)\mu S\cdot cm^{-1}$为宜

一般说来，当被测介质电导率小于 $1\mu S\cdot cm^{-1}$(电阻率大于 $1m\Omega\cdot cm$)时，用电极常数为 0.01 的钛合金电极，测量时应加测量槽作流动测量。测量介质电导率大于 $100\mu S\cdot cm^{-1}$(电阻率大于 $10k\Omega\cdot cm$)时，宜用电极常数为 1 或 10 的铂黑电导电极，以增大吸附面，减少电极极化影响。

调节电极常数旋钮使显示值与电极标称常数值一致。例如，对 $0.01cm^{-1}$ 钛合金电极，电极选择开关置于"0.01"处；若电极常数为 0.0095，则调节校正调节旋钮使显示值为 0.950；对 $0.1cm^{-1}$ 常数的 DJS-0.1C 型光亮电极，电极选择开关置于"0.1"处；若电极常数为 0.095，则调节校正调节旋钮使显示值为 9.50，依次类推。

测量步骤如下：

（1）先用蒸馏水清洗电极，用滤纸轻轻吸干，再用被测溶液清洗一次，把电极浸入被测溶液中，用玻璃棒搅拌溶液，使溶液均匀。

（2）调节温度补偿旋钮至待测溶液实际温度值，得到待测溶液经过温度补偿后折算为 25℃下的电导率值（如果将温度补偿调节旋钮指向"25"刻度线，那么测量的将是待测溶液在该温度下未经补偿的原始电导率值）。

（3）把量程选择旋钮旋至测量挡。根据选择的电极常数，将量程选择旋钮按表 2-22 旋至合适位置，使显示值尽可能在 $100 \sim 1000$。在测量过程中，显示屏无数值说明测量值超出量程范围，应切换高一挡量程。

（4）该溶液的电导率值＝显示读数×C（表 2-22）。

表 2-22　量程开关与量程范围的对应关系

| 量程旋钮位置 | 量程范围/($\mu$S·cm$^{-1}$) | 被测电导率/($\mu$S·cm$^{-1}$) |
|---|---|---|
| I | $0 \sim 20.0$ | 显示读数×C |
| II | $20.0 \sim 200.0$ | 显示读数×C |
| III | $200.0 \sim 2000$ | 显示读数×C |
| IV | $2000 \sim 20000$ | 显示读数×C |

注：C 为电导电极常数，I、II、III、IV 旋钮对应电极的 C 值为 0.01、0.1、1.0、10。

（5）测量结束后清洗电极。若稍后还要使用，应将电极浸泡在蒸馏水中。

可以用含有洗涤剂的温水清洗电极上有机污物，也可以用酒精清洗。钙、镁沉淀物最好用 10％柠檬酸清洗。

铂黑电极只能用合适的化学方法清洗，以免损坏、污染铂黑层。光亮的铂电极可以用软刷子机械清洗，但不得在电极表面产生刻痕，不可使用螺丝刀等硬物清除电极表面。

3）注意事项

（1）电极使用前必须放入在蒸馏水中浸泡数小时，经常使用的电极应储存在蒸馏水中。

（2）为保证仪器的测量精度，必要时在仪器的使用前用该仪器对电极常数进行重新标定。此外应定期进行电导电极常数标定。

（3）在测量高纯水时应避免污染，正确选择电导电极的常数并最好采用密封、流动的测量方式。

（4）为确保测量精度，电极使用前应用电导率小于 $0.5\mu$S·cm$^{-1}$ 的去离子水（或蒸馏水）冲洗两次，然后用被测试样冲洗后方可测量。

（5）清洗电极等过程应将量程开关置于"检查"位置。

（6）电极插头座防止受潮，以免造成不必要的测量误差。

### 2.9.3　分光光度计

可见分光光度计是一种结构简洁、使用方便的单光束分光光度计。722 型分光光度计基于样品对单色光的选择性吸收特性，能在可见光谱区域内对样品物质作定性和定量分析，其灵敏度、准确性和选择性都较高，因而在教学、医药卫生、临床检测、生物化学、石油化工、环保监测、食品生产和质量控制等部门得到广泛应用。

### 1. 分光光度计测量原理

分光光度法测量的理论依据是朗伯-比尔定律。当溶液中的物质受到光的照射和激发时，产生对光的吸收。但物质对光的吸收是有选择性的，各种不同的物质都有其各自的吸收光谱。

分光光度计定量分析的依据是相对测量，即选定样品的溶剂（或空气）作为标准试样，设定其透光率为 100%，被测样品的透光率则相对于标准试样（或空气）而得到，在一定的浓度范围，各参量遵循朗伯-比尔定律

$$T = \frac{I}{I_0}$$

$$A = \lg \frac{1}{T} = KcL \tag{2-13}$$

式中：$A$ 为吸光度；$T$ 为透光率；$I$ 为光透过被测样品后照射到光电传感器上的强度；$I_0$ 为光透过标准试样后照射到光电传感器上的强度；$L$ 为样品溶液在光路中的厚度；$c$ 为样品浓度；$K$ 为样品溶液的比吸光系数。

一种有色溶液对于一定波长（单色光）的入射光其 $K$ 值具有一定的数值。若溶液浓度 $c$ 的单位以 $mol \cdot L^{-1}$ 表示，溶液厚度 $L$ 的单位以 cm 表示，则此时的 $K$ 值称为摩尔吸光系数，其单位为 $L \cdot mol^{-1} \cdot cm^{-1}$，它是有色物质在一定波长下的特征常数。

从式（2-13）可以看出，当 $K$ 和 $L$ 不变时，吸光度 $A$ 与溶液浓度 $c$ 成正比关系，也可以说，当一束单色入射光经过有色溶液且入射光、吸光系数和溶液厚度不变时，吸光度 $A$ 是随着溶液浓度而变化的。

### 2. 722 型分光光度计的结构

722 型分光光度计是以碘钨灯为光源，衍射光栅为色散元件，端窗式光电管为光电转换器的单光束数显式可见分光光度计，工作波长为 330～800nm，波长精度为 ±2nm，波长重现性为 0.5nm，单色光带宽为 6nm，吸光度显示范围为 0～1.999A，吸光度精确度为 0.004A（在 0.5A 处），试样架可放置 4 个样品池。

仪器由光源、单色器、吸收池、检测器和显示装置五部分组成，其外形如图 2-74。

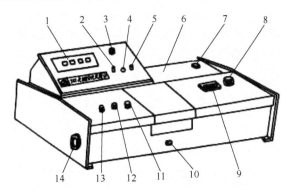

图 2-74　722 型分光光度计结构简图

1. 数字显示器；2. 吸光度调零旋钮；3. 选择开关 A/C/T；4. 吸光度调斜率电位器；5. 浓度旋钮；6. 光源室；7. 电源开关；8. 波长手轮；9. 波长刻度窗；10. 试样架拉手；11. 100%T 旋钮；12. 0%T 旋钮；13. 灵敏度调节旋钮；14. 干燥器

### 3. 722 型分光光度计使用方法

(1) 预热仪器。取下仪器防尘罩,将选择开关置于"$T$"挡。接通电源,开启电源开关,指示灯亮,仪器预热 20min。为了防止光电管疲劳,不要连续光照,预热仪器时和不测定时应将样品室盖打开,使光路切断。

(2) 选定波长。调节波长手轮,使所需波长对准刻线,调节 100%$T$ 旋钮至透射率显示为 70～100,显示数值稳定后即可往下操作。

(3) 固定灵敏度挡。在能使空白溶液很好地调到"100%"的情况下,尽可能采用灵敏度较低的挡。使用时,首先调到 1 挡(放大倍率最小),灵敏度不够时再逐渐升高。但换挡改变灵敏度后,须重新校正"0%"和"100%"。选好灵敏度后,实验过程中不要再变动。

(4) 调节 $T=0\%$。打开样品室盖(此时光门自动关闭)调节 0%$T$ 旋钮,使数字显示为"0.00"。

(5) 调节 $T=100\%$。将盛蒸馏水(或空白溶液、纯溶剂)的比色皿放入比色皿座架中的第一格内,并对准光路,盖上试样室盖(光门打开,光电管受光),调节 100%$T$ 旋钮,使数字显示正好为"100.0"。如果显示达不到"100.0",则增大灵敏度挡,再调节 100%$T$ 旋钮,直到显示为"100.0"。

(6) 重复操作(4)和(5)直到仪器显示稳定。

(7) 吸光度的测定。待透过率数字显示正好为"100.0"且稳定后,将选择开关置于"$A$",盖上试样室盖子,将空白液置于光路中,调节吸光度调节旋钮,使数字显示为".000"。将盛有待测溶液的比色皿放入比色皿座架中的其他格内,盖上试样室盖,轻轻拉动试样架拉手,使待测溶液进入光路,此时数字显示值即为该待测溶液的吸光度值。读数后,打开试样室盖,切断光路。重复上述测定操作一两次,读取相应的吸光度值,取平均值。

(8) 浓度的测定。选择开关由"$A$"旋置"$C$",将已标定浓度的样品放入光路,调节浓度旋钮,使数字显示为标定值,将被测样品放入光路,此时数字显示值即为该待测溶液的浓度值。

(9) 关机。实验完毕,切断电源,将比色皿取出洗净并放回原处。将比色皿座架用软纸擦净。仪器冷却 10min 后盖上防尘罩。

(10) 实验过程中,参比溶液不要拿出试样室,可随时将其置于光路,观察吸光度零点是否有变化,若不为".000",则先不要调节吸光度旋钮,而应将选择开关置于"$T$"挡,用 100%$T$ 旋钮调至"100.0",再将选择开关置于"$A$"挡,这时若不是".000",方可调节吸光度旋钮。一般情况下不要经常调节吸光度旋钮和 100%$T$ 旋钮,但是可经常进行步骤(3)和(4)的操作,若发现这两个显示有变化,应及时调整。

### 4. 标准曲线法

标准曲线法分以下几步:

(1) 先配制五种以上标准浓度的溶液。

(2) 测出每种溶液的吸光度 $A$。

(3) 作 $A$-$c$ 标准曲线图。

有了标准工作曲线便可对溶液进行测量。在同样的条件下,用仪器测出 $A$ 后,查标准曲线即可得被测溶液的浓度值 $c_x$。

### 2.9.4　光学显微镜的构造和使用

　　显微镜是将微小物体或物体的微细部分高倍放大,以便对生物、药品、微细粒子等进行观察研究的仪器或设备。显微镜大致可分为电子显微镜和光学显微镜。

　　光学显微镜是以可见光作为光源,用玻璃作透镜的显微镜,其有效放大倍数可达 1250 倍,最高分辨力为 $0.2\mu m$。随着科技的不断进步,光学显微镜的性能不断得到提升,种类日益扩大,常见的有生物显微镜、金相显微镜、体视显微镜和偏光显微镜等,此外还有荧光显微镜、测量显微镜、共聚焦显微镜等。它们有着特殊的功能,广泛应用于不同的研究、生产领域。

　　电子显微镜是用电子束作光源的一类显微镜,以特殊的电极和磁极作为透镜代替玻璃透镜,能分辨相距 0.2nm 左右的物体,放大倍数可达 80～200 万倍。电子显微镜常用到的有透射电子显微镜和扫描电子显微镜,后来发展了原子力显微镜、扫描隧道显微镜等。最新研制的扫描透射电子全息显微镜(STEHM),命名为提坦 80－300 立方体(Titan80－300Cubed),能轻易地识别原子,测量它们的化学状态,甚至探测将原子聚集拢来的电子。该显微镜具有完整的分析能力,能让研究人员以一种前所未有的方式观测原子、确定元素类型和数量,并通过高分辨率摄像机收集数据。显微镜重 7t、高 4.5m,分辨率为 35pm,相当于人类正常视力的 2000 万倍。

　　目前,在一般的科学研究和教学中,光学显微镜仍然是重要的较为精密的显微观察仪器。生物显微镜在实验室最常见,主要用来观察生物切片、生物细胞、细菌以及活体组织培养、流质沉淀等的观察和研究,也可以观察研究其他透明或者半透明物体以及粉末、细小颗粒等。

　　下面以生物显微镜为例介绍其基本构造和使用方法。

　　1. 生物显微镜的基本构造

　　显微镜由机械系统和光学系统两大部分组成。机械系统主要包括镜筒、载物台、镜座、粗细调节螺旋等部分;光学系统主要包括目镜、物镜、聚光器、光阑及光源等部分(图 2-75)。

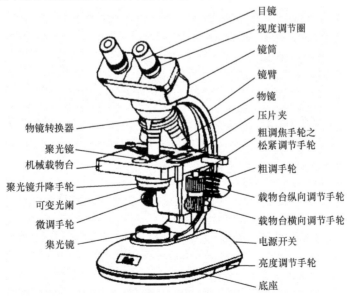

图 2-75　XS-212-201 显微镜的结构

1）机械系统

（1）镜座。镜座是显微镜的底座，支持整个镜体，使显微镜放置稳固。

（2）镜臂。弯曲如臂，下连镜座，上连镜筒，是取放镜体时手握的部位。镜臂有固定式和活动式两种，活动式的镜臂的下端与镜柱连接处有一活动关节，可使镜体在一定范围内后倾，便于观察。

（3）镜筒。镜筒是显微镜上部圆形中空的长筒，作用是保护成像光路与亮度。镜筒上接目镜，下接物镜转换器。镜筒倾斜45°。双筒中的一个目镜有屈光度调节装置，以备在两眼视力不同的情况下调节使用。镜筒一般长160mm或170mm。

（4）物镜转换器。物镜转换器为两个金属碟所合成的一个转盘，可自由转动，盘上有三四个螺旋圆孔，其上可装三四个物镜。当旋动转换器时，物镜即可固定在使用的位置上，使物镜通过镜筒与目镜构成一个放大系统。

（5）载物台。又称镜台，为放置玻片标本的平台，中心有一个通光孔。在载物台上的两旁装有压片夹，可固定玻片标本；有的装有标本推动器，将标本固定后，能向前后左右推动。有的推动器上还有刻度，能确定标本的位置，便于找到变换的视野。通过载物台横向、纵向调节手轮可水平或垂直移动载物台。

（6）调焦装置。为了得到清晰的物像，必须调节物镜与标本之间的距离，使它与物镜工作距离相等，这种操作称为调焦。镜臂两侧有粗、细同轴调焦手轮各一对，旋转时可使镜筒上升或下降。大的手轮用于粗调，每旋转一周，镜筒升降10mm，用于低倍物镜检查标本时使用；小的手轮用于细调，每旋转一周，镜筒升降0.002mm，用于高倍物镜观察时使用。转动细调手轮不可超过180°，使用时，必须先低倍、后高倍。

2）光学系统

光学系统由成像系统和照明系统组成，成像系统包括物镜和目镜，照明系统包括反光镜和聚光器。

（1）物镜。物镜安装在镜筒下端的转换器上，因接近被观察的物体，故又称接物镜，其作用是将物体作第一次放大，是决定成像质量和分辨能力的重要部件。一般显微镜有几个放大倍数不同的物镜，即低倍镜（4×、10×）、高倍镜（40×）和油镜（100×）。4×、10×和40×物镜与标本之间不需要加任何液体介质进行观察，称为干燥物镜；100×物镜称为油浸物镜，使用时需在标本和物镜之间加入折射率为1.52的香柏油作为介质，这个值与玻片折射率相近。

物镜上通常标有数值孔径（numerical aperture，NA）、放大倍数、镜筒长度等主要参数。例如，物镜上刻有"40/0.65 160/0.17"等字样，其中"40"表示物镜放大倍数，"0.65"表示数值孔径，"160/0.17"表示镜筒长度和所需盖玻片厚度（mm）。XS-212-202生物显微镜物镜的主要技术参数如表2-23所示。

表2-23　XS-212-202生物显微镜物镜的主要技术参数

| 放大倍数 | 数值孔径（NA） | 盖玻片厚度/mm | 工作距离/mm | 工作方式 |
| --- | --- | --- | --- | --- |
| 4× | 0.1 | 0.17 | 26.9 | 干 |
| 10× | 0.25 | 0.17 | 6.4 | 干 |
| 40× | 0.65 | 0.17 | 0.6 | 干 |
| 100× | 1.25 | 0.17 | 0.2 | 油 |

注：数值孔径 $NA = n\sin(\alpha/2)$，其中 $n$ 为物镜与标本之间介质的折射率；$\alpha$ 为物镜的镜口角，即物镜主光轴上的物点与物镜前透镜的有效直径边缘所张的角度，是光进出透镜时最大锥角

分辨率是指显微镜能分辨的两点之间最小的距离,与光波波长和数值孔径有关

$$D=0.61\frac{\lambda}{\mathrm{NA}}=0.61\frac{\lambda}{n\sin\left(\frac{\alpha}{2}\right)} \tag{2-14}$$

式中:$D$、$\lambda$ 分别为分辨距离和照明光波长,单位均为 nm;NA 为数值孔径。分辨两点间的距离越小,分辨率越大。要提高分辨率就要用波长更短的照明光、增大物镜的数值孔径。

镜头倍数不同,镜口角也不同。显微镜的放大倍数越高,镜口角也越大,则分辨率越高。

(2) 目镜。目镜装于镜筒上端,由两块透镜组成。目镜的作用是把物镜造成的像进一步放大,上面一般标有 5×、10×、16× 等放大倍数,可根据需要选用。一般目镜与物镜放大倍数的乘积以物镜数值孔径的 500~700 倍(最大不能超过 1000 倍)为宜。目镜的放大倍数过大,反而影响观察效果。

显微镜的总放大倍数=目镜倍数×物镜倍数。

(3) 聚光器。聚光器装在载物台下方的聚光器架上,由聚光镜(几个凸透镜)和光圈(可变光阑)组成。它可以使散射光汇集成束、集中一点,以增强被检物体的照明。聚光镜可通过聚光镜调节手轮上下调节,如用高倍物镜时,视野范围小,则需上升聚光器;用低倍物镜时,视野范围大,可下降聚光镜。光圈为安装在聚光镜下方的圆环结构,为多片半圆形的薄金属片叠合而成。圆环外缘有一小柄,拨动它能使金属薄片分开或合拢,借以调节通光量。调节聚光镜的高度和光圈的大小,可得到适当的光照和清晰的图像。

(4) 光源。较新式的显微镜其光源通常是安装在它的镜座内,开关在底座一侧,旁边有旋钮可以调节灯光的明暗。老式的显微镜光源大多是采用附着在镜臂上的反光镜,反光镜是一个两面镜子,一面是平面,另一面是凹面。在使用低倍和高倍镜观察时用平面反光镜,使用油镜或光线弱时可用凹面反光镜。

(5) 滤光片。可见光是各种颜色的光组成的,不同颜色的光线波长不同。如只需某一波长的光线时,就要用滤光片。选用适当的滤光片可以提高分辨力,增加影像的反差和清晰度。滤光片有紫、青、蓝、绿、黄、橙、红等各种颜色,分别透过不同波长的可见光,可根据样本本身的颜色,在聚光器下加相应的滤光片。

### 2. 使用光学显微镜的操作步骤

#### 1) 取镜和放置

显微镜平时存放在柜子或镜箱中,用时从柜中取出。右手紧握镜臂,左手托住镜座,将显微镜放在座前桌面上稍偏左的位置,镜座应距桌沿 5~6cm。操作员坐在适当高度的凳上操作,以便于观察。

#### 2) 对光

打开光源开关,调节光强到合适大小(老式的显微镜用手转动反光镜,使镜面向着光源。一般用平面镜即可,光弱时可用凹面镜,使光线从反光镜面向上反射入镜筒),转动物镜转换器,使低倍镜头(4×)正对载物台上的通光孔。然后用左眼(或双眼)从目镜向下观察,在镜筒内可看到一个圆形、明亮的视野,这时再利用聚光器或光圈调节盘调节光的强度,使视野内光线均匀、明亮且柔和。

#### 3) 低倍镜下的观察

(1) 放置玻片标本。升高镜筒或降低载物台,把玻片标本放置在载物台中央(或玻片推片器内)并用压片夹夹住,使有盖玻片的一面朝上,切不可放反,然后旋转推片器螺旋,将所要观

察的部位调到通光孔的正中和物镜的正下方。

（2）调节焦距。转动粗调焦手轮，从侧方注视使镜筒缓缓下降，直到物镜接近玻片标本2～3mm为止（镜头不得触碰标本），然后在目镜上观察，左手顺时针方向缓慢转动粗调焦手轮，使载物台缓慢下降，直到视野中出现清晰的物像为止。

（3）低倍镜观察。眼睛注视目镜视野，同时反方向转动粗调焦手轮，使镜筒缓缓上升，直到看清物像为止。转动细调焦手轮，使看到的物像更加清晰。

如果物象不在视野中心，可调节推片器将其调到中心（注意移动玻片的方向与视野物象移动的方向是相反的）。如果视野内的亮度不合适，可通过升降集光器的位置或开闭光圈的大小来调节。

4）高倍镜下的观察

（1）选好目标。务必在低倍镜下把需进一步观察的部位调到中心，同时把物象调节到最清晰的程度，再进行高倍镜下的观察。

（2）转动物镜转换器，将高倍物镜转入光路。转换高倍镜时转动速度要慢，并从侧面进行观察，防止高倍镜头触碰到玻片。

（3）调节焦距。一般具有正常功能的显微镜其低倍物镜和高倍物镜基本齐焦，在用低倍物镜观察清晰时，换高倍物镜应可以见到物像，但物像不一定很清晰，微动调焦手轮进行调节（高倍镜下观察时，不得用粗调焦手轮）。

根据需要调节聚光镜的高低和可变光阑的大小，使光线符合要求（一般将低倍物镜换成高倍物镜观察时，视野要稍变暗一些，所以需要调节光线强弱）。

5）调换玻片标本

观察完毕，如需换看另一玻片标本时，转动物镜转换器，将高倍物镜换成低倍物镜，取出玻片，换上新玻片标本，然后重新从低倍物镜开始观察。千万不要在高倍物镜下换片，以免损坏镜头，而且也不易寻找目标。

6）油镜的使用

（1）使用油镜时的步骤与使用高倍镜的步骤相同，即必须先在低倍镜下观察，直到看到一清晰物象后再换高倍镜观察，并使观察的物象位于高倍镜的视野中央。

（2）转动转换器，使高倍镜移向一侧，在所要观察的盖玻片上滴一滴香柏油，从侧面观察，转动物镜转换器将油镜移入光路（至镜筒下方）并与镜筒成一条直线，使油镜镜头与香柏油接触，然后由目镜向下观察，慢慢转动细调焦手轮，直至视野中央出现清晰的物像为止。

（3）油镜使用完毕后需立即擦净。擦拭方法是用棉棒或镜头纸蘸少许清洁剂（乙醇或无水乙醇的混合物，最好不用二甲苯，以免侵入镜头后使树胶熔化，透镜松散）清洗。

7）显微镜使用后的整理

观察完毕，应将镜头转为低倍镜，再水平取下切片，取下时要注意勿使切片触及镜头。切片取下后再转动物镜转换器，使物镜镜头与通光孔错开。再下降镜筒，使两个物镜位于载物台上通光孔的两侧，将光源亮度调至最低。

若显微镜不再使用，关闭电源，擦拭干净，待灯箱冷后罩上防尘罩或放入箱内，并存于干燥无尘处。

3. 显微镜使用注意事项

（1）显微镜要轻拿轻放。

（2）严禁将表面有水的载玻片放到显微镜上。

（3）镜头脏污只能用专用工具经专门程序清洗。

（4）从低倍转入高倍应能看到图像，否则需转入低倍另行调节、查找原因。

（5）观察完毕，应将镜头转为低倍镜，再水平取下玻片，注意勿使切片触及镜头。转动物镜转换器，使物镜镜头与通光孔错开，再下降镜筒，使两个物镜位于载物台上通光孔的两侧。关闭光圈，推片器回位。

（6）临时不用时只需将光源亮度调至最低而无需关闭。忌频繁开关显微镜电源。

（武汉理工大学　郭丽萍）

## 实验 1　化学实验基本操作

### 一、实验目的

（1）了解化学实验室基本知识。

（2）熟悉常用仪器名称、规格、用途及使用注意事项。

（3）学习常用玻璃仪器的洗涤和干燥方法。

（4）学习试剂的取用及试管基本操作、酒精灯的使用。

（5）练习滴定管、移液管及容量瓶的使用，并对这些仪器的有效数字有所了解（有效数字应该读到刻度后一位）。

### 二、仪器和试剂

仪器：量筒（10mL、50mL），酸式和碱式滴定管（25mL）各一支，吸量管（10mL）一支，容量瓶（100mL）、锥形瓶（250mL）各一个，洗耳球两人一个。

药品：$HCl$（$0.1mol \cdot L^{-1}$），$NaOH$（$0.1mol \cdot L^{-1}$），$CuSO_4 \cdot 5H_2O(s)$，$NaCl(s)$，酚酞，$K_2Cr_2O_7$（工业级），浓硫酸（工业级），优级纯、分析纯和化学纯试剂各一瓶供标签辨识用。

### 三、实验内容及要求

1. 化学实验基础知识简介

详见第 1 章简介。

2. 仪器清点与洗涤

（1）清点基本实验用品，熟悉其名称、规格、用途和注意事项。

（2）检查酒精灯（修剪灯芯、去除结炭、擦拭干净），灌装工业酒精备用。

（3）洗涤常用玻璃仪器（量筒、烧杯、试管等）。洗涤要点：一般先洗去污物（视情况用合适洗涤液：合成洗涤剂、酸、碱等），用自来水冲净洗涤液，至内壁不挂水珠，再用纯水（蒸馏水或去离子水）淋洗三次。

（4）干燥两支试管（注意管口略向下），供下面实验用。

3. 试剂取用、试管操作

1）试剂规格辨识及试剂分装

（1）一般化学试剂规格及其标识：优级纯（保证试剂，深绿色标签，G. R.）、分析纯试剂（金光红标签,A. R.)、化学纯试剂(中蓝标签,C. P.)。

(2) 观察试剂台上试剂瓶的形状、颜色及摆放次序,得出自己的结论。

2) 试剂的取用及基本操作

(1) 用量筒分别量取 1mL、2mL、5mL 水倒入试管中,观察所占试管的容积;再用滴管向 10mL 量筒内滴入 1mL 水,估计滴数(试剂体积的估计方法以后常用)。

(2) 从细口瓶倾倒 2mL NaOH 溶液($0.1mol \cdot L^{-1}$)到试管中,加入一滴酚酞,再滴加 HCl 溶液($0.1mol \cdot L^{-1}$)直到红色褪去。

(3) 用牛角药匙取约 2g $CuSO_4 \cdot 5H_2O$ 放入对折的细长纸条内,斜持试管,将纸条伸入干燥试管 2/3 处后竖直,使药品落入试管底部。加热试管并保持管口略低,直至固体由蓝色变成白色。

(4) 取 1g 左右 NaCl 放入试管中,加入 5mL 水,振荡试管,使 NaCl 全部溶解,将溶液在酒精灯上加热至沸。

4. 滴定管、移液管及容量瓶的使用

(1) 滴定管、移液管、容量瓶的洗涤(详见 2.2)。这些仪器要求容积精确,一般不用刷子刷洗。一般洗涤次序是先用自来水洗(至内壁不挂水珠),再用蒸馏水或去离子水淋洗两三次,滴定管、移液管用时再用待装溶液润洗两三次。

容器内壁若有除不去的污物,可视情况用适当溶液除去,通常用浓硫酸-重铬酸钾洗液来清洗(铬酸洗液用后回收)。洗涤时先尽量将水沥干,然后倒入少量铬酸洗液,转动或摇动仪器,使洗液遍布仪器内壁,待与污物充分作用后,倒回原瓶中(切勿倒入水池),并尽量沥干。然后用自来水冲洗,用去离子水淋洗。

(2) 以水为对象,练习正确使用这些仪器,并练习准确读数。

**四、实验注意事项**

(1) 用洗涤剂和洗液洗涤后的器皿一定要用自来水将洗涤液彻底冲洗干净,不得有任何残留。使用自来水冲洗或纯水淋洗时,都应遵循少量多次的原则,且每次都尽量将水沥干,以提高效率。

(2) 常规使用的器皿没有污物时,用自来水洗涤、去离子水淋洗即可。

(3) 带有刻度的计量仪器不能用加热的方法进行干燥。

**五、思考题**

(1) 化学实验室意外事故的应急处理方法有哪些?

(2) 洗涤和干燥玻璃仪器的方法有哪些? 玻璃仪器洗涤干净的标志是什么?

(3) 量筒、容量瓶等量器能否用作反应器? 为什么?

(武汉理工大学　郭丽萍)

# 实验 2　粗食盐的提纯

**一、实验目的**

(1) 了解提纯氯化钠的原理和方法。

(2) 掌握称量、加热、溶解、过滤、蒸发浓缩、结晶、干燥等基本操作。

(3) 学习溶液中 $SO_4^{2-}$、$Ca^{2+}$、$Mg^{2+}$ 的鉴定方法。

## 二、实验原理

粗食盐中含有泥沙等不溶性杂质及 $SO_4^{2-}$、$Ca^{2+}$、$Mg^{2+}$ 和 $K^+$ 等可溶性杂质。将粗食盐溶于水后,用过滤方法可除去不溶性杂质。可溶性杂质 $SO_4^{2-}$、$Ca^{2+}$、$Mg^{2+}$ 可通过加沉淀剂使之生成沉淀而除去,由于 $K^+$ 含量较少,在最后的浓缩结晶过程中将处于不饱和状态留在母液中,从而与析出的氯化钠晶体分离。除杂过程中有关的离子反应方程式如下:

$$Ba^{2+} + SO_4^{2-} \Longrightarrow BaSO_4(s)$$
$$Ca^{2+} + CO_3^{2-} \Longrightarrow CaCO_3(s)$$
$$2Mg^{2+} + 2OH^- + CO_3^{2-} \Longrightarrow Mg_2(OH)_2CO_3(s)$$
$$Ba^{2+} + CO_3^{2-} \Longrightarrow BaCO_3(s)$$
$$CO_3^{2-} + 2H^+ \Longrightarrow CO_2(g) + H_2O$$

## 三、仪器和试剂

仪器:台秤,烧杯(100mL)2 个,量筒,玻璃棒,酒精灯,洗瓶,普通漏斗,漏斗架,表面皿,蒸发皿,铁三脚架,石棉网,泥三角,布氏漏斗,抽滤瓶,水泵。

试剂:粗食盐($NaCl$),$BaCl_2$($1mol \cdot L^{-1}$),$NaOH$($2mol \cdot L^{-1}$),$Na_2CO_3$(饱和),$HCl$($6mol \cdot L^{-1}$),$HAc$($6mol \cdot L^{-1}$),$(NH_4)_2C_2O_4$(饱和),镁试剂。

其他:pH 试纸,滤纸。

## 四、实验内容

1. 粗食盐的提纯

(1)称量和溶解。用台秤称取 8.0g 粗食盐,放入 100mL 烧杯中,量取水 30mL,倒入烧杯,用酒精灯加热。搅拌溶液使氯化钠晶体溶解。若溶液中不溶性杂质若量多,需先过滤除去,若量少可留待下一步过滤时一并除去。

(2)除去 $SO_4^{2-}$。将食盐溶液加热至沸,用小火维持微沸。边搅拌边逐滴加入 $1.0mol \cdot L^{-1}$ $BaCl_2$ 溶液约 2mL,至溶液中的 $SO_4^{2-}$ 全都变成 $BaSO_4$ 沉淀。取下烧杯静置,待溶液中的沉淀沉降后,沿烧杯壁往上层清液中滴几滴 $6mol \cdot L^{-1}$ $HCl$ 和 2 滴 $1mol \cdot L^{-1}$ $BaCl_2$ 溶液,检查 $SO_4^{2-}$ 是否除尽。若无新沉淀生成,说明 $SO_4^{2-}$ 沉淀完全,继续加热 5min,使 $BaSO_4$ 晶体长大,易于过滤。

移去火源,静置、冷却溶液。使用普通漏斗(常压过滤法)过滤除去不溶性杂质及 $BaSO_4$ 沉淀,滤液承接在一个干净的 100mL 烧杯中。

(3)除去 $Ca^{2+}$、$Mg^{2+}$、$Ba^{2+}$。将滤液加热至沸,改小火维持微沸。边搅拌边逐滴加入饱和 $Na_2CO_3$ 溶液(约 3mL),使 $Ca^{2+}$、$Mg^{2+}$、$Ba^{2+}$ 转变为难溶的碳酸盐或碱式碳酸盐沉淀,直至上层清液不再出现混浊为止。再加热 5min,静置、冷却,进行第二次常压过滤,滤液用洁净的蒸发皿承接,沉淀弃去。

(4)调节溶液的 pH。在收集的滤液中边搅拌边滴加 $6mol \cdot L^{-1}$ 盐酸,以除去 $CO_3^{2-}$,用精密 pH 试纸检测,控制滤液的 pH 为 3～4。

(5)蒸发浓缩、结晶。将盛有滤液的蒸发皿放到铁架台上,加热,蒸发浓缩。当液面出现晶膜时改用小火,稍加搅拌以免溶液溅出。蒸发期间可再检查蒸发液的 pH(此时暂时移开酒精灯),保持蒸发液微酸性(pH 约为 6)。当溶液蒸发至稀糊状时(切勿蒸干!)停止加热,静置、冷却、结晶。

(6) 减压过滤和干燥。将充分冷却的浓缩液用布氏漏斗进行减压过滤,尽量抽干。抽滤完成后,断开水泵胶皮管与抽滤瓶支管的连接,取下布氏漏斗,将 NaCl 晶体仔细转移到一张滤纸上,吸干 NaCl 晶体表面的水分,也可转移至干净的蒸发皿中,放在铁架台上用小火加热干燥。干燥期间用玻璃棒翻动干燥物,以防结块。待无水蒸气逸出后,停止加热,冷却。提纯后的 NaCl 晶体外观洁白,呈松散的颗粒状,在台秤上称量,计算产率。

$$提纯粗食盐的产率 = \frac{提纯食盐的质量}{粗食盐的质量} \times 100\% \tag{2-15}$$

**2. 产品纯度的检验**

取提纯后和提纯前的食盐各 1g,分别溶于 5mL 蒸馏水中(可直接溶于试管中,若不溶,可适当加热)。将两种食盐溶液分别分成三份,依次进行对照实验,检验其纯度。若粗食盐中不溶性杂质太多,应将溶液过滤。

第一份溶液分别加入 2 滴 6mol·L$^{-1}$ 盐酸,振荡,再加入 2 滴 1.0mol·L$^{-1}$ BaCl$_2$,比较两支试管的结果,如有白色浑浊,证明含有 SO$_4^{2-}$。

第二份溶液分别加入 3 滴饱和 (NH$_4$)$_2$C$_2$O$_4$ 溶液及 5 滴 6mol·L$^{-1}$ HAc,比较两支试管的结果,若有白色浑浊,证明含有 Ca$^{2+}$。

第三份溶液分别加入 5 滴 2mol·L$^{-1}$ NaOH 溶液,使溶液显碱性,再滴加 1 滴镁试剂,若有天蓝色沉淀,证明含有 Mg$^{2+}$。

提纯后的氯化钠回收。

注:CaC$_2$O$_4$ 为难溶于水的沉淀,溶于盐酸,不溶于醋酸,可与 CaCO$_3$ 相区别。

镁试剂为对硝基苯偶氮间苯二酚,酸性溶液呈黄色,碱性溶液呈红色,Mg$^{2+}$ 与镁试剂在碱性介质中生成天蓝色的螯合物沉淀。

## 五、实验结果与分析

(1) 产率计算及纯度检验。

产率计算:

粗食盐的质量 $m_1 = $ _____ g;提纯食盐的质量 $m_2 = $ _____ g;产率 $w = $ _____ %。

纯度检验:

| 纯度<br>检验项目 | 提纯产品溶液 | 粗食盐溶液 |
|---|---|---|
| SO$_4^{2-}$:(滴加 1.0mol·L$^{-1}$ BaCl$_2$ 试剂) | | |
| Ca$^{2+}$:[滴加饱和 (NH$_4$)$_2$C$_2$O$_4$ 试剂] | | |
| Mg$^{2+}$:(滴加 2mol·L$^{-1}$ NaOH+镁试剂) | | |

(2) 产品外观描述。

(3) 结果讨论。

## 六、实验注意事项

(1) 使用沉淀剂沉淀 Ca$^{2+}$、Mg$^{2+}$、Ba$^{2+}$ 及 SO$_4^{2-}$ 时,需要多次检验沉淀是否完全,这被称

为"中间控制实验"。

（2）常压过滤时，折叠好滤纸后，外层重叠部分的边角应撕去一小角，使滤纸与漏斗贴合紧密。过滤操作要点是"一贴二低三靠"。

（3）蒸发皿可直接加热，但不能骤冷，溶液体积应少于其容积的 2/3。

（4）蒸发浓缩至稠粥状即可，不可蒸干，否则产品会带入离子 $K^+$。

（5）减压过滤时，所用滤纸直径应略小于布氏漏斗内径，太大或太小均易造成过滤物的损失。布氏漏斗下端的斜口要对着吸滤瓶的支管口，先接橡皮管，打开水泵，后转入浓缩液；抽滤结束时，先拔去橡皮管，后关水泵。

## 七、思考题

（1）预习 2.8 中相关原理和操作。

（2）熟悉两本化学手册 *Lange's Handbook of Chemistry* 和 *CRC Handbook of Chemistry and Physics* 的使用。查找 NaCl、$CuSO_4 \cdot 5H_2O$、$NH_4Cl$ 的溶解度等物理性质数据。

（3）用 30mL 水溶解 8g 粗食盐的依据是什么？水量过多或过少有何影响？

（4）为什么选用 $BaCl_2$、$Na_2CO_3$ 作沉淀剂？为什么加药品的顺序是先加 $BaCl_2$、后加 NaOH 和 $Na_2CO_3$？先过滤掉 $BaSO_4$ 再加 $Na_2CO_3$ 的原因是什么？什么情况下 $BaSO_4$ 可能转化为 $BaCO_3$？

（5）往粗食盐溶液中加 $BaCl_2$ 和 $Na_2CO_3$ 后，为什么均要加热至沸？

（武汉理工大学　程淑玉）

## 实验 3　粗硫酸铜的提纯

## 一、实验目的

（1）了解重结晶法提纯物质的基本原理，掌握粗硫酸铜的提纯方法。

（2）掌握研磨、溶解、加热、蒸发、浓缩、结晶、常压过滤、减压过滤等基本操作。

## 二、实验原理

硫酸铜（$CuSO_4 \cdot 5H_2O$）为水合离子晶体，其溶解度随温度变化而变化较大（见附录五），可用重结晶法提纯。粗硫酸铜晶体中含有难溶于水的杂质和易溶于水的杂质。一般先除去难溶于水的杂质，然后选用合适的化学方法除去可溶杂质。

粗硫酸铜中可溶于水的杂质主要是硫酸亚铁（$FeSO_4$）和硫酸铁［$Fe_2(SO_4)_3$］。欲除去亚铁盐和铁盐杂质，可先用过氧化氢（$H_2O_2$）等氧化剂将 $Fe^{2+}$ 氧化为 $Fe^{3+}$，再调节溶液的 pH 约为 4，使 $Fe^{3+}$ 水解为 $Fe(OH)_3$ 沉淀，过滤除去。

$$2Fe^{2+} + H_2O_2 + 2H^+ \Longrightarrow 2Fe^{3+} + 2H_2O$$

$$Fe^{3+} + 3H_2O \xrightarrow{pH \approx 4} Fe(OH)_3 + 3H^+$$

将除去杂质的硫酸铜溶液酸化，通过蒸发浓缩即可得到较纯的 $CuSO_4 \cdot 5H_2O$ 晶体。如需纯度更高的 $CuSO_4 \cdot 5H_2O$，可重复进行重结晶操作。

### 三、仪器和试剂

仪器:台秤(公用),烧杯(100mL),量筒,石棉网,玻璃棒,酒精灯,漏斗,漏斗架,表面皿,蒸发皿,铁三脚架,洗瓶,布氏漏斗,油滤装置,硫酸铜回收瓶。

试剂:$CuSO_4 \cdot 5H_2O$(粗),$H_2SO_4$($1mol \cdot L^{-1}$),$H_2O_2$(3%),$NH_3 \cdot H_2O$($6mol \cdot L^{-1}$,$1mol \cdot L^{-1}$),$KSCN$($1mol \cdot L^{-1}$),$NaOH$($1mol \cdot L^{-1}$),$HCl$($2mol \cdot L^{-1}$)。

其他:pH试纸,滤纸。

### 四、实验内容

**1. 提纯粗硫酸铜**

(1)称量和溶解。用台秤称取8g粗硫酸铜(大块的硫酸铜晶体应预先在研钵中研细,每次研磨的量不宜过多,研磨时不得用研棒敲击,应慢慢转动研棒,轻压晶体成细粉末),放入100mL烧杯中,加入蒸馏水30mL。用酒精灯加热烧杯,并用玻璃棒搅拌,当固体不再溶解时停止加热。

(2)沉淀。稍冷后往溶液中加入3% $H_2O_2$溶液2mL,加热。边搅拌边滴加 $1mol \cdot L^{-1}$ $NaOH$溶液,直到pH=4[边滴加边检验,以免NaOH过量而产生$Cu(OH)_2$沉淀],再加热片刻,放置,使红棕色$Fe(OH)_3$沉降。

(3)常压过滤。将漏斗放在漏斗架上,采用倾泻法趁热过滤粗硫酸铜溶液,滤液可直接过滤至清洁的蒸发皿中。

(4)蒸发浓缩、结晶。在滤液中滴入$1mol \cdot L^{-1}$ $H_2SO_4$溶液使之pH=1~2,蒸发浓缩(切勿加热过猛,以免液体溅失)。当溶液表面出现一层晶膜时,停止加热。静置冷却至室温,使$CuSO_4 \cdot 5H_2O$结晶析出。

(5)减压过滤。准备好抽滤装置(器皿洗净,漏斗铺好滤纸,润湿),开启水泵,使滤纸紧贴在漏斗的瓷板上。倾斜蒸发皿,利用液体的流动性并借助玻璃棒将蒸发皿中的$CuSO_4 \cdot 5H_2O$晶体和母液转移至器皿边缘,再全部转移到布氏漏斗中,用玻璃棒将晶体均匀地摊开,尽量抽干,并用干净的玻璃塞轻轻按压布氏漏斗上的晶体,除去晶体上吸附的母液。停止抽气过滤,将晶体转到已备好的干净滤纸上,再用滤纸尽量吸干母液。

**2. 计算产率**

用台秤称量提纯后$CuSO_4 \cdot 5H_2O$晶体质量,计算产率。提纯产品作纯度检验后回收。

**3. 纯度检验**

(1)沉淀$Fe(OH)_3$。称取1g提纯后的$CuSO_4 \cdot 5H_2O$,放入小烧杯,加入10mL蒸馏水,再加入1mL $H_2SO_4$($1mol \cdot L^{-1}$)酸化,然后加入1mL双氧水(3%),煮沸片刻,使其中$Fe^{2+}$全部氧化成$Fe^{3+}$。冷却后,逐滴加入$6mol \cdot L^{-1}$ $NH_3 \cdot H_2O$,边滴边搅拌,直至最初生成的蓝色沉淀完全溶解,溶液呈深蓝色为止。此时$Fe^{3+}$成为$Fe(OH)_3$沉淀,而$Cu^{2+}$则成为配离子$[Cu(NH_3)_4]^{2+}$。过滤,并用滴管将$1mol \cdot L^{-1}$ $NH_3 \cdot H_2O$滴到滤纸上,洗去蓝色的$[Cu(NH_3)_4]^{2+}$(滤液可弃去),$Fe(OH)_3$黄色沉淀则留在滤纸上。

(2)溶解$Fe(OH)_3$获$Fe^{3+}$检测液。用滴管把3mL热的$2mol \cdot L^{-1}$ HCl滴在滤纸上,以

溶解 $Fe(OH)_3$,如果一次不能完全溶解,可将滤下的滤液加热,重新滴到滤纸上。将滤液收集到试管中,获得含 $Fe^{3+}$ 的检测液。

（3）目视比色。在含 $Fe^{3+}$ 的试液中滴入 2 滴 $1mol \cdot L^{-1}$ KSCN 溶液,观察血红色的产生。$Fe^{3+}$ 越多,血红色越深,根据血红色的深浅可以判断样品中含 $Fe^{3+}$ 的多少,$CuSO_4 \cdot 5H_2O$ 的纯度如何(同样方法可制得粗硫酸铜产品的 $Fe^{3+}$ 检测液)。

与教师提供的 $Fe^{3+}$ 标准检测液及由粗硫酸铜制得的 $Fe^{3+}$ 检测液对比,判断自己提纯的效果和产品的等级。

### 五、实验结果与分析

参照实验 2 的要求进行产品外观描述,报告产率及纯度分析结果并讨论。

### 六、实验注意事项

（1）重结晶法是提纯固体物质常用的方法,涉及的基本操作多,时间长,需耐心、细心才可以得到较好的产率和较高的纯度。

（2）认真比较实验中不同的过滤方法和适用环境。

（3）浓缩结晶时注意保持溶液的酸性。当溶液挥发了 1/2 时,注意保持小火,以免浓缩液体飞溅,损失产品以及发生烫伤。

### 七、思考题

（1）为了除去粗硫酸铜中的杂质可采取哪些方法?

（2）从有关手册或实验教材附录中查找 $CuSO_4 \cdot 5H_2O$ 在不同温度下的溶解度数据,以此数据为依据,计算实验条件下的粗硫酸铜溶液中 $Cu^{2+}$ 的浓度。假定杂质 $Fe^{2+}$、$Fe^{3+}$ 的浓度均为 $0.001mol \cdot L^{-1}$,查找有关数据,根据溶度积原理分别计算 $Cu(OH)_2$、$Fe(OH)_2$ 和 $Fe(OH)_3$ 开始沉淀和沉淀完全的 pH,理解除去这些杂质的原理。

（3）溶解粗硫酸铜时为什么要加热和搅拌?

（4）滴加 NaOH 溶液除 $Fe^{3+}$ 时,若搅拌不及时,会出现淡蓝色浑浊,为什么? 对实验结果有无影响?

（5）滤液为什么必须经过酸化后才能进行加热浓缩? 蒸发滤液时为什么不可加热过猛? 为什么不可将滤液蒸干?

（6）根据实验体会说明提高产率的措施。

(武汉理工大学　程淑玉)

## 实验 4　氯化铵的提纯(设计实验)

### 一、实验目的

（1）运用所学原理、方法拟定实验方案,提纯粗氯化铵固体(达试剂级)。

（2）通过查阅文献和资料,自拟实验方案、实验评价等过程,了解研究过程的一般流程和化学研究人员解决化学问题的一般思路。

（3）复习、巩固相关的基本操作。

（4）学习用比色法、比浊法检测产品中某些杂质的含量。

## 二、实验内容和要求

（1）查阅有关文献和资料，了解氯化铵国家标准优级纯、分析纯和化学纯三种规格试剂的质量要求，拟出制备试剂级氯化铵的实验方案（包括实验原理、实验条件及操作步骤）。

（2）称取 20g 粗氯化铵（实验室准备），按照教师审阅后的自拟方案进行实验。

（3）按国家标准要求对提纯后氯化铵中的杂质 $Fe^{3+}$、$SO_4^{2-}$ 进行限量分析。

限量分析一般是将成品配成溶液，与各种含一定量杂质离子的标准溶液进行比色或比浊，确定杂质含量范围。若成品溶液的颜色或浊度不深于标准溶液，则认为杂质含量低于某一限度。

## 三、实验结果与分析

描述产品外观，进行产率计算及纯度检验，讨论实验结果。

## 四、思考题

（1）采用怎样的化学手段除去粗氯化铵中的 $Ca^{2+}$、$Mg^{2+}$、$Fe^{3+}$、$K^+$、$SO_4^{2-}$ 等可溶性杂质？依据是什么？

（2）本实验过程中会用到中间控制实验手段吗？什么时候应用？为什么应用？

（3）以"化学试剂氯化铵"、"氯化铵"为关键词查阅相应的国家标准，各自的用途是什么？比较两者的异同。

（4）了解国家标准化学试剂氯化铵优级纯、分析纯和化学纯三种规格所允许的 $Fe^{3+}$ 和 $SO_4^{2-}$ 含量。

（武汉理工大学　程淑玉）

## 实验5　水的净化与水质检测

### 一、实验目的

（1）了解离子交换法制取纯水的基本原理和方法。

（2）学习电导率仪的使用；掌握水中常见离子的定性鉴定方法。

### 二、实验原理

天然水经过混凝、沉淀、过滤和消毒四个单元过程处理后成为日常生活和科学研究的常规供水（自来水）。但是自来水中仍含有许多无机物和有机物杂质，溶解性总固体（total dissolved solids, TDS）总量高达 1000mg·$L^{-1}$（GB5749—2006），而化学实验室等许多部门要求使用 TDS 小于 1mg·$L^{-1}$ 的纯水。因此必须对自来水进行净化处理后才能使用（见 2.5 实验用水的种类与选用方法）。

目前普遍采用蒸馏法或离子交换法净化自来水，制取的水分别称为蒸馏水和去离子水（或离子交换水），可以满足一般实验之需。有时为了特殊需要，常进行二次或多次交换蒸馏，或者蒸馏后再交换，或者交换后再蒸馏，以制备更纯的水。此外，还用电渗析法、反渗透法等净化水的方法。

1. 离子交换法制水

与蒸馏法相比,离子交换法因其设备与操作简单、出水量大、质量好、成本低,目前被众多化学实验室、火力发电厂、原子能工业、半导体工业、电子工业等多部门用来制备不同级别的纯水。本实验用该方法净化自来水并对得到的水质进行物理化学检测。

离子交换树脂是一种带有可交换离子活性基团的不溶性的高分子化合物。根据活性基团的不同,分阳离子交换树脂和阴离子交换树脂两类,每类又有强、弱两型用于不同的场合。制取纯水使用强酸性阳离子交换树脂 $R—SO_3^-H^+$(如国产 732 型树脂)和强碱性阴离子交换树脂 $R'—N^+R_3OH^-$(如国产 717 型树脂)。当自来水依次流过阳离子交换树脂和阴离子交换树脂时,水中常见的无机物杂质 $Ca^{2+}$、$Mg^{2+}$、$Na^+$、$K^+$、$CO_3^{2-}$、$SO_4^{2-}$、$Cl^-$ 等被截留,置换出 $H^+$ 和 $OH^-$。离子交换反应为

强酸性阳离子交换树脂($H^+$ 型离子交换树脂)

$$2R—SO_3^-H^+ + \begin{cases} Mg^{2+} \\ 2K^+ \end{cases} \underset{\text{洗脱或再生过程}}{\overset{\text{交换过程}}{\rightleftharpoons}} \begin{cases} (R—SO_3^-)_2Mg^{2+}+2H^+ \\ 2R—SO_3^-K^++2H^+ \end{cases}$$

强碱性阴离子交换树脂($OH^-$ 型离子交换树脂)

$$2R_4N^+OH^- + \begin{cases} 2Cl^- \\ SO_4^{2-} \end{cases} \underset{\text{洗脱或再生过程}}{\overset{\text{交换过程}}{\rightleftharpoons}} \begin{cases} 2R_4N^+Cl^-+2OH^- \\ (R_4N^+)_2SO_4+2OH^- \end{cases}$$

置换出来的 $H^+$ 和 $OH^-$ 结合

$$H^+(aq)+OH^-(aq)\longrightarrow H_2O(l)$$

在离子交换树脂上进行的交换反应是可逆的,当水样中 $H^+$ 或 $OH^-$ 浓度增加时,交换反应的趋势降低,所以只通过阳离子交换柱和阴离子交换柱串联制得的水仍含有一些杂质。为了进一步提高水质,可在阴离子交换柱后接一个阴、阳离子树脂混合柱,其作用相当于多级交换,交换的 $H^+$ 和 $OH^-$ 立即作用形成水,且各部位的水都接近中性,从而大大降低了逆反应的可能性。

树脂有一定的交换容量,使用一段时间达到饱和后即失去正常的交换能力,一般可以分别用 5%~10% 的 HCl 和 NaOH 溶液处理阳离子和阴离子树脂,使其恢复离子交换能力。再生后的离子交换树脂可以重复使用。

离子交换法能除去原水中绝大部分盐、碱和游离酸,但不能完全除去有机物和非电解质。理想的纯水还需要进一步处理除去微量的有机物。

2. 水质检测

纯水本身的导电能力是非常小的,但是当水中溶解有无机盐类时,由于它们的强电解质性质,水的导电能力大大增加。纯水的电导率可用电导率仪检测。

### 三、仪器和试剂

仪器:电导率仪,电导电极,离子交换柱(也可用碱式滴定管代替)。

试剂:NaOH(8% 质量分数,下同),HCl(7%),NaCl(饱和),$AgNO_3$($0.1mol \cdot L^{-1}$),$NH_3$($2mol \cdot L^{-1}$),$BaCl_2$($0.5mol \cdot L^{-1}$),$HNO_3$($2mol \cdot L^{-1}$),铬黑 T 指示剂,钙指示剂。

其他:717 强碱性阴离子交换树脂,732 强酸性阳离子交换树脂,玻璃纤维(棉花),乳胶

管,螺旋夹,玻璃三通管,pH 试纸。

## 四、实验步骤

### 1. 新树脂预处理转型(由实验室完成)

购买的离子交换树脂系工业产品,含有多种杂质,故新树脂需要在使用前进行处理,除去树脂中的杂质,并将树脂转变成所需要的形式。

(1) 732 型树脂转型。将树脂用饱和 NaCl 溶液浸泡 24h,用水漂洗至水澄清无色后,用纯水浸泡 4~8h,再用 7% HCl 溶液浸泡 4h(转为 $H^+$ 型)。倾去盐酸溶液,最后用纯水洗至 pH=5~6。用蒸馏水浸泡树脂备用。

(2) 717 型树脂转型。将树脂如同上法漂洗和浸泡后,改用 8% NaOH 浸泡 4h(转为 $OH^-$ 型)。倾去碱性溶液,最后用纯水洗至 pH=7~8。用蒸馏水浸泡树脂备用。

### 2. 装柱

根据具体情况选用复式离子交换装置或单柱(混合柱)制取纯水(图 2-76,图 2-77)。树脂的装入量:单柱装入柱高的 2/3;混合柱装入柱高的 3/5,阳离子树脂与阴离子树脂的体积比例为 1∶2(处理好的阳、阴离子交换树脂混合均匀一起加入交换柱)。

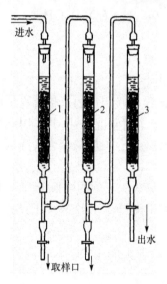

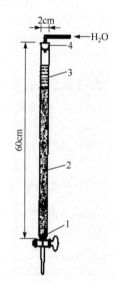

图 2-76　复式离子交换装置

1. 阳离子交换柱;2. 阴离子交换柱;3. 阴、阳离子混合交换柱

图 2-77　简易混合离子交换柱

1. 玻璃纤维;2. 树脂;3. 水;4. 胶塞

取洗净的离子交换柱(可用碱式滴定管代替),在柱底部装入少量玻璃纤维(装入前用去离子水洗涤玻璃纤维),下部通过橡皮管与尖嘴玻璃管相连(若是三柱交换装置,需要加装玻璃三通管),用螺旋夹夹住橡皮管,将交换柱固定在铁架台上。在柱中注入少量去离子水,排出管内玻璃纤维和尖嘴中的空气,然后将已处理的树脂与水一起从上端倾入柱中,树脂沿壁下沉,这样不致带入气泡。若水过满,可打开螺旋夹放水,当上部残留的水达 1cm 时,在顶部也装入一小团玻璃纤维,防止注入溶液时将树脂冲起。在整个操作过程中,树脂要一直保持被水覆盖。因为如果树脂床中进入空气,会产生偏流使交换效率降低,若出现这种情况,可用玻璃棒搅动

树脂层赶走气泡。

注：混合柱(大的装置称混床)，就是把一定比例的阳、阴离子交换树脂混合装填于同一交换装置中，对流体中的离子进行交换、脱除。由于阳离子交换树脂的密度比阴离子交换树脂大，所以在混合柱内阴离子交换树脂在上，阳离子交换树脂在下，使用前要混合均匀。一般阳、阴离子交换树脂装填的比例为 1:2。可按不同树脂酌情考虑选择。

### 3. 离子交换制水

将高位槽的自来水慢慢注入交换柱中，同时打开螺旋夹，使水成滴流出，流速 25~30 滴 · $min^{-1}$，等流过约 10mL 以后，截取流出液作水质检验，直至检验合格，数据记录于自己设计的表中。

### 4. 水质检验

1) 物理检验

用电导率仪分别测定离子交换水和自来水的电导率并记录。混合柱水样的电导率应在 $10\mu S \cdot cm^{-1}$ 以下。电导率仪的使用方法见 2.9.2。

电导率的物理意义是电极截面积为 $1cm^2$、电极间距为 1cm 时溶液的电导(又称比电导)。电导率与电阻率的关系为

$$\kappa = 1/\rho \tag{2-16}$$

式中：$\kappa$ 为电导率，$S \cdot m^{-1}$ 或 $\mu S \cdot cm^{-1}$；$\rho$ 为电阻率，$\Omega \cdot cm$。

水中杂质离子越少，水的电导率就越小，习惯上用水的电导率间接表示水的纯度。实验室用水规格部分指标及常见纯水的电导率列于表 2-24、表 2-25 中。

表 2-24　分析实验室用水国家标准(GB/T6682—2008)规格(部分指标)

| 名称 | 一级 | 二级 | 三级 |
|---|---|---|---|
| pH | — | — | 5.0~7.5 |
| 电导率(25℃)/(mS · m⁻¹) | ≤0.01 | ≤0.10 | ≤0.50 |
| 蒸发残渣(105℃±2℃)含量/(mg · L⁻¹) | — | ≤1.0 | ≤2.0 |

表 2-25　不同制备方式制得的纯水的电导率

| 水的来源 | 电导率/(μS · cm⁻¹) | 水的来源 | 电导率/(μS · cm⁻¹) |
|---|---|---|---|
| 纯水理论值 | 0.056 | 市售蒸馏水 | 10.0 |
| 玻璃容器三次蒸馏水 | 1.0 | 复床式离子交换水 | 0.5 |
| 石英容器三次蒸馏水 | 0.5 | 混合床式离子交换水 | 0.0556 |

2) 化学检验

(1) $Mg^{2+}$ 的检验。取水样 1mL，加入 1 滴 $NH_3 \cdot H_2O$(2mol · $L^{-1}$)溶液，再加入 2~3 滴铬黑 T，观察溶液颜色，判断有无 $Mg^{2+}$。

(2) $Ca^{2+}$ 的检验。取水样 1mL，加入 1 滴 NaOH 溶液，再加入 3~4 滴钙指示剂，观察溶液颜色，判断有无 $Ca^{2+}$。

(3) $Cl^-$ 的检验。取水样 1mL，加入 2 滴 $HNO_3$(2mol · $L^{-1}$)使之酸化，然后加入 1 滴 0.1mol · $L^{-1}$ $AgNO_3$，观察是否出现白色混浊。

(4) $SO_4^{2-}$ 的检验。取水样 1mL,加入 2 滴 HCl 溶液($2mol \cdot L^{-1}$),再加入 5 滴 0.5mol · $L^{-1}$ $BaCl_2$ 溶液,观察是否出现白色混浊。

5. 树脂的再生(由实验室完成)

树脂使用一段时间后,当从阴离子树脂柱流出来的水的电导率大于 $10\mu S \cdot cm^{-1}$ ($100k\Omega \cdot cm$)时就应该再生。

(1) 阴离子树脂再生。用去离子水漂洗树脂两三次,倾出水后加入 8% NaOH 溶液浸泡约 20min,倾去碱液,再用适量 8% NaOH 溶液洗涤两三次,最后用纯水洗至 pH=7~8。

(2) 阳离子树脂再生。水洗程序同上,然后用 7% HCl 溶液浸泡约 20min,再用 7% HCl 洗涤两三次,最后用纯水洗至水中检不出 $Cl^-$。

(3) 混合柱树脂的分离。放出交换柱内的水后,加入 $1mol \cdot L^{-1}$ NaCl 溶液,用玻璃棒充分搅拌使树脂分层,再用倾析法分离树脂,分置于不同烧杯中,按(1)、(2)所述方法分别对阴、阳离子交换树脂进行再生处理。

## 五、实验结果与分析

(1) 简要描述实验过程,设计表格,填入纯水制备、水质检测过程的有关实验数据和结果。

(2) 讨论离子交换条件对去离子水电导率的影响。

## 六、实验注意事项

(1) 在装柱过程中必须使树脂一直浸泡在水中,以免出现气泡或断层,造成溶液断路和树脂层紊乱。在离子交换柱的串联过程中,要注意尽量排出连接管内的气泡,以免液柱阻力过大而不能交换畅通。

(2) 使用复式交换装置时注意阳离子交换柱与阴离子交换柱的流速要匹配。阳离子交换柱流速太快,阴离子交换柱液面会溢出;阴离子交换柱流速太快,阴离子交换柱会出现干涸现象。

(3) 测电导率时,仔细辨认电极型号、量程范围,取正确的电极常数值;电极的导线不能潮湿,否则测量不准。

(4) 制得的去离子水应立即进行电导率的测定,否则电导率会迅速上升。

## 七、思考题

(1) 天然水与自来水有何区别?天然水变为自来水的具体工艺过程是怎样的?自来水中含有哪些杂质?

(2) 自来水进入复床交换装置的顺序能否颠倒?为什么?

(3) 为什么可用水样的电导率估计它的纯度?某一水样测得的电导率很低,能否说明其纯度一定很高?

(武汉理工大学 郭丽萍)

# 第 3 章　化学原理及其相关理化性质的测定

## 3.1　溶液浓度的测定

### 3.1.1　溶液组成的表示法

两种或两种以上的物质均匀混合,彼此呈分子或离子状态分布的均相体系称为溶液。溶液的组成是指溶液中各组分的相对含量,如两组分体系,则为溶质(B)和溶剂(A)的相对含量。溶液组成的表示又称浓度,浓度的表示方法很多,常用的有以下几种。

(1) 物质的量浓度:单位体积的溶液中所含溶质 B 的物质的量,单位为 $mol \cdot L^{-1}$。

$$c_B = n_B/V \tag{3-1}$$

(2) 质量浓度:单位体积的溶液中所含溶质 B 的质量,单位为 $g \cdot L^{-1}$。

$$\rho_B = m_B/V \tag{3-2}$$

(3) 体积分数:某气体 B 的分体积与气体混合物的总体积之比。

$$\varphi_B = V_B/V \tag{3-3}$$

(4) 质量分数:溶质 B 的质量与溶液的总质量之比,也可用百分数(%)表示。

$$w_B = m_B/m \tag{3-4}$$

(5) 摩尔分数:溶质 B 的物质的量与溶液的总物质的量之比。

$$x_B = n_B/n \tag{3-5}$$

(6) 质量摩尔浓度:单位质量的溶剂 A 中所含溶质 B 的物质的量,单位为 $mol \cdot kg^{-1}$。

$$b_B = n_B/m_A \tag{3-6}$$

(7) 物质的量比:溶质 B 的物质的量与溶剂 A 的物质的量之比。

$$r_B = n_B/n_A \tag{3-7}$$

### 3.1.2　溶液浓度的测定方法

根据测定的手段不同,溶液浓度的测定方法可分为化学分析和仪器分析两大类。在无机化学实验中,化学分析法常用的是滴定分析,即通过测量反应终点时标准溶液消耗的体积进行计算。仪器分析法则常用分光光度法、离子选择性电极法等。

## 3.2　酸碱平衡与溶液 pH 的测定

### 3.2.1　溶液的酸碱性

如果已知溶液中的 $H^+$ 或 $OH^-$ 浓度,就可定量地表达出溶液的酸碱度,一般用$[H^+]$表示。室温时

中性溶液中　　　$[H^+] = [OH^-] = 1.0 \times 10^{-7} mol \cdot L^{-1}$

酸性溶液中　　　$[H^+] > 1.0 \times 10^{-7} mol \cdot L^{-1} > [OH^-]$

碱性溶液中　　　$[H^+] < 1.0 \times 10^{-7} mol \cdot L^{-1} < [OH^-]$

考虑到许多溶液的$[H^+]$很小,为了使用方便,用 pH 表示溶液的酸碱性,pH 的定义为氢

离子活度的负对数：

$$pH = -\lg a(H^+) \tag{3-8}$$

在稀溶液中,浓度和活度的数值很接近,通常在实际工作中用物质的量浓度代替活度,即

$$pH = -\lg[H^+] \tag{3-9}$$

这样,室温时

中性溶液中　　　pH＝7.00

酸性溶液中　　　pH＜7.00

碱性溶液中　　　pH＞7.00

### 3.2.2　溶液 pH 的测定

1. 酸碱指示剂与 pH 试纸

将指示剂涂在试纸上制成广泛 pH 试纸或精密 pH 试纸,使得溶液酸碱性的大致确定变得更为方便。

2. 酸度计

将玻璃电极、甘汞电极与待测溶液构成原电池,通过测定电池的电动势来确定溶液的pH,并可从酸度计上直接读出 pH 的数值,其测量精度可达 0.001pH 单位,是一种定量确定溶液酸碱性的方法。

3. 酸碱滴定

用已知准确浓度的标准强酸(或强碱)滴定碱性(或酸性)溶液,以酸碱指示剂的颜色变化确定滴定终点,再根据消耗标准溶液的体积计算待测液中的 $OH^-$ 或 $H^+$ 浓度,是一种最经典和常用的定量确定溶液酸碱性的方法。

## 3.3　沉淀平衡与溶解度的测定

### 3.3.1　沉淀平衡与溶解度的表示

溶度积和溶解度都可以表示难溶电解质的溶解能力,但两者既有联系又有区别。溶度积是指在一定温度下,难溶电解质饱和溶液中各离子浓度以其化学计量数为指数的乘积;而溶解度是指在一定温度下物质饱和溶液的浓度。在同一温度下,一般可以将溶度积与溶解度进行换算。在换算时,浓度应以 $mol \cdot L^{-1}$ 为单位。由于难溶电解质的溶解度很小,即水溶液很稀,因此可以近似地认为它们饱和水溶液的密度与纯水相同,为 $1g \cdot cm^{-3}$。

难溶电解质 $A_m B_n$ 在溶剂中存在沉淀与溶解平衡：

$$A_m B_n(s) \rightleftharpoons mA^{n+}(aq) + nB^{m-}(aq)$$

在一定温度下,有

$$[A^{n+}]^m [B^{m-}]^n = K_{sp}^{\ominus} \tag{3-10}$$

式中: $K_{sp}^{\ominus}$ 为一常数,称为溶度积常数,简称溶度积。

在该难溶电解质固体溶于溶剂所形成的饱和溶液中,设难溶电解质 $A_m B_n$ 的溶解度为 $S(mol \cdot L^{-1})$,则

$$[\text{A}^{n+}]=mS \quad [\text{B}^{m-}]=nS$$

$$K_{\text{sp}}^{\ominus}=[\text{A}^{n+}]^{m} \cdot [\text{B}^{m-}]^{n}=(mS)^{m} \cdot (nS)^{n}=m^{m} \cdot n^{n} \cdot S^{m+n} \tag{3-11}$$

或

$$S=\sqrt[m+n]{\frac{K_{\text{sp}}^{\ominus}}{m^{m} \cdot n^{n}}} \tag{3-12}$$

式(3-11)和式(3-12)都是难溶电解质的溶解度与溶度积的定量关系式。

### 3.3.2　溶解度的测定

(1) 难溶物质溶解度的测定。一定温度下,难溶物质在水中溶解度的测定方法就是其饱和溶液中相关阳离子或阴离子的浓度的测定方法,通常用物质的量浓度表示,单位为 $\text{mol} \cdot \text{L}^{-1}$。

(2) 易溶物质溶解度的测定。一定温度下,易溶物质在水中的溶解度常用 100g 水所能溶解该物质的质量(g)表示。而且,溶解度与温度密切相关。例如,易溶盐硝酸钾在水中的溶解度受温度影响很大,在 0℃、20℃、40℃、60℃、80℃、100℃时,其溶解度 $[\text{g} \cdot (100\text{gH}_2\text{O})^{-1}]$ 分别为 13.3、31.6、63.9、110、169、246。因此,只要将溶解度对温度作图便可得溶解度曲线,并以此判断硝酸钾在水中的溶解度与温度的关系。为了测定不同温度下易溶物质在水中的溶解度,可称取不同质量的固体硝酸钾分别溶于相同质量的纯水中,加热使其全部溶解,得到一系列较高温度下已知浓度的溶液,然后使这些溶液缓慢冷却,随着温度的下降,它们在不同的温度依次析出晶体,表示这些溶液在它们开始析出晶体的温度时已分别达到饱和,记下此温度,上述溶液的浓度即为不同温度下硝酸钾的溶解度。

## 3.4　电化学基础与电极电势的测定

### 3.4.1　氧化还原反应

不同元素的原子相互化合后,各元素在化合物中各自处于某种化合状态。为了表示这些化合状态,提出了氧化值的概念。氧化值又称氧化数,它是以化合价学说和元素电负性概念为基础提出来的,一定程度上能反映元素在化合物中的各种化合状态。氧化值是某元素一个原子的“荷电数”,这种荷电数是把化学键中的成键电子人为地指定给所连接的两原子中电负性较大的一个原子而求得的,是一种形式电荷(元素氧化值的确定规则参见理论教材)。

化学反应前后元素的氧化值发生改变的反应称为氧化还原反应。元素氧化值的变化反映了电子的得失和偏移。例如,甲烷和氧的反应

$$\text{CH}_4(\text{g})+2\text{O}_2(\text{g})\Longrightarrow\text{CO}_2(\text{g})+2\text{H}_2\text{O}(\text{g})$$

反应物 $\text{O}_2$ 中氧的氧化值为 0,而反应后产物 $\text{CO}_2$ 和 $\text{H}_2\text{O}$ 中氧的氧化值均降为 $-2$;反应物 $\text{CH}_4$ 中碳的氧化值为 $-4$,而产物 $\text{CO}_2$ 中碳的氧化值升为 $+4$。但该氧化还原反应中电子并非真的得到或失去,仅发生了电子的偏移,从而导致氧化值的变化。

在氧化还原反应中,元素原子的氧化值降低的过程为还原,氧化值降低的物质称为氧化剂;氧化值升高的过程为氧化,氧化值升高的物质称为还原剂。例如

$$2\text{HI}+2\text{FeCl}_3\Longrightarrow2\text{FeCl}_2+\text{I}_2+2\text{HCl}$$

反应中,HI 中碘的氧化值从 $-1$ 升高到 0,该过程为氧化,故 HI 是还原剂;$\text{FeCl}_3$ 中铁的氧化值从 $+3$ 降低到 $+2$,该过程为还原,故 $\text{FeCl}_3$ 是氧化剂。

氧化还原反应由一个氧化半反应和一个还原半反应(简称半反应)构成。例如

$$Zn+Cu^{2+}\Longleftrightarrow Zn^{2+}+Cu$$

反应中,Zn 失去电子生成 $Zn^{2+}$,发生氧化半反应:

$$Zn-2e^-\Longleftrightarrow Zn^{2+}$$

反应中,$Cu^{2+}$ 得到电子生成 Cu,发生还原半反应:

$$Cu^{2+}+2e^-\Longleftrightarrow Cu$$

半反应的通式可写为

$$氧化型+ne^-\Longleftrightarrow 还原型 \quad 或 \quad Ox+ne^-\Longleftrightarrow Red \tag{3-13}$$

式中:$n$ 为半反应中的电子转移数目;符号 Ox 表示氧化型物质,Red 表示还原型物质。显然,氧化型物质中某元素的氧化值高于其对应的还原型物质中该元素的氧化值。同一元素的高氧化值物质与其低氧化值物质构成氧化还原电对。氧化还原电对通常表示为氧化型/还原型,如 $Fe^{3+}/Fe^{2+}$,$Zn^{2+}/Zn$。

### 3.4.2　原电池与能斯特方程

将化学能转化成电能的装置称为原电池。任何一个能自发进行的氧化还原反应均为电子从还原剂转移到氧化剂的过程。例如,将 Zn 片放入 $CuSO_4$ 溶液中,反应如下:

$$Zn+CuSO_4\Longleftrightarrow ZnSO_4+Cu$$

若反应中 Zn 片和 $CuSO_4$ 溶液直接接触,电子将直接从 Zn 片转移给 $Cu^{2+}$,不能产生电流。但如果将上述反应设计为铜锌原电池,让两个半反应分开进行,并使电子从还原剂到氧化剂的转移通过导线而定向转移,则有电流产生。

在原电池中,负极发生氧化反应,正极发生还原反应。例如,铜锌原电池

负极(Zn):　　　　　　　　　　$Zn-2e^-\Longleftrightarrow Zn^{2+}$

正极(Cu):　　　　　　　　　　$Cu^{2+}+2e^-\Longleftrightarrow Cu$

电极上发生的反应也称电极反应。正、负极反应之和称为电池反应。例如,铜锌原电池的电池反应为

$$Zn+Cu^{2+}\Longleftrightarrow Cu+Zn^{2+}$$

原电池中盐桥通常由琼脂和饱和 KCl 等溶液共热构成。盐桥的作用除平衡两个半电池中的电荷、沟通电流回路外,主要是消除液接电势。此时,原电池电动势为正极与负极的电势之差:

$$E=E_+-E_- \tag{3-14}$$

原电池电动势的计算可运用能斯特方程:

$$E=E^\ominus-\frac{2.303RT}{zF}\lg J \tag{3-15}$$

式中:$E$ 为电池电动势;$E^\ominus$ 为标准电池电动势;$F$ 为法拉第常量;$T$ 为热力学温度;$R$ 为摩尔气体常量,$8.314kPa\cdot L\cdot K^{-1}\cdot mol^{-1}$;$z$ 为配平的反应进度为 1mol 的电池反应中的电子转移数;$J$ 为电池反应的反应商。当 $T$ 为 298.15K 时,则电池电动势的能斯特方程为

$$E(298.15K)=E^\ominus(298.15K)-\frac{0.0592}{z}\lg J \tag{3-16}$$

电极电势的计算也运用能斯特方程,其形式与电池电动势的能斯特方程相同,不过式(3-15)和式(3-16)中 $z$ 为配平的电极反应中的电子转移数,$J$ 为电极反应的反应商。例如,298.15K 时,锌电极和氯气电极的电极电势能斯特方程分别如下:

$$Zn^{2+}+2e^- \rightleftharpoons Zn \qquad E(Zn^{2+}/Zn)=E^{\ominus}(Zn^{2+}/Zn)-\frac{0.0592}{2}\lg\frac{1}{c(Zn^{2+})}$$

$$Cl_2+2e^- \rightleftharpoons 2Cl^- \qquad E(Cl_2/Cl^-)=E^{\ominus}(Cl_2/Cl^-)-\frac{0.0592}{2}\lg\frac{c^2(Cl^-)}{p(Cl_2)/p^{\ominus}}$$

### 3.4.3　原电池电动势和电极电势的测定

电极电势可通过实验测定。用一个已知电极电势数值的电极作参比,将待测电极和参比电极以及盐桥构成原电池,电池电动势就是两个电极的电势之差:

$$E=E(待测电极)-E(参比电极) \tag{3-17}$$

用电势差计测得该电池的电动势,便可计算待测电极的电极电势,而电极电势实际上都是相对值。如果用标准氢电极作参比,由于已设定 $E^{\ominus}(H^+/H_2)=0.0000V$,则测得的电池电动势在数值上就等于待测电极的电极电势。

例如,欲测定锌电极$[c(Zn^{2+})=1mol\cdot L^{-1}]$的电极电势,可将锌电极和标准氢电极分别与电势差计的正、负极相连,组成下列原电池:

$$Pt|H_2(100kPa)|H^+(a=1mol\cdot L^{-1})||Zn^{2+}(1mol\cdot L^{-1})|Zn(s)$$

测得的电池电动势显示为 $-0.76V$,该值即为锌电极的电极电势

$$E=E(Zn^{2+}/Zn)-E^{\ominus}(H^+/H_2)=E(Zn^{2+}/Zn)=-0.76V$$

### 3.4.4　电解池

电解是在外加电源作用下将电流通过电解质溶液或熔融态物质(又称电解液),在阴极和阳极上被迫发生的氧化还原过程。电镀、电解冶金、电化学合成等都是基于电解原理的工业过程。

使电能转化为化学能的装置称为电解池。当一个原电池与外接电源反向对接时,只要外加的电压大于该原电池的电动势,理论上,此时由于原电池接受外界提供的电能,电池反应将发生逆转,原电池就变成了电解池。例如,铜锡原电池,电池反应为 $Sn(s)+Cu^{2+}\rightleftharpoons Sn^{2+}+Cu(s)$。当 $c(Sn^{2+})=c(Cu^{2+})=1.0mol\cdot L^{-1}$ 时,电池电动势为 0.48V。如果给该原电池施加一个大于 0.48V 的外压,则该原电池变为电解池,电解池反应为 $Sn^{2+}+Cu(s)\rightleftharpoons Sn(s)+Cu^{2+}$。

这种依靠外加电压在两极上发生的氧化还原反应称为电解反应。当电源和电解池两极接通时,在电场作用下,电解池中的正离子向带负电的负极迁移,同时负离子向带正电的正极迁移。根据离子迁移的方向,习惯上把电解池的正极称为阳极,负极称为阴极。在阴极可能发生的还原反应中,电对 $E^{\ominus}$ 最高的反应优先发生;在阳极可能发生的氧化反应中,电对 $E^{\ominus}$ 最低的反应优先发生。因此,电解反应并不一定是电池反应的逆反应。

通过对可逆电池电动势的计算,可以从理论上求得使电解开始所必需的最小外加电压,称为理论分解电压。

实际上,电解时所需的外加电压(实际分解电压)总是大于理论分解电压。例如,电解 $5mol\cdot L^{-1}$ NaCl 溶液的外加电压为 2.2V,比理论分解电压(1.73V)大得多。

实际分解电压与理论分解电压偏离的数值称为超电势。

法拉第电解定律研究了通过电解液的电量与电极上发生化学反应的物质的量之间的关系,其基本内容是:当电流通过电解质溶液时,在电极(相界面)上发生化学变化物质的质量与通过电解池的电量 $q$ 成正比,可用式(3-18)概括:

$$m=\frac{M}{zF}q=\frac{M}{zF}It \tag{3-18}$$

式中：$m$ 为电极上参与化学反应的物质的质量，kg；$M$ 为参与反应的物质的摩尔质量，kg·mol$^{-1}$；$F$ 为法拉第常量，96485C·mol$^{-1}$；$z$ 为电极反应中电子的计量系数；$t$ 为电解时间，s；$I$ 为电流强度，A。

## 3.5 配合物及其稳定常数的测定

### 3.5.1 配合物的生成

向天蓝色的硫酸铜溶液中滴加适量氨水溶液，首先可以观察到浅蓝色沉淀：

$$2Cu^{2+}+SO_4^{2-}+2NH_3+2H_2O \Longrightarrow Cu_2(OH)_2SO_4 \downarrow +2NH_4^+$$

当氨水进一步过量时，沉淀消失，出现深蓝色溶液：

$$Cu_2(OH)_2SO_4+2NH_4^++SO_4^{2-}+6NH_3 \Longrightarrow 2[Cu(NH_3)_4]SO_4+2H_2O$$

将这种深蓝色溶液蒸发结晶，可得到深蓝色的硫酸四氨合铜晶体，这是一种不同于普通无机化合物硫酸铜的物质，称为配位化合物，简称配合物。

配合物是由中心离子（或原子）与一定数目的配体以 $\sigma$ 配位共价键结合而形成的、具有一定空间构型的分子或离子，如[Cu(NH$_3$)$_4$]SO$_4$、[Ag(NH$_3$)$_2$]Cl 等。

### 3.5.2 配合物的组成

图 3-1 [Cu(NH$_3$)$_4$]SO$_4$ 的组成

一个配合物通常由外界和内界两部分组成。以配合物 [Cu(NH$_3$)$_4$]SO$_4$ 为例，其组成如图 3-1 所示。

配合物内界即中括号部分，由中心离子与配体两部分组成；与内界所带电荷相反的离子称为外界。一个配合物的内界统称为一个配位个体，是配合物的特征部分，很稳定。当它带有电荷时简称配离子，有配阳离子和配阴离子之分。

### 3.5.3 配位平衡与稳定常数的测定

在 CuSO$_4$ 溶液中滴加过量的氨水，在发生 Cu$^{2+}$ 与 NH$_3$ 生成[Cu(NH$_3$)$_4$]$^{2+}$ 的生成反应的同时，也会发生[Cu(NH$_3$)$_4$]$^{2+}$ 解离为 Cu$^{2+}$ 和 NH$_3$ 的解离反应，当生成反应与解离反应的速率相等时达到配位-解离平衡，简称配位平衡，即

$$Cu^{2+}+4NH_3 \Longrightarrow [Cu(NH_3)_4]^{2+}$$

与配合物的生成反应相对应的平衡常数称为配合物的稳定常数，用符号 $K_f^\ominus$ 表示，如[Cu(NH$_3$)$_4$]$^{2+}$ 稳定常数的表达式为

$$K_f^\ominus=\frac{c([Cu(NH_3)_4]^{2+})/c^\ominus}{[c(Cu^{2+})/c^\ominus][c(NH_3)/c^\ominus]^4}=10^{13.32} \tag{3-19}$$

$K_f^\ominus$ 越大，配合物的稳定性越强。

与配合物的解离反应相对应的平衡常数称为配合物的解离常数，用符号 $K_d^\ominus$ 表示，$K_f^\ominus$ 与 $K_d^\ominus$ 互为倒数关系：

$$K_d^\ominus=\frac{1}{K_f^\ominus}=10^{-13.32} \tag{3-20}$$

$K_d^{\ominus}$值越大,配合物越不稳定。

配合物的稳定常数的测定方法有多种,主要有电势法(酸度计法、阳离子选择性电极法等)、分光光度法、溶剂萃取法等。

## 3.6　相对分子质量和热力学、动力学数据的测定

### 3.6.1　相对分子质量及其测定

物质分为单质和化合物,有的物质具有独立的分子,但多数物质并不存在独立分子,是"无限结构",如离子晶体 NaCl、金属晶体 Cu 和原子晶体 C(金刚石)等。

能正确反映一种分子的组成(有独立分子存在的情况)的化学符号组合称为分子式,否则称为化学式(无独立分子存在的情况),如 $SO_2$ 是分子式,NaCl、Cu、C 是化学式。NaCl 表示 Na 原子与 Cl 原子的个数比为 1∶1。

物质的量是表示物质数量的基本物理量,如物质 B 的物质的量用符号 $n_B$ 表示。物质的量的单位是摩尔(mol)。1mol 是一个体系的物质的量,该体系中所包含的基本单元(如原子、分子、离子、电子及其他粒子或这些粒子的特定组合)数与 12g $^{12}$C 的原子数目相等。12g $^{12}$C 的原子数目即阿伏伽德罗常量 $N_A \approx 6.022 \times 10^{23} \text{mol}^{-1}$。物质的量是一个数量单位,而不是质量单位。例如,1mol 电子表示电子数约为 $6.022 \times 10^{23}$;0.5mol 分子,表示分子数约为 $3.011 \times 10^{23}$。

任何元素的相对原子质量是指某元素一个原子的质量与一个 $^{12}$C 原子质量的 1/12 相比较所得的数值。因此,1mol 任何原子(原子个数约为 $6.022 \times 10^{23}$)的质量称为该原子的摩尔质量,以 g 为单位时,在数值上恰等于其相对原子质量。同理,1mol 任何分子(分子个数约为 $6.022 \times 10^{23}$)的质量称为该分子的摩尔质量,以 g 为单位时,在数值上恰等于其相对分子质量。

因此,凡是与物质分子的摩尔质量相联系的关系式都可以成为相对分子质量测定的关系式,包括气体密度法、凝固点下降法、气体扩散法等测定方法。

### 3.6.2　化学热力学数据的测定

无机化学实验中所涉及的热力学数据测定主要是无机物的生成热、溶解热等的测定。例如,常用杯式量热计直接测定恒压反应热 $Q_p$,再运用赫斯定律,间接求算恒压生成热数据等;有时,也需要用弹式量热计(又称氧弹卡计)测定相关有机物的恒容燃烧热 $Q_V$,然后通过恒容反应热 $Q_V$ 与恒压反应热 $Q_p$ 的关系式,求算恒压燃烧热。

反应在杯式量热计中进行时,放出(或吸收)的热引起量热计和反应混合物质的温度升高(或降低)。根据热平衡原理,有

$$\Delta H_i = -(cm\Delta T + C_p\Delta T) \tag{3-21}$$

式中:$\Delta H_i$ 为恒压中和热或溶解热,$J \cdot mol^{-1}$;$m$ 为物质的质量,g;$c$ 为物质的比热容,$J \cdot g^{-1} \cdot K^{-1}$;$\Delta T$ 为反应终了温度与起始温度之差,K;$C_p$ 为量热计的热容,$J \cdot K^{-1}$。

以水为吸热介质,一些有机物在弹式量热计中燃烧后所放出的热即恒容燃烧热 $Q_V$,可由式(3-22)计算:

$$\begin{aligned}
Q_{系统} &= -Q_{环境} = -C\Delta T \\
&= -(C_{H_2O} + C_{cal})\Delta T \\
&= -(c_{H_2O}m_{H_2O} + C_{cal})\Delta T
\end{aligned} \tag{3-22}$$

式中:$C$、$C_{H_2O}$ 和 $C_{cal}$ 分别为量热计总热容、吸热介质热容和量热计热容(需校准);$c_{H_2O}$ 为吸热介

质的比热容；$m_{H_2O}$ 为吸热介质的质量。

恒压反应热与恒容反应热的关系式如下：

$$Q_p \approx Q_V + \Delta n_g(RT) \tag{3-23}$$

式中：$\Delta n_g$ 表示气体产物的物质的量的总和减去气体反应物的物质的量的总和。

### 3.6.3　化学动力学数据的测定

在无机化学实验中，化学动力学实验主要是初步探讨浓度、温度、催化剂对反应速率的影响，测定平均速率和不同温度下的速率常数（系数）$k$，并计算反应级数 $n$ 和活化能，以及了解浓度、温度对化学平衡移动的影响。

**1. 反应级数和速率常数的测定**

对某一化学反应，要确定反应级数和速率常数，才能建立其速率方程的表达式。而反应瞬时速率不能直接测定，能测得的是不同时间（$t$）的反应物浓度（$c_B$），然后利用这些实验数据求算 $n$ 和 $k$，其方法有多种，如积分法、微分法、初始速率法和孤立变数法等。

（1）如果某一化学反应属于一级、二级和零级等具有简单级数的反应，则可利用积分法（尝试法、作图法和半衰期法）确定该反应的级数 $n$ 和速率常数 $k$。

尝试法就是将不同时刻测出的反应物浓度数据代入各种不同级数的反应动力学方程中，计算出 $k$ 值。若按某个动力学方程计算所得到的多个 $k$ 值为一常数，则该动力学方程对应的级数即为要确定的反应级数。

作图法是指以浓度与时间相对应实验数据作图，若某种形式的关系图是直线，则该形式对应的级数即为所要确定的反应级数 $n$，由直线斜率可求速率常数 $k$ 值。

半衰期法则是通过改变反应物初始浓度进行实验，求出所研究反应的半衰期与初始浓度的关系，从而确定反应级数 $n$ 并计算速率常数 $k$。

（2）对于任一具有幂函数形式速率方程的反应，其速率方程可由实验确定。

若反应为 $aA + dD \Longrightarrow eE + fF$，则速率方程中物种瞬时浓度的指数即为反应物和产物的分级数（$\alpha$、$\beta$、$\gamma$、$\delta$），如果上述反应的速率不受产物浓度的影响，当反应物的级数 $\alpha$ 和 $\beta$ 分别确定之后，反应级数 $n$ 和速率常数 $k$ 也就能确定了。

最简单的确定反应速率方程的方法是初始速率法。

初始速率就是在一定条件下反应开始的瞬时速率。反应刚开始时，逆反应和副反应的干扰小，能较真实地反映反应物浓度对反应速率的影响。由反应物初始浓度变化确定反应速率和反应速率方程的方法称为初始速率法。具体操作是：将各种反应物按不同初始浓度配制成一系列混合物，且这些混合物中的几个反应物种是相同的。其中的某一混合物与另一混合物相比，也许仅改变了一种反应物 A 的浓度，而其他反应物浓度保持不变。若在某一温度下反应开始进行时，记录在一定时间间隔（$\Delta t$）内 A 浓度的变化，以 $c_A$ 对 $t$ 作图，可确定 $t=0$ 时反应的瞬时速率。当然，也可用反应时间间隔（$\Delta t$）足够短、反应物 A 的浓度变化很小时的平均速率 $\bar{v}$ 近似代替 $t=0$ 时反应的瞬时速率（初始速率）。

若能得到两个或两个以上不同 $c_{A,0}$ 条件下（其他反应物浓度不变）的初始速率，就可以确定反应物 A 的级数。同理，其他反应物的级数也可用上法确定。

例如，一定温度下，下列有幂函数形式速率方程的反应用初始速率法进行实验：

$$S_2O_8^{2-}(aq) + 3I^-(aq) \Longrightarrow 2SO_4^{2-}(aq) + I_3^-(aq)$$

若用实验测定的 $S_2O_8^{2-}$ 的平均速率 $\bar{v}$ 近似地代替初始瞬时速率,即 $\bar{v} \approx v_0$,再将速率方程 $\bar{v} = kc_{S_2O_8^{2-}}^m \cdot c_{I^-}^n$ 两边取对数,则

$$\lg \bar{v} = m\lg c_{S_2O_8^{2-}} + n\lg c_{I^-} + \lg k \tag{3-24}$$

当 $c_{I^-}$ 不变时,以 $\lg \bar{v}$ 对 $\lg c_{S_2O_8^{2-}}$ 作图,可得一直线,斜率为 $m$。同理可得 $n$,则此反应的级数为 $m+n$。将 $m$ 和 $n$ 代入速率方程,即可求得速率常数 $k$。

2. 反应活化能 $E_a$ 的测定

根据阿伦尼乌斯方程,反应速率常数 $k$ 与反应温度 $T$ 一般有以下关系:

$$\lg k = A - \frac{E_a}{2.303RT} \tag{3-25}$$

式中:$E_a$ 为反应活化能;$R$ 为摩尔气体常量;$T$ 为热力学温度。测出不同温度下的 $k$ 值,以 $\lg k$ 对 $1/T$ 作图可得一直线,由直线斜率 $(-E_a/2.303R)$ 可求 $E_a$。

(中南大学　王一凡)

# 实验 6　溶液的配制与标定

## 一、实验目的

(1) 掌握常用容量仪器的一般洗涤方法和标准溶液的配制方法。
(2) 学会量筒、容量瓶、移液管的正确使用方法。
(3) 掌握用基准物质标定酸、碱溶液的方法。
(4) 掌握滴定管的准备、滴定操作和确定滴定终点的方法。
(5) 熟悉酸碱指示剂的选择和终点的颜色变化。

## 二、实验原理

### 1. 标准溶液

标准溶液是指浓度准确已知并可用来滴定的溶液,一般采用直接法或间接法配制。通常,只有基准物质才能用直接法配制标准溶液,而其他物质只能用间接法配制。基准物质应符合下列要求:①试剂的组成与其化学式完全相符;②试剂的纯度在 99.9% 以上;③试剂在一般情况下很稳定;④试剂最好有较大的摩尔质量。

直接法:准确称取一定量的基准物质,溶解后,定量转移至一定体积的容量瓶中,稀释定容,摇匀。溶液的浓度可通过计算直接得到。

间接法:先配制近似于所需浓度的溶液,然后用基准物质(或已经用基准物质标定过的标准溶液)标定其准确浓度。

### 2. 酸碱标准溶液的配制

一般的酸碱因含有杂质、潮解和吸附等问题,不能直接配制准确浓度的溶液,通常先配成近似浓度的溶液,然后用适当的基准物质进行标定。本实验中用到的 NaOH 固体易吸收空气中的 $CO_2$ 和水分,浓盐酸易挥发,浓度不确定,因此酸碱标准溶液常用间接法进行配制。

酸碱标准溶液是采用间接法配制的,其标准浓度必须依靠基准物质进行标定。只要标定

出酸碱溶液中任何一种的浓度,即可根据滴定分析的计量关系计算出另一种溶液的浓度。

例如,滴定反应为

$$Na_2CO_3 + 2HCl = 2NaCl + CO_2 \uparrow + H_2O$$

则计量点(也称理论终点)时,其滴定分析的计量关系式为

$$c(Na_2CO_3)V(Na_2CO_3) = \frac{1}{2}c(HCl)V(HCl) \tag{3-26}$$

### 3. 酸标准溶液浓度的标定

无水碳酸钠和硼砂等常用作标定酸的基准物质。用碳酸钠作基准物时,先于180℃干燥 2~3h,然后置于干燥器内冷却备用。标定反应如下:

$$Na_2CO_3 + 2HCl = 2NaCl + CO_2 \uparrow + H_2O$$

当反应达到化学计量点时,溶液的 pH 为 3.9,可用甲基橙作指示剂。用硼砂($Na_2B_4O_7 \cdot 10H_2O$)标定酸时,其反应如下:

$$Na_2B_4O_7 + 2HCl + 5H_2O = 4H_3BO_3 + 2NaCl$$

计量点时反应产物为 $H_3BO_3$($K_{a1}^{\ominus} = 5.8 \times 10^{-10}$)和 NaCl,溶液的 pH 为 5.1,可用甲基红作指示剂。

硼砂的制作方法为:在水中重结晶(结晶析出温度在50℃以下),析出的晶体于室温下暴露在相对湿度为60%~70%的空气中,干燥24h,即可获得符合要求的硼砂。干燥的硼砂结晶须保存在密闭的瓶中,以防失水。

### 4. 碱标准溶液浓度的标定

标定碱溶液时,常用邻苯二甲酸氢钾和草酸作基准物质。

邻苯二甲酸氢钾($KHC_8H_4O_4$)易得到纯品,在空气中不吸水,容易保存;它与 NaOH 发生反应时物质的量之比为 1:1,其摩尔质量较大,因此是标定碱标准溶液较好的基准物质。标定反应如下:

若 NaOH 的浓度为 0.1mol·L$^{-1}$,计量点时溶液呈微碱性(pH 约为 9.1),可用酚酞作指示剂。

邻苯二甲酸氢钾通常于100~125℃干燥 2h 后备用。干燥温度不宜过高,否则会引起脱水而成为邻苯二甲酸酐。

草酸($H_2C_2O_4 \cdot 2H_2O$)相当稳定,相对湿度为 5%~95% 时不会风化失水。标定反应如下:

$$2NaOH + H_2C_2O_4 = Na_2C_2O_4 + 2H_2O$$

计量点时溶液略偏碱性(pH 约为 8.4),若浓度均为 0.1mol·L$^{-1}$,则 pH 突跃范围(也称滴定突跃范围)为 7.7~10.0,可选用酚酞作指示剂。

配制 $H_2C_2O_4$ 溶液时,水中不应含有 $CO_2$,光合催化作用(尤其是二价锰)能加速空气对溶液中 $H_2C_2O_4$ 的氧化作用。草酸也会自动分解为 $CO_2$ 和 CO。因此应妥善保存 $H_2C_2O_4$ 溶液(常放在暗处)。

### 三、仪器和试剂

仪器：量筒(10mL、100mL、500mL)，试剂瓶(500mL)，酒精灯，锥形瓶(250mL)，酸式滴定管(50mL)，碱式滴定管(50mL)，电子天平，滴定管架，烧杯(50mL)，滴管，容量瓶(100mL)，移液管(25mL)。

试剂：浓 HCl(相对密度 1.19，A.R.)，NaOH($10mol \cdot L^{-1}$)，无水 $Na_2CO_3$(A.R.)，邻苯二甲酸氢钾(A.R.)，甲基橙指示剂，酚酞指示剂。

### 四、实验内容

1. HCl 溶液和 NaOH 溶液的配制

1) 近似 $0.1mol \cdot L^{-1}$ HCl 溶液的配制

(1) 计算配制 $0.1mol \cdot L^{-1}$ HCl 溶液 400mL 所需浓盐酸的体积(mL)。

(2) 用 10mL 量筒量取所需浓盐酸的体积，倒入具有玻璃塞、洁净的 500mL 试剂瓶内，加蒸馏水至 400mL，塞好瓶塞，充分摇匀，贴上标签(注明试剂名称、班级、姓名及配制日期)。

2) 近似 $0.1mol \cdot L^{-1}$ NaOH 溶液的配制

用 10mL 量筒量取 $10mol \cdot L^{-1}$ NaOH 溶液 4mL，倒入具有橡皮塞、洁净的 500mL 试剂瓶内，加蒸馏水至 400mL，塞好瓶塞，充分摇匀，贴上标签(注明试剂名称、班级、姓名及配制日期)。

2. $Na_2CO_3$ 标准溶液的配制

在电子天平上准确称取经 105℃ 干燥至恒量的无水 $Na_2CO_3$ 0.48～0.52g，置于洁净的 50mL 烧杯中，加入蒸馏水 30mL，用玻璃棒小心搅拌，使其溶解。然后用玻璃棒引流将溶液转移到 100mL 洁净的容量瓶中，用少量蒸馏水多次淋洗烧杯，并将淋洗液转移到容量瓶中，再加蒸馏水至接近容量瓶刻度标线时，用滴管小心加入蒸馏水至刻度标线，盖紧瓶塞，充分摇匀。

3. HCl 溶液的标定

(1) 将洁净的酸式滴定管用少量上述配制好的近似 $0.1mol \cdot L^{-1}$ HCl 溶液润洗两三次(每次 5～10mL)，然后装入该 HCl 溶液，驱除活塞下端的空气泡，调节液面至零刻度线或零点稍下处。静置 1min，准确记录滴定管的初读数(准确至小数点后第二位)。

(2) 用移液管移取 25.00mL 上述配制好的 $Na_2CO_3$ 标准溶液至锥形瓶中，加甲基橙指示剂 2 滴，溶液呈黄色。

(3) 将滴定管中 HCl 溶液滴入锥形瓶中，不断振摇，滴定接近终点时，用洗瓶冲洗锥形瓶内壁，加热煮沸以除去 $CO_2$，然后逐滴加入 HCl 溶液，滴至溶液由黄色恰变为橙色，且经振摇在 30s 内颜色不再变化。记录终读数，前后两次读数之差即为滴定时消耗 HCl 标准溶液的体积。

(4) 重复上述滴定操作，直到两次滴定消耗 HCl 溶液的体积相差不超过 0.05mL 为止，计算 HCl 溶液的平均浓度(保留四位有效数字)。

4. NaOH 标准溶液的标定

在分析天平上用减量法准确称取邻苯二甲酸氢钾三份(其质量按消耗 20～30mL

$0.1mol \cdot L^{-1}NaOH$ 计,请自行计算),分别置于已标号的三个 250mL 锥形瓶中,各加水 50mL,温热使其溶解。冷却后加两滴酚酞指示剂,用待标定的 NaOH 溶液滴定,直到溶液由无色变为粉红色,并在 30s 内不褪色即为终点。根据邻苯二甲酸氢钾的质量和所消耗 NaOH 溶液的体积计算 NaOH 的浓度。各次标定的结果与平均值的相对平均偏差不得超过 $\pm 0.3\%$,否则应重做。数据记录格式参阅 HCl 溶液的标定过程(自己设计)。

**5. 测定 NaOH 溶液的准确浓度**

用上步已标定好的 HCl 标准溶液标定 NaOH 溶液,注意指示剂的选用及其变色情况有何不同,这也是 NaOH 标准溶液的标定。

(1)用移液管移取 25.00mL 已知准确浓度的 HCl 溶液(已被标定)至锥形瓶中。加酚酞指示剂 2 滴,溶液无色。

(2)将洁净的碱式滴定管用少量上述配制好的近似 $0.1mol \cdot L^{-1}NaOH$ 溶液润洗两三次(每次 5~10mL),然后装入该未知准确浓度的 NaOH 溶液,赶出乳胶管下端的空气泡,调节滴定管内溶液的弯月面至零刻度线或零点稍下处。静置 1min,准确记录初读数。

(3)将滴定管中 NaOH 溶液滴入锥形瓶中。开始时可稍快,接近终点时应逐滴加入,并用洗瓶冲洗锥形瓶内壁,继续逐滴滴入 NaOH 溶液,直到溶液恰至粉红色,且经振摇在 30s 内不再消失,即到终点。准确记录碱式滴定管的终读数。

(4)重复上述滴定操作,直到两次滴定消耗 NaOH 溶液的体积相差不超过 0.05mL 为止,计算 NaOH 溶液的平均浓度(保留四位有效数字)。

## 五、实验记录与结果

(1)HCl 溶液的标定:

| 测定序号 | | 1 | 2 | 3 |
|---|---|---|---|---|
| $Na_2CO_3$ 标准溶液净用量/mL | | 25.00 | 25.00 | 25.00 |
| HCl | 初读数/mL | | | |
| | 终读数/mL | | | |
| | 净用量/mL | | | |
| HCl 标准溶液的浓度/(mol·L$^{-1}$) | | | | |
| 平均值/(mol·L$^{-1}$) | | | | |
| 相对平均偏差 | | | | |

(2)测定 NaOH 溶液的准确浓度:

| 测定序号 | | 1 | 2 | 3 |
|---|---|---|---|---|
| HCl 标准溶液的净用量/mL | | 25.00 | 25.00 | 25.00 |
| NaOH | 初读数/mL | | | |
| | 终读数/mL | | | |
| | 净用量/mL | | | |
| NaOH 标准溶液的浓度/(mol·L$^{-1}$) | | | | |
| 平均值/(mol·L$^{-1}$) | | | | |
| 相对平均偏差 | | | | |

### 六、注意事项

（1）市售固体 NaOH 常因吸收 $CO_2$ 而混有少量 $Na_2CO_3$，给分析结果带来误差。不含碳酸盐的 NaOH 溶液可用下列三种方法配制：

a. 在台秤上用小烧杯称取比理论计算值稍多的 NaOH 固体，用不含 $CO_2$ 的蒸馏水迅速冲洗一次，以除去固体表面少量的 $Na_2CO_3$，溶解并稀释定容。

b. 在 NaOH 溶液中加入少量 $Ba(OH)_2$ 或 $BaCl_2$，$CO_3^{2-}$ 以 $BaCO_3$ 形式沉淀，取上层清液稀释至所需浓度。

c. 制备 NaOH 饱和溶液（50%）。浓碱中 $Na_2CO_3$ 几乎不溶解，待 $Na_2CO_3$ 下沉后，吸取上层清液，稀释至所需浓度。稀释用水一般是将蒸馏水煮沸数分钟，再冷却。

（2）装 NaOH 溶液的试剂瓶不可用玻璃塞，否则易被碱腐蚀而粘住。

（3）用 $Na_2CO_3$ 标定 HCl 时，由于反应本身产生 $H_2CO_3$，滴定突跃不明显，致使指示剂颜色变化不够敏锐，因此在接近滴定终点之前，最好把溶液加热至沸，并摇动以赶走 $CO_2$，冷却后再滴定。

（4）标定 NaOH 溶液时，以酚酞为指示剂，终点为粉红色，30s 不褪色。如果经较长时间，粉红色慢慢褪去，那是溶液吸收了空气中的 $CO_2$ 生成 $H_2CO_3$ 所致。

### 七、思考题

（1）滴定管和移液管均要用待装液润洗三次的原因何在？滴定用的锥形瓶是否也要用该溶液润洗或烘干？

（2）配制酸碱标准溶液时，为什么用量筒量取盐酸和用台秤称取固体 NaOH，而不用移液管和分析天平？这时配得的溶液应以几位有效数字表示？为什么？

（3）滴定两份相同的试液时，若第一份用去标准溶液 20.00mL，在滴定第二份试液时，是继续使用余下的溶液，还是添加标准溶液至滴定管的刻度"0.00"附近再滴定？哪一种操作正确？为什么？

（4）下列情况对标定 HCl 溶液的浓度是否有影响？

a. 装入 HCl 溶液的滴定管没有用 HCl 溶液润洗。

b. 滴定管中 HCl 溶液的初读数应为 0.01mL，而记录数据时误记为 0.10mL。

c. 锥形瓶用 $Na_2CO_3$ 标准溶液润洗。

d. 滴定完后，尖嘴内留有气泡。

（5）如何计算称取基准物质 $Na_2CO_3$ 或邻苯二甲酸氢钾的质量范围？称得太多或太少对标定有何影响？

（6）用邻苯二甲酸氢钾标定 NaOH 时，为什么用酚酞而不用甲基橙作指示剂？

（7）无水 $Na_2CO_3$ 如果保存不当吸有少量水分，对标定 HCl 溶液的浓度有何影响？写出 HCl 标准溶液浓度的计算公式。

（湖南理工学院　张　丽）

## 实验 7  分光光度法测定水和废水中总磷

### 一、实验目的

(1) 学习用过二硫酸钾消解水样的方法。
(2) 掌握钼锑抗钼蓝光度法测定总磷的原理和方法。
(3) 了解分光光度计的组成,掌握其工作原理、操作方法及使用时注意事项。
(4) 学会绘制标准曲线。

### 二、实验原理

分光光度计的基本原理是在光的激发下,物质中的原子和分子所含的能量以多种方法与光相互作用,产生对光的吸收效应,物质对光的吸收有选择性,各种不同的物质都有各自不同的吸收光带。

单一波长的光为单色光,由不同波长组成的光称为复色光,白光就是一种复色光。若两种颜色的光按适当的强度比例混合可组成白光,则这两种光称为互补色光。物质对光的吸收具有选择性,若溶液选择性地吸收了某种颜色的光,则溶液呈吸收光的互补光(图 3-2)。将复色光色散成单色光,并分取其中某一波长的光就称为分光,光度即光的强度。分光光度法是将复色光色散成单色光,并分取其中某一波长的光,使其通过待测溶液,经溶液吸收一部分后,测定透过光的强度,从而确定待测溶液浓度的一种分析方法。

图 3-2  互补色光示意图

721、723 型分光光度计都是根据相对测量原理工作的,即选定某一溶剂(蒸馏水、空气或试样)作为参比溶液,并设定它的透光率 $T$(透射比 $\tau$)为 100.0%,而被测试样的透光率 $T$ 是相对于参比溶液得到的。

透光率 $T$ 的变化与被测物质的浓度有一定的函数关系,在一定范围内,当一适当波长的单色光通过溶液(图 3-3)时,若液层厚度一定,则吸光度 $A$ 与溶液浓度成正比,符合朗伯-比尔定律:

$$A = KcL = -\lg \frac{I}{I_0} = -\lg T \tag{3-27}$$

式中:$K$ 称为吸光系数(当 $c$ 为物质的量浓度时,$K$ 称为摩尔吸光系数,常用符号 $\varepsilon$ 表示)。

在天然水和废水中,磷几乎都以各种磷酸盐(如正磷酸盐、焦磷酸盐、偏磷酸盐和多磷酸盐以及与有机物结合的磷酸盐等)的形式存在于溶液和悬浮物中。淡水和海水中总磷的平均含量分别约为 0.02mg·$L^{-1}$ 和 0.088mg·$L^{-1}$。化肥、冶炼、合成洗涤剂等行业的工业废水及生活污水中常含有大量的磷。

磷是生物生长的必需元素之一,但水体中磷含量过高(如超过 0.2mg·$L^{-1}$),可造成藻类的过度繁殖,直至数量上达到有害的程度(称为富营养化),造成湖泊、河流透明度降低,水质变坏。为了保护水质,控制危害,在环境监测中,总磷量已列入正式的监测项目。

总磷分析方法由两个步骤组成:第一步用氧化剂,如过二硫酸钾、硝酸-高氯酸或硝酸-硫酸等,将水样中不同形式的磷转化为正磷酸盐;第

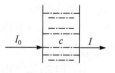

图 3-3  比色皿吸收
入射光的示意图

$I_0$. 入射光强度;$I$. 透射光强度;$c$. 被测溶液浓度;$L$. 被测溶液厚度

二步测定正磷酸(常用钼锑抗钼蓝光度法、氯化亚锡钼蓝光度法及离子色谱法等),从而求得总磷含量。

本实验采用过二硫酸钾氧化-钼锑抗钼蓝光度法测定总磷。在微沸(最好在高压釜内于120℃加热)条件下,过二硫酸钾将试样中不同形态的磷氧化为磷酸根。磷酸根在硫酸介质中与钼酸铵生成磷钼杂多酸。反应式如下:

$$K_2S_2O_8 + H_2O \Longrightarrow 2KHSO_4 + \frac{1}{2}O_2$$

P(缩合磷酸盐或有机膦中的磷) $+2O_2 \Longrightarrow PO_4^{3-}$

$$PO_4^{3-} + 12MoO_4^{2-} + 24H^+ + 3NH_4^+ \Longrightarrow (NH_4)_3PO_4 \cdot 12MoO_3 + 12H_2O$$

生成的磷钼杂多酸立即被抗坏血酸还原,生成蓝色低价钼的氧化物即钼蓝,生成钼蓝的多少与磷含量成正相关,据此测定水样中总磷量。

过二硫酸钾消解法具有操作简单、结果稳定的优点,适用于绝大多数地表水和一部分工业废水,对于严重污染的工业废水和贫氧水,则要采用更强的氧化剂 $HNO_3$-$HClO_4$ 或 $HNO_3$-$H_2SO_4$ 等才能消解完全。

钼锑抗钼蓝光度法灵敏度高,采用中等强度还原剂抗坏血酸,可避免还原游离的钼酸铵,显色稳定,重现性好。酒石酸锑钾可催化钼蓝反应,在室温下可使显色较快完成。本法最低检出浓度为 $0.01\text{mg} \cdot \text{L}^{-1}$,测定上限为 $0.6\text{mg} \cdot \text{L}^{-1}$。砷大于 $2\text{mg} \cdot \text{L}^{-1}$ 干扰测定,可通氮气除去。

### 三、仪器和试剂

仪器:分光光度计(使用方法见 2.9.3),比色管(50mL)。

试剂:过二硫酸钾溶液($50\text{g} \cdot \text{L}^{-1}$),$H_2SO_4$($3+7$、$1+1$),$H_2SO_4$($1\text{mol} \cdot \text{L}^{-1}$),NaOH($1\text{mol} \cdot \text{L}^{-1}$、$6\text{mol} \cdot \text{L}^{-1}$),酚酞指示剂($10\text{g} \cdot \text{L}^{-1}$)。

抗坏血酸溶液($100\text{g} \cdot \text{L}^{-1}$):溶解 10g 抗坏血酸于水中,并稀释 100mL,储于棕色玻璃瓶中,在冷处可稳定几周,若颜色变黄,应弃去重配。

钼酸盐溶液:将 13g 钼酸铵[$(NH_4)_6Mo_7O_{24} \cdot 4H_2O$]溶解于 100mL 水中。溶解 0.35g 酒石酸锑钾($KSbC_4H_4O_7 \cdot \frac{1}{2}H_2O$)于 100mL 水中,在不断搅拌下将钼酸铵溶液徐徐加入 300mL($1+1$)$H_2SO_4$ 溶液中,再加入酒石酸锑钾溶液,混匀。储于棕色瓶中,于冷处保存,至少稳定 2 个月。

磷标准储备溶液:称取($0.2197\pm0.001$)g 于 110℃干燥 2h 并在干燥器中放冷的磷酸二氢钾($KH_2PO_4$),用水溶解后转移至 1000mL 容量瓶中,加入 800mL 水,再加入 5mL($1+1$)$H_2SO_4$ 溶液,用水稀释至标线并混匀。

磷标准操作溶液:吸取 10.00mL 磷标准储备溶液于 250mL 容量瓶中,用水稀释至标线并混匀。此标准溶液含 $2.0\mu g$ 磷,使用当天配制。

### 四、实验内容

1. 水样预处理

从水样瓶中吸取适量混匀水样(含磷不超过 $30\mu g$)于 150mL 锥形瓶中,加水至 50mL,加数粒玻璃珠,加 1mL($3+7$)$H_2SO_4$ 溶液和 5mL $50\text{g} \cdot \text{L}^{-1}$ 过二硫酸钾溶液。加热至沸,保持微沸 30～40min,至体积约 10mL 止。放冷,加 1 滴酚酞指示剂,边摇边滴加 NaOH 溶液至刚呈微红色,再滴加 $1mol \cdot L^{-1} H_2SO_4$ 溶液使黑色刚好褪去。若溶液不澄清,则用滤纸过滤于 50mL 比色管中,加水至标线,供分析用。

**2. 标准曲线的制作**

取 7 支 50mL 比色管,分别加入磷标准溶液 0mL、0.50mL、1.00mL、3.00mL、5.00mL、10.00mL、15.00mL,加水至 50mL。

(1) 显色。向比色管中加入 1mL 抗坏血酸溶液,混匀。30s 后加 2mL 钼酸盐溶液,充分混匀,放置 15min。

(2) 测量。使用光程为 30mm 比色皿,于 700nm 波长处,以试剂空白溶液为参比,测量吸光度,绘制标准曲线。

**3. 数据的处理**

以吸光度(A)为纵坐标,以磷标准溶液的浓度(mg · L$^{-1}$)为横坐标,绘制标准曲线,同时将溶解后并稀释至标线的水样按标准曲线制作步骤进行显色和测量。根据测得吸光度(A)的大小,从标准曲线上查出含磷量,计算水样中总磷的含量$[c(P_{总})$ 以 mg · L$^{-1}$ 表示$]$。

| 容量瓶编号 | 1 | 2 | 3 | 4 | 5 | 6 | 7 | 量器 |
|---|---|---|---|---|---|---|---|---|
| 磷标准溶液体积/mL | 0.00 | 0.50 | 1.00 | 3.00 | 5.00 | 10.00 | 15.00 | 适合吸量管 |
| 抗坏血酸溶液体积/mL | | | | 1.00 | | | | 1mL 吸量管 |
| 钼酸盐溶液体积/mL | | | | 2.00 | | | | 2mL 吸量管 |
| 吸光度 A | 参比 | | | | | | | |

## 五、注意事项

(1) 仪器不使用时,应打开试样室盖,以保护光电管。

(2) 在满足分析要求时,灵敏度应尽量选用低挡。

(3) 配制溶液的全部量器专物专用,不能混用。用后立即用蒸馏水洗净。

(4) 为使比色皿中待测液与原溶液的浓度一致,须用待测液润洗比色皿两三次。将待测液灌入比色皿中时不要超过总高度的 2/3,以防溶液溢出,损坏仪器。

(5) 比色皿盛溶液后,其外壁应用擦镜纸擦净,比色皿的透光面不能用手接触,必须保持十分洁净。不能与其他仪器上的比色皿单个调换。用毕后,比色皿应及时取出、洗净,倒立晾干。

(6) 在测定标准系列各溶液吸光度时,最好从稀溶液至浓溶液依次进行。

(7) 作图时,所取坐标比例尺应恰当,曲线光滑。

## 六、思考题

(1) 考虑到一般教学实验室的条件,本实验制作标准曲线时省略了预处理的步骤,这样对试样的测定结果可能会有什么影响?

（2）本实验测量吸光度时以零浓度溶液为参比,与以水作参比时比较,在扣除试剂方面做法有何不同?

（3）如果只需测定水样中可溶性正磷酸盐,应如何进行?

（湖南理工学院　张　丽）

## 实验 8　氟离子选择性电极测定水中微量氟

### 一、实验目的

（1）了解氟离子选择性电极的结构、作用原理及特点。

（2）掌握直接电势法测定离子浓度的原理及分析方法。

### 二、实验原理

离子选择性电极必须与适当的参比电极组成完整的原电池。一般情况下,内、外参比电极的电势及液接电势保持不变,构成的电池电动势的变化完全反映了离子选择性电极膜电势的变化,因此它可直接用作电势法测量溶液中某一特定离子活度的指示电极。离子选择性电极的敏感膜是一种选择性穿透膜,对不同离子的穿透只有相对选择性。电极的选择性用选择系数 $K_{ij}$ 表示,$K_{ij}$ 越小越好,一般要求其值在 $10^{-3}$ 以下。测量动态范围越宽越好,大多数电极的响应范围为 $10^{-6} \sim 1 \text{mol} \cdot \text{L}^{-1}$,个别电极为 $10^{-7} \sim 1 \text{mol} \cdot \text{L}^{-1}$。响应时间是指从电极接触溶液开始至达到稳定电势值（$\pm 1 \text{mV}$）的时间,固态电极响应时间为几毫秒,液膜电极响应时间通常为几秒到几分钟。稳定性包括漂移和重复性,性能良好的电极在 $10^{-3} \text{mol} \cdot \text{L}^{-1}$ 溶液中,24h 电势漂移小于 2mV。重复性是指在（$25 \pm 2$）℃时电极由 $10^{-3} \text{mol} \cdot \text{L}^{-1}$ 溶液转至 $10^{-2} \text{mol} \cdot \text{L}^{-1}$ 溶液中,重复转移三次测得电势的平均偏差。离子选择性电极的寿命是指电极保持其能斯特功能的时间,一般为数日至数年。离子选择性电极测定离子所需设备简单,便于现场自动连续监测和野外分析;能用于有色溶液和浑浊溶液,一般不需进行化学分离,操作简便迅速;可以分辨不同离子的存在形态;在阴离子分析方面有明显的优点;已广泛地应用于工业分析、临床化验、药品分析、环境监测等各领域,也是研究热力学、动力学、配位化学的工具。

以氟化镧电极为指示电极,饱和甘汞电极为参比电极,当水中存在氟离子时,就会在氟电极上产生电势响应。

饮用水中氟含量的高低对人体健康有一定影响,氟含量太低易得龋齿,过高则会发生氟中毒现象,适宜含量为 $0.5 \text{mg} \cdot \text{L}^{-1}$ 左右。因此,监测饮用水中氟离子含量至关重要。氟离子选择性电极法已被确定为测定饮用水中氟含量的标准方法。氟离子选择性电极是目前最成熟的一种离子选择性电极。测量的工作电池的图解如下:

$$\text{Ag} \mid \text{AgCl}(s) \begin{smallmatrix} 10^{-3} \text{mol} \cdot \text{L}^{-1} \text{NaF} \\ 0.1 \text{mol} \cdot \text{L}^{-1} \text{NaCl} \end{smallmatrix} \mid \text{LaF}_3(膜) \mid \text{F}^-(试液) \parallel \text{KCl}(饱和), \text{Hg}_2\text{Cl}_2(s) \mid \text{Hg}$$

电池电动势($E$)为

$$E=\varphi_{甘汞}-\varphi_{氟}+\varphi_{液接}=\varphi_{甘汞}-(\varphi_{AgCl/Ag}+E_{膜})+\varphi_{液接} \tag{3-28}$$

25℃时

$$E_{膜}=E_{外}-E_{内}=0.0592\lg\frac{a_{F^-(内)}}{a_{F^-(外)}}=K+0.059\lg\frac{1}{a_{F^-(外)}} \tag{3-29}$$

而 $\varphi_{甘汞}$、$\varphi_{AgCl/Ag}$、$E_{内}$ 为常数,$\varphi_{液接}$ 可视为常数,则得

$$E=常数-0.0592\lg\frac{1}{a_{F^-(外)}}=常数+0.0592\lg a_{F^-(外)} \tag{3-30}$$

即电池的电动势与试液中 $F^-$ 活度的对数呈线性关系。这就是离子选择性电极测定 $F^-$ 的理论依据。

为了测定 $F^-$ 的浓度,常在标准溶液与试样溶液中同时加入相等的足够量的惰性电解质以固定各溶液的总离子强度。试液的 pH 对氟电极的电势响应有影响。在酸性溶液中,$H^+$ 与部分 $F^-$ 形成 HF 或 $HF_2^-$ 等在氟电极上不响应的形式,从而降低了 $F^-$ 的浓度。在碱性溶液中,$OH^-$ 在氟电极上与 $F^-$ 产生竞争响应,此外 $OH^-$ 也能与 $LaF_3$ 晶体膜发生以下反应:

$$LaF_3+3OH^-\Longrightarrow La(OH)_3+3F^-$$

由此产生的干扰电势响应使测定结果偏高。用氟电极测定 $F^-$ 时,最适宜的 pH 范围为 5.5～6.5,常用柠檬酸钠缓冲溶液(或 HAc-NaAc 缓冲溶液)调节。

氟电极的优点是对 $F^-$ 响应的线性范围宽($10^{-6}\sim1\text{mol}\cdot\text{L}^{-1}$),响应快,选择性好。但能与 $F^-$ 生成稳定配合物的阳离子(如 $Al^{3+}$、$Fe^{3+}$ 等)以及能与 $La^{3+}$ 形成配合物的阴离子会干扰测定,通常可用柠檬酸钠、EDTA、磺基水杨酸或磷酸盐等加以掩蔽。

用离子选择性电极测量的是溶液中离子的活度。通过控制标准溶液和试液有相同的离子强度,再通过标准曲线,可测得溶液中 $F^-$ 的浓度。通常在溶液中加入大量柠檬酸钠,就可同时达到控制溶液总离子强度的目的。在此,柠檬酸钠溶液(pH≈6)又称为总离子强度缓冲溶液(TISB)。

本法的最低检出浓度为 $0.05\text{mg}\cdot\text{L}^{-1}$ 氟,测量上限为 $1900\text{mg}\cdot\text{L}^{-1}$ 氟。

本实验采用标准曲线法测量水样中 $F^-$ 浓度。

### 三、仪器和试剂

仪器:数字式 pH/mV 计或离子计,氟化镧单晶膜电极,饱和甘汞电极,电磁搅拌器,塑料烧杯(50mL),容量瓶(50mL),刻度吸管(1mL、5mL、10mL)。

试剂:氟化钠,二水合柠檬酸钠,硝酸钠,HCl(1+1)。

氟标准溶液:准确称取 0.2210g 氟化钠(于 500～600℃干燥 40～50min,干燥器内冷却),置于烧杯中,用水溶解,转移至 1L 容量瓶中,用水稀释至刻度,摇匀。此溶液 1mL 含 $100\mu g$ 氟。储于塑料瓶中,供制作标准曲线用。

总离子强度缓冲溶液:称取 58.8g 二水合柠檬酸钠和 85g 硝酸钠,加水溶解,以(1+1) HCl 溶液调节 pH≈6(pH 试纸检验),转入 1L 容量瓶中,用水稀释至刻度,摇匀。此溶液浓度为 $0.2\text{mol}\cdot\text{L}^{-1}$ 柠檬酸钠和 $1\text{mol}\cdot\text{L}^{-1}$ 硝酸钠。

### 四、实验内容

#### 1. 电极的清洗

将少量蒸馏水(或去离子水)倒入塑料烧杯中,加入搅拌磁子,插入氟离子选择性电极和甘

汞电极,将电极分别连在 pH/mV 计上,按 pH/mV 计操作规程(参见 2.9.1)操作,并打开电磁搅拌器,在搅拌溶液的情况下清洗电极,洗至溶液电池电动势为−200mV 以下为止(测量时,选择开关为 mV,饱和甘汞电极接"+"端,氟电极接"−"端时,读数在 200mV 以上,或按照氟电极使用说明书操作)。

2. 标准曲线的绘制

用刻度吸管分别加入 $10\mu g$、$25\mu g$、$50\mu g$、$100\mu g$、$250\mu g$、$500\mu g$ 氟于一系列 50mL 容量瓶中,各加入 10.00mL 总离子强度缓冲溶液,用水稀释至刻度,摇匀,得相应浓度分别为 $0.20mg \cdot L^{-1}$、$0.50mg \cdot L^{-1}$、$1.00mg \cdot L^{-1}$、$2.00mg \cdot L^{-1}$、$5.00mg \cdot L^{-1}$、$10.0mg \cdot L^{-1}$ 氟的溶液。转入 50mL 塑料烧杯中,放入搅拌磁子,连接电极,搅拌溶液 1min,停止搅拌后,读取稳定的电势值。测量时应从低浓度开始,到高浓度为止。每次测量之前,都要用水冲洗电极,并用滤纸吸干。记录各个测得的电势数据。在半对数坐标纸上绘制 $E$—$\lg c_{F^-}$ 标准曲线。

3. 水样的测定

吸取水样 25.00mL,置于 50mL 容量瓶中,加入 10.00mL 总离子强度缓冲溶液,用水稀释至刻度,摇匀。转入 50mL 塑料烧杯中,放入搅拌磁子,连接电极,搅拌 1min,停止搅拌后,读取稳定的电势值。在标准曲线上查得其浓度。

4. 计算

用式(3-31)计算水样中 $F^-$ 浓度($mg \cdot L^{-1}$):

$$c_{F^-} = \frac{\text{测得氟量}(\mu g)}{25mL} \tag{3-31}$$

## 五、实验记录与结果

| 氟标准溶液/($mg \cdot L^{-1}$) | 0.20 | 0.50 | 1.00 | 2.00 | 5.00 | 10.0 |
|---|---|---|---|---|---|---|
| 电极电势/mV | | | | | | |
| 水样/mV | | | | | | |

## 六、思考题

(1) 用离子选择性电极法测定离子浓度时,为什么要控制溶液的离子强度?

(2) 总离子强度缓冲溶液的作用是什么?

(3) 测定时为什么用塑料烧杯? 若塑料烧杯未烘干,测定结果将有何误差?

(4) 影响实验成败的因素有哪些?

(5) 氟电极在使用前应如何处理? 使用后应如何保存?

(6) 氟电极测得的是 $F^-$ 的浓度还是活度? 若要测定 $F^-$ 的浓度,应怎么办?

(湖南理工学院　张　丽)

## 实验 9　乙酸解离常数和解离度的测定

### 一、实验目的

(1) 学习测定乙酸的解离度和解离常数的原理和方法。

(2) 进一步理解弱电解质解离平衡的概念。

(3) 学习使用 pH 计，了解电势法测定溶液 pH 的原理和方法。

(4) 巩固学习碱式滴定管、容量瓶和吸量管的使用。

### 二、实验原理

根据酸碱质子理论，弱酸、弱碱与溶剂分子之间的质子传递反应统称为弱酸、弱碱解离平衡。乙酸(HAc)在水溶液中的解离平衡为

$$HAc + H_2O \rightleftharpoons H_3O^+ + Ac^-$$

其解离平衡常数表达式为

$$K_a^\ominus(HAc) = \frac{c(H_3O^+) \cdot c(Ac^-)}{c(HAc)} \tag{3-32}$$

若 $c$ 为乙酸的起始浓度(严格地说，离子浓度须用活度表示，但在稀溶液中，离子浓度与活度近似相等)，$[H_3O^+]$、$[Ac^-]$、$[HAc]$ 分别为平衡浓度，$\alpha$ 为解离度，$K_a^\ominus$ 为酸的解离常数，在乙酸溶液中 $[H_3O^+] \approx [Ac^-]$，$[HAc] = c(1-\alpha)$，则

$$\alpha = \frac{[H_3O^+]}{c} \times 100\% \tag{3-33}$$

$$K_a^\ominus(HAc) = \frac{[H_3O^+] \cdot [Ac^-]}{c - [H_3O^+]} \tag{3-34}$$

当 $\alpha < 5\%$ 时

$$K_a^\ominus(HAc) \approx \frac{[H_3O^+]^2}{c} \tag{3-35}$$

所以测定已知浓度的乙酸溶液的 pH，就可以计算解离常数和解离度。

弱酸、弱碱的解离平衡是一个暂时的、相对的动态平衡，当外界条件改变时，解离平衡与其他化学平衡一样，也会发生平衡移动，使弱酸、弱碱的解离程度有所增减。例如，同离子效应和盐效应是影响弱酸、弱碱解离程度的常见因素，同离子效应使弱电解质在水溶液中的解离度减小；盐效应使弱电解质在水溶液中的解离度略为增加。

本实验配制一系列已知浓度的乙酸溶液，在一定温度下，用 pH 计测定 pH，求得 $H_3O^+$ 的有效浓度，即 $H_3O^+$ 的平衡浓度(严格来说是活度)。将 $[H_3O^+]$ 代入上述各式中，即可求得一系列 $K_a^\ominus$ 和 $\alpha$ 值，$K_a^\ominus$ 的平均值即为该温度下乙酸的解离常数。

### 三、仪器和试剂

仪器：碱式滴定管(50mL)，吸量管(10mL)，移液管(25mL)，锥形瓶(250mL)，容量瓶(50mL)，烧杯(50mL)，pH 计。

试剂：HAc(0.20mol·L⁻¹)，NaOH 标准溶液(0.2000mol·L⁻¹)，酚酞指示剂。

## 四、实验内容

### 1. 乙酸溶液浓度的测定

用移液管取 25.0mL 待标定的乙酸溶液于锥形瓶中,加入 2~3 滴酚酞指示剂,用 NaOH 标准溶液滴定至溶液呈微红色,30s 内不褪色即为终点。记录滴定前后滴定管中 NaOH 液面的读数,得到 NaOH 溶液用量。把结果填入下表。

| 滴定序号 | | 1 | 2 | 3 | 4 |
|---|---|---|---|---|---|
| NaOH 溶液浓度/$(mol \cdot L^{-1})$ | | | | | |
| HAc 溶液用量/mL | | | | | |
| NaOH 溶液用量/mL | | | | | |
| HAc 溶液浓度 /$(mol \cdot L^{-1})$ | 测定值 | | | | |
| | 平均值 | | | | |

### 2. 配制不同浓度的乙酸溶液

用移液管分别取 25.00mL、10.00mL、5.00mL、2.50mL 已测得准确浓度的乙酸溶液,分别加入 4 个 50mL 容量瓶中。用蒸馏水稀释至刻度,摇匀,并计算出这 4 种乙酸溶液的准确浓度。

### 3. 测定乙酸溶液的 pH 并计算乙酸的解离度和解离常数

把以上 4 种不同浓度的乙酸溶液分别加入 4 个洁净、干燥的 50mL 烧杯中,按从稀到浓的次序在 pH 计上分别测定它们的 pH(pH 计的使用参见 2.9.1)。记录数据和室温,计算解离度和解离常数,并填入下表。

室温:_____℃

| 溶液编号 | $c$ /$(mol \cdot L^{-1})$ | pH | $[H_3O^+]$ /$(mol \cdot L^{-1})$ | $\alpha$ | $K_a^{\ominus}$ | |
|---|---|---|---|---|---|---|
| | | | | | 测定值 | 平均值 |
| 1 | | | | | | |
| 2 | | | | | | |
| 3 | | | | | | |
| 4 | | | | | | |

本实验测定 $K_a^{\ominus}$ 值为 $1.0 \times 10^{-5} \sim 2.0 \times 10^{-5}$ 即合格(文献值 $1.8 \times 10^{-5}$)。

## 五、思考题

(1) 烧杯是否必须烘干? 还可以如何处理?

(2) 测定溶液 pH 时,为什么要按从稀到浓的次序进行?

(3) 若所用的乙酸浓度极低,是否还能用上述近似公式计算解离常数? 为什么?

(4) 实验中 $Ac^-$ 浓度是如何测得的?

(5) 同温下不同浓度的乙酸溶液的解离度是否相同? 解离常数是否相同?

（6）改变所测乙酸溶液的浓度或温度,则解离度和解离常数有无变化? 若有,会如何变化?

（7）做好本实验的操作关键是什么?

（8）用 pH 计测定溶液的 pH 应如何正确操作?

（湖南理工学院　阎建辉）

## 实验 10　解离平衡与缓冲溶液的配制、性质

### 一、实验目的

（1）加深理解弱电解质的解离平衡及影响平衡移动的因素。

（2）了解盐类的水解反应和影响水解的因素。

（3）学习缓冲溶液的配制,并了解其缓冲作用。

（4）掌握离心分离操作和离心机、pH 试纸的使用。

### 二、实验原理

**1. 弱电解质在溶液中的解离平衡及其移动**

具有极性共价键的弱电解质(如弱酸、弱碱)溶于水时,其分子可微弱解离;同时,溶液中的相应离子也可以结合成分子。一般来说,自解离开始起,弱电解质分子解离的速率将不断降低,而离子重新结合成弱电解质分子的速率将不断升高,当两者的速率相等时,溶液便达到动态平衡,即解离平衡。此时,溶液中电解质分子的浓度与离子的浓度分别处于相对稳定状态。

强电解质与弱电解质的区别用解离度衡量:

$$\alpha = 已解离的电解质分子数/原始溶液中电解质分子数 \tag{3-36}$$

强电解质 $\alpha = 1$,弱电解质 $\alpha \ll 1$。

根据酸碱质子理论,一元弱酸 HB 的解离平衡为

$$HB + H_2O \rightleftharpoons H_3O^+ + B^-$$

$$解离常数\ K_a^\ominus = [H_3O^+] \cdot [B^-]/[HB] \tag{3-37}$$

根据酸碱质子理论,一元弱碱 $B^-$ 的解离平衡为

$$B^- + H_2O \rightleftharpoons HB + OH^-$$

$$解离常数\ K_b^\ominus = [HB] \cdot [OH^-]/[B^-] \tag{3-38}$$

在两个平衡体系中,若加入含有相同离子的强电解质,即增加 $H_3O^+$ 或 $B^-$（HB 或 $OH^-$）的浓度,则平衡向左移动,产生同离子效应,使解离度降低。

**2. 盐类的水解反应**

根据阿伦尼乌斯酸碱电离理论,盐类的水解反应是由组成盐的离子和水作用解离出 $H^+$（或 $OH^-$）和生成弱碱（或弱酸）的反应过程。水解后溶液的酸碱性取决于盐的类型,对一元弱酸盐或弱碱盐,由于水解度反比于浓度又正比于温度,因此升高温度和稀释溶液都有利于水解的进行。如果盐类的水解产物溶解度很小,则它们水解后会产生沉淀。以 $BiCl_3$ 为例:

$$BiCl_3 + H_2O \rightleftharpoons BiOCl\downarrow + 2HCl$$

生成的 BiOCl 白色沉淀是 Bi(OH)₂Cl 脱水后的产物,加入 HCl 则上述平衡向左移动,如果预先加入一定浓度的 HCl 可防止沉淀的产生。

对于两种都能水解的盐,如果其中一种水解后溶液呈酸性,另一种水解后溶液呈碱性,当这两种盐混合时,彼此可以加剧水解。例如,$Na_2SiO_3$ 和 $NH_4Cl$ 溶液混合前

$$SiO_3^{2-} + 2H_2O \rightleftharpoons H_2SiO_3 + 2OH^-$$

$$NH_4^+ + H_2O \rightleftharpoons NH_3 + H_3O^+$$

混合后由于 $H^+$ 和 $OH^-$ 结合成难解离的水,因此上述两种平衡都被破坏,产生 $H_2SiO_3$ 沉淀和 $NH_3$ 气体:

$$2NH_4^+ + SiO_3^{2-} + 4H_2O \rightleftharpoons H_2SiO_3 \downarrow + 2NH_3 \uparrow + 4H_2O$$

### 3. 缓冲溶液

在一定浓度的弱酸及其盐(或弱碱及其盐)的溶液中加入少量强酸、强碱或水时,pH 基本保持不变的溶液称为缓冲溶液。其 pH 的近似计算公式为

$$pH = pK_a + \lg \frac{c_{盐}}{c_{酸}} \quad 或 \quad pH = 14 - pK_b + \lg \frac{c_{碱}}{c_{盐}} \tag{3-39}$$

## 三、仪器和试剂

仪器:pH 试纸(广泛、精密),$Pb(Ac)_2$ 试纸,点滴板。

试剂:HCl($0.01mol \cdot L^{-1}$、$0.1mol \cdot L^{-1}$、$6mol \cdot L^{-1}$),HAc($0.1mol \cdot L^{-1}$、$1.0mol \cdot L^{-1}$),$H_2S$(饱和),NaOH($0.1mol \cdot L^{-1}$),$NH_3 \cdot H_2O$($0.1mol \cdot L^{-1}$),NaAc($1.0mol \cdot L^{-1}$),$Na_2SiO_3$(20%),$NH_4Ac$($0.1mol \cdot L^{-1}$、$1.0mol \cdot L^{-1}$),NaCl($0.1mol \cdot L^{-1}$),NaAc(s),$NH_4Ac$(s)、$BiCl_3$(s)、酚酞指示剂(0.1%)、甲基橙指示剂(0.1%)。

## 四、实验内容

### 1. pH 测定

下列溶液的浓度均为 $0.1mol \cdot L^{-1}$:NaOH、氨水、蒸馏水、$H_2S$ 饱和溶液、HAc、$Na_2CO_3$。使用广泛 pH 试纸测定其 pH,与计算结果比较,并填写下表。

| 试液 | | NaOH | 氨水 | 蒸馏水 | $H_2S$ 饱和溶液 | HAc | $Na_2CO_3$ |
|---|---|---|---|---|---|---|---|
| pH | 测定值 | | | | | | |
| | 计算值 | | | | | | |

### 2. 同离子效应

(1) 在两点滴板穴中分别滴加 2 滴氨水($0.1mol \cdot L^{-1}$),再各加 1 滴酚酞指示剂,观察溶液的颜色。再向其中一穴中加入绿豆粒大小的固体 $NH_4Ac$,搅拌使其溶解,观察溶液的颜色,并与另一穴中的溶液比较,说明原因。

(2) 在两点滴板穴中分别滴加 2 滴 HAc($0.1mol \cdot L^{-1}$),再各加 1 滴甲基橙指示剂,观察溶液的颜色。再向其中一穴中加入绿豆粒大小的固体 NaAc,搅拌使其溶解,观察溶液的颜色,并与另一穴中的溶液比较,说明原因。

(3) 取 1mL $H_2S$ 饱和溶液于试管中,检查管口是否有 $H_2S$ 气体逸出(如何检查?)。向试管中加数滴 $NaOH(0.1mol \cdot L^{-1})$,使其呈碱性,检查是否有 $H_2S$ 气体逸出。再向试管中加 $HCl(6mol \cdot L^{-1})$ 至呈酸性,检查是否有 $H_2S$ 气体产生。解释这些现象的原因。

结合上述三个实验,讨论解离平衡的移动。

### 3. 盐类的水解

(1) 用精密 pH 试纸测定下列溶液(均为 $0.1mol \cdot L^{-1}$)的 pH:

| 试液 | | NaCl | NH₄Cl | NH₄Ac |
|---|---|---|---|---|
| pH | 计算值 | | | |
| | 测定值 | | | |

(2) 在一支试管中加入一小勺固体 NaAc 及约 4mL 蒸馏水,溶解后滴一滴酚酞指示剂,然后将溶液分盛于两支试管中。将一支试管中溶液加热至沸,比较两支试管中溶液的颜色,简单解释实验现象。

(3) 取圆珠笔尖圆珠大小固体 $BiCl_3$ 于点滴板上,加 4~5 滴蒸馏水,有什么现象?测一下 pH 是多少?滴加 $HCl(6mol \cdot L^{-1})$ 使溶液恰变澄清,再加水稀释,又有什么现象?如何用平衡移动原理解释这一系列现象?由此了解实验室配制 $BiCl_3$ 溶液时应该怎样做。

(4) 在 1mL $Na_2SiO_3(20\%)$ 溶液中加入 1mL $NH_4Cl(1mol \cdot L^{-1})$,稍等片刻或微热后观察现象。解释原因,并写出反应的离子方程式。

### 4. 缓冲溶液的配制和性质

(1) 在试管中加入 5mL 蒸馏水,用广泛 pH 试纸测定其 pH,加入 1 滴 $HCl(0.01mol \cdot L^{-1})$,摇匀后测该溶液的 pH。将溶液分成两等份,一份中加一滴 $HCl(0.1mol \cdot L^{-1})$ 再测其 pH;另一份中加一滴 $NaOH(0.1mol \cdot L^{-1})$ 再测其 pH。

| 试液 | 蒸馏水 | 5mL H₂O+1 滴 HCl(0.01mol · L⁻¹) | 5mL H₂O+1 滴 HCl(0.01mol · L⁻¹) | |
|---|---|---|---|---|
| | | | 加 1 滴 HCl (0.1mol · L⁻¹) | 加 1 滴 NaOH (0.1mol · L⁻¹) |
| pH | | | | |

(2) 配制 pH=4.74 的 $HAc(1.0mol \cdot L^{-1})$-$NaAc(1.0mol \cdot L^{-1})$ 缓冲溶液 10mL,计算应取 $HAc(1.0mol \cdot L^{-1})$ 和 $NaAc(1.0mol \cdot L^{-1})$ 溶液各多少毫升,然后按下表进行实验。

| 缓冲溶液 | pH 计算值 | pH 试纸测定值 |
|---|---|---|
| ____ mL HAc(1.0mol · L⁻¹) | | |
| ____ mL NaAc(1.0mol · L⁻¹) | | |

(3) 取 3 支试管,各加入上述缓冲溶液 3mL,然后分别加入 5 滴 $HCl(0.1mol \cdot L^{-1})$、5 滴 $NaOH(0.1mol \cdot L^{-1})$ 和 5 滴蒸馏水,再用精密 pH 试纸分别测定其 pH。与原来缓冲溶液的 pH 比较,pH 是否有变化?填入下表。

| 被测试样 | 缓冲溶液 3mL | 加 5 滴 HCl $(0.1\text{mol} \cdot \text{L}^{-1})$ | 加 5 滴 NaOH $(0.1\text{mol} \cdot \text{L}^{-1})$ | 加 5 滴蒸馏水 |
|---|---|---|---|---|
| pH 计算值 | | | | |
| pH 试纸测定值 | | | | |

计算时统一取 20 滴＝1mL，HAc 解离常数 $K_a^\ominus = 1.8 \times 10^{-5}$。

## 五、思考题

(1) 同离子效应如何影响弱电解质的解离度？本实验中如何试验这种效应？

(2) 水解和电离的区别是什么？加热对水解有什么影响？为什么？

(3) 欲配制 pH＝5.0 的缓冲溶液 10mL，若实验室现有 HAc($0.2\text{mol} \cdot \text{L}^{-1}$)和 NaAc ($0.2\text{mol} \cdot \text{L}^{-1}$)溶液，应如何配制？

(4) 在缓冲溶液中加入少量酸或碱后，缓冲溶液的 pH 如何计算？

（湖南理工学院　阎建辉）

## 实验 11　硝酸钾溶解度与温度的关系

### 一、实验目的

(1) 了解物质溶解度与温度的关系，了解盐类溶解度变化的观察方法。

(2) 通过硝酸钾溶解度-温度曲线的绘制，学习物质化学性质及其变化规律的描述方法。

(3) 学习吸量管、分析天平的使用。

### 二、实验原理

物质的溶解过程包括两个步骤：一是溶质分子在溶剂中的分散，这一过程需要吸热以克服溶质质点间的吸引作用；二是溶质的溶剂化过程，是放热过程。这两个过程共同决定物质是否溶解，溶解过程是放热还是吸热。物质溶解度的大小除与物质的本性有关外，还受溶剂、温度、压力等因素影响。有些物质的溶解度会随温度变化发生显著变化，如硝酸钾。

在一定温度和压力下，饱和溶液中溶质和溶剂的相对含量称为溶解度。易溶物质的溶解度通常用该物质的 100g 溶剂所溶解的质量(g)表示。对于难溶电解质，其溶解度以饱和溶液的物质的量浓度($\text{mol} \cdot \text{L}^{-1}$)表示。

将不同质量的硝酸钾加入一定质量的水后，加热使其完全溶解，再缓慢冷却至晶体刚刚析出，记录温度，则该溶液的物质的量浓度就是此温度下硝酸钾的溶解度。

### 三、仪器和试剂

仪器：分析天平，温度计(0～100℃)，吸量管(1mL)，洗耳球，烧杯(250mL)，小试管(10mm×80mm)，玻璃棒(100mm)，带橡皮塞的玻璃棒，橡皮圈，铁夹，铁架。

试剂：$KNO_3$(A. R.)。

## 四、实验内容

### 1. 称量固体硝酸钾

用分析天平称取四份固体硝酸钾,其质量分别为 $1.7\sim1.8g$, $1.4\sim1.5g$, $1.1\sim1.2g$, $0.8\sim0.9g$(准确至1mg)。将硝酸钾分别小心地倒入四支洁净、干燥的小试管中,试管编号依次为1、2、3、4。

### 2. 安装仪器

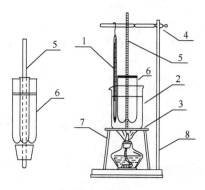

图 3-4　实验装置

1. 温度计;2. 烧杯(250mL);3. 石棉网;4. 铁夹;5. 玻璃棒;6. 小试管;7. 铁圈;8. 铁架

将四支小试管用橡皮圈固定在套有橡皮塞的玻璃棒上(为了增大摩擦力,玻璃棒可套上一段橡皮管)。通过铁夹、铁架将支架垂直悬挂在 250mL 烧杯中,通过另一个铁夹将温度计悬挂在烧杯中。注意温度计的下端要与试管底部处于同一水平位置,并紧贴试管(图 3-4)。

### 3. 量取蒸馏水

用 1mL 吸量管分别往每支小试管中注入 1.00mL 蒸馏水。每支小试管内插入一支玻璃棒,小心搅拌管内的水,使沾在试管壁上的硝酸钾晶体全部落入水中。

### 4. 加热溶解

往 250mL 烧杯中注入热水,注意热水不得溅入小试管内,热水液面应高于试管内的液面而低于固定试管的橡皮圈。加热水浴,不停地小心搅拌试管内的固体,直至固体全部溶解为止(水浴温度不应超过 90℃,以免溶剂过分蒸发)。

### 5. 冷却并记录温度

停止加热,让水浴自然冷却。首先不断搅拌 1 号试管中的溶液,注意观察溶液的变化,当刚有晶体出现并不再消失时即记下当时的温度值。然后用相同的方法记下 2、3、4 号试管中晶体开始析出的温度。

如果测定不准确,可将水浴重新加热升温,使晶体重新溶解,重复上述操作。

## 五、实验结果与分析

(1) 实验记录和结果:

| 试管编号 | 1 | 2 | 3 | 4 |
|---|---|---|---|---|
| $KNO_3$ 晶体的质量/g | | | | |
| 水的质量/g | 1.00 | 1.00 | 1.00 | 1.00 |
| 溶液中开始析出晶体时的温度/℃ | | | | |
| $KNO_3$ 在不同温度的溶解度/$[g \cdot (100g\ H_2O)^{-1}]$ | | | | |

（2）绘制硝酸钾溶解度-温度曲线。以温度为横坐标，以溶解度为纵坐标，绘制硝酸钾的溶解度曲线。在同一个坐标系中，用手册或文献中查到的硝酸钾溶解度数值绘制另一条溶解度曲线，并与上述实验曲线比较。

（3）对实验结果进行总结和分析。

### 六、思考题

（1）在实验过程中，搅拌与不搅拌对实验结果有何影响？

（2）如果实验过程中试管内的水显著蒸发，对实验结果有何影响？

（3）为什么硝酸钾的称量要准确至 1mg，水的量取要准确至 0.01mL？

（武汉理工大学　杨　静）

## 实验 12　硫酸钙溶度积测定

### 一、实验目的

（1）了解离子交换法测定难溶强电解质溶解度和溶度积的方法，了解溶解度与溶度积的相互换算关系及其近似性。

（2）学习和掌握离子交换树脂的一般使用方法。

### 二、实验原理

在 $CaSO_4$ 饱和溶液中存在 $CaSO_4(s)$ 的沉淀-溶解平衡和 $CaSO_4(aq)$ 离子对的解离平衡。溶液中 $CaSO_4$ 的摩尔溶解度 $s$ 是 $CaSO_4(aq)$ 离子对浓度与 $Ca^{2+}$ 浓度之和，即 $s = c(Ca^{2+}) + c(CaSO_4, aq)$。令 $c(Ca^{2+}) = c$，则 $CaSO_4(aq)$ 浓度为 $s - c$。一定温度下，两个相应的平衡及平衡常数表达式分别为

$$CaSO_4(s) \rightleftharpoons Ca^{2+}(aq) + SO_4^{2-}(aq)$$

$$K_{sp}^{\ominus} = c(Ca^{2+}) \cdot c(SO_4^{2-}) = c^2 \qquad (3-40)$$

$$CaSO_4(aq) \rightleftharpoons Ca^{2+}(aq) + SO_4^{2-}(aq)$$

$$K_d^{\ominus} = \frac{c(Ca^{2+}) \cdot c(SO_4^{2-})}{c(CaSO_4, aq)} = \frac{c^2}{s - c} \qquad (3-41)$$

式中：$K_{sp}^{\ominus}$ 和 $K_d^{\ominus}$ 分别为 $CaSO_4(s)$ 的溶度积常数和 $CaSO_4(aq)$ 离子对的解离平衡常数。

离子交换树脂是分子中含有活性基团而能与其他物质进行离子交换的高分子化合物。含有酸性基团而能与其他物质交换阳离子的称为阳离子交换树脂。含有碱性基团而能与其他物质交换阴离子的称为阴离子交换树脂。本实验中，用强酸型阳离子交换树脂（732 型）交换硫酸钙饱和溶液的 $Ca^{2+}$。其交换反应为

$$2R\text{—}SO_3H + Ca^{2+}(aq) \rightleftharpoons (R\text{—}SO_3)_2Ca + 2H^+(aq)$$

当一定量的饱和溶液流经离子交换树脂柱时，上述反应式中的 $Ca^{2+}$ 被 $H^+$ 交换，导致 $CaSO_4(s)$ 的沉淀-溶解平衡向右移动，$CaSO_4(aq)$ 解离，结果全部 $Ca^{2+}$ 被交换为 $H^+$。测定流出液中的 $c(H^+)$，即可计算 $CaSO_4(s)$ 的摩尔溶解度 $s$。

$$s = c(Ca^{2+}) + c(CaSO_4, aq) = \frac{c(H^+)}{2} \qquad (3-42)$$

由于交换、洗涤的原因,流出液的体积并不确定,故流出液中 $c(H^+)$ 不同,但是 $H^+$ 的物质的量是一定的,可用 NaOH 标准溶液中和滴定求得。若取 25.00mL CaSO$_4$ 饱和溶液,则其中 CaSO$_4$(s) 的物质的量与交换的 $H^+$ 的物质的量 $n(H^+)$ 的关系为

$$sV(CaSO_4) = \frac{n(H^+)}{2} = \frac{c(NaOH) \cdot V(NaOH)}{2} \tag{3-43}$$

故 CaSO$_4$(s) 的摩尔溶解度为

$$s = \frac{c(NaOH) \cdot V(NaOH)}{2V(CaSO_4)} \tag{3-44}$$

由式(3-40)、式(3-41)和式(3-44)可知,若知测定温度下的 $K_d^\ominus$(表 3-1),又测知 $s$,由下列关系求得 $c$,即可求得 $K_{sp}^\ominus$。

$$K_d^\ominus = \frac{c^2}{s-c} \tag{3-45}$$

$$c^2 + K_d^\ominus c - K_d^\ominus s = 0 \tag{3-46}$$

$$c = \frac{-K_d^\ominus + \sqrt{(K_d^\ominus)^2 + 4K_d^\ominus s}}{2} \tag{3-47}$$

将得到的 $c$ 代入式(3-40)就能求得相应温度下的 $K_{sp}^\ominus$。

**表 3-1　CaSO$_4$ 离子对的解离常数**(文献值)

| 温度/℃ | 15 | 25 | 40 | 50 |
|---|---|---|---|---|
| $K_d^\ominus$ | $6.0 \times 10^{-3}$ | $(4.90 \pm 0.1) \times 10^{-3}$<br>$5.2 \times 10^{-3}$ | $(4.14 \pm 0.1) \times 10^{-3}$ | $(3.63 \pm 0.1) \times 10^{-3}$ |

### 三、仪器和试剂

仪器:移液管(25mL),碱式滴定管(50mL),锥形瓶(250mL),量筒(50mL),吸量管(10mL),洗耳球,离子交换柱(可用 100mL 碱式滴定管代替,玻璃珠改为止水夹),pH 试纸(0.5~5.0 精密 pH 试纸、广泛 pH 试纸)。

试剂:新过滤的 CaSO$_4$ 饱和溶液,732 型阳离子交换树脂(需氢型湿树脂 50mL),NaOH 标准溶液(0.0400mol·L$^{-1}$),HCl(0.04mol·L$^{-1}$),溴百里酚蓝指示剂(0.1%),酚酞指示剂。

CaSO$_4$ 饱和溶液的制备:过量 CaSO$_4$(A. R.)加入去离子水中,加热至 80℃搅拌,冷却至室温,实验前过滤。

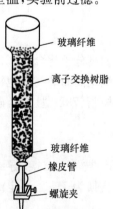

玻璃纤维

离子交换树脂

玻璃纤维

橡皮管

螺旋夹

图 3-5　离子交换柱

### 四、实验内容

1. 装柱和转型(由实验准备室完成)

在离子交换柱底部填入少量玻璃纤维(图 3-5),将阳离子交换树脂(钠型先用蒸馏水泡 24h,并洗净)和水同时注入交换柱内,用干净的长玻璃棒赶走树脂之间的气泡,并保持液面略高于树脂表面。为保证 Ca$^{2+}$ 完全交换成 H$^+$,必须将钠型树脂完全转变为氢型树脂。方法是用适量 HCl(2mol·L$^{-1}$)以每分钟 30 滴的流速流过离子交换树脂,然后用蒸馏水淋洗树脂,直到流出液呈中性。

2. 交换和洗涤

用 pH 试纸检查交换柱流出液是否呈中性。若是中性,可调节止

水夹,使流出液速度控制在每分钟 20～25 滴,待交换柱内去离子水液面降到比树脂表面高 2～3cm 的位置,流出液换用干净锥形瓶盛接,然后用移液管准确量取 25.00mL CaSO₄ 饱和溶液放入柱中,进行交换。当交换柱液面下降到略高于树脂 1cm 时,加入 25mL 去离子水洗涤,流速不变,仍为每分钟 20～25 滴。当交换柱液面又下降到略高于树脂 1cm 时,再次用 25mL 去离子水洗涤;洗涤速度可加快一倍,控制在每分钟 40～50 滴,直到流出液 pH 接近中性。若未达到要求,可继续加少量去离子水洗涤,直至流出液接近中性。

每次加液前,液面都应略高于树脂表面(最好高 1cm 左右),这样既可避免因离子交换树脂暴露在空气中而带入气泡,又尽可能减少前后所加溶液的混合,有利于提高交换和洗涤的效果。最后夹紧止水夹,移走锥形瓶准备滴定,交换柱内可再加 10mL 去离子水备用。

3. 酸碱滴定练习

在交换与洗涤的空闲时间,可进行酸碱滴定练习,为离子交换流出液的滴定做准备。取一个洗净的锥形瓶,用吸量管取 10.00mL HCl(0.04mol·L⁻¹),加入瓶中,再加 40mL 去离子水和 1 滴溴百里酚蓝指示剂,摇匀后,用标准 NaOH 溶液(0.0400mol·L⁻¹)滴定,溶液由黄色转变为鲜明的蓝色(20s 不变色),即为滴定终点。

4. 测定 H⁺ 的物质的量

用少量去离子水冲洗盛有流出液的锥形瓶内壁(保证全部流出液被滴定),再加 1 滴溴百里酚蓝指示剂,摇匀后呈稳定浅黄色,用 NaOH 标准溶液(0.0400mol·L⁻¹)滴定至终点。准确记录滴定前后 NaOH 标准溶液的读数。

重复上述测定三次,$K_{sp}^{\ominus}$ 取其平均值。

**五、实验结果与分析**

将实验记录与计算填入下表。

| 实验记录项目 | | 第 1 组 | 第 2 组 | 第 3 组 |
|---|---|---|---|---|
| $T/℃$ | | | | |
| $V(CaSO_4)/mL$ | | | | |
| 交换前后洗脱液的 pH | | / | / | / |
| NaOH 标准溶液浓度/(mol·L⁻¹) | | | | |
| NaOH 标准溶液体积 | $V_{始}/mL$ | | | |
| | $V_{终}/mL$ | | | |
| $V(NaOH)/mL$ | | | | |
| $n(H^+)/mol$ | | | | |
| CaSO₄ 溶解度 $s/(mol·L^{-1})$ | | | | |
| CaSO₄ 溶度积常数 $K_{sp}^{\ominus}$ | | | | |
| 误差 | | | | |
| 相对误差 | | | | |

注:与同温度条件下文献值比较。若实验方法不同,数据一般不具备可比性

温度不同时,$K_d^{\ominus}$ 及 $K_{sp}^{\ominus}$ 是不同的。离子交换时,则必须用实验温度下的 $K_d^{\ominus}$ 代入,进而求

得相应温度下的 $K_{sp}^{\ominus}$。若实验温度不在表 3-1 所列，可利用文献值(表 3-2)，根据范特霍夫方程

$$\ln K_d^{\ominus} = -\frac{\Delta_r H_m^{\ominus}}{R} \cdot \frac{1}{T} + \ln A \tag{3-48}$$

以 $\ln K_d^{\ominus}$ 对 $1/T$ 作图，求得斜率 $-\dfrac{\Delta_r H_m^{\ominus}}{R}$，即可计算 $\Delta_r H_m^{\ominus}$。实验温度下的 $K_d^{\ominus}$ 可从图上读出，或是将不同温度下的数据代入范特霍夫方程处理并按式(3-49)计算：

$$\ln K_d^{\ominus}(T_2) = \frac{\Delta_r H_m^{\ominus}}{R} \cdot \frac{T_2 - T_1}{T_1 T_2} + \ln K_d^{\ominus}(T_1) \tag{3-49}$$

**表 3-2　CaSO₄ 的溶解度**(文献值)

| 温度/℃ | 1 | 10 | 20 | 30 |
|---|---|---|---|---|
| $s/(\text{mol} \cdot \text{L}^{-1})$ | $1.29 \times 10^{-2}$ | $1.43 \times 10^{-2}$ | $1.5 \times 10^{-2}$ | $1.54 \times 10^{-2}$ |

### 六、注意事项

(1) 离子交换树脂柱使用前须检查是否内壁有气泡,漏液、漏树脂,活塞及滴管尖嘴是否便于控制。

(2) 检查并用去离子水洗脱树脂中过量盐酸,直到流出液近中性(pH≥6)。

(3) 准确移取 25.00mL 饱和硫酸钙溶液时,离子交换树脂柱的柱顶去离子水离树脂上沿不可超过 2mm,且须静置 1min,待交换树脂柱器壁上无附着的硫酸钙溶液后再开始交换。

(4) 为保证交换完全,溶液流出速率应控制在 2~3s 一滴。

### 七、思考题

(1) 离子交换树脂的功能是什么? 一定条件下,交换速率为什么很关键?

(2) 为什么交换后的洗涤液必须合并到锥形瓶内?

(3) 溶解度 $s$ 为什么可用 $s = c(\text{Ca}^{2+}) + c(\text{CaSO}_4, \text{aq}) = c(\text{H}^+)/2$ 计算?

(4) 如何利用实验值计算溶度积常数 $K_{sp}^{\ominus}$ 值?

(武汉理工大学　杨　静　郭丽萍)

## 实验 13　碘化铅溶度积测定

### 一、实验目的

(1) 了解用分光光度计测定溶度积常数的原理和方法。

(2) 学习 722 型(或 72 型、721 型)分光光度计的使用方法。

### 二、实验原理

碘化铅是难溶强电解质,在其饱和溶液中存在下列沉淀-溶解平衡：

$$\text{PbI}_2(s) \rightleftharpoons \text{Pb}^{2+}(aq) + 2\text{I}^-(aq)$$

$\text{PbI}_2$ 的溶度积常数表达式为

$$K_{sp}^{\ominus} = c(\text{Pb}^{2+}) \cdot c(\text{I}^-)^2 \tag{3-50}$$

在一定温度下,将一定浓度的 $Pb(NO_3)_2$ 溶液和 KI 溶液按不同体积比混合,生成 $PbI_2$ 沉淀,经过一段时间达到沉淀-溶解平衡。如果能测定出其中一种离子的浓度,再根据体系的初始组成及沉淀反应中 $Pb^{2+}$ 与 $I^-$ 的化学计量关系,就可以计算出溶液中另一离子的浓度,由此可以求得 $PbI_2$ 的溶度积 $K_{sp}^{\ominus}$。

两种离子都是无色的,但是无色的 $I^-$ 还原性较强,在酸性条件下用 $KNO_2$ 将其氧化产生有色的 $I_2$。$I^-$ 浓度不同,产生的 $I_2$ 浓度也不同,颜色深浅不同,这种变化可由分光光度计测知(工作原理见 2.9.3)。

在一定的浓度范围,有色物质对光的选择性吸收遵循朗伯-比尔定律,在测定条件不变时,吸光度 $A$ 与溶液浓度 $c$ 成正比关系。本实验用可见光分光光度计,在 525nm 波长下测定由 KI 和 $KNO_2$ 混合溶液配制的 $I_2$ 标准溶液的吸光度 $A$,绘制 $A$-$c$ 标准吸收曲线;然后测定氧化 $PbI_2$ 饱和溶液制得的 $I_2$ 溶液的吸光度 $A$,从标准吸收曲线查出 $c(I^-)$,最后可计算出饱和溶液的 $K_{sp}^{\ominus}$。

### 三、仪器和试剂

仪器:722 型(或 72 型、721 型)分光光度计,比色皿(2cm),烧杯(50mL),试管(15mm×150mm),吸量管(1mL、5mL、10mL),漏斗,滤纸,擦镜纸,橡皮塞。

试剂:HCl($6.0mol \cdot L^{-1}$),$Pb(NO_3)_2$($0.015mol \cdot L^{-1}$),KI($0.035mol \cdot L^{-1}$、$0.0035mol \cdot L^{-1}$),$KNO_2$($0.020mol \cdot L^{-1}$、$0.010mol \cdot L^{-1}$)。

### 四、实验内容

1. 绘制 $A$-$c(I^-)$ 标准曲线

在 5 支洁净、干燥的大试管中分别加入 1.00mL、1.50mL、2.00mL、2.50mL、3.00mL KI($0.0035mol \cdot L^{-1}$),再分别加入 2.00mL $KNO_2$($0.020mol \cdot L^{-1}$)及 1 滴 HCl($6.0mol \cdot L^{-1}$)。摇匀后,分别倒入比色皿中,以水作参比溶液,在 525nm 波长下测定吸光度 $A$,记录数据。以测得的吸光度 $A$ 为纵坐标,以相应 $I^-$ 浓度为横坐标,绘制 $A$-$c(I^-)$ 标准曲线。

注意:氧化后得到的 $I_2$ 浓度应小于室温下 $I_2$ 的溶解度。不同温度下,$I_2$ 的溶解度如下:

| 温度/℃ | 20 | 30 | 40 |
|---|---|---|---|
| 溶解度/[g·(100g $H_2O$)$^{-1}$] | 0.029 | 0.039 | 0.052 |

2. 制备 $PbI_2$ 饱和溶液

(1) 取 3 支洁净、干燥的大试管,按以下数据用吸量管加入 $0.015mol \cdot L^{-1}$ $Pb(NO_3)_2$ 溶液、$0.035mol \cdot L^{-1}$ KI 溶液、去离子水,使每支试管中溶液的总体积为 10.00mL。

| 试管编号 | $V[Pb(NO_3)_2]$/mL | $V(KI)$/mL | $V(H_2O)$/mL |
|---|---|---|---|
| 1 | 5.00 | 3.00 | 2.00 |
| 2 | 5.00 | 4.00 | 1.00 |
| 3 | 5.00 | 5.00 | 0.00 |

(2) 用橡皮塞塞紧试管,充分振荡试管,振荡 20min 后,将试管静置 3~5min。

（3）在装有干燥滤纸的干燥漏斗上将制得的含有 $PbI_2$ 固体的饱和溶液过滤，同时用干燥的试管接取滤液。弃去沉淀，保留滤液。

（4）在 3 支干燥试管中用吸量管分别注入 1 号、2 号、3 号 $PbI_2$ 的饱和溶液各 2mL，再分别注入 4mL $0.010mol \cdot L^{-1}$ $KNO_2$ 溶液及 1 滴 $6.0mol \cdot L^{-1}$ HCl 溶液。摇匀后，分别倒入 2cm 比色皿中，以水作参比溶液，在 525nm 波长下测定溶液的吸光度，记录数据。

## 五、实验结果与分析

（1）实验记录及处理（表 3-3 和表 3-4）。

**表 3-3　标准溶液吸光度测定及数据处理**

| 样品编号 | 0 | 1 | 2 | 3 | 4 | 5 |
|---|---|---|---|---|---|---|
| $V(KI)/mL$ | 0.00(空白) | 1.00 | 1.50 | 2.00 | 2.50 | 3.00 |
| 吸光度 $A$ | | | | | | |
| $c(I^-)/(mol \cdot L^{-1})$ | | | | | | |

**表 3-4　样品吸光度测定及数据处理**

| 试管编号 | 1 | 2 | 3 |
|---|---|---|---|
| $V[(Pb(NO_3)_2)]/mL$ | 5.00 | 3.00 | 2.00 |
| $V(KI)/mL$ | 5.00 | 4.00 | 1.00 |
| $V(H_2O)/mL$ | 5.00 | 5.00 | 0.00 |
| $V_{总}/mL$ | | | |
| 稀释后溶液的吸光度 $A$ | | | |
| 由标准曲线查得 $c(I^-)/(mol \cdot L^{-1})$ | | | |
| $I^-$ 初始浓度/$(mol \cdot L^{-1})$ | | | |
| 初始 $n(I^-)/mol$ | | | |
| 平衡时溶液中 $c(I^-)/(mol \cdot L^{-1})$ | | | |
| 初始 $n(Pb^{2+})/mol$ | | | |
| 沉淀中 $n(Pb^{2+})/mol$ | | | |
| 平衡时溶液中 $n(Pb^{2+})/mol$ | | | |
| 平衡时 $c(Pb^{2+})/(mol \cdot L^{-1})$ | | | |
| $K_{sp}^{\ominus}(PbI_2)$ | | | |
| $K_{sp}^{\ominus}(PbI_2)$平均值 | | | |

（2）将实验测定值与手册数据以及理论计算数据比较。

（3）进行实验误差分析。

## 六、注意事项

（1）测得的 $K_{sp}^{\ominus}(PbI_2)$ 比在水中的大，本实验未考虑离子强度的影响。

（2）数据处理过程中要列出反应式及其计量关系，给出计算过程。

（3）由于滤液被稀释，注意从标准曲线上查得的 $I^-$ 浓度计算 $I^-$ 平衡浓度的倍数。

**七、思考题**

(1) 配制 $PbI_2$ 饱和溶液时为什么要充分振荡?

(2) 如果使用湿的小试管配制比色溶液,对实验结果将产生什么影响?

(武汉理工大学　杨　静)

## 实验 14　沉淀的生成与溶解平衡

**一、实验目的**

(1) 加深对沉淀-溶解平衡及其移动原理的理解。

(2) 了解溶度积规则的应用,加深对分步沉淀和沉淀转化等知识的理解。

(3) 学习固液分离操作和电动离心机的使用。

**二、实验原理**

一定温度下,在难溶强电解质的饱和溶液中,未溶解的难溶强电解质(沉淀)和溶解生成的离子之间存在多相离子平衡,也称沉淀-溶解平衡。例如,在 $Ag_2CrO_4$ 饱和溶液中存在以下平衡:

$$Ag_2CrO_4(s) \rightleftharpoons 2Ag^+(aq) + CrO_4^{2-}(aq)$$

平衡常数表达式为

$$K_{sp}^{\ominus} = c^2(Ag^+) \cdot c(CrO_4^{2-}) \tag{3-51}$$

式中: $K_{sp}^{\ominus}$ 称为溶度积常数; $c(Ag^+)$ 和 $c(CrO_4^{2-})$ 分别为 $Ag^+$ 和 $CrO_4^{2-}$ 的相对浓度。

在任意条件下,难溶电解质溶解产生的离子的相对浓度幂的乘积称为离子积(也称反应商), $J = c^2(Ag^+) \cdot c(CrO_4^{2-})$。根据平衡移动原理,比较 $J$ 与 $K_{sp}^{\ominus}$ 值的大小,可以判断难溶电解质溶液中多相离子平衡的移动方向,即溶度积规则:

$J < K_{sp}^{\ominus}$　溶液处于不饱和状态,无沉淀生成;已有沉淀时,沉淀溶解。

$J = K_{sp}^{\ominus}$　饱和溶液,系统处于动态平衡,沉淀量既不增加也不减少。

$J > K_{sp}^{\ominus}$　溶液过饱和,沉淀从溶液中析出,直至达到新的平衡。

(1) 沉淀的生成。当溶液中的被沉淀离子浓度 $c < 10^{-5}\,mol \cdot L^{-1}$ 时,就认为该离子被沉淀完全。为使沉淀完全,可利用同离子效应(但是沉淀剂过量不可太多)。

(2) 分步沉淀。当逐步加入某种试剂,可能与溶液中的数种离子发生反应而沉淀时,通常难溶电解质的离子积 $J_1$ 先达到它的溶度积 $K_{sp,1}^{\ominus}$ 的先析出;当第二种难溶电解质的离子积 $J_2$ 也大于其溶度积 $K_{sp,2}^{\ominus}$ 时,第二种沉淀便开始析出。这种先后沉淀的现象称为分步沉淀或分级沉淀。控制条件,使第二种沉淀开始析出时,第一种被沉淀离子的浓度小于 $10^{-5}\,mol \cdot L^{-1}$,则认为溶液中的两种离子可以分离。

(3) 沉淀的转化。使一种沉淀转化为另一种沉淀的过程称为沉淀的转化。一般来说,溶解度大的难溶电解质容易转化为溶解度小的难溶电解质。

(4) 沉淀的溶解。当加入某种试剂,使其与难溶电解质的构晶离子生成弱电解质,或是生成气体逸出,或是改变其中某种构晶离子的存在形态,就降低了难溶电解质构晶离子的浓度,使它的离子积 $J < K_{sp}^{\ominus}$,沉淀就可溶解。例如,酸溶解(如硫化物、碳酸盐、氢氧化物等)实质是

$H^+$ 与构晶负离子结合形成弱电解质(如 $H_2S$、$CO_2$、$H_2O$)的过程;而配位溶解是配位剂与构晶阳离子(金属离子)形成稳定的配离子(实质上也可看成是弱电解质),如$[Ag(NH_3)_2]^+$。沉淀能否溶解取决于难溶电解质的 $K_{sp}^{\ominus}$ 及弱电解质的解离平衡的 $K^{\ominus}$($K_a^{\ominus}$、$K_w^{\ominus}$、$K_f^{\ominus}$)。比较下列反应的异同,指出沉淀溶解与否的关键。

酸溶解:

$$MS(s)+2H^+(aq) \Longleftrightarrow M^{2+}(aq)+H_2S(aq)$$

$$K^{\ominus}=\frac{K_{sp}^{\ominus}}{K_{a1}^{\ominus} \cdot K_{a2}^{\ominus}} \tag{3-52}$$

$$M(OH)_n(s)+nH^+(aq) \Longleftrightarrow M^{n+}(aq)+nH_2O(l)$$

$$K^{\ominus}=\frac{K_{sp}^{\ominus}}{(K_w^{\ominus})^n} \tag{3-53}$$

$$Mg(OH)_2(s)+2NH_4^+(aq) \Longleftrightarrow Mg^{2+}(aq)+2NH_3 \cdot H_2O(aq)$$

$$K^{\ominus}=\frac{K_{sp}^{\ominus}}{(K_a^{\ominus})^n}=\frac{K_{sp}^{\ominus}(K_b^{\ominus})^n}{(K_w^{\ominus})^n} \tag{3-54}$$

碱溶解:

$$Cr(OH)_3(s)+OH^-(aq) \Longleftrightarrow [Cr(OH)_4]^-(aq)$$

$$K^{\ominus}=K_{sp}^{\ominus} \cdot K_f^{\ominus} \tag{3-55}$$

配位溶解:

$$AgX(s)+2S_2O_3^{2-}(aq) \Longleftrightarrow [Ag(S_2O_3)_2]^{3-}(aq)+X^-(aq)$$

$$K^{\ominus}=K_{sp}^{\ominus} \cdot K_f^{\ominus} \tag{3-56}$$

氧化还原(配位)溶解则是改变了构晶离子的存在状态,降低了离子的浓度。

(5) 混合离子的分离。利用沉淀反应,适当控制条件达到混合溶液中离子的分离。

### 三、仪器和试剂

仪器:离心机,离心试管,点滴板。

试剂:HCl(2mol · L⁻¹,浓),HAc(2mol · L⁻¹),$NH_3$ · $H_2O$(2mol · L⁻¹),KI(0.01mol · L⁻¹,0.1mol · L⁻¹),$K_2CrO_4$(0.1mol · L⁻¹),NaCl(0.1mol · L⁻¹),$Na_2S$(0.1mol · L⁻¹),$Na_2CO_3$(1mol · L⁻¹),$(NH_4)_2CO_3$(0.5mol · L⁻¹),$NH_4Cl$(2mol · L⁻¹),$NH_4Ac$(2mol · L⁻¹),$AgNO_3$(0.1mol · L⁻¹),$MgCl_2$(0.1mol · L⁻¹),$CaCl_2$(0.1mol · L⁻¹),$BaCl_2$(0.1mol · L⁻¹),$ZnCl_2$(0.1mol · L⁻¹),$Pb(NO_3)_2$(0.1mol · L⁻¹,0.001mol · L⁻¹),$PbI_2$(饱和),$NaNO_3$(s)。

### 四、实验内容

1. 溶度积规则的应用

(1) 在点滴板穴中加入 5 滴 $Pb(NO_3)_2$(0.1mol · L⁻¹),再加入 2 滴 KI(0.1mol · L⁻¹),观察现象,仔细记录(注意观察物质形态、颜色变化等现象)。

(2) 用 5 滴 $Pb(NO_3)_2$(0.001mol · L⁻¹)和 1 滴 KI(0.01mol · L⁻¹)进行实验,观察现象。

(3) 在点滴板穴中分别加入 1 滴 $AgNO_3$(0.1mol · L⁻¹)和 1 滴 $Pb(NO_3)_2$(0.1mol · L⁻¹),再各加入 1 滴 $K_2CrO_4$(0.1mol · L⁻¹),观察现象。

(4) 在点滴板穴中加入 1 滴 $Na_2S$(0.1mol·$L^{-1}$)，再加入 2 滴 $Pb(NO_3)_2$(0.1mol·$L^{-1}$)，观察现象。

若每滴以 0.05mL 计，根据溶度积规则，计算离子积并与相应 $K_{sp}^{\ominus}$ 比较，解释观察到的现象。

## 2. 分步沉淀

(1) 在离心试管中加入 3 滴 $AgNO_3$(0.1mol·$L^{-1}$)和 3 滴 $Pb(NO_3)_2$(0.1mol·$L^{-1}$)，再加入 2mL 去离子水稀释，摇匀，先加 1 滴 $K_2CrO_4$(0.1mol·$L^{-1}$)，观察现象；振荡试管，继续滴加 $K_2CrO_4$ 溶液(为便于更清楚地观察沉淀的颜色，可先离心使其分层再观察)，沉淀颜色有何变化？判断哪种难溶物质先沉淀。根据溶度积规则，分别计算两种难溶铬酸盐开始沉淀时所需 $CrO_4^{2-}$ 的浓度，证实你的判断。$Ag^+$ 与 $Pb^{2+}$ 能否完全分离？

(2) 在离心试管中加入 2 滴 $Na_2S$(0.1mol·$L^{-1}$)和 5 滴 $K_2CrO_4$(0.1mol·$L^{-1}$)，稀释至 3mL，摇匀。滴加 2 滴 $Pb(NO_3)_2$(0.1mol·$L^{-1}$)，观察溶液中出现的沉淀的颜色；振荡试管，离心沉降后，再向清液中滴 $Pb(NO_3)_2$ 溶液，会出现什么颜色的沉淀？通过计算解释观察到的现象。

## 3. 沉淀的转化

(1) 在离心试管中加入 5 滴加 $AgNO_3$(0.1mol·$L^{-1}$)，逐滴加入 $K_2CrO_4$(0.1mol·$L^{-1}$)，观察现象；继续滴加 $K_2CrO_4$ 溶液使沉淀完全(如何判断？)，离心分离，用去离子水洗涤，再离心分离，弃去上清液。在得到的沉淀上逐滴加入 NaCl(0.1mol·$L^{-1}$)，用玻璃棒搅拌，有何现象？试加以解释(计算上述沉淀转化反应的平衡常数 $K^{\ominus}$)。

(2) 在离心试管中加入 5 滴 $Pb(NO_3)_2$(0.1mol·$L^{-1}$)，滴加 NaCl(0.1mol·$L^{-1}$)至沉淀完全，离心分离，用少许去离子水洗涤沉淀一次，离心，弃去上清液。在得到的 $PbCl_2$ 沉淀上滴加 1 滴 KI(0.1mol·$L^{-1}$)，振荡试管，观察现象；然后在上述沉淀上滴加 $Na_2S$(0.1mol·$L^{-1}$)，振荡试管，观察现象并解释(计算沉淀转化反应的平衡常数 $K^{\ominus}$，了解沉淀转化反应的趋势)。

## 4. 沉淀的溶解

(1) 在试管中加入 5 滴 $MgCl_2$(0.1mol·$L^{-1}$)，再加入数滴 $NH_3·H_2O$(2mol·$L^{-1}$)，至刚有沉淀生成，此时生成的沉淀是什么？向此溶液中滴加 $NH_4Cl$(2mol·$L^{-1}$)，沉淀是否溶解？从平衡移动的观点解释上述实验现象。

(2) 在两支离心试管中分别加入 5 滴 $ZnCl_2$(0.1mol·$L^{-1}$)和 $Pb(NO_3)_2$(0.1mol·$L^{-1}$)，再各加 5 滴 $Na_2S$(0.1mol·$L^{-1}$)溶液，观察现象。离心分离，弃去上清液，洗涤沉淀，离心分离；再分别滴加 HCl(2mol·$L^{-1}$)，观察现象。未溶解的沉淀离心分离后，再滴加浓盐酸试试。解释观察到的所有实验现象(通过理论计算比较异同，溶解与否的关键是什么？)。

(3) 取 1 滴 $PbI_2$ 饱和溶液，加入 2～3 滴 KI(0.1mol·$L^{-1}$)，有何现象？再加入绿豆粒大小的固体 $NaNO_3$，用玻璃棒搅拌，观察现象并解释。

(4) 在黑色点滴板穴中加入 1 滴 $AgNO_3$(0.1mol·$L^{-1}$)，加入 1 滴 NaCl(0.1mol·$L^{-1}$)，观察现象。再滴加 $NH_3·H_2O$(2mol·$L^{-1}$)，观察现象并解释(估计 AgBr 能否溶于 2mol·

$L^{-1}NH_3 \cdot H_2O$,为什么?)。

5. 用沉淀法分离混合离子

(1) 在三支离心试管中分别加入 10 滴 $MgCl_2$($0.1mol \cdot L^{-1}$),$CaCl_2$($0.1mol \cdot L^{-1}$)、$BaCl_2$($0.1mol \cdot L^{-1}$),然后各加入 10 滴 $NH_3 \cdot H_2O$-$NH_4Cl$ 缓冲溶液($pH=9$),再各加入 10 滴($NH_4$)$_2CO_3$($0.5mol \cdot L^{-1}$),微热(水浴),观察现象。试指出 $Mg^{2+}$ 与 $Ca^{2+}$、$Ba^{2+}$ 分离的条件。

(2) 在两支离心试管中分别加入 10 滴 $CaCl_2$($0.1mol \cdot L^{-1}$)和 $BaCl_2$($0.1mol \cdot L^{-1}$),然后各加入 10 滴 HAc-$NH_4$Ac 缓冲溶液,再各加入 10 滴 $K_2Cr_2O_7$($0.1mol \cdot L^{-1}$),观察现象。试指出 $Ca^{2+}$ 与 $Ba^{2+}$ 分离的条件。

(3)(选做)根据上述两个实验,拟订 $Mg^{2+}$、$Ca^{2+}$、$Ba^{2+}$ 的分离方案。画出分离过程流程图。领取一份可能含有 $Mg^{2+}$、$Ca^{2+}$、$Ba^{2+}$ 的全部或部分离子的未知液,根据拟订的分离方案进行分离。

**五、实验结果与分析**

(1) 简要叙述实验步骤、实验操作,描述观察到的实验现象(如反应前后溶液颜色的变化,沉淀的形态、颜色等)。

(2) 对观察到的现象给出理论解释并得出合理的结论,进行归纳总结。

**六、注意事项**

(1) 每次沉淀必须完全,即所加的沉淀剂的量必须足够。

(2) 当沉淀生成后,必须把沉淀和溶液进行离心分离,再加其他试剂。

**七、思考题**

(1) 固液分离的方法有哪些? 离心机的操作要点是什么?

(2) 什么是溶度积规则? 什么是分步沉淀? $K_{sp}^{\ominus}$ 小的是否一定先沉淀?

(3) $CaCO_3$ 能溶于 HAc 吗? $CaC_2O_4$ 呢? 为什么?

（武汉理工大学　童　辉）

## 实验 15　氧化还原反应与电化学

**一、实验目的**

(1) 熟悉常见氧化剂和还原剂的性质。

(2) 了解原电池的装置以及浓度、酸度对电极电势的影响。

(3) 了解浓度、酸度对氧化还原反应的影响。

**二、实验原理**

氧化还原反应是物质之间发生电子转移或偏移的一类重要反应,反应中电子在氧化剂电对($O_m/R_m$)和还原剂电对($O_n/R_n$)之间传递。原则上自发的氧化还原反应可设计原电池将化学能转变为电能（$\Delta_r G_m = W'_{max} = -zFE$）。相反,通过电解池将电能转化为化学能储存起来。例如

$$Zn(s) + Cu^{2+}(aq) \longrightarrow Zn^{2+}(aq) + Cu(s) \quad （原电池：化学能 \rightarrow 电能）$$

$$2H_2O(l) \xrightarrow{电解} 2H_2(g) + O_2(g) \quad （电解池：电能 \rightarrow 化学能）$$

　　物质氧化还原能力的大小与其本性有关,一般可从电对的标准还原电势 $E^{\ominus}(O/R)$ 的大小来衡量。一个电对的 $E^{\ominus}(O/R)$ 越大,其氧化型物种 O 的氧化能力越强,还原型物种 R 的还原能力越弱,反之亦然。所以根据不同电对 $E^{\ominus}(O/R)$ 的相对大小（或 $E^{\ominus} = E^{\ominus}_+ - E^{\ominus}_-$,标准电动势）可判断一个氧化还原反应进行的方向,衡量反应进行的程度（$\ln K^{\ominus} = zFE^{\ominus}/RT$）。电对的电极电势 $E(O/R)$ 及电动势 $E$ 与反应体系中相关物质的浓度（压力）和温度有关。等温等压条件下,吉布斯自由能 $\Delta_r G_m$ 与电动势的关系为

$$\Delta_r G_m = -zFE \tag{3-57}$$

在标准态下为

$$\Delta_r G_m^{\ominus} = -zFE^{\ominus} \tag{3-58}$$

电池电动势的能斯特方程为

$$E = E^{\ominus} - \frac{RT}{zF} \ln J \tag{3-59}$$

或

$$E = E_+ - E_- = E^{\ominus}_+ - E^{\ominus}_- - \frac{0.0592}{z} \lg J \quad （25℃时） \tag{3-60}$$

电极电势的能斯特方程为

$$E(O/R) = E^{\ominus}(O/R) - \frac{0.0592}{z} \lg \frac{c(R)}{c(O)} \quad （25℃时） \tag{3-61}$$

　　由能斯特方程可知,改变氧化型物种或还原型物种的浓度均可使电极电势 $E(O/R)$、电动势 $E$ 值改变,在有酸根离子参加的氧化还原反应中,介质酸度也对 $E(O/R)$ 及 $E$ 值产生影响。例如,25℃时电对 $MnO_4^-/Mn^{2+}$ 在酸性条件下的电极反应和相应的能斯特方程为

$$MnO_4^-(aq) + 5e^- + 8H^+(aq) \longrightarrow Mn^{2+}(aq) + 4H_2O(l)$$

$$E(MnO_4^-/Mn^{2+}) = E^{\ominus} - \frac{0.0592}{z} \lg \frac{c(Mn^{2+})}{c(MnO_4^-)c^8(H^+)} \tag{3-62}$$

$E(MnO_4^-/Mn^{2+})$ 因介质酸度的不同而不同,其还原产物也因此而不同。

　　氧化还原反应的方向可用下列关系判断：

$\Delta G < 0, J < K^{\ominus}, E > 0$　反应自发向右进行　$\left\{\begin{array}{l} E^{\ominus} > 0.20V（无 E 数据时估计） \\ -0.02 < E^{\ominus} < 0.20V（视情况而定） \\ E^{\ominus} < -0.20V \end{array}\right.$

$\Delta G = 0, J = K^{\ominus}, E = 0$　反应达到平衡

$\Delta G > 0, J > K^{\ominus}, E < 0$　反应不能自发向右进行

　　原电池电动势 $E$（或 $E^{\ominus}$）值仅从热力学角度衡量反应的可能性和进行的程度,它与平衡到达的快慢,即反应速率的大小无关。大多数情况下,只要热力学条件允许,动力学的反应速率不影响反应的正常进行。但也存在有反应的可能性很大,反应速率却很慢,导致氧化还原反应缓慢进行。例如

$$2Mn^{2+}(aq) + 5S_2O_8^{2-}(aq) + 8H_2O(l) \xrightarrow[\triangle]{Ag^+ 催化} 2MnO_4^-(aq) + 10SO_4^{2-}(aq) + 16H^+(aq)$$

$$E^{\ominus} > 0.5V$$

反应可以正向进行,但在无催化剂 $Ag^+$ 存在时,反应进行缓慢,观察不到反应现象。

### 三、仪器和试剂

仪器:伏特计(或万用表),烧杯(50mL),盐桥(充有琼脂和饱和 KCl 溶液的 U 形管),锌电极,铜电极,铁电极,石墨电极,砂纸,导线,KI-淀粉试纸。

试剂:HCl(1mol · L$^{-1}$,浓),H$_2$SO$_4$(1mol · L$^{-1}$、2mol · L$^{-1}$、3moL · L$^{-1}$),HAc(6mol · L$^{-1}$),NaOH(6mol · L$^{-1}$),NH$_3$ · H$_2$O(1∶1),KI(0.1mol · L$^{-1}$),KIO$_3$(0.1mol · L$^{-1}$),K$_2$Cr$_2$O$_7$(0.1mol · L$^{-1}$),KMnO$_4$(0.01mol · L$^{-1}$),KBr(0.1mol · L$^{-1}$),Pb(NO$_3$)$_2$(0.5mol · L$^{-1}$),CuSO$_4$(0.1mol · L$^{-1}$、0.5moL · L$^{-1}$),ZnSO$_4$(0.1mol · L$^{-1}$、0.5mol · L$^{-1}$),FeCl$_3$(0.1mol · L$^{-1}$),FeSO$_4$(0.1mol · L$^{-1}$),AgNO$_3$(0.1mol · L$^{-1}$),MnSO$_4$(0.002mol · L$^{-1}$),Na$_2$SO$_4$(0.1mol · L$^{-1}$),Na$_2$SO$_3$(0.1mol · L$^{-1}$),MnSO$_4$ · 2H$_2$O(s),MnO$_2$(s),K$_2$S$_2$O$_8$(s),KIO$_3$(s),铅粒,丙二酸(s),H$_2$O$_2$(30%),CCl$_4$,溴水,碘水,淀粉,锌片。

### 四、实验内容

**1. 电极电势与氧化还原反应方向的关系**

(1) 在点滴板穴中分别加入 5 滴 Pb(NO$_3$)$_2$(0.5mol · L$^{-1}$)和 5 滴 CuSO$_4$(0.5mol · L$^{-1}$),各放入一块表面擦净的锌片,观察锌片表面和溶液颜色的变化。用表面擦净的铅粒(或铅片)代替锌片,分别与 ZnSO$_4$(0.5mol · L$^{-1}$)和 CuSO$_4$(0.5mol · L$^{-1}$)反应,观察现象。

根据实验结果,定性比较电对 Zn$^{2+}$/Zn、Pb$^{2+}$/Pb、Cu$^{2+}$/Cu 电极电势的相对大小,并指出最强的氧化剂和最强的还原剂。

(2) 在两支试管中分别加入 KI(0.1mol · L$^{-1}$)和 KBr(0.1mol · L$^{-1}$)各 0.5mL,再各加 2 滴 FeCl$_3$(0.1mol · L$^{-1}$),摇匀,观察现象。再在试管中滴入 0.5mL CCl$_4$,充分振荡,观察 CCl$_4$ 层和水溶液层颜色的变化,解释现象。

(3) 在两支试管中分别加入 0.5mL FeSO$_4$(0.1mol · L$^{-1}$),再各加 1 滴碘水、溴水,观察现象。再在试管中滴入 0.5mL CCl$_4$,充分振荡,观察 CCl$_4$ 加入前后颜色的变化。

根据实验结果,定性比较电对 Br$_2$/Br$^-$、I$_2$/I$^-$、Fe$^{3+}$/Fe$^{2+}$ 电极电势的相对大小,并指出最强的氧化剂和最强的还原剂。

根据上面三个实验的结果,说明电极电势与氧化还原反应方向的关系。

**2. 浓度对电极电势及氧化还原反应的影响**

(1) 在两个 50mL 烧杯中分别注入 5mL ZnSO$_4$(0.1mol · L$^{-1}$)和 5mL CuSO$_4$(0.1mol · L$^{-1}$)。在 ZnSO$_4$ 中插入锌电极,CuSO$_4$ 中插入铜电极,中间以盐桥连接,组成两电极。将两极导线分别与伏特计(或万用表)的负极和正极相连,近似测量两极间的电势差(记录测定数据)。

取出盐桥,在 CuSO$_4$ 溶液中边搅拌边滴加氨水(1∶1)至生成的沉淀溶解为止,形成深蓝色溶液,再放入盐桥,电池的电势差有何变化? 测量原电池的电势差。再在锌半电池端进行同样的操作。电池的电势差又有何变化? 测量原电池的电势差。

写出电池反应,并利用能斯特方程解释上述电池电势差变化的原因。

(2) 在两个 50mL 小烧杯中分别注入 5mL FeSO$_4$(0.1mol · L$^{-1}$)和 5mL K$_2$Cr$_2$O$_7$(0.1mol · L$^{-1}$)。在 FeSO$_4$ 中插入铁电极,在 K$_2$Cr$_2$O$_7$ 中插入石墨电极,组成原电池的两极,

中间以盐桥连接。将连接铁电极和石墨电极的导线插头分别与伏特计的负极和正极相接,近似测量两极间的电势差。

在 $K_2Cr_2O_7$ 溶液中加入 9 滴 $H_2SO_4$($3mol \cdot L^{-1}$),混合均匀,电池的电势差有何变化?测量原电池的电势差。再逐滴加入 2mL NaOH($6mol \cdot L^{-1}$),混合均匀,电池的电势差有何变化?测量原电池的电势差,并加以解释。注意每次加溶液前取出盐桥,加液后再放入。

(3)在两支干燥试管中分别加入黄豆粒大小的 $MnO_2$,再分别加入 5 滴 HCl($1mol \cdot L^{-1}$)和 5 滴浓 HCl,加热,同时将湿润的 KI-淀粉试纸悬在试管口,观察现象,写出有关反应方程式,并加以解释(本实验在通风橱中进行)。

**3. 介质对氧化还原反应方向、产物的影响**

(1)在一支盛有 1mL KI($0.1mol \cdot L^{-1}$)的试管中加入数滴 $H_2SO_4$($2mol \cdot L^{-1}$)酸化,然后逐滴加入 $KIO_3$($0.1mol \cdot L^{-1}$),振荡并观察现象。写出反应方程式。在该试管中再逐滴加入 NaOH($6mol \cdot L^{-1}$),振荡后又有何现象?写出反应方程式。

(2)在三支各加入 5 滴 $KMnO_4$($0.01mol \cdot L^{-1}$)的试管中分别加入 $H_2SO_4$($1mol \cdot L^{-1}$)、蒸馏水和 NaOH($6mol \cdot L^{-1}$)各 0.5mL。混合后再逐滴加入(0.5mL)$Na_2SO_3$($0.1mol \cdot L^{-1}$),观察现象,写出反应方程式。

**4. 催化剂对氧化还原反应速率的影响**

在 1mL $H_2SO_4$($2mol \cdot L^{-1}$)中加入 3mL 去离子水和 5 滴 $MnSO_4$($0.002mol \cdot L^{-1}$),混合后分成两份:往一份溶液中加入黄豆粒大小的固体 $K_2S_2O_8$,微热,观察溶液有无变化;往另一份溶液中加入 1 滴 $AgNO_3$($0.1mol \cdot L^{-1}$)和同样量的 $K_2S_2O_8$,微热,观察溶液颜色变化。写出有关反应方程式,并加以解释。

**5. 摇摆反应(过氧化氢的氧化还原性)**

1)试剂配制(由实验室准备)

A、B、C 三种溶液的配制方法。

A:量取 400mL $H_2O_2$(30%),稀释至 1000mL。

B:称取 40g $KIO_3$,并量取 40mL $H_2SO_4$($2mol \cdot L^{-1}$),稀释至 1000mL(此溶液相当于 $HIO_3$ 溶液)。

C(辅助试剂):称取 15.5g 丙二酸、3.5g $MnSO_4 \cdot 2H_2O$ 和 0.5g 淀粉(先溶于热水),稀释至 1000mL。

2)实验方法

在试管中按任意顺序加入 A、B、C 三种溶液各 1mL,混合均匀,稍等片刻,溶液由无色变蓝色,又由蓝色变无色,如此反复十余次,最后变为蓝色。

3)反应机理

摇摆反应的基本反应为

$$5H_2O_2(aq) + 2HIO_3(aq) \xrightarrow[\text{淀粉}]{\text{蓝色}} 5O_2(g) + I_2(aq) + 6H_2O(l) \qquad (1)$$

$$5H_2O_2(aq) + I_2(aq) \xrightarrow{\text{无色}} 2HIO_3(aq) + 4H_2O(l) \qquad (2)$$

辅助试剂起调节(1)、(2)反应速率的作用。

已知在酸性介质中元素电势图如下：

$$O_2 \xrightarrow{0.68V} H_2O_2 \xrightarrow{1.76V} H_2O$$

$$IO_3^- \xrightarrow{1.20V} I_2$$

试用元素电势图的数据解释上述反应现象。

## 五、实验结果与分析

(1) 记录实验结果和现象，并用能斯特方程对实验结果进行定性解释。

(2) 查阅资料，探讨摇摆反应的机理和规律。

(3) 对氧化还原电化学的原理进行归纳和总结。

## 六、注意事项

(1) 实验中所用的金属固体在实验做完后应洗净回收，不要丢弃在水池中。

(2) 盐桥用完后，注意用去离子水冲洗干净，然后浸入饱和 KCl 溶液中备用。

(3) 摇摆反应实验的 A、B、C 三种溶液必须分别用相应的滴管取用，不可混用。

## 七、思考题

(1) 如何根据电极电势确定氧化剂或还原剂的相对强弱？

(2) 在 $CuSO_4$ 溶液中加入过量 $NH_3 \cdot H_2O$，其电极电势如何改变？试用能斯特方程解释。

(3) 制备氯气为什么用 $MnO_2$ 与浓 HCl 反应？

(4) 浓度和酸度对氧化还原反应方向的影响如何？请用 $E$-pH 图加以说明。

（武汉理工大学　童　辉）

# 实验 16　电解法测定阿伏伽德罗常量

## 一、实验目的

(1) 了解电解法测定阿伏伽德罗常量的原理和方法，体会宏观与微观的联系。

(2) 练习电解操作。

## 二、实验原理

阿伏伽德罗常量($N_A$)是化学中一个十分重要的物理常数，有多种测定方法。本实验用电解法进行测定。

如果用两块已知质量的铜片分别作电解池的阴极和阳极，以硫酸铜溶液作电解质进行电解，则有以下电极反应：

阴极反应　　　　　　　　　　　　$Cu^{2+} + 2e^- \Longrightarrow Cu\downarrow$

阳极反应　　　　　　　　　　　　$Cu \Longrightarrow Cu^{2+} + 2e^-$

电解时，若电流强度为 $I$(A)，则在时间 $t$(s)内通过的总电量 $Q$(C 或 A·s)为

$$Q = It \tag{3-63}$$

设在阴极上铜片增加的质量为 $m(g)$，则阴极上每增加 $1g$ 铜所需的电量 $Q$ 为 $It/m(C \cdot g^{-1})$，铜的摩尔质量为 $63.5g \cdot mol^{-1}$，电解得到 $1mol$ 铜所需的电量 $Q(C)$ 为

$$It/m \times 63.5 \tag{3-64}$$

已知一个一价离子所带的电量 $Q$（一个电子带的电量）是 $1.60 \times 10^{-19}C$，一个二价离子（$Cu^{2+}$）所带的电量 $Q$ 便是 $2 \times 1.60 \times 10^{-19}C$，则 $1mol$ 铜所含的原子数目为

$$N_A = \frac{It \times 63.5}{m \times 2 \times 1.60 \times 10^{-19}} \tag{3-65}$$

### 三、仪器和试剂

仪器：烧杯（100mL），分析天平，毫安表，变阻箱，直流电源，电线，开关，砂纸，脱脂棉。

试剂：无水乙醇，紫铜片，$CuSO_4$ 溶液（1L 含 125g $CuSO_4$ 和 25mL 相对密度为 1.84 的浓 $H_2SO_4$）。

### 四、实验内容

取 3cm×5cm 的薄紫铜片两块，用砂纸擦去表面氧化物，然后用水洗净，再用蘸有无水乙醇的脱脂棉擦净晾干，在分析天平上称量。一片作阴极，另一片作阳极（注意做好标记，不要弄混）。

在 100mL 烧杯中加入约 80mL $CuSO_4$ 溶液，将两块铜片插入 $CuSO_4$ 溶液中，浸入高度约为铜片高度的 2/3，两块铜片之间的距离保持约 1.5cm，然后按图 3-6 安装装置。

控制直流电源的电压为 10V，实验开始时，电阻控制在 70Ω 左右，按下开关，迅速调节电阻使毫安表指针在 100mA 处，同时准确记下时间，通电 60min 后，断开开关，停止电解。在整个电解期间，电流应保持恒定，若有变动，可及时调节电阻以维持恒定。

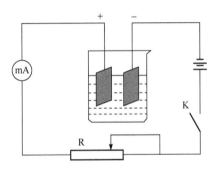

图 3-6　电解装置

mA. 毫安表；K. 开关；R. 变阻箱

取下阴、阳极铜片，放入水中漂洗干净，再放入无水乙醇中漂洗一次，晾干后在分析天平上称量。

也可采用串联的方法多次测量以增加测量准确度，如图 3-7 所示。

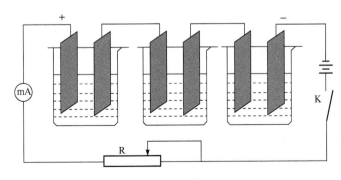

图 3-7　串联电解装置示意图

## 五、实验记录与结果

填写下表,并分析产生误差的主要原因。

| 电极质量改变值 | 阴极增重 $m/g$ | 阳极减重 $m/g$ |
|---|---|---|
| | 电解后: | 电解后: |
| | 电解前: | 电解前: |
| | $m$: | $m$: |
| 电解时间 $t/s$ | | |
| 电流强度 $I/mA$ | | |
| $N_A$ 值 | | |
| 相对误差 | | |

## 六、思考题

(1) 若电解时,电流不能维持恒定,对实验结果有何影响?有何改进方法?

(2) 本实验应该用阳极铜片的减重还是阴极铜片的增重计算阿伏伽德罗常量更合理?为什么?

(3) 查阅文献资料,设计一种与本实验不同的方法测定 $N_A$。

（北京科技大学　王明文）

## 实验 17　配合物的生成和性质

### 一、实验目的

(1) 了解配合物的生成及配离子的相对稳定性。

(2) 了解沉淀反应、氧化还原反应等对配位平衡的影响。

### 二、实验原理

配合物由内界和外界两部分组成。中心离子与配位体组成配合物的内界,其余处于外界。内界和外界在水溶液中完全解离,配离子本身在溶液中只部分解离。例如

$$Fe^{3+} + 6KCN \Longrightarrow K_3[Fe(CN)_6] + 3K^+$$

$$K_f^\ominus = \frac{[Fe(CN)_6^{3-}]}{[Fe^{3+}][CN^-]^6} \tag{3-66}$$

$K_f^\ominus$ 是配离子的稳定常数,可用于判断配位反应进行的程度。

简单离子形成配位化合物后,其颜色、溶解度、电极电势等都会发生变化,利用这些变化可以检验有关离子。例如

$$Fe^{3+} + nSCN^- \Longrightarrow [Fe(SCN)_n]^{3-n} \qquad (n=1\sim6)$$

黄色　　　无色　　　浅红→血红色

### 三、仪器和试剂

试剂：$H_2SO_4$（$1mol \cdot L^{-1}$），$NaOH$（$0.1mol \cdot L^{-1}$、$2mol \cdot L^{-1}$），$NH_3 \cdot H_2O$（$2mol \cdot L^{-1}$），$NaCl$（$0.1mol \cdot L^{-1}$），$BaCl_2$（$0.1mol \cdot L^{-1}$），$HgCl_2$（$0.1mol \cdot L^{-1}$），$FeCl_3$（$0.1mol \cdot L^{-1}$），$AgNO_3$（$0.1mol \cdot L^{-1}$），$CuSO_4$（$0.1mol \cdot L^{-1}$），$NiSO_4$（$0.1mol \cdot L^{-1}$、$0.5mol \cdot L^{-1}$），$Na_2S_2O_3$（$0.1mol \cdot L^{-1}$），$KSCN$（$0.1mol \cdot L^{-1}$），$NH_4F$（$1mol \cdot L^{-1}$），$KBr$（$0.1mol \cdot L^{-1}$），$KI$（$0.1mol \cdot L^{-1}$），$K_3[Fe(CN)_6]$（$0.1mol \cdot L^{-1}$），$K_4P_2O_7$（$2mol \cdot L^{-1}$），$(NH_4)_2Fe(SO_4)_2$（s），碘水，$CCl_4$，丁二酮肟（1%）。

### 四、实验内容

**1. 配离子的生成和组成**

（1）在试管中加入 1 滴 $0.1mol \cdot L^{-1}$ $HgCl_2$ 溶液，逐滴加入 $0.1mol \cdot L^{-1}$ $KI$ 溶液，观察现象（有什么生成？）。继续加入过量的 $KI$ 溶液，观察现象（又生成了什么？）。

（2）在两支试管中各加入 2 滴 $0.1mol \cdot L^{-1}$ $CuSO_4$ 溶液并逐滴加入 $2mol \cdot L^{-1}$ 的 $NH_3 \cdot H_2O$，观察沉淀的颜色。再加入过量的 $NH_3 \cdot H_2O$ 至沉淀完全溶解（生成了什么产物？）。将溶液分成两份，一份加 $0.1mol \cdot L^{-1}$ $BaCl_2$ 溶液，另一份加 $0.1mol \cdot L^{-1}$ $NaOH$ 溶液，观察现象（配合物在溶液中的存在形式是什么？）。

**2. 简单离子和配离子的区别**

在两支试管中分别加入 1 滴 $0.1mol \cdot L^{-1}$ $FeCl_3$ 溶液和 2 滴 $0.1mol \cdot L^{-1}$ $K_3[Fe(CN)_6]$ 溶液，再各加入 $0.1mol \cdot L^{-1}$ $KSCN$ 溶液，观察现象有何不同，并解释原因。

**3. 配位平衡与氧化还原反应**

（1）在两支试管中分别加入 2 滴 $0.1mol \cdot L^{-1}$ $FeCl_3$ 溶液和 2 滴 $0.1mol \cdot L^{-1}$ $K_3[Fe(CN)_6]$ 溶液，再各加入 1 滴 $0.1mol \cdot L^{-1}$ $KI$ 溶液和 4 滴 $CCl_4$，振荡，观察 $CCl_4$ 层颜色，比较二者有何不同。

（2）在两支试管中分别加入 2 滴碘水，然后分别加入少量 $(NH_4)_2Fe(SO_4)_2$ 固体和少量 $0.1mol \cdot L^{-1}$ $K_3[Fe(CN)_6]$，比较二者有何不同，并解释原因。

**4. 配位平衡与沉淀反应**

在试管中加入 1 滴 $0.1mol \cdot L^{-1}$ $AgNO_3$ 溶液，加入数滴 $0.1mol \cdot L^{-1}$ $NaCl$ 溶液，观察现象。再滴加 $2mol \cdot L^{-1}$ $NH_3 \cdot H_2O$ 至沉淀溶解，有什么产物生成？

在上述试管中滴加少量 $0.1mol \cdot L^{-1}$ $KBr$ 溶液，观察现象。然后加 $0.1mol \cdot L^{-1}$ $Na_2S_2O_3$ 溶液，观察沉淀的溶解。再加 $0.1mol \cdot L^{-1}$ $KI$ 溶液，观察有何变化。

通过以上实验，定性比较 $AgCl$、$AgBr$ 和 $AgI$ 溶解度的大小和 $[Ag(NH_3)_2]^+$、$[Ag(S_2O_3)_2]^{3-}$ 稳定性的大小。

**5. 配合物之间的转化**

在试管中加入 1 滴 $0.1mol \cdot L^{-1}$ $FeCl_3$ 溶液，然后加入几滴 $0.1mol \cdot L^{-1}$ $KSCN$ 溶液，仔

细观察发生的现象,并判断生成了什么物质。再滴加 1mol・L⁻¹NH₄F 溶液,观察颜色的变化。

### 6. 配位平衡与介质的酸碱性

在试管中加入 4 滴 0.1mol・L⁻¹NiSO₄ 溶液,逐滴加入 2mol・L⁻¹NH₃・H₂O 至生成的沉淀刚好溶解,观察发生的现象,并判断生成了什么物质。把溶液分成两份,分别试验其与 1mol・L⁻¹H₂SO₄ 溶液和 0.1mol・L⁻¹NaOH 溶液的反应,观察现象。

### 7. 螯合物的形成

(1) 在试管中首先加入 1 滴 0.1mol・L⁻¹NiSO₄ 溶液、0.5mL 蒸馏水和 1 滴 2mol・L⁻¹NH₃・H₂O,然后加入 1 滴 1‰ 丁二酮肟溶液,观察沉淀的颜色(此为鉴定 $Ni^{2+}$ 的反应)。

(2) 在试管中加入 5 滴 0.1mol・L⁻¹CuSO₄ 溶液,然后逐滴加入 2mol・L⁻¹K₄P₂O₇ 溶液,观察沉淀的颜色。继续加入 K₄P₂O₇ 溶液,生成蓝色透明溶液$[Cu(P_2O_7)_2]^{6-}$。

## 五、思考题

(1) 什么是螯合物? 螯合物有何特点?
(2) 影响配合物稳定性的主要因素有哪些?

（中南大学　周建良）

## 实验 18　磺基水杨酸合铜(Ⅱ)配合物的组成和稳定常数的测定

### 一、实验目的

(1) 了解测定配合物稳定常数的基本方法。
(2) 了解影响配合物稳定常数测定准确性的基本因素。
(3) 巩固溶液的配制和标定操作。
(4) 巩固 pH 计、分光光度计等基本仪器的原理及操作。

### 二、实验原理

#### 1. 概述

配合物在化学工业、原子能工业、半导体材料工业、制药工业、湿法冶金、电镀行业、皮革轻工、分析化验方面都有广泛的应用。目前配位化学已经突破了无机化学的范围,与其他学科相互渗透,形成了许多崭新而富有生命力的边缘学科,成为当代化学学科中最活跃的领域之一。配合物稳定常数作为衡量配合物稳定性的指标,对于了解配合物的形成、结构以及中心原子与配体间的成键本质等方面有重要意义,也是配合物实际应用的必要条件。

配合物稳定常数的测定是通过实验测定一系列数据,再通过适当的数学处理,进而求出稳定常数。已报道的配合物稳定常数的测定方法有数十种(表 3-5)。

表 3-5 配合物稳定常数的测定方法

| 序号 | 实验方法 | 数据处理法 |
|---|---|---|
| 1 | pH 计法 | pH 电位法 |
| 2 | 分光光度法 | 等摩尔系列法 |
| 3 | 分光光度法 | 对应溶液法 |
| 4 | 阳离子选择性电极法 | pM 电位法 |
| 5 | 浓差电池法 | pM 电位法 |
| 6 | 极谱法 | pM 电位法 |
| 7 | 溶剂萃取法 | 分配法 |
| 8 | 溶解度法 | 分配法 |
| 9 | 离子交换法 | 分配法 |

分光光度法是研究溶液中配合物的组成、稳定性及反应机理的主要手段之一,方法应用仅次于电位法,测得常数的准确度也仅次于电位法。

本实验测定 $Cu^{2+}$ 与磺基水杨酸[$HO_3SC_6H_3(OH)CO_2H$,以 $H_3R$ 表示]形成的配合物的组成和稳定常数。$Cu^{2+}$ 与磺基水杨酸在 pH 5 左右形成 1∶1 配合物,溶液显亮绿色;pH 8.5 以上形成 1∶2 配合物,溶液显深绿色。本实验中,溶液 pH 控制为 4.5～5.0,选择波长为 440nm 的单色光为入射光进行测定。在此实验条件下,磺基水杨酸不吸收,$Cu^{2+}$ 的吸收也可以忽略,形成的配合物有一定的吸收。

用分光光度法测定配合物的组成及稳定常数,常用的方法有连续变化法、等摩尔系列法、平衡移动法等。本实验采用等摩尔系列法测定。

2. 测定原理

1) 配合物的浓度与吸光度的关系

当一束具有一定波长的单色光通过一定厚度的有色物质的均匀溶液时,光的一部分被有色溶液吸收,一部分透过溶液,还有一部分被溶液容器的表面反射,所以透过溶液的光(透射光)的强度($I_t$)比原来入射光的强度($I_0$)有所减弱(图 3-8)。按照朗伯-比尔定律,溶液中有色物质对光的吸收程度(吸光度 $A$)与液层厚度($l$)及有色物质浓度($c$)成正比:

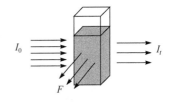

图 3-8 溶液对光的吸收示意图

$$A = \lg \frac{I_0}{I} = \varepsilon l c \tag{3-67}$$

式中:$\varepsilon$ 为比例常数,称为摩尔吸光系数,它是每一种有色物质的特征常数;$l$ 为液层厚度,等于所用比色皿的内空厚度,cm;$c$ 为配合物的浓度,mol·$L^{-1}$。由式(3-67)可知,如果液层厚度 $l$ 不变,则吸光度只与有色物质的浓度成正比。

如果中心离子 M 与配体 L 在溶液中都是无色的,或者对实验选定波长的光不吸收,而它们所形成的配合物 $ML_n$(省去电荷)是有色的,且在一定条件下只生成这一种配合物,则溶液的吸光度与该配合物的浓度成正比。在此前提条件下,便可从测得的吸光度确定该配合物的组成和稳定常数。

有关符号说明:

（1）M 为金属离子，$T_M$ 为金属离子总浓度，[M] 为游离金属离子平衡浓度。

（2）L 为配体，$T_L$ 为配体总浓度，[L] 为游离配体平衡浓度。

（3）$ML_n$ 为第 $n$ 级配合物，$[ML_n]$ 为第 $n$ 级配合物平衡浓度。

根据朗伯-比尔定律有

$$A = \varepsilon[ML_n]l$$

2）配合物组成的确定方法

首先配制等摩尔系列溶液，这一系列溶液具有以下特点：溶液中金属离子（M）与配体（L）的物质的量之和恒定不变，即 $n_M + n_L$ 恒定，而两者的摩尔分数连续变化。配制等摩尔系列溶液的方法很简单，将原始浓度相等的金属离子溶液与配体溶液各取不同体积混合，再用蒸馏水定容即可。

然后在特征波长（440nm）下测定上述等摩尔系列溶液的吸光度，并绘制吸光度-配合物组

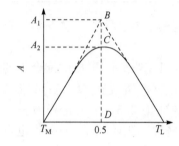

图 3-9　吸光度-配合物组成曲线

成曲线（图 3-9）。该图纵坐标为吸光度 $A$，横坐标左端为金属离子浓度最大值，$T_M$ 由左至右递减；横坐标右端为配体浓度最大值，$T_L$ 由右至左递减，但横坐标上任何一点 $T_M + T_L$ 的值相等。

图中曲线出现一个峰，在峰的两侧分别作两条切线与曲线相切，两切线交点为 $B$，过 $B$ 点向横轴作垂线，该垂线与曲线交点为 $C$，与横轴交点为 $D$。对于配位反应

$$M + nL \Longrightarrow ML_n$$

$B$、$C$、$D$ 三点分别具有以下性质：

（1）$B$ 点对应的纵坐标 $A_1$ 是假设该配合物完全不解离时溶液所具有的吸光度，称为吸光度理论值。

（2）$C$ 点对应的纵坐标 $A_2$ 是该配合物的实际吸光度，称为吸光度实验值（实验曲线的峰值）。显然，$A_2 < A_1$。因为配合物在溶液中不可能不发生解离，即溶液中配合物的实际浓度肯定比该配合物完全不发生解离时的浓度低，所以 $A_2 < A_1$。

（3）$D$ 点所在位置的横坐标对应的 $T_L/T_M$ 值即为配位数 $n$ 值。

例如，在系列混合溶液中，溶液吸光度最大处所对应的 $B$ 点，其横坐标为 $T_L = 0.5$，且 $T_M = 0.5$（图 3-9），则在此溶液中 L 和 M 的物质的量之比（$T_L$ 与 $T_M$ 之比）为 1:1，因而配合物的组成也就是 1:1，即形成 ML 配合物。从图 3-9 可以看出，在极大值 $C$ 左边的所有溶液中，对于形成 ML 配合物来说，M 是过量的，配合物的浓度由 L 决定。而这些溶液的 $T_L$ 都小于 0.5，所以形成的 ML 的浓度也都小于与极大值 $C$ 相对应的溶液中的 ML 浓度，因而其吸光度也都小于 $A_2$。在极大值 $C$ 右边的所有溶液中，L 是过量的，配合物的浓度由 M 决定。而这些溶液的 $T_M$ 也都小于 0.5，所以形成的 ML 的浓度也都小于与极大值 $C$ 相对应的溶液中的 ML 浓度。所以，在 $T_L = T_M = 0.5$ 的溶液中，也就是其组成（M:L）与配合物组成一致的溶液中，配合物浓度最大，因而吸光度也最大。

同理，若 $B$ 点的横坐标为 $T_L \approx 0.667$，而 $T_M \approx 0.333$，则此溶液中 L 和 M 的物质的量之比为 2:1，因而配合物组成为 2:1，即形成 $ML_2$ 配合物。

3）配合物稳定常数的测定方法

根据上述配位反应式，配合物第 $n$ 级累积稳定常数（稳定常数 $K_f^{\ominus}$）表达式为

$$K_f^\ominus = \beta_n = \frac{[ML_n]}{[M][L]^n} \tag{3-68}$$

若配合物的组成 $n$ 已确定,则只要求出各物种的平衡浓度$[ML_n]$、$[M]$和$[L]$,代入式(3-68),便可求 $\beta_n$,即 $K_f^\ominus$ 值。

(1) $[ML_n]$实验值——$[ML_n]_实$的确定。

如上所述,$[ML_n]_理$对应于 $A_1$(B 点),$[ML_n]_实$对应于 $A_2$($C$ 点),故有

$$\frac{A_2}{A_1} = \frac{\varepsilon [ML_n]_实 l}{\varepsilon [ML_n]_理 l} = \frac{[ML_n]_实}{[ML_n]_理} \tag{3-69}$$

其中$[ML_n]_理$就是 $D$ 点所对应的 $T_M$ 值,又已知 $D$ 点处,$T_L/T_M = n$,则 $T_M = T_L/n$,故有

$$\frac{A_2}{A_1} = \frac{[ML_n]_实}{T_M} = [ML_n]_实 \frac{n}{T_L} \tag{3-70}$$

所以

$$[ML_n]_实 = \frac{A_2 T_L}{A_1 n} \tag{3-71}$$

(2) $[M]$实验值——$[M]_实$的确定。

由于在实验条件下,只生成一种配合物,因此

$$[M]_实 = T_M - [ML_n]_实 = T_M - \frac{A_2 T_L}{A_1 n} \tag{3-72}$$

(3) $[L]$实验值——$[L]_实$的确定。

$$[L]_实 = T_L - n[ML_n]_实 = T_L - \frac{A_2 T_L}{A_1} \tag{3-73}$$

将式(3-71)~式(3-73)代入式(3-68),有

$$K_f^\ominus = \beta_n = \frac{[ML_n]}{[M][L]^n}$$
$$= \frac{A_2 T_L}{A_1 n} / \left[ \left( T_M - \frac{A_2 T_L}{A_1 n} \right) \times \left( T_L - \frac{A_2 T_L}{A_1} \right)^n \right] \tag{3-74}$$

根据式(3-74)即可求算配合物的累积稳定常数(稳定常数 $K_f^\ominus$)。

4) 讨论

该法的优点:可以确定配合物的组成(配位数 $n$)及其稳定常数 $K_f^\ominus$,方法直观简便。

该法的缺点:①要求在一定条件下,只有一种配合物存在,或其他配合物的浓度可以忽略不计;②要求被测的配合物稳定性不能太低,即要有足够高的稳定常数,否则吸光度-配合物组成曲线中的峰太平坦(因配合物稳定常数低,达到解离平衡时,$[ML_n]$太小,吸光度偏低),不易确定峰的位置(作切线易产生误差),但稳定性也不能太高,否则 $A_1 \approx A_2$,无法计算。

### 三、仪器和试剂

仪器:分光光度计(使用方法见 2.9.3),pH 计,容量瓶(50mL),烧杯(50mL),酸式滴定管(50mL),电磁搅拌器。

试剂:$Cu(NO_3)_2$($0.05mol \cdot L^{-1}$),磺基水杨酸($0.05mol \cdot L^{-1}$),$NaOH$($0.05mol \cdot L^{-1}$、$1mol \cdot L^{-1}$),$KNO_3$($0.1mol \cdot L^{-1}$),$HNO_3$($0.01mol \cdot L^{-1}$)。

## 四、实验内容

(1) 按等摩尔系列法,用 $0.05\text{mol} \cdot \text{L}^{-1}\text{Cu(NO}_3)_2$ 溶液和 $0.05\text{mol} \cdot \text{L}^{-1}$ 磺基水杨酸溶液,在 13 个 50mL 烧杯中(编号依次为 1~13)依表 3-6 所列体积比配制混合溶液(用滴定管量取溶液)。

(2) 依次对每份混合液用 pH 计测定 pH。在电磁搅拌器搅拌下,慢慢滴加 $1\text{mol} \cdot \text{L}^{-1}$ NaOH 溶液调节 pH 至 4 左右,然后改用 $0.05\text{mol} \cdot \text{L}^{-1}$ NaOH 溶液调节 pH 为 4.5(此时溶液颜色为黄绿色,不应有沉淀产生,若有沉淀产生,说明 pH 过高,$\text{Cu}^{2+}$ 已水解,可用 $0.01\text{mol} \cdot \text{L}^{-1}\text{HNO}_3$ 溶液回调),溶液的总体积不得超过 50mL。

将调节好 pH 的溶液分别转移到预先编有号码的、干净的 50mL 容量瓶中,用 pH 为 5 的 $0.1\text{mol} \cdot \text{L}^{-1}\text{KNO}_3$ 溶液稀释至标线,摇匀。

(3) 在波长 440nm 条件下,用分光光度计分别测定每个混合溶液的吸光度($A$)。

## 五、实验记录与结果

将实验数据填入表 3-6。

表 3-6　配合物的组成和稳定常数测定数据　　　　　　　室温_____℃

| 溶液编号 | 1 | 2 | 3 | 4 | 5 | 6 | 7 | 8 | 9 | 10 | 11 | 12 | 13 |
|---|---|---|---|---|---|---|---|---|---|---|---|---|---|
| 磺基水杨酸溶液体积 $V_\text{L}$/mL | 0 | 2 | 4 | 6 | 8 | 10 | 12 | 14 | 16 | 18 | 20 | 22 | 24 |
| 硝酸铜溶液体积 $V_\text{M}$/mL | 24 | 22 | 20 | 18 | 16 | 14 | 12 | 10 | 8 | 6 | 4 | 2 | 0 |
| $T_\text{L} = 0.05\left(\dfrac{V_\text{L}}{50}\right)$/(mol·L$^{-1}$) | | | | | | | | | | | | | |
| $T_\text{M} = 0.05\left(\dfrac{V_\text{M}}{50}\right)$/(mol·L$^{-1}$) | | | | | | | | | | | | | |
| 溶液吸光度 $A$ | | | | | | | | | | | | | |

以吸光度 $A$ 为纵坐标、配体总浓度 $T_\text{L}$ 为横坐标作图,求 $\text{CuL}_n$ 的配位数 $n$ 和配合物的稳定常数 $K_\text{f}^{\ominus}$。查阅文献中 $\text{Cu}^{2+}$ 与磺基水杨酸形成的配合物的组成和稳定常数,评估本实验结果的准确度。

## 六、注意事项

使用分光光度计应注意以下事项:
(1) 空白样的选择应合理。
(2) 同一次实验应使用同一套比色皿。
(3) 比色皿中溶液的量约为比色皿总体积的 2/3。
(4) 手避免拿比色皿的透光面。
(5) 每个溶液读取两次吸光度数值。
(6) 读取吸光度数值时,比色皿应对准入射光源。
(7) 不测量时,应将试样室的盖打开,以保护光电管。
(8) 分光光度计应保持干燥。

## 七、思考题

(1) 如果溶液中同时有几种不同组成的有色配合物存在,能否用本实验方法测定它们的组成和稳定常数?

(2) 如果被测配合物的稳定性太低或太高,对测定结果是否有影响?

(中南大学 刘绍乾)

## 实验 19 银氨配离子配位数的测定

### 一、实验目的

(1) 应用配位平衡和多相离子平衡原理,测定 $[Ag(NH_3)_n]^+$ 的配位数 $n$。

(2) 练习滴定操作。

### 二、实验原理

将过量的氨水加入硝酸银溶液中,生成银氨配离子 $[Ag(NH_3)_n]^+$。在此溶液中加入溴化钾溶液,直到刚出现的溴化银不消失(浑浊)为止。这时,在混合溶液中同时存在以下两种平衡,即配位平衡:

$$Ag^+ + nNH_3 \rightleftharpoons [Ag(NH_3)_n]^+$$

$$\frac{[Ag(NH_3)_n^+]}{[Ag^+][NH_3]^n} = K_f^\ominus \tag{3-75}$$

和沉淀-溶解平衡:

$$AgBr(s) \rightleftharpoons Ag^+ + Br^-$$

$$[Ag^+][Br^-] = K_{sp}^\ominus \tag{3-76}$$

两反应式求和得

$$AgBr(s) + nNH_3 \rightleftharpoons [Ag(NH_3)_n]^+ + Br^-$$

该反应的平衡常数

$$K^\ominus = \frac{[Ag(NH_3)_n^+][Br^-]}{[NH_3]^n} = K_f^\ominus \cdot K_{sp}^\ominus \tag{3-77}$$

整理得

$$[Br^-] = \frac{K[NH_3]^n}{[Ag(NH_3)_n^+]} \tag{3-78}$$

式(3-78)中的 $[Br^-]$、$[NH_3]$ 及 $[Ag(NH_3)_n^+]$ 均为平衡时的浓度,它们可以近似计算如下:

设每份混合溶液最初取用的 $AgNO_3$ 溶液的体积为 $V_{Ag^+}$,(每份相同),其浓度为 $[Ag^+]_0$。每份加入的氨水(大量过量)和溴化钾溶液的体积分别为 $V_{NH_3}$ 和 $V_{Br^-}$,它们的浓度分别为 $[NH_3]_0$ 和 $[Br^-]_0$;混合溶液的总体积为 $V_总$,则混合后达到平衡时 $[Br^-]$、$[NH_3]$ 和 $[Ag(NH_3)_n^+]$ 可根据公式 $M_1V_1 = M_2V_2$ 计算:

$$[Br^-] = [Br^-]_0 \frac{V_{Br^-}}{V_总} \tag{3-79}$$

由于 $[NH_3] \gg [Ag^+]$,所以 $V_{Ag^+}$ 中的 $Ag^+$ 可以认为全部被 $NH_3$ 配合为 $[Ag(NH_3)_n]^+$,则

$$[Ag(NH_3)_n^+] = [Ag^+]_0 \frac{V_{Ag^+}}{V_总} \tag{3-80}$$

$$[\mathrm{NH_3}]=[\mathrm{NH_3}]_0\frac{V_{\mathrm{NH_3}}}{V_{总}} \tag{3-81}$$

将式(3-79)～式(3-81)代入式(3-78)并整理得

$$V_{\mathrm{Br^-}}=\frac{V_{\mathrm{NH_3}}^n K\left(\dfrac{[\mathrm{NH_3}]_0}{V_{总}}\right)^n}{\dfrac{[\mathrm{Br^-}]_0}{V_{总}}\dfrac{[\mathrm{Ag^+}]_0 V_{\mathrm{Ag^+}}}{V_{总}}} \tag{3-82}$$

式(3-82)等号右边除 $V_{\mathrm{NH_3}}^n$ 外,其他均为常数,故式(3-82)可写为

$$V_{\mathrm{Br^-}}=V_{\mathrm{NH_3}}^n K' \tag{3-83}$$

将式(3-83)两边取对数,得直线方程:

$$\lg(V_{\mathrm{Br^-}}/\mathrm{mL})=n\lg(V_{\mathrm{NH_3}}/\mathrm{mL})+\lg K' \tag{3-84}$$

以 $\lg(V_{\mathrm{Br^-}}/\mathrm{mL})$ 为纵坐标、$\lg(V_{\mathrm{NH_3}}/\mathrm{mL})$ 为横坐标作图,求出直线的斜率 $n$,即为 $[\mathrm{Ag(NH_3)}_n]^+$ 的配位数。

### 三、仪器和试剂

仪器:酸式滴定管(50mL),碱式滴定管(50mL),锥形瓶(250mL),移液管(20mL),量筒(50mL),洗耳球,直角坐标纸(自备)。

试剂:氨水(2.0mol·L$^{-1}$),KBr(0.010mol·L$^{-1}$),AgNO$_3$(0.010mol·L$^{-1}$)。

### 四、实验内容

用移液管量取 20.00mL 0.010mol·L$^{-1}$ AgNO$_3$ 溶液,放入 250mL 锥形瓶中。用碱式滴定管加入 30.00mL 2.0mol·L$^{-1}$氨水,用量筒量取 50.0mL 蒸馏水放入该锥形瓶中,然后在不断摇动下,从酸式滴定管逐滴加入 0.010mol·L$^{-1}$ KBr 溶液,直至开始产生 AgBr 沉淀,使整个溶液呈现很浅乳浊色不再消失为止。记下加入的 KBr 溶液的体积($V_{\mathrm{Br^-}}$)和溶液的总体积($V_{总}$)。再分别加入 25.00mL、20.00mL、15.00mL、10.00mL 2.0mol·L$^{-1}$氨水,重复上述操作。在重复操作中,当接近终点时应补加适量蒸馏水(补加水体积等于第一次消耗的 KBr 溶液的体积减去这次接近终点所消耗的 KBr 溶液的体积),使溶液的总体积($V_{总}$)与第一个滴定的 $V_{总}$ 相同。记录滴定终点时用去的 KBr 溶液的体积($V_{\mathrm{Br^-}}$)及补加的蒸馏水的体积。

以 $\lg(V_{\mathrm{Br^-}}/\mathrm{mL})$ 为纵坐标、$\lg(V_{\mathrm{NH_3}}/\mathrm{mL})$ 为横坐标作图,求出直线的斜率 $n$,从而求出 $[\mathrm{Ag(NH_3)}_n]^+$ 的配位数(取最接近的整数)。

根据直线在纵坐标上的截距 $\lg K'$ 求算 $K'$,并利用已求出的配位数 $n$ 和式(3-82)计算 $K$ 值。然后利用式(3-77),求出银氨配离子的稳定常数 $K_{\mathrm{f}}^{\ominus}$ 值。

### 五、实验记录与结果

| 编号 | $V_{\mathrm{Ag^+}}/\mathrm{mL}$ | $V_{\mathrm{NH_3}}/\mathrm{mL}$ | $V_{\mathrm{H_2O}}/\mathrm{mL}$ | $V_{\mathrm{Br^-}}/\mathrm{mL}$ | $V_{总}/\mathrm{mL}$ | $\lg(V_{\mathrm{NH_3}}/\mathrm{mL})$ | $\lg(V_{\mathrm{Br^-}}/\mathrm{mL})$ |
|---|---|---|---|---|---|---|---|
| 1 | 20.00 | 30.00 | 50.00 | | | | |
| 2 | 20.00 | 25.00 | 55.00 | | | | |
| 3 | 20.00 | 20.00 | 60.00 | | | | |
| 4 | 20.00 | 15.00 | 65.00 | | | | |
| 5 | 20.00 | 10.00 | 70.00 | | | | |

**六、思考题**

(1) 在计算平衡浓度 $[Br^-]$、$[Ag(NH_3)_n^+]$ 及 $[NH_3]$ 时，为什么不考虑进入 AgBr 沉淀中的 $Br^-$、进入 AgBr 及配离子解离出来的 $Ag^+$，以及生成配离子时消耗的 $NH_3$ 等浓度？

(2) 在重复滴定操作过程中，为什么要补加一定量的蒸馏水使溶液的总体积($V_总$)与第一个滴定的 $V_总$ 相同？

(3) 测定的银氨配离子的稳定常数 $K_f^{\ominus}$ 值与硝酸银和氨水的浓度以及温度各有怎样的关系？

（中南大学　张寿春）

## 实验 20　无机化合物模型作业

**一、实验目的**

(1) 进一步了解采用价层电子对互斥理论确定 $AB_n$ 型共价分子稳定结构的方法。
(2) 熟悉配合物的空间构型及立体异构现象。

**二、实验原理**

**1. 无机化合物的杂化类型及空间构型**

无机化合物的杂化类型及空间构型见表 3-7。

**表 3-7　无机化合物的杂化类型及空间构型**

| 杂化类型 | sp | $sp^2$ | $sp^3$ | $dsp^2$ | $sp^3d$ | $sp^3d^2$ |
|---|---|---|---|---|---|---|
| 杂化轨道数目 | 2 | 3 | 4 | 4 | 5 | 6 |
| 杂化轨道间夹角 | 180° | 120° | 109°28′ | 90°,180° | 120°,90°,180° | 90°,180° |
| 空间构型 | 直线形 | 平面三角形 | 四面体 | 正方形 | 三角双锥 | 八面体 |
| 实例 | $BeCl_2$,$HgCl_2$ | $BF_3$,$NO_3^-$ | $CH_4$,$ClO_4^-$ | $PtCl_4$ | $PCl_5$ | $SF_6$,$SiF_6^{2-}$ |

**2. 配合物的空间构型**

配合物的空间构型不仅与配位数有关，还与中心原子的杂化方式有关，配合物常见的空间构型如图 3-10 所示。

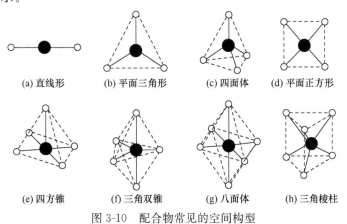

(a) 直线形　　(b) 平面三角形　　(c) 四面体　　(d) 平面正方形

(e) 四方锥　　(f) 三角双锥　　(g) 八面体　　(h) 三角棱柱

图 3-10　配合物常见的空间构型

### 3. AB$_n$型无机共价分子稳定结构的判断

根据价层电子对互斥理论,在 AB$_n$型分子(或离子)中,中心原子 A 的周围配置的原子或原子团(配位原子)的空间构型主要取决于中心原子 A 的价层电子对数及这些电子对之间的相互排斥作用。价层电子对包括形成 σ 键的电子对和孤电子对。该理论主要预测由主族元素之间形成的 AB$_n$型共价分子(或离子)的空间构型。其步骤是:先确定中心原子价层电子对数,再判断分子的空间构型。

影响价层电子对互斥作用的因素有:①夹角越小,斥力越大;②孤电子对-孤电子对>孤电子对-成键电子对>成键电子对-成键电子对;③叁键>双键>单键。

AB$_n$型共价分子(或离子)的稳定结构(空间构型)的判断主要取决于结构中孤电子对-孤电子对夹角最小的(通常为 90°)个数,个数越少,结构越稳定;如果结构中不存在孤电子对-孤电子对夹角最小的(通常为 90°)的情况,则看孤电子对-成键电子对夹角最小的(通常为 90°)个数,个数越少,结构越稳定。

中心原子 A 价层电子对的主要排列方式与分子空间构型见表 3-8。

**表 3-8  中心原子 A 价层电子对的主要排列方式与分子空间构型**

| 价层电子对数 | 中心原子杂化类型 | 电子对理想空间构型 | 成键电子对数 | 孤电子对数 | 电子对排列方式 | 分子空间构型 | 实例 |
|---|---|---|---|---|---|---|---|
| 2 | sp | 直线 | 2 | 0 | | 直线形 | $BeCl_2$ $CO_2$ |
| 3 | sp$^2$ | 平面三角形 | 3 | 0 | | 平面三角形 | $BF_3$ $SO_3$ |
| | | | 2 | 1 | | V 形 | $SnBr_2$ $O_3$ |
| 4 | sp$^3$ | 四面体 | 4 | 0 | | 四面体 | $CH_4$ $CCl_4$ |
| | | | 3 | 1 | | 三角锥 | $NH_3$ $PCl_3$ |
| | | | 2 | 2 | | V 形 | $H_2O$ |
| 5 | sp$^3$d | 三角双锥 | 5 | 0 | | 三角双锥 | $PCl_5$ |
| | | | 4 | 1 | | | $SF_4$ |

续表

| 价层电子对数 | 中心原子杂化类型 | 电子对理想空间构型 | 成键电子对数 | 孤电子对数 | 电子对排列方式 | 分子空间构型 | 实例 |
|---|---|---|---|---|---|---|---|
| 5 | $sp^3d$ | 三角双锥 | 3 | 2 | | | $ClF_3$ |
| | | | 2 | 2 | | | $I_3^-$ |
| 6 | $sp^3d^2$ 或 $d^2sp^3$ | 八面体 | 6 | 0 | | 八面体 | $SF_6$ |
| | | | 5 | 1 | | | $IF_5$ |
| | | | 4 | 2 | | | $ICl_4^-$ |

**4. 配合物的立体异构现象**

**1) 配合物的立体异构类别**

立体异构现象在配合物中普遍存在,可分为以下两大类:

$$
立体异构\begin{cases}几何异构\begin{cases}顺反异构\\面式、经式异构\end{cases}\\对映异构\end{cases}
$$

**2) 配合物的立体异构**

立体异构体具有相同的组成及构造,但彼此之间的原子或原子团在空间的方位不同。

(1) 几何异构。几何异构体包括顺反异构体和面式、经式异构体两类。

a. 顺反异构体:通式为 $MA_2B_2$ 的平面正方形的配合物有顺式和反式异构体,可以通过两个相同配体的配位原子的关系进行判断,如[$PtCl_2(NH_3)_2$]平面正方形(图 3-11)。

通式为 $MA_2B_4$ 的正八面体配合物也有顺式和反式两种异构体,可以通过两个相同配体的配位原子的关系进行判断,如[$CrCl_2(NH_3)_4$]$^+$八面体(图 3-12)。

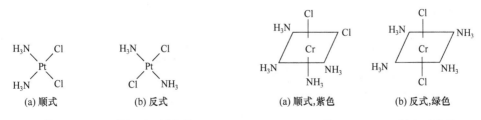

图 3-11　[$PtCl_2(NH_3)_2$]的顺反异构体　　　　图 3-12　[$CrCl_2(NH_3)_4$]$^+$的异构体

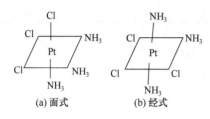

图 3-13　$[PtCl_3(NH_3)_3]^+$ 的异构体

b. 面式、经式异构体:通式为 $MA_3B_3$ 的正八面体存在面式和经式两种异构体,在面式异构体中,相同的 3 个配体位于同一个三角形平面上;在经式异构体中,相同的 2 个配体位于经过中心离子的直线两端,如 $[PtCl_3(NH_3)_3]^+$ 八面体(图 3-13)。

(2) 对映异构。对映异构又称旋光异构,其产生的条件是分子的手性。手性分子的两个配位个体的实物之间不能重叠,其中一个实物在镜子前面所产生的镜像与另一个实物才能互相重叠,即两者正如人的左右手一样,不能重叠而彼此对映,因而称为对映异构体。对映异构体能使平面偏振光发生偏转,但偏转方向相反。

例如,具有顺反几何异构的八面体配离子 $[Co(en)_2(NO_2)_2]^+$,其中仅顺式具有旋光异构体(图 3-14),而反式不可能有旋光异构体。符号(+)或 D 表示右旋;符号(-)或 L 表示左旋。

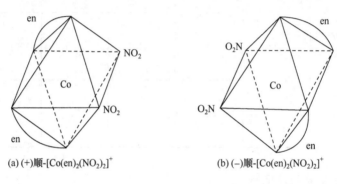

(a) (+)顺-$[Co(en)_2(NO_2)_2]^+$　　　　　(b) (-)顺-$[Co(en)_2(NO_2)_2]^+$

图 3-14　$[Co(en)_2(NO_2)_2]^+$ 的异构体

### 三、材料和操作方法

材料:球棍模型一套,红、黄、蓝、绿、黑五种不同颜色的小球,分别为 2、8、8、6、12 个,金属棒 20 根。

操作方法:以不同颜色的小球代表不同的原子或原子团,如以红球代表中心原子 A、黑球一般代表 A 周围配置的原子或原子团(配体)、黄球和绿球代表 $NH_3$、$NO_2$ 或 Cl 原子等特殊的原子或原子团(配体);以裸露的金属棒代表孤电子对;一根稍弯曲的金属棒两端连接两个蓝球代表双齿配体,如乙二胺(en)等。

参照表 3-8,组成 $BF_3$ 平面三角形分子模型,其模型照片如图 3-15(a)所示。

参照表 3-8,组成 $NH_3$ 三角锥形分子模型,其模型照片如图 3-15(b)所示。

对于通式为 $MA_2B_4$ 的八面体配合物,参照图 3-13,组成 $[CrCl_2(NH_3)_4]^+$ 的顺式和反式异构体模型,其模型照片如图 3-15(c)所示(左,顺式;右,反式)。

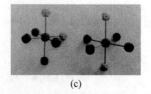

(a)　　　　　　　　(b)　　　　　　　　(c)

图 3-15　结构模型照片

**四、实验内容**

按下列要求分别组成分子模型并填表(参照图 3-10 和表 3-8)。

1. $AB_n$ 型无机共价分子和配合物的空间构型

(1) 组成 $BeCl_2$ 和 $[Ag(NH_3)_2]^+$ 模型,观察其直线形结构,键角应为 $180°$。
(2) 组成 $[Cu(CN)_3]^{2-}$ 模型,观察其平面三角形结构,键角应为 $120°$。
(3) 组成 $CH_4$ 和 $[Cu(NH_3)_4]^{2+}$ 模型,观察其正四面体结构,键角应为 $109°28'$。
(4) 组成 $PtCl_4$ 和 $[Ni(CN)_4]^{2-}$ 模型,观察其平面正方形结构,键角应为 $90°$ 和 $180°$。
(5) 组成 $PCl_5$ 和 $[Ni(CN)_5]^{3-}$ 模型,观察其三角双锥结构,键角应为 $120°$、$90°$ 和 $180°$。
(6) 组成 $SF_6$ 和 $[Fe(CN)_6]^{3-}$ 模型,观察其正八面体结构,键角应为 $90°$ 和 $180°$。

2. $AB_n$ 型共价分子稳定结构的判断

(1) 参照表 3-8,组成 $H_2O$ 分子模型,观察其 V 形结构,键角应约为 $104°48'$。
(2) 对于中心原子价层电子对数为 5、杂化类型为 $sp^3d$ 的 $SF_4$、$ClF_3$ 和 $I_3^-$ 共价型分子或离子,组成其分子或离子的稳定结构模型,在表 3-8 中画出相应的"电子对排列方式"图形,并将分子空间构型的对应名称填入表 3-8。
(3) 对于中心原子价层电子对数为 6、杂化类型为 $sp^3d^2$ 的 $IF_5$ 和 $ICl_4^-$ 共价型分子或离子,组成其分子或离子的稳定结构模型,在表 3-8 中画出相应的"电子对排列方式"图形,并将分子空间构型的对应名称填入表 3-8。

3. 配合物的立体异构体

1) 几何异构体
(1) 通式为 $MA_2B_2$ 的平面正方形配合物有顺式和反式异构体,参照图 3-11 组成 $[PtCl_2(NH_3)_2]$ 的顺反异构体模型。
(2) 通式为 $MA_3B_3$ 的正八面体存在面式和经式两种异构体,参照图 3-13 组成 $[PtCl_3(NH_3)_3]^+$ 的面式和经式异构体模型。

2) 对映异构体
(1) 组成八面体配离子 $[Co(en)_2(NO_2)_2]^+$ 的顺反异构体模型;参照图 3-14,对其中的顺式结构组成对映异构体模型;观察其中的反式结构能否组成对映异构体。
(2) 组成通式为 MABCD 的 4 个配体都不相同的四面体配合物的对映异构体模型。

**五、注意事项**

(1) 实验完毕后,使用的球、棍模型要清点好,摆放整齐。
(2) 实验过程中,一边进行模型操作,一边在记录卡上按实验要求画出图形。

**六、思考题**

(1) 四面体配合物能否组成几何异构体?

（2）平面正方形配合物能否组成对映异构体？

（3）画出含有孤电子对的 $AB_n$ 型共价分子稳定结构的关键是什么？

（中南大学　王一凡）

## 实验 21　气体密度法测定二氧化碳的相对分子质量

### 一、实验目的

（1）学习气体相对密度法测定相对分子质量的原理和方法。

（2）加深理解理想气体状态方程和阿伏伽德罗定律。

（3）学习使用启普气体发生器。

（4）熟悉洗涤、干燥气体的装置。

### 二、实验原理

根据阿伏伽德罗定律，在同温同压、同体积的任何气体含有相同数目的分子。对于 $p$、$V$、$T$ 相同的 A、B 两种气体，若以 $m_A$、$m_B$ 分别代表 A、B 两种气体的质量，$M_A$、$M_B$ 分别代表 A、B 两种气体的相对分子质量，其理想气体状态方程分别为

气体 A：
$$pV = \frac{m_A}{M_B}RT \tag{3-85}$$

气体 B：
$$pV = \frac{m_B}{M_B}RT \tag{3-86}$$

由式（3-85）和式（3-86）整理得

$$\frac{m_A}{m_B} = \frac{M_A}{M_B} \tag{3-87}$$

于是得出结论：在同温同压下，同体积的两种气体的质量之比等于其相对分子质量之比。

因此，应用上述结论，同温同压下，将同体积二氧化碳与空气比较。已知空气的平均相对分子质量为 29.0，只要测得二氧化碳与空气在相同条件下的质量，便可根据式（3-87）求出二氧化碳的相对分子质量，即

$$M_{CO_2} = \frac{m_{CO_2}}{m_{空气}} \times 29.0 \tag{3-88}$$

式中：29.0 为空气的平均相对分子质量；体积为 $V$ 的二氧化碳质量 $m_{CO_2}$ 可直接从分析天平上称出。同体积空气的质量可根据实验时测得的大气压（$p$）和温度（$T$），利用理想气体状态方程计算得到。

### 三、仪器和试剂

仪器：分析天平，启普气体发生器，台秤，洗气瓶，干燥管，磨口锥形瓶，玻璃棉，玻璃管，橡皮管。

试剂：石灰石，无水氯化钙，HCl（$6mol \cdot L^{-1}$），$NaHCO_3$（$1mol \cdot L^{-1}$），$CuSO_4$（$1mol \cdot L^{-1}$）。

## 四、实验内容

(1) 装配二氧化碳气体发生装置。按图 3-16 装配制取二氧化碳的实验装置。因为石灰石中含有硫,所以在气体发生过程中有硫化氢、酸雾、水汽产生。此时可通过硫酸铜溶液、碳酸氢钠溶液和无水氯化钙分别除去硫化氢、酸雾和水汽。

(2) 称量(空气+瓶+瓶塞)的质量。取一个洁净、干燥的锥形瓶,在分析天平上称量(空气+瓶+瓶塞)的质量。

(3) 称量(二氧化碳气体+瓶+瓶塞)的质量。在启普气体发生器中产生二氧化碳气体,经过净化、干燥后导入锥形瓶中。由于二氧化碳气体略重于空气,所以必须把导管插入瓶底,等 4~5min 后,轻轻取出导气管,用塞子塞住瓶口,在分析天平上称量(二氧化碳+瓶+瓶塞)的总质量。重复二氧化碳收集和称量的操作,直到前后两次称量的质量相符为止(两次质量可相差 1~2mg)。

(4) 称量(水+瓶+瓶塞)的质量。在瓶内装满水,塞好瓶塞,用洁净的吸水纸擦干瓶外壁的水,在台秤上称量。

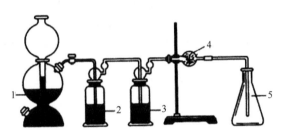

图 3-16  制取、净化和收集 $CO_2$ 装置
1. 石灰石+稀盐酸,2. $CuSO_4$ 溶液,3. $NaHCO_3$ 溶液,4. 无水氯化钙,5. 锥形瓶

## 五、实验记录与结果

| | |
|---|---|
| 室温 $t/℃$ | |
| 气压 $p/kPa$ | |
| (空气+瓶+瓶塞)的质量 $m_A/g$ | |
| 第一次(二氧化碳气体+瓶+瓶塞)的总质量/g | |
| 第二次(二氧化碳气体+瓶+瓶塞)的总质量/g | |
| 二氧化碳气体+瓶+瓶塞的总质量 $m_B/g$ | |
| 水+瓶+瓶塞的质量 $m_C/g$ | |
| 瓶的容积 $V=\dfrac{m_C-m_A}{1.00}/mL$ | |
| 瓶内空气的质量 $m_{空气}/g$ | |
| 瓶和瓶塞的质量 $m_D=m_A-m_{空气}/g$ | |
| 二氧化碳气体的质量 $m_{CO_2}=m_B-m_D/g$ | |
| 二氧化碳的相对分子质量 $M_{CO_2}=(m_{CO_2}/m_{空气})\times29.0$ | |
| 误差 | |

## 六、注意事项

（1）预习气体的收集、净化与干燥方法，预习启普发生器的结构与使用原理。

（2）预习称量至恒量的方法和原理，学习误差的基本概念。

（3）整体实验装置在同一平面上，美观大方实用，添加洗气溶液适量，太多时液压大，气体不易出来。

（4）锥形瓶应洁净、干燥，测容积时外壁也不应带水。

## 七、思考题

（1）为什么（二氧化碳气体＋瓶＋瓶塞）的总质量要在分析天平上称量，而（水＋瓶＋瓶塞）的质量可以在台秤上称量？两者的要求有何不同？

（2）哪些物质可用此法测定相对分子质量？哪些不可以？为什么？

（3）完成数据记录和结果处理，并分析误差产生的原因。

（4）指出实验装置图中各部分的作用，并写出有关反应方程式。

（5）为什么凡是涉及锥形瓶的称量都以塞上瓶塞为宜？

（6）为什么计算瓶子的容积时可以忽略空气的质量，而计算二氧化碳气体的质量时却不能忽略？

（湖南工业大学　王湘英）

## 实验 22　摩尔气体常量的测定

## 一、实验目的

（1）了解测量摩尔气体常量 $R$ 的实验原理。

（2）掌握理想气体状态方程和气体分压定律的有关计算。

（3）巩固使用分析天平称量的技能，练习使用量所管和气压计。

## 二、实验原理

由理想气体状态方程

$$pV = nRT \tag{3-89}$$

可得

$$R = \frac{pV}{nT} \tag{3-90}$$

本实验通过金属镁与稀硫酸反应置换出氢的体积测定摩尔气体常量 $R$ 的数值。反应为

$$Mg + H_2SO_4 \Longrightarrow MgSO_4 + H_2 \uparrow$$

准确称取一定质量 $m_{Mg}$ 的镁条，使其与过量的稀硫酸作用，在一定温度和压力下测出氢气的体积 $V_{H_2}$；氢气的分压为实验时大气压减去该温度下水的饱和蒸气压，即

$$p_{H_2} = p - p_{H_2O} \tag{3-91}$$

由反应式可知氢气的物质的量 $n_{H_2}$ 可由镁条质量 $m_{Mg}$ 求得。将以上各项数据代入式（3-90）中，

可求得摩尔气体常量 $R$ 的数值,即

$$R = \frac{p_{H_2} V_{H_2}}{n_{H_2} T} = \frac{M_{Mg} p_{H_2} V_{H_2}}{m_{Mg} T} \tag{3-92}$$

式中:$M_{Mg}$ 为镁的摩尔质量。

## 三、仪器和试剂

仪器:电子天平,量气管(或 50mL 碱式滴定管),玻璃漏斗,铁架台,砂纸量筒,试管。

试剂:镁条,$H_2SO_4$($2mol \cdot L^{-1}$),乙醇。

## 四、实验内容

### 1. 处理镁条

取两条质量为 0.03~0.04g 的镁条,用砂纸擦掉表面氧化膜,用水漂洗干净,再用乙醇漂洗,晾干。

### 2. 称量镁条

用分析天平或电子天平准确称出两份已经擦掉表面氧化膜的镁条,每份质量为 0.03g 左右为宜。

### 3. 检查系统气密性

按图 3-17 连接反应装置,先不接反应管,从漏斗加水,使量气管、胶管充满水,量气管水位略低于"0"刻度。上下移动漏斗,以赶尽附在量气管和胶管内壁的气泡。然后接上反应管,检查系统的气密性。将漏斗向上或向下移动一段距离后停下,若开始时漏斗水面有变化而后维持不变,说明系统不漏气。如果漏斗内的水面一直在变化,说明与外界相通,系统漏气,应检查接口是否严密,直至不漏气为止。

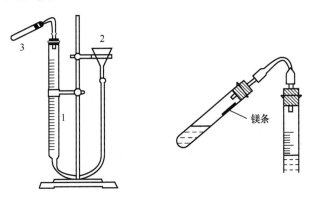

图 3-17　摩尔气体常量测定装置

1. 量气管;2. 漏斗;3. 试管

### 4. 测量氢气体积

从装置取下试管,调整漏斗的高度,使量气管中水面略低于"0"刻度。用量筒取约 3mL

$2mol \cdot L^{-1} H_2SO_4$ 溶液,倒入试管中(切勿使酸碰到试管壁!)。将镁条沾少量水后贴在没沾酸的试管内壁的上部,将试管安装好。塞紧塞子后再检查一次系统,确保不漏气。移动漏斗使漏斗中液面和量气管液面在同一水平面位置,记录液面位置。左手将试管底部略微抬高,使镁条进入酸中。右手拿着漏斗随同量气管水面下降,保持量气管中水面与漏斗中水面在同一水平面位置,量气管内气体的压力和外界大气压相同。

反应结束后,待试管冷却到室温(约 10min),然后移动漏斗保持漏斗液面和量气管液面处在同一水平面上,记下量气管液面高度;过一段时间再读一次。如果两次读数相同,表明管内温度与室温相同。记下室温和大气压数据。

取下反应管,换另一片镁条重复实验一次。若实验结果误差较大,经指导教师同意可再重复实验一次。

## 五、实验记录与结果

| 实验编号 | Ⅰ | Ⅱ | Ⅲ |
|---|---|---|---|
| 镁条的质量/g | | | |
| 反应前量气管中水面读数/mL | | | |
| 反应后量气管中水面读数/mL | | | |
| 室温/℃ | | | |
| 大气压/Pa | | | |
| 氢气体积/L | | | |
| 室温时水的饱和蒸气压/Pa | | | |
| 氢气分压/Pa | | | |
| 氢气的物质的量/mol | | | |
| 摩尔气体常量 $R/(kPa \cdot L \cdot K^{-1} \cdot mol^{-1})$ | | | |
| 相对误差 | | | |

注:量气管读数精确至 0.01mL

## 六、注意事项

(1)预习理想气体状态方程。

(2)预习量气管、天平的使用和气压计知识。

(3)将酸倒入试管时,切勿使酸碰到试管壁。

## 七、思考题

(1)反应过程中,若由量气管压入漏斗的水过多而溢出,对实验结果有无影响?

(2)如果没有擦净镁条的氧化膜,对实验结果有什么影响?

(3)如果没有赶尽量气管中的气泡,对实验结果有什么影响?

(湖南工业大学 王湘英)

## 实验 23 氯化铵生成热的测定

### 一、实验目的

（1）学习用量热计测定物质生成热的简单方法。

（2）加深对热化学知识的理解。

（3）掌握应用外推法校正 $\Delta T$。

### 二、实验原理

恒温恒压下，由指定的稳定单质生成 1mol 某物质 B 的生成反应的热效应称为该物质的摩尔生成热（又称摩尔生成焓）。通常将在 100kPa 的标准压力和温度为 $T(K)$ 的反应热称为标准摩尔生成热，记为 $\Delta_f H_m^{\ominus}(B,T)$，文献中通常给出的是 298.15K 时的标准摩尔生成热 $\Delta_f H_m^{\ominus}(B,298.15K)$。但有些物质往往不能由单质直接生成，其生成焓无法直接测定，只能借助赫斯定律以间接的方法求得。例如，$NH_4Cl(s)$ 的生成可以设想通过下列不同途径实现：

$$\frac{1}{2}N_2(g)+\frac{3}{2}H_2(g)+\frac{1}{2}H_2(g)+\frac{1}{2}Cl_2(g)\xrightarrow{\Delta_f H_m^{\ominus}} NH_4Cl(s)$$

$$\Delta H_1^{\ominus}\Big\downarrow H_2O(l) \qquad \Delta H_2^{\ominus}\Big\downarrow H_2O(l) \qquad \Delta H_4^{\ominus}\Big\downarrow H_2O(l)$$

$$NH_3(aq) \quad + \quad HCl(aq) \xrightarrow{\Delta H_3^{\ominus}} NH_4Cl(aq)$$

根据赫斯定律，氯化铵的生成热

$$\Delta_f H_m^{\ominus}=\Delta H_1^{\ominus}+\Delta H_2^{\ominus}+\Delta H_3^{\ominus}-\Delta H_4^{\ominus} \tag{3-93}$$

因此，若已知 $\Delta H_1^{\ominus}$、$\Delta H_2^{\ominus}$，并通过实验测出 $NH_3 \cdot H_2O(aq)$ 和 $HCl(aq)$ 的中和热 $\Delta H_3^{\ominus}$ 和 $NH_4Cl(s)$ 的溶解热 $\Delta H_4^{\ominus}$，即可确定 $NH_4Cl(s)$ 的标准摩尔生成热 $\Delta_f H_m^{\ominus}$。

反应热可用量热计进行测量，本实验中采用的是保温杯式简易量热计（图 3-18）。反应在量热计中进行时，放出（或吸收）的热会引起量热计和反应混合物质的温度升高（或降低）。由热平衡原理有

$$\Delta H_i^{\ominus}=-(cm\Delta T+C_p\Delta T) \tag{3-94}$$

式中：$\Delta H_i^{\ominus}$ 为标准中和热或溶解热，$J \cdot mol^{-1}$；$m$ 为物质的质量，g；$c$ 为物质的比热容，$J \cdot g^{-1} \cdot K^{-1}$；$\Delta T$ 为反应终了温度与起始温度之差，K；$C_p$ 为量热计的热容，$J \cdot K^{-1}$。

量热计的热容 $C_p$ 是使量热计温度升高 1K 所需要的热。本实验确定量热计热容的方法是：在量热计中加入一定质量 $m$（如 50g）、温度为 $T_1$ 的冷水，再加入相同质量、温度为 $T_2$ 的热水，测定混合后水的最高温度 $T_3$。已知水的比热容为 $c_{水}$，设量热计的热容为 $C_p$，则

$$热水失热 = c_{水} m(T_2-T_3)$$
$$冷水得热 = c_{水} m(T_3-T_1)$$
$$量热计得热 = C_p(T_3-T_1)$$

所以量热计的热容 $C_p$ 为

$$C_p=\frac{c_{水} m(T_2-T_3)-c_{水} m(T_3-T_2)}{T_3-T_1} \tag{3-95}$$

本实验中，能否准确测得温度值是实验成败的关键。为了获得较准确的温度变化 $\Delta T$，除

精确观察反应始、末态的温度外,还要对影响始、末态的因素进行校正。其方法原理如图 3-19 所示,以测得的温度为纵坐标、时间为横坐标作图,按虚线外推到开始混合的时间($t=0$),求出温度变化最大值($\Delta T$),这个外推的 $\Delta T$ 值能较客观地反映由反应热引起的真实温度变化。

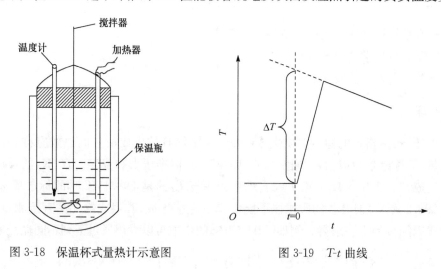

图 3-18　保温杯式量热计示意图　　　　图 3-19　$T\text{-}t$ 曲线

## 三、仪器和试剂

仪器:保温杯,1/10℃温度计,台秤,秒表,烧杯(100mL),量筒(100mL)。

试剂:HCl($1.5\mathrm{mol\cdot L^{-1}}$),$NH_3\cdot H_2O$($1.5\mathrm{mol\cdot L^{-1}}$),$NH_4Cl$(s)。

## 四、实验内容

1. 量热计热容的测定

(1)用量筒量取 50.0mL 蒸馏水,倒入量热计中,盖好后适当摇动,待系统达到热平衡后(5～10min),记录温度 $T_1$(精确到 0.1℃)。

(2)在 100mL 烧杯中加入 50.0mL 蒸馏水,加热到比 $T_1$ 高 30℃左右,静置 1～2min,待热水系统温度均匀时,迅速测量温度 $T_2$(精确到 0.1℃),尽快将热水倒入量热计中,盖好后不断摇荡保温杯,并立即计时和记录水温。每隔 30s 记录一次温度,直至温度上升到最高点,再继续测 3min。

重复上述实验一次。取两次实验所得结果作 $T\text{-}t$ 图,用外推法求最高温度 $T_3$,并计算量热计热容 $C_p$ 的平均值。

2. 盐酸与氨水中和热的测定

用量筒量取 50.0mL 1.5mol·$L^{-1}$ HCl 溶液,倒入烧杯中备用。洗净量筒,再量取 50.0mL 1.5mol·$L^{-1}$ $NH_3\cdot H_2O$,倒入量热计中。在酸碱混合前,先测量并记录氨水的温度(间隔 30s,共 5min;温度精确到 0.1℃,以下相同)。将烧杯中的盐酸加入量热计,立即盖上保温杯顶盖,测量并记录 $T\text{-}t$ 数据,并不断摇荡保温杯,直至温度上升到最高点,再继续测量 3min。作 $T\text{-}t$ 图,用外推法求 $\Delta T$。

　　3. 氯化铵溶解热的测定

　　称取 4.0g $NH_4Cl(s)$ 备用。量取 100mL 蒸馏水，倒入量热计中，测量并记录水温 5min。然后加入 $NH_4Cl(s)$ 并立即盖上保温杯顶盖，测量 $T$-$t$ 数据，不断摇荡保温杯，促使固体溶解，直至温度下降到最低点，再继续测量 3min。作 $T$-$t$ 图，并用外推法求 $\Delta T$。

## 五、实验记录与结果

　　(1) 分别列表记录有关实验的 $T$-$t$ 数据。

　　(2) 作 $T$-$t$ 图，外推法求 $\Delta T$。

　　(3) 计算量热计热容、中和热、溶解热和 $NH_4Cl(s)$ 生成热，并对比文献中 $NH_4Cl(s)$ 生成热数据，计算实验误差(若操作与计算正确，所得结果的误差可小于 3%)。已知：水的比热容为 $c_{水}=4.184J \cdot g^{-1} \cdot K^{-1}$；$NH_3(aq)$ 和 $HCl(aq)$ 的标准摩尔生成热分别为 $\Delta H_1^{\ominus}=-81.2kJ \cdot mol^{-1}$，$\Delta H_2^{\ominus}=-165.1kJ \cdot mol^{-1}$。

## 六、注意事项

　　(1) 预习理论教材中有关热化学的基本知识。

　　(2) 量热计用完后要清洗干净才能继续下一个实验，否则会影响实验结果。

　　(3) 当加入 $NH_4Cl$ 固体并盖好杯盖时，可适当摇荡量热计以加快 $NH_4Cl$ 溶解。

　　(4) 实验中的 $NH_4Cl$ 溶液浓度很小，作为近似处理可以假定：①溶液的体积为 100mL；②中和反应和溶解所得溶液的密度和比热容可近似用水的相应值代替；③中和反应热只能使水和量热计的温度升高；④$NH_4Cl(s)$ 溶解时吸热，只能使水和量热计的温度下降。

## 七、思考题

　　(1) 结合实验理解下列概念：体系、环境、比热容、热容、反应热、生成热、中和热。

　　(2) 为什么放热反应的 $T$-$t$ 曲线的后半段逐渐下降，而吸热反应则相反？

　　(3) 如何利用赫斯定律计算 $NH_3(aq)$ 和 $HCl(aq)$ 的生成热？

　　(4) 如果实验中有少量 $HCl$ 溶液或 $NH_4Cl$ 固体黏附在量热计器壁上，对实验结果有什么影响？实验产生误差的可能原因主要有哪些？

(湖南工业大学　刘志国)

### 实验 24　化学反应速率和化学平衡

## 一、实验目的

　　(1) 考察浓度、温度、催化剂对反应速率的影响。

　　(2) 测定过二硫酸铵与 KI 反应的平均速率，并计算不同温度下的速率常数。

　　(3) 了解浓度、温度对化学平衡移动的影响，并计算反应级数、反应速率和反应的活化能。

## 二、实验原理

　　在水溶液中，过二硫酸铵与 KI 发生以下反应：

$$(NH_4)_2S_2O_8+3KI \rule[0.5ex]{2em}{0.4pt} (NH_4)_2SO_4+K_2SO_4+KI_3$$

或写成离子方程式

$$S_2O_8^{2-} + 3I^- =\!=\!= 2SO_4^{2-} + I_3^-$$

其反应的微分速率方程可表示为

$$v = kc_{S_2O_8^{2-}}^m c_{I^-}^n \tag{3-96}$$

式中:$v$ 为在此条件下反应的瞬时速率,若 $c_{S_2O_8^{2-}}$、$c_{I^-}$ 为起始浓度,则 $v$ 表示初速率($v_0$);$k$ 为反应速率常数;$m$ 与 $n$ 之和为反应级数。

实验能测定的速率是在一段时间间隔($\Delta t$)内反应的平均速率 $\bar{v}$。如果在 $\Delta t$ 内,$S_2O_8^{2-}$ 浓度的改变为 $\Delta c_{S_2O_8^{2-}}$,则平均速率

$$\bar{v} = \frac{-\Delta c_{S_2O_8^{2-}}}{\Delta t} \tag{3-97}$$

近似地用平均速率代替初速率:

$$v_0 = kc_{S_2O_8^{2-}}^m c_{I^-}^n = \frac{-\Delta c_{S_2O_8^{2-}}}{\Delta t} \tag{3-98}$$

为了能够测出反应在 $\Delta t$ 时间内 $S_2O_8^{2-}$ 浓度的改变值,需要在混合 $(NH_4)_2S_2O_8$ 和 KI 溶液的同时加入一定体积已知浓度的 $Na_2S_2O_3$ 溶液和淀粉溶液,这样在 $S_2O_8^{2-} + 3I^- =\!=\!= 2SO_4^{2-} + I_3^-$ 反应进行的同时,还在进行下列反应:

$$2S_2O_3^{2-} + I_3^- =\!=\!= S_4O_6^{2-} + 3I^-$$

上述反应进行得非常快,几乎瞬间完成,而反应 $S_2O_8^{2-} + 3I^- =\!=\!= 2SO_4^{2-} + I_3^-$ 则慢得多,其生成的 $I_3^-$ 立即与 $S_2O_3^{2-}$ 反应,生成无色的 $S_4O_6^{2-}$ 和 $I^-$,所以在反应的开始阶段看不到碘与淀粉反应而显示的特有蓝色。一旦 $Na_2S_2O_3$ 耗尽,继续生成的 $I_3^-$ 就与淀粉反应而呈现出特有的蓝色。

由于从反应开始到蓝色出现标志着 $S_2O_3^{2-}$ 全部耗尽,所以从反应开始到出现蓝色这段时间($\Delta t$)内,$S_2O_3^{2-}$ 浓度的改变 $\Delta c_{S_2O_3^{2-}}$ 实际上就是 $Na_2S_2O_3$ 的起始浓度。

再从上述两个反应式可以看出,$S_2O_8^{2-}$ 减少的量为 $S_2O_3^{2-}$ 减少量的一半,所以 $S_2O_8^{2-}$ 在 $\Delta t$ 时间内减少的量可以从式(3-99)求得

$$\Delta c_{S_2O_8^{2-}} = \frac{c_{S_2O_3^{2-}}}{2} \tag{3-99}$$

实验中,通过改变反应物 $S_2O_8^{2-}$ 和 $I^-$ 的初始浓度,测定消耗等量的 $S_2O_8^{2-}$ 的物质的量浓度 $\Delta c_{S_2O_8^{2-}}$ 所需要的不同的时间间隔($\Delta t$),计算得到反应物不同初始浓度的初速率,进而确定该反应的微分速率方程和反应速率常数。

### 三、仪器和试剂

仪器:烧杯,大试管,量筒,秒表,温度计。

试剂:$(NH_4)_2S_2O_8$($0.20\,mol \cdot L^{-1}$),KI($0.20\,mol \cdot L^{-1}$),$Na_2S_2O_3$($0.010\,mol \cdot L^{-1}$),$KNO_3$($0.2\,mol \cdot L^{-1}$),$(NH_4)_2SO_4$($0.20\,mol \cdot L^{-1}$),$Cu(NO_3)_2$($0.02\,mol \cdot L^{-1}$),淀粉溶液($0.4\%$),冰块。

### 四、实验内容

1. 浓度对化学反应速率的影响

在室温条件下进行表 3-9 中编号 I 的实验。用量筒分别量取 $20.0\,mL$ $0.20\,mol \cdot L^{-1}$ KI

溶液、8.0mL 0.010mol·L$^{-1}$ Na$_2$S$_2$O$_3$ 液和 2.0mL 0.4%淀粉溶液,全部加入烧杯中,混合均匀。然后用另一量筒取 20.0mL 0.20mol·L$^{-1}$(NH$_4$)$_2$S$_2$O$_8$ 溶液,迅速倒入上述混合液中,同时启动秒表,并不断搅动,仔细观察,当溶液刚出现蓝色时,立即按停秒表,记录反应时间和室温。

表 3-9　浓度对化学反应速率的影响　　　　　　　　　　室温_____℃

| | 实验编号 | Ⅰ | Ⅱ | Ⅲ | Ⅳ | Ⅴ |
|---|---|---|---|---|---|---|
| 试剂用量/mL | 0.20mol·L$^{-1}$(NH$_4$)$_2$S$_2$O$_8$ | 20.0 | 10.0 | 5.0 | 20.0 | 20.0 |
| | 0.20mol·L$^{-1}$KI | 20.0 | 20.0 | 20.0 | 10.0 | 5.0 |
| | 0.010mol·L$^{-1}$Na$_2$S$_2$O$_3$ | 8.0 | 8.0 | 8.0 | 8.0 | 8.0 |
| | 0.4%淀粉溶液 | 2.0 | 2.0 | 2.0 | 2.0 | 2.0 |
| | 0.20mol·L$^{-1}$ KNO$_3$ | 0 | 0 | 0 | 10.0 | 15.0 |
| | 0.20mol·L$^{-1}$(NH$_4$)$_2$SO$_4$ | 0 | 10.0 | 15.0 | 0 | 0 |
| 混合液中反应物的起始浓度 /(mol·L$^{-1}$) | (NH$_4$)$_2$S$_2$O$_8$ | | | | | |
| | KI | | | | | |
| | Na$_2$S$_2$O$_3$ | | | | | |
| 反应时间 $\Delta t$/s | | | | | | |
| S$_2$O$_3^{2-}$ 的浓度变化 $\Delta c_{S_2O_3^{2-}}$/(mol·L$^{-1}$) | | | | | | |
| 反应速率 $v$/(mol·L$^{-1}$·s$^{-1}$) | | | | | | |

用同样方法按照表 3-9 的用量进行编号 Ⅱ、Ⅲ、Ⅳ、Ⅴ 的实验。

2. 温度对化学反应速率的影响

按表 3-10 实验Ⅳ中的试剂用量,将装有碘化钾、硫代硫酸钠、硝酸钾和淀粉混合溶液的烧杯和装有过二硫酸铵溶液的小烧杯放入冰水浴中冷却。待温度冷却到低于室温10℃时,将过二硫酸铵溶液迅速加入碘化钾等混合溶液中,同时计时并不断搅动,当溶液刚出现蓝色时,记录反应时间,此实验编号记为Ⅵ。

用同样方法在热水浴中进行高于室温10℃的实验,此实验编号记为Ⅶ。

将实验Ⅵ、Ⅶ的数据和实验Ⅳ的数据记入表 3-10 中进行比较。

表 3-10　温度对化学反应速率的影响

| 实验编号 | Ⅵ | Ⅳ | Ⅶ |
|---|---|---|---|
| 反应温度 $t$/℃ | | | |
| 反应时间 $\Delta t$/s | | | |
| 反应速率 $v$/(mol·L$^{-1}$·s$^{-1}$) | | | |

3. 催化剂对化学反应速率的影响

按表 3-9 实验Ⅳ的用量,把碘化钾、硫代硫酸钠、硝酸钾和淀粉溶液加入 150mL 烧杯中,再加入 2 滴 0.02mol·L$^{-1}$Cu(NO$_3$)$_2$ 溶液,搅匀,然后迅速加入过二硫酸铵溶液,搅动,计时。将此实验的反应速率与表 3-9 中实验Ⅳ的反应速率定性地进行比较。

## 五、实验记录与结果

### 1. 反应级数和反应速率常数的计算

将反应速率表示式 $v=kc_{S_2O_8^{2-}}^m c_{I^-}^n$ 两边取对数：

$$\lg v = m\lg c_{S_2O_8^{2-}} + n\lg c_{I^-} + \lg k \tag{3-100}$$

当 $c_{I^-}$ 不变时(实验 I、II、III)，以 $\lg v$ 对 $\lg c_{S_2O_8^{2-}}$ 作图可得一直线,斜率为 $m$。同理,当 $c_{S_2O_8^{2-}}$ 不变时(实验 I、IV、V),以 $\lg v$ 对 $\lg c_{I^-}$ 作图可求得 $n$,此反应的级数则为 $m+n$。

将所求 $m$ 和 $n$ 代入 $v=kc_{S_2O_8^{2-}}^m c_{I^-}^n$,即可求得反应速率常数 $k$。将数据填入下表。

| 实验编号 | I | II | III | IV | V |
|---|---|---|---|---|---|
| $\lg v$ | | | | | |
| $\lg c_{S_2O_8^{2-}}$ | | | | | |
| $\lg c_{I^-}$ | | | | | |
| $m$ | | | | | |
| $n$ | | | | | |
| 反应速率常数 $k/(\text{L} \cdot \text{mol}^{-1} \cdot \text{s}^{-1})$ | | | | | |

### 2. 反应活化能的计算

反应速率常数 $k$ 与反应温度 $T$ 的关系见式(3-25),即

$$\lg k = A - \frac{E_a}{2.303RT}$$

式中:$E_a$ 为反应活化能;$R$ 为摩尔气体常量;$T$ 为热力学温度。测出不同温度下的 $k$ 值,以 $\lg k$ 对 $1/T$ 作图可得一直线,由直线斜率($-E_a/2.303R$)可求得反应的活化能 $E_a$。将数据填入下表。

| 实验编号 | 室温的平均反应速率常数 $k/(\text{L} \cdot \text{mol}^{-1} \cdot \text{s}^{-1})$ | VI | VII |
|---|---|---|---|
| 反应速率常数 $k/(\text{L} \cdot \text{mol}^{-1} \cdot \text{s}^{-1})$ | | | |
| $\lg k$ | | | |
| $1/T/\text{K}^{-1}$ | | | |
| 反应活化能 $E_a/(\text{kJ} \cdot \text{mol}^{-1})$ | | | |

本实验活化能测定值的误差不超过 10%(文献值 51.8kJ·mol$^{-1}$)。

## 六、注意事项

(1) 本实验对试剂有一定的要求,碘化钾溶液应为无色透明溶液,不宜使用有碘析出的浅黄色溶液。过二硫酸铵要新配制的,因为时间长了过二硫酸铵易分解。若所配的过二硫酸铵溶液 pH<3,说明该试剂已有分解,不适合本实验使用。所用试剂中若混有少量 Cu$^{2+}$、Fe$^{3+}$ 等

杂质,会对反应有催化作用,必要时需滴入几滴 $0.10 mol \cdot L^{-1}$ EDTA 溶液。

(2) 做温度对化学反应速率影响的实验时,若室温低于 $10℃$,可将温度条件改为室温、高于室温 $10℃$、高于室温 $20℃$ 三种情况进行实验。

(3) 预习化学反应速率和活化能的相关知识,如速率方程、速率常数、反应级数、阿伦尼乌斯方程等。

## 七、思考题

(1) 若用 $I^-$(或 $I_3^-$)的浓度变化表示该反应的速率,则 $v$ 和 $k$ 是否与用 $S_2O_8^{2-}$ 的浓度变化表示的一样?

(2) 实验中当蓝色出现后,反应是否就终止了?

(3) 化学反应的反应级数是如何确定的? 用本实验的结果加以说明。

(4) 用阿伦尼乌斯方程计算反应的活化能,并与作图法得到的值比较。

(5) 下列操作对实验有什么影响?

a. 取用试剂的量筒没有分开专用。

b. 先加 $(NH_4)_2S_2O_8$ 溶液,最后加 KI 溶液。

c. $(NH_4)_2S_2O_8$ 溶液慢慢加入 KI 等混合溶液中。

(6) 为什么在实验Ⅱ、Ⅲ、Ⅳ、Ⅴ中,分别加入 $KNO_3$ 或 $(NH_4)_2SO_4$ 溶液?

(7) 每次实验的计时操作要注意什么?

(湖南工业大学　王湘英)

## 实验 25　丙酮碘化的反应速率

## 一、实验目的

(1) 验证浓度、温度对反应速率影响的理论。

(2) 测定反应级数和速率常数 $k$ 值。

(3) 根据阿伦尼乌斯方程,学会用作图法测定反应活化能 $E_a$。

(4) 练习在水浴中保持恒温的操作。

## 二、实验原理

碘和丙酮之间的反应可表示为

$$CH_3-\overset{O}{\underset{\|}{C}}-CH_3(aq) + I_2(aq) \longrightarrow CH_3-\overset{O}{\underset{\|}{C}}-CH_2I(aq) + H^+(aq) + I^-(aq)$$

推测上述反应的速率不仅取决于两个反应物的浓度,还依赖于溶液的氢离子浓度。因此,反应速率方程可表示为

$$v = -\frac{d[I_2]}{dt} = k[丙酮]^m[I_2]^n[H^+]^p \tag{3-101}$$

丙酮的碘化有两个特点:①碘有颜色,有利于随着碘浓度的变化进行观察;②碘浓度的反应分级数为 0,这就意味着由于 $[I_2]^0 = 1$,只要 $[I_2]$ 本身不为 0,无论其值多大,反应速率完全与

$[I_2]$无关。对此,可通过实验验证。

既然该反应速率不依赖于$[I_2]$,只需将$I_2$作为限制性试剂,加入大量过量的丙酮和$H^+$中,然后测定已知初始浓度的$I_2$完全反应所需的时间。若丙酮和$H^+$的浓度比$I_2$的浓度高得多,则它们的浓度在反应过程中可近似看作不变。根据速率方程,反应速率实际上将保持恒定,直到所有的$I_2$完全消耗,反应也就停止。设初始浓度为$[I_2]_0$的溶液的颜色完全消失耗时为$t$,则反应速率为

$$v = -\frac{d[I_2]}{dt} = \frac{[I_2]_0}{t} \tag{3-102}$$

在所设条件下,虽然反应速率在反应进行过程中为一常数,但还是可以用改变丙酮或$H^+$初始浓度的方法改变反应速率。例如,将混合试样Ⅰ中丙酮浓度增加一倍,并保持$[H^+]$和$[I_2]$不变,则混合试样Ⅰ、Ⅱ的反应速率有下列关系:

$$v_{II} = k[2A]^m[I_2]^0[H^+]^p \tag{3-103}$$

$$v_I = k[A]^m[I_2]^0[H^+]^p \tag{3-104}$$

则

$$\frac{v_{II}}{v_I} = \frac{[2A]^m}{[A]^m} = \left[\frac{2A}{A}\right]^m = 2^m \tag{3-105}$$

由此可求出丙酮的反应分级数$m$。类似地,可求出对$H^+$的反应分级数$p$,也能证实$I_2$的反应分级数$n$为$0$。求出各物质的反应分级数之后,就可以估算室温下丙酮碘化反应的速率常数$k$值。

测定反应的活化能$E_a$是本实验的选作部分。根据阿伦尼乌斯方程,速率常数$k$与温度$T$、活化能$E_a$之间的关系见式(3-25),即

$$\lg k = A - \frac{E_a}{2.303RT}$$

式中:$R$为摩尔气体常量($8.314J \cdot K^{-1} \cdot mol^{-1}$)。测定在不同温度时的$k$值,以$\lg k$对$\frac{1}{T}$作图可得一直线,其斜率为$\frac{-E_a}{2.303R}$,据此可估算出反应的活化能$E_a$。

本实验用目视比色法确定反应终点,即选两个同直径常规大试管(用比色管更好!),分别盛装同高度的反应液和蒸馏水,将试管对准一个白色背景进行俯视观察,当反应液反应完全时,两试管应出现近似相同的颜色。据此可测量碘完全反应所需时间。

## 三、仪器和试剂

仪器:温度计,恒温水浴槽,刻度吸管(10mL),洗耳球,秒表,锥形瓶(125mL),烧杯(100mL),量筒(50mL),大试管。

试剂:丙酮($4mol \cdot L^{-1}$),HCl($1mol \cdot L^{-1}$),$I_2$($0.005mol \cdot L^{-1}$),蒸馏水。

## 四、实验内容

分别取$4mol \cdot L^{-1}$丙酮溶液、$1mol \cdot L^{-1}$HCl溶液、$0.005mol \cdot L^{-1}$$I_2$溶液各50mL,倒入三个洁净、干燥的100mL烧杯中,用表面皿盖好。按表3-11所列条件依次配制四组反应混合

液试样,分别进行测量。例如,Ⅰ号试样测试过程为:分别用量筒量取 10.0mL 4mol·L⁻¹丙酮溶液、10.0mL 1mol·L⁻¹HCl 溶液和 20.0mL 蒸馏水,依次倒入一个干净的 125mL 锥形瓶中;再用刻度吸量管吸取 10.0mL 0.005mol·L⁻¹I₂ 溶液(注意不要让碘液溅到手上和衣服上!)。用秒表记下时间,准确到 1s。将 I₂ 溶液倒入锥形瓶中,并迅速振荡,使试剂混合均匀。因为有碘,反应混合物会出现黄色,随着碘和丙酮反应的进行,黄色将慢慢褪去。将反应混合物倒入一支试管中,约充满试管的 3/4。在另一支试管中倒入同样高度的蒸馏水,在一张照亮的白纸上俯视试管,记下碘的颜色刚刚消失的时间。并测出试管中反应混合物的温度。

表 3-11　浓度对化学反应速度的影响

| 实验编号 | | Ⅰ | Ⅱ | Ⅲ | Ⅳ |
|---|---|---|---|---|---|
| 试剂用量/mL | 4mol·L⁻¹丙酮 | 10 | 20 | | |
| | 1mol·L⁻¹HCl | 10 | | 20 | |
| | 0.005mol·L⁻¹I₂ | 10 | | | 20 |
| | H₂O | 20 | | | |
| 50mL 混合液中反应物的起始浓度/(mol·L⁻¹) | 丙酮 | 0.8 | | | |
| | HCl | 0.2 | | | |
| | I₂ | 0.001 | | | |
| 反应时间 Δt/s | 第 1 次 | | | | |
| | 第 2 次 | | | | |
| 温度差 | | | | | |

重复上面的实验,用反应过的溶液代替蒸馏水作对照,两次实验所需的时间相差在 20s 之内,温度变化应不大于 1℃。

对Ⅱ、Ⅲ、Ⅳ号试样用同样方法进行测量。在Ⅱ、Ⅲ、Ⅳ号试样混合物中,均应保持溶液总体积为 50mL,除要求被改变浓度的物种外,其他两种试剂浓度同试样Ⅰ。而且,对每个试样要做两次实验,要求两次反应的时间相差不大于 15s,温度变化应不大于 1℃。

已知反应速率所依据的每种物质的反应分级数,从速率和所研究的每个混合试样的浓度的数据计算速率常数 $k$。若温差仅为 1~2℃,则每个反应混合物的 $k$ 应大致相同。

## 五、实验记录与结果

1. 浓度对反应速度的影响

将相关数据填入表 3-11。

2. 测定丙酮、H⁺ 和 I₂ 的反应分级数

将相关数据填入下表。

| 实验编号 | [丙酮]<br>/(mol·L$^{-1}$) | [H$^+$]<br>/(mol·L$^{-1}$) | [I$_2$]$_0$<br>/(mol·L$^{-1}$) | $v=\dfrac{[I_2]_0}{\text{平均时间}}$ | $v_i/v_I$ | 反应分级数 |
|---|---|---|---|---|---|---|
| I | 0.8 | 0.2 | 0.001 | | | |
| II | | | | | $v_{II}/v_I=$ | $m=$ |
| III | | | | | $v_{III}/v_I=$ | $p=$ |
| IV | | | | | $v_{IV}/v_I=$ | $n=$ |

### 3. 测定速率常数 $k$

将上述测定得到的反应级数 $m$、$p$、$n$，起始浓度和测得的速率代入速率方程，便可计算 $k$。

| 实验编号 | I | II | III | IV |
|---|---|---|---|---|
| 速率常数 $k$ | | | | |
| $k$ 平均值 | | | | |

### 4. 测定活化能 $E_a$（选做）

选择一个用过且反应时间合适的反应混合物，在恒温水浴槽（详见 2.6.3）中测定不同温度下的反应时间。

所用的反应混合物_____；

10℃左右的反应时间_____ s，温度_____℃；

40℃左右的反应时间_____ s，温度_____℃；

室温时的反应时间_____ s，温度_____℃。

计算每个温度下的速率常数 $k$，以 $\lg k$ 对 $\dfrac{1}{T}$ 作图，求出通过各点的最佳直线的斜率，进而求出活化能 $E_a$。

| | $v$ | $k$ | $\lg k$ | $1/T/\text{K}^{-1}$ |
|---|---|---|---|---|
| 10℃左右 | | | | |
| 40℃左右 | | | | |
| 室温 | | | | |
| 斜率 | | | | |
| 活化能 $E_a$/J | | | | |

## 六、注意事项

（1）预习化学反应速率方程和阿伦尼乌斯方程等理论知识，包括质量作用定律、速率常数、确定化学反应级数的初始速率法和活化能等。

（2）通过预习，填写表 3-11 中空缺的试剂取用量。

（3）预习恒温水浴槽的工作原理。

（4）每次在锥形瓶中最后倒入 I$_2$ 溶液时，应迅速振荡，使反应液混合均匀；应注意准确到秒表记录碘的颜色刚刚消失的时间。

**七、思考题**

（1）根据反应方程式是否能确定反应级数？用本实验的结果加以说明。

（2）要保持总体积为 50mL，还要保持 $H^+$ 和 $I_2$ 在原来的混合物中的浓度，如何使反应混合物中丙酮的物质的量浓度增加一倍？

（3）为什么在各种不同浓度时的反应速率不同，而速率常数基本不变？

（4）影响本实验结果精度的因素有哪些？

（湖南工业大学　刘志国）

# 第4章 元素化学性质实验

## 4.1 元素的化学性质

元素及其化合物的化学性质纷繁复杂,一般包括以下几个方面。

### 4.1.1 酸碱性

化合物酸碱性主要包括氧化物及其水合物的酸碱性以及盐类的水解性质。

按质子酸碱理论,酸、碱在水溶液中的解离,金属离子、弱酸根离子在水溶液中的水解均为酸碱反应,其平衡常数称为弱酸或弱碱的解离常数,记作 $K_a^\ominus$ 和 $K_b^\ominus$,据此可计算溶液中的 $H^+$ 浓度。

根据平衡移动的观点,当增加 $c(A^-)$ 或 $c(H^+)$ 时,解离平衡向左移动,弱酸的解离度降低。此时溶液的 pH 与共轭酸碱对浓度比例有关,即 $pH \approx pK_a^\ominus + lg\frac{c_{共轭碱}}{c_{弱酸}}$。

金属离子与水的酸碱反应(水解反应)与多元酸的解离一样,是分步进行的。例如,$Al^{3+}(aq)$ 的水解:

$$Al^{3+}(aq) + H_2O \Longrightarrow [Al(OH)]^{2+}(aq) + H^+(aq)$$
$$[Al(OH)]^{2+}(aq) + H_2O \Longrightarrow [Al(OH)_2]^+(aq) + H^+(aq)$$
$$[Al(OH)_2]^+(aq) + H_2O \Longrightarrow Al(OH)_3(s) + H^+(aq)$$

值得注意的是,有的金属离子的水解并不是要水解到相应的氢氧化物才生成沉淀,而是生成碱式盐沉淀。例如,$Sb^{3+}(aq)$ 的水解

第一步: $\qquad Sb^{3+}(aq) + H_2O \Longrightarrow [Sb(OH)]^{2+}(aq) + H^+$

第二步: $\qquad [Sb(OH)]^{2+}(aq) + Cl^-(aq) \Longrightarrow SbOCl(s) + H^+$

增加溶液中 $c(H^+)$,则可抑制水解;减少溶液中 $c(H^+)$(增大 pH),则可促进水解。

一般来说,酸碱反应的反应速率是相当快的,极易达到平衡,所以从平衡角度来考察这类反应即可。

### 4.1.2 溶解性

沉淀-溶解平衡的平衡常数称为溶度积,记作 $K_{sp}^\ominus$。考察溶解性的基本原则是溶度积规则:当溶液中离子积 $J > K_{sp}^\ominus$ 时,生成沉淀;当 $J < K_{sp}^\ominus$ 时,沉淀溶解;当 $J = K_{sp}^\ominus$ 时,固液共存或饱和溶液。沉淀的生成还需注意沉淀的量和过饱和现象,当沉淀量达到 $10^{-5}$ g·$mL^{-1}$,正常视力可以看出溶液浑浊(对照实验);对于微溶沉淀,可采用加热、加入晶种或用玻璃棒摩擦试管壁的方法消除过饱和、促进结晶。

当一混合溶液中几种离子均可与同一物种生成沉淀时,可根据分步沉淀规则判断哪种先沉淀和能否分离的问题。例如,溶液中含有 $Cu^{2+}$、$Cd^{2+}$,根据 $K_{sp}^\ominus(CuS) = 6.3 \times 10^{-36}$,$K_{sp}^\ominus(CdS) = 8.0 \times 10^{-27}$,当滴加 $Na_2S$ 溶液时,显然 CuS 先沉淀。当 CdS 开始沉淀时,溶液中残留的 $Cu^{2+}$ 浓度为多少?此时 $c(S^{2-}) = 1.6 \times 10^{-25}$ mol·$L^{-1}$,溶液中

$$c(Cu^{2+}) = \frac{K_{sp}^{\ominus}(CuS)/c^{\ominus}}{c(S^{2-})/c^{\ominus}} = \frac{6.3 \times 10^{-36}}{1.6 \times 10^{-25}} = 3.9 \times 10^{-11}(mol \cdot L^{-1})$$

即溶液中的 $Cu^{2+}$ 可视为完全沉淀。

似乎可以得出结论,用 $Na_2S$ 作沉淀剂可将 $Cu^{2+}$ 与 $Cd^{2+}$ 完全分离。但实验发现并非如此,在 CuS 沉淀中夹带有 CdS 沉淀。滴加 $Na_2S$ 时,虽然有搅拌,但由于 $c(S^{2-}) \geqslant 1.6 \times 10^{-25} mol \cdot L^{-1}$,在局部区域中 CuS 与 CdS 将同时生成。即使发生以下沉淀转化反应:

$$CdS(s) + Cu^{2+}(aq) \Longrightarrow Cd^{2+}(aq) + CuS(s)$$

但总反应速率不大(可能是包藏的原因),当不断滴加 $Na_2S$ 时又不断有 CdS 生成,所以在 CuS 沉淀中总有 CdS 沉淀。现在出现两个问题:

(1) 平衡计算有没有用? 平衡计算是根据给定反应条件(温度、浓度、压力等)计算出其平衡状态(如上述计算表明,在 298.15K、100kPa 下,平衡状态时的溶液中 $c(Cu^{2+}) = 3.9 \times 10^{-11} mol \cdot L^{-1}$, $c(Cd^{2+}) = 0.05 mol \cdot L^{-1}$, $c(S^{2-}) = 1.6 \times 10^{-25} mol \cdot L^{-1}$。平衡状态是该反应在给定条件下可进行的限度——最大程度。不是每一个反应在给定条件下都能达到平衡状态的。"限度"是目标,要不断改进反应条件(动力学条件)使实验结果尽可能接近限度。

(2) 怎样改善反应条件、操作方法,使得尽可能接近反应的限度呢? 理论上说是怎样改善操作方法,使其尽量达到平衡状态,也就是怎样加快反应速率。加快反应速率首先要判别反应的类别——均相反应、多相反应。对于多相反应来说,加快扩散速率及增加反应界面可加快反应的总反应速率。在实验中加快扩散速率和增加反应界面最有效的方法之一是加大搅拌强度。实践证明,加强搅拌可以减少 CuS 中混入的 CdS。

### 4.1.3　氧化还原性

#### 1. 物质的氧化还原性判断依据

判断物质的氧化还原性主要依据其相关电对电极电势的相对大小。电极电势 $E$ 与浓度、压力、温度有关,其关系由能斯特方程表示:

$$E = E^{\ominus} - \frac{RT}{zF}\ln J = E^{\ominus} - \frac{0.0592}{z}\lg J \qquad (T = 298.15K)$$

一般情况下,特别是介质不参与的氧化还原反应,当氧化剂电对与还原剂电对的标准电极电势 $E^{\ominus}$ 的差值大于 0.2V 时,可直接用 $E^{\ominus}$ 判断氧化还原反应能否发生。此时氧化剂、还原剂浓度或压力的改变不会改变 $E$ 的大小次序。有介质参与的氧化还原反应,介质可改变电对的电极电势数值的大小,特别是半反应中 $H^+$ 或 $OH^-$ 的化学计量数大的反应,如 $Cr_2O_7^{2-} + 14H^+ + 6e^- \Longrightarrow 2Cr^{3+} + 7H_2O$,其 $E_a^{\ominus} = 1.33V$,而在碱性介质中 $E_b^{\ominus}[CrO_4^{2-}/Cr(OH)_4^-] = -0.12V$。同时介质的浓度对反应速率也有很大的影响。

#### 2. 确定氧化还原反应产物要考虑的三个因素

(1) 电极电势:当反应的速率均很快时,由电极电势决定其产物。例如,$VO_2^+$ 在酸性条件下被 $H_2SO_3$ 还原,$E^{\ominus}(SO_4^{2-}/H_2SO_3) = 0.17V$,其还原产物为蓝色的 $VO^{2+}$;若采用 Zn 作为还原剂,其最终还原产物为紫色的 $V^{2+}$。

$$VO_2^+ \xrightarrow{1.0V} VO^{2+} \xrightarrow{-0.34V} V^{3+} \xrightarrow{-0.26V} V^{2+} \xrightarrow{-1.18V} V$$

(2) 反应条件和机理:例如,$Cl_2$ 在碱性介质中发生歧化反应的产物可能是 $Cl^-$、$ClO^-$,

$Cl^-$、$ClO_3^-$、$Cl^-$、$ClO_4^-$；但在低温条件下由于反应速率的原因,歧化产物是 $Cl^-$ 和 $ClO^-$；在较高温下可生成 $Cl^-$、$ClO_3^-$,并未生成 $ClO_4^-$、$Cl^-$。

$$ClO_4^- \xrightarrow{0.40V} ClO_3^- \xrightarrow{0.33V} ClO_2^- \xrightarrow{0.66V} ClO^- \xrightarrow{0.40V} Cl_2 \xrightarrow{1.36V} Cl^-$$
$$\underset{0.48V}{\rule{6cm}{0.4pt}}$$

类似的例子很多。低价态的 S 都有还原性,从电极电势看均可被中等强度的氧化剂氧化,如 $I_2$ 氧化低价态的 $S^{2-}$ 为 $SO_4^{2-}$,但 $MnO_4^-$ 氧化 $S^{2-}$ 时得到的产物是 S 而不是 $SO_4^{2-}$,$I_2$ 氧化 $S_2O_3^{2-}$ 得到的产物是 $S_4O_6^{2-}$,而不是 $SO_4^{2-}$。

（3）反应介质酸碱性：例如,$MnO_4^-$ 的还原产物在酸性介质中是 $Mn^{2+}$,在弱酸性、中性、碱性介质中是 $MnO_2$,在强碱性介质中是 $MnO_4^{2-}$（绿色）。

所以,氧化还原反应的产物要靠一个反应一个反应的记忆积累。

### 3. 沉淀、配位参与的氧化还原反应

沉淀或配离子的生成改变了氧化剂或还原剂的氧化性或还原性,实质是改变了电对的电极电势,从而改变氧化还原反应的方向,这可根据派生电极的能斯特方程计算。例如,由于 $E^{\ominus}(Fe^{3+}/Fe^{2+})=0.77V>E^{\ominus}(I_2/I^-)=0.54V$,所以反应 $2Fe^{2+}+I_2 \Longrightarrow 2Fe^{3+}+2I^-$ 不能进行,但加入 $Ag^+$,由于 $I^-$ 与 $Ag^+$ 生成 AgI 沉淀,则反应 $2Fe^{2+}+I_2+2Ag^+ \Longrightarrow 2Fe^{3+}+2AgI\downarrow$ 能够发生,此时 $E^{\ominus}(Fe^{3+}/Fe^{2+})=0.77V<E^{\ominus}(I_2/AgI)=1.49V$。又如,$Fe^{3+}(aq)$ 可氧化 $I^-(aq)$ 生成 $I_2$,但 $E^{\ominus}([Fe(CN)_6]^{3-}/[Fe(CN)_6]^{4-})=0.36V$,反而 $[Fe(CN)_6]^{4-}$ 可被 $I_2$ 氧化。

### 4. 歧化反应

歧化反应可由元素电势图进行推断,同样需考虑反应条件的影响。若 B 能发生歧化反应,则 B 作为氧化剂被还原为 C,同时 B 作为还原剂被氧化为 A,电池反应的电动势为：$E^{\ominus}=E^{\ominus}_右 - E^{\ominus}_左 > 0$,即 $E^{\ominus}_右 > E^{\ominus}_左$,可发生歧化,否则不发生歧化,但可发生归中反应。

$$A \xrightarrow{E^{\ominus}_左} B \xrightarrow{E^{\ominus}_右} C$$

氧化态降低

$$MnO_4^- \xrightarrow{0.558V} MnO_4^{2-} \xrightarrow{2.24V} MnO_2 \xrightarrow{0.907V} Mn^{3+} \xrightarrow{1.541V} Mn^{2+} \xrightarrow{-1.185V} Mn$$

（1.507V；1.679V；1.224V）

$Mn^{3+}$、$MnO_4^{2-}$ 容易发生歧化反应,$MnO_4^-$ 和 $Mn^{2+}$ 可发生归中反应。

$H_2O_2$ 同样可以发生歧化反应,无论酸性还是碱性条件。

$$E^{\ominus}_a : O_2 \xrightarrow{0.695V} H_2O_2 \xrightarrow{1.776V} H_2O \qquad E^{\ominus}_b : O_2 \xrightarrow{-0.076V} HO_2^- \xrightarrow{0.878V} OH^-$$

同时电极电势介于 $E^{\ominus}(H_2O_2/H_2O)=1.776V$ 和 $E^{\ominus}(O_2/H_2O_2)=0.695V$ 之间的物质均可催化加速 $H_2O_2$ 的分解,如 $E^{\ominus}(MnO_2/Mn^{2+})=1.23V$、$E^{\ominus}(Ag^+/Ag)=0.80V$。虽然 $E^{\ominus}(Fe^{3+}/Fe^{2+})=0.77V$,但由于会产生 $OH\cdot$ 和 $HOO\cdot$ 自由基,使得含有 $Fe^{2+}$ 的 $H_2O_2$ 溶液是极强的氧化剂（Fenton 试剂）,故催化分解效果并不明显。

由于催化效应的存在,故 $H_2O_2$ 能氧化的还原剂,其所在电对的电极电势应小于 $0.695V$。在碱性介质中 $H_2O_2$ 仍是强氧化剂,实际上在酸性介质中不能被其氧化的金属离子,如

Mn(Ⅱ)、Cr(Ⅲ)等在碱性介质中均可被 $H_2O_2$ 氧化。

### 4.1.4　配位性

配位反应的平衡常数主要有配离子的生成常数 $K_f^\ominus$ 和累积稳定常数 $\beta_n$，$\beta_n = K_{f,1}^\ominus K_{f,2}^\ominus \cdots K_{f,n}^\ominus$。

应强调指出的是,当配体的物质的量远大于中心离子的物质的量时,可以认为生成的是生成常数最大的 $n$ 级配离子。例如,在含 $Cu^{2+}$ 溶液中加入过量较多的 $NH_3$(aq)时,则形成的配离子可认为是 $[Cu(NH_3)_4]^{2+}$(aq)。由于生成常数较大,所以通常情况下配离子的化学行为是原子团的化学行为,但由于存在平衡,在水溶液中还存在少量水合离子,在某些情况下仍可表现出中心离子的化学行为。配离子参与的各种多重平衡就是由于少量的中心离子存在。配离子参与的多重平衡有:①配离子间的转化;②配离子参与的沉淀反应;③配离子参与的氧化还原反应;④配离子生成平衡与弱酸解离平衡组成的多重平衡。根据多重平衡原理,可计算总反应的平衡常数。

要指出的一点是,有的配位反应的反应速率是比较慢的,所以为了达到平衡状态,或尽可能达到平衡状态,需要加热,缩短达到平衡状态的时间。在实验过程中若未观察到预测的实验现象(只要这预测是正确的),可加热观察。

### 4.1.5　元素性质与元素周期表

元素化学性质的变化规律与元素周期表密切相关。元素性质十分繁杂,难学难记,而周期表和周期性变化规律是理解和记忆复杂元素性质的一大助力。通过元素性质实验与周期律规律的联系和总结,可提高自身的观察能力、归纳能力、分析能力。同时元素性质是化学、化工、材料、冶金、环境、制药、医学等专业的必备基础,故必须对元素性质实验给予足够的重视。

(北京科技大学　王明文)

## 4.2　元素化学性质实验方法

### 4.2.1　元素性质实验常用仪器

元素性质实验(也称试管实验)使用的仪器比较简单,主要包括试剂瓶、试管、离心管、试管夹、玻璃棒、井穴板、点滴板、酒精灯、离心机、各种试纸等。

液体试剂的取用量如无要求,一般为 1 滴管(约 1mL),总量一般不应超过试管体积的 1/3,否则会影响操作。固体试剂用量一般为 1/5～1/6 药匙或几粒。

### 4.2.2　元素性质实验须知

#### 1. 实验现象的观察

在化学反应中应观察以下几方面的现象:

(1)化学反应过程中溶液颜色的变化。对有些连续性的反应,反应过程中会有一系列的颜色变化,应逐一记录。

(2)反应中有无沉淀生成及沉淀的颜色、状态,在沉淀转化的实验中观察沉淀颜色及状态的变化。要注意区分沉淀的颜色和溶液的颜色。例如,沉淀转化实验中,在 $Ag_2CrO_4$ 沉淀中加入 NaCl 使其转化为 AgCl 沉淀,观察到的现象应是溶液变黄色,沉淀由砖红色转变为白色。但由于沉淀存在于溶液中,沉淀的白色往往容易被溶液的颜色遮盖,加上有的人观察不仔细,则会误以为 AgCl 沉淀是黄色。此时应举起试管观察试管底部沉淀的颜色,或者将溶液倾出或离心分离后再观察溶液和沉淀的颜色。

（3）反应中有无气体生成,生成的气体有无特殊颜色、气味以及特征性反应。例如,$NO_2$ 气体的棕色、$H_2S$ 气体的臭鸡蛋味、$Cl_2$ 对淀粉-KI 试纸的反应等。

### 2. 实验操作

试管实验中实验操作技能对实验的成败起着至关重要的作用。但是许多人只注重实验原理,而忽略实验操作。在试管实验中,加入相同的试剂并不一定都能得到同样正确的结论,原因就是是否掌握正确的操作方法和技能。实验操作中应注意以下几个问题:

（1）选择适当的介质、介质的加入量和加入顺序。性质实验往往需要在一定的介质中进行。例如,$KMnO_4$ 和 $Mn^{2+}$ 在加入浓 $H_2SO_4$ 时生成 $Mn^{3+}$,而在强碱性介质中可生成 $MnO_4^{2-}$,当酸度或碱度降低时,则生成 $MnO_2$ 沉淀。由此可以看到,相同的反应物在不同介质中反应,得到的产物是完全不同的。因此,要想得到所需的产物,必须考虑选择适当的介质以及介质的浓度和加入量。实验中,介质的加入顺序有时也会对反应的结果产生影响。例如,上述 $KMnO_4$ 和 $Mn^{2+}$ 制备 $Mn^{3+}$ 的反应,如果在试管中先加入 $KMnO_4$ 和 $Mn^{2+}$,再加浓 $H_2SO_4$,是得不到 $Mn^{3+}$ 的。因为 $KMnO_4$ 和 $Mn^{2+}$ 一经混合就生成 $MnO_2$ 沉淀,根据电极电势可知,$MnO_2$ 和 $Mn^{2+}$ 是不能反应生成 $Mn^{3+}$ 的。因此,介质的加入顺序同样也是试管实验中要考虑的一个重要因素。

（2）振荡、搅拌。这是试管实验中最基本的操作,但往往不被重视。例如,在分步沉淀实验中,向 $Cu^{2+}$ 和 $Cd^{2+}$ 的混合溶液中加入 $Na_2S$ 后却得不到黑色的 CuS 沉淀,而得到棕黄色的 CuS 和 CdS 的混合物。原因就在于加入试剂后没有进行充分的振荡和搅拌,溶液没有混合均匀,反应只在反应物的界面进行。

在性质实验中,简单地依照理论,“照方抓药”是做不好实验的,应重视实验操作。

（3）固液分离以及沉淀的洗涤。固液分离主要包括倾析法和离心分离法,离心后用吸管吸出上清液。如需沉淀,则需要进行沉淀的洗涤。沉淀洗涤的方法是在分离上清液后的剩有沉淀的离心管中加少量去离子水,用玻璃棒充分搅拌,让吸附在沉淀上的其他离子进入溶液,然后再次离心,如此反复操作几遍,直至沉淀洗净为止。

（4）对照实验。根据实验现象准确无误地判断某一反应是否发生或某一反应进行的程度,常需要做对照实验。例如,为判断 $H_2O_2$ 与 $Fe^{2+}$ 是否发生反应,往往加 $SCN^-$,观察体系的颜色是否变红,若变红说明有 $Fe^{3+}$ 生成,这样判断有点武断。实验结果所显示的红色并不能说明 $Fe^{3+}$ 是原有的,还是反应生成的。因为所有 $Fe^{2+}$ 的试剂中或多或少均含有 $Fe^{3+}$,所以要做对照实验。

$$Fe^{2+}(aq) + SCN^-$$
$$Fe^{2+}(aq) + H_2O_2 \longrightarrow + SCN^-$$

观察两个红色的深浅,若第二个实验的红色比第一个深得多,说明上述反应发生了。若第二个实验的红色与第一个红色相近,则不能说明溶液中 $Fe^{3+}$ 浓度有所增加,反应一定发生。第一个实验是第二个实验的对照实验。

3. 分析实验现象,适时调整实验操作或实验方案

现以 CuCl(s)生成实验为例。其实验方案如下:在 10 滴 $CuCl_2$(1mol·$L^{-1}$)溶液中加入 10 滴浓盐酸,再加入少许铜粉,加热至沸,待溶液呈黄色时停止加热。用吸管吸出少量这种溶液,加入盛有半杯水的小烧杯中,观察白色沉淀的生成。

有人反复做了几次均未得到预期的结果。分析其原因可能有以下几个方面:

(1) 加热程度不够。对于反应速率不大的反应,没有一定的反应时间,反应进行的程度就小,得不到预期的结果。对上述反应来说,反应时间短,即溶液中[$CuCl_2$]$^-$浓度很低,可能得不到 CuCl 白色沉淀。

(2) 铜粉的加入量不够。特别是实验室保存的铜粉已被氧化(长期保存的结果),众所周知,Cu 量少(反应物少)就不可能得到有一定浓度的[$CuCl_2$]$^-$,也就得不到 CuCl 沉淀。

(3) HCl 量不够。$Cl^-$ 是 $Cu^{2+}$ 的配体,没有一定浓度的 $Cl^-$,上述反应不能进行。虽然可能是按实验步骤中的加入量加入的,但由于铜粉表面被氧化,它们会消耗更多的浓 HCl,相对来说加入的 $c(Cl^-)$就偏低了,使实验得不到预期结果。

分析出实验失败可能的原因,依次改进实验操作和实验方案,即可得到预期实验效果。

### 4.2.3　元素性质实验报告格式

元素性质实验报告格式一般采用表格形式,包括简单的步骤、实验现象记录、反应方程式、对现象的解释或结论,如表 4-1 所示。

表 4-1　元素性质实验报告格式参考

| 实验步骤 | 现象 | 反应方程式 | 解释或结论 |
|---|---|---|---|
| 1. 磷酸盐酸碱性;分别检验 $Na_3PO_4$、$NaH_2PO_4$ 水溶液的 pH。滴加等计量比 $AgNO_3$ 使其产生沉淀后,溶液 pH 又有什么变化? 给予解释 | $Na_3PO_4$ pH=12 $NaH_2PO_4$ pH=5 $Na_3PO_4$ pH$'$=7 $NaH_2PO_4$ pH$'$=2 | $PO_4^{3-}+H_2O \Longrightarrow HPO_4^{2-}+OH^-$ $3Ag^++PO_4^{3-}\Longrightarrow Ag_3PO_4\downarrow$ $3Ag^++H_2PO_4^-\Longrightarrow Ag_3PO_4\downarrow+2H^+$ | $c(OH^-)=0.038$mol·$L^{-1}$,pH=12.58 $c(H^+)=\sqrt{K_{a_1}^\ominus K_{a_2}^\ominus}=2.10\times10^{-5}$ mol·$L^{-1}$,pH=4.68 $PO_4^{3-}$ 沉淀,溶液近中性;生成 $Ag_3PO_4$ 沉淀,释放出 $H^+$ |
| 2. 2 滴 $PbCl_2$(饱和)+ HCl(2mol·$L^{-1}$)+浓 HCl | 白色沉淀生成 沉淀溶解 | $PbCl_2+2Cl^-\Longrightarrow[PbCl_4]^{2-}$ | 沉淀生成是同离子效应,沉淀溶解是发生配位反应。$K^\ominus=K_{sp}^\ominus\beta_3=1.7\times10^{-5}\times1.7\times10^3=0.029$,增大 $Cl^-$ 浓度可溶解 $PbCl_2$。结论:$Cl^-$ 既是沉淀剂又是配位剂 |
| ⋮ | ⋮ | ⋮ | ⋮ |
| 预习完成 | 实验记录 | 课后完成 | 课后完成 |

(北京科技大学　王明文)

## 4.3　离子的分离与鉴定

### 4.3.1　阳离子系统分析

阳离子分析一般是根据阳离子在溶液中的性质,按一定分析步骤系统地进行,包括:①组试剂对混合阳离子分组;②组内离子相互分离;③一种或多种特殊鉴定反应鉴定每一个阳离子。

阳离子系统分析主要包括硫化氢系统分析和两酸两碱系统分析。

### 1. 硫化氢系统

分析组试剂为 HCl、$H_2S$、$(NH_4)_2CO_3$,由于 $H_2S$ 具有臭味、毒性以及不稳定性,常用硫代乙酰胺(TAA)代替,其在酸性、氨性(pH 为 8～10)和碱性条件下水解分别生成 $H_2S$、$HS^-$、$S^{2-}$,作用与 $H_2S$、$(NH_4)_2S$、$Na_2S$ 相当。硫化氢系统分析离子分组流程如图 4-1 所示。

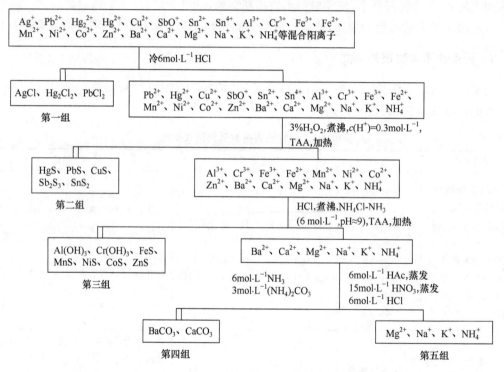

图 4-1　硫化氢系统分析离子分组流程

若混合离子溶液中存在 $NH_4^+$ 和 $Fe^{2+}$、$Sn^{2+}$ 等低价离子,需预先检出。

第一组离子,也称 HCl 组或银组,是以冷的 $6mol \cdot L^{-1}$ HCl 为组试剂沉淀产生的,本组沉淀均为白色,包括 $Ag^+$、$Hg_2^{2+}$ 和沉淀并不完全的 $Pb^{2+}$。第一组离子的分离鉴定流程如图 4-2 所示。

利用 $PbCl_2$ 的溶解度随温度变化达到初步分离 $Pb^{2+}$ 的目的,以黄色 $PbCrO_4$ 沉淀鉴定;利用 $NH_3$ 对 $Ag^+$ 的配位作用分离 $Ag^+$ 并以 $HNO_3$ 或黄色 $Ag_3PO_4$、暗红色 $Ag_3AsO_4$ 进一步鉴定,同时 $NH_3$ 还使 $Hg_2Cl_2$ 歧化为 $HgNH_2Cl$ 和 $Hg$,起到鉴定 $Hg_2^{2+}$ 的作用。

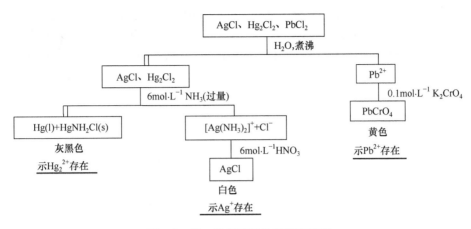

图 4-2　第一组离子的分离鉴定流程

第二组离子,也称 $H_2S$ 组或铜锡组,是在酸性条件下以 $H_2S$(或 TAA)为组试剂以硫化物沉淀形式产生的,包括 $Hg^{2+}$、$Cu^{2+}$、$Sb^{3+}$、$Sn^{2+}$、$Sn^{4+}$,HCl 分组时沉淀不完全的 $Pb^{2+}$ 也在其中。分组时加入氧化剂 $H_2O_2$ 把 $Sn^{2+}$ 氧化为 $Sn^{4+}$ 以增加其酸性,以 $SnS_2$ 的形式沉淀,以便于后面进一步的分离鉴定。第二组离子的分离鉴定流程如图 4-3 所示。

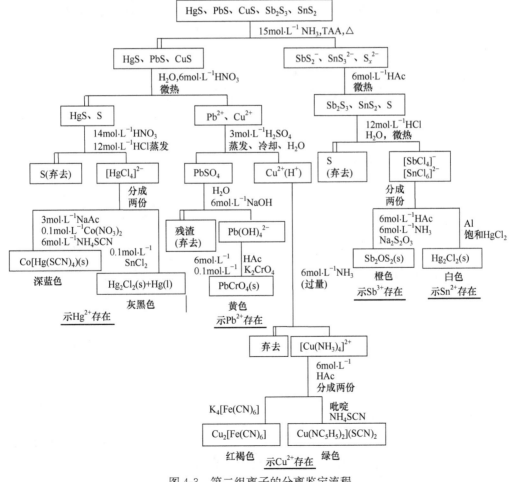

图 4-3　第二组离子的分离鉴定流程

基于 $Sb_2S_3$ 和 $SnS_2$ 的两性,在碱性条件下继续使用 TAA 进行铜、锡分组。利用 $K_{sp}^{\ominus}$ 不同进行铜组离子的进一步分离:$PbS$、$CuS$ 可溶于 $HNO_3$,而 $HgS$ 只能用王水溶解(与 S 分离)。$Hg^{2+}$ 生成 $Co[Hg(SCN)_4]$ 蓝色沉淀或 $Sn^{2+}$ 还原的方法鉴定,而 $Pb^{2+}$、$Cu^{2+}$ 采用 $PbSO_4$ 沉淀分离后 $Pb^{2+}$ 同样以 $PbCrO_4$ 的形式鉴定;$Cu^{2+}$ 采用 $[Cu(NH_3)_4]^{2+}$ 的形式提纯后以红褐色沉淀 $Cu_2[Fe(CN)_6]$ 或绿色沉淀 $[Cu(NC_5H_5)_2](SCN)_2$ 进行鉴定。$Sb^{3+}$ 和 $Sn^{4+}$ 加 HCl 由碱性下的硫代酸盐转化为阳离子后,$Sb^{3+}$ 采用生成橙色固体 $Sb_2OS_2$ 的形式鉴定,而 $Sn^{4+}$ 用 Al 还原为 $Sn^{2+}$ 后与 $HgCl_2$ 反应鉴定。

第三组离子,也称硫化铵组或铁铝组,是在碱性条件下以 $(NH_4)_2S(TAA)$ 为组试剂分组得到的,包括 $Al^{3+}$、$Cr^{3+}$、$Fe^{3+}$、$Ni^{2+}$、$Mn^{2+}$、$Co^{2+}$、$Zn^{2+}$。分组时由于双水解作用,$Al^{3+}$、$Cr^{3+}$ 以氢氧化物形式沉淀,其余为二价硫化物沉淀。加入强碱和 $H_2O_2$ 进行组内离子分离,$Cr^{3+}$ 被氧化为 $CrO_4^{2-}$,$[Al(OH)_4]^-$、$[Zn(OH)_4]^{2-}$ 留于溶液中并有利于之后的分离,同时 $Mn^{2+}$、$Co^{2+}$ 被氧化为 $MnO_2$ 和 $Co(OH)_3$。氢氧化物沉淀经过酸溶(此时 $H_2O_2$ 的作用是什么?)、$KClO_3$ 氧化 $Mn^{2+}$ 再次形成 $MnO_2$ 单独分离出来,随后采用 $NaNO_2$ 还原转化为 $Mn^{2+}$,采用 $Na_2S_2O_8$、$PbO_2$ 或 $NaBiO_3$ 鉴定均可。$Fe^{3+}$、$Co^{2+}$、$Ni^{2+}$ 利用它们与 $NH_3$ 形成配合物的能力不同加以分离。$Fe^{3+}$ 采用黄血盐形成普鲁士蓝或与 $SCN^-$ 反应生成血红色配合物的方法均可鉴定;$Co^{2+}$ 的鉴定采用生成蓝色 $[Co(SCN)_4]^{2-}$ 的方法,需加 $F^-$ 掩蔽 $Fe^{3+}$;$Ni^{2+}$ 的鉴定是在 HAc 条件下与丁二酮肟(DMG)生成鲜红色的螯合物沉淀。$Al^{3+}$、$Zn^{2+}$ 的分离同样利用形成氨配合物能力的不同,生成的 $Al(OH)_3$ 沉淀酸化后在 HAc-NaAc 缓冲条件下使用铝试剂产生红色沉淀鉴定;$Zn^{2+}$ 利用唯一的白色硫化物沉淀 $ZnS$ 进行鉴定。$CrO_4^{2-}$ 经过 $BaCrO_4$ 分离后可采用生成蓝色 $CrO_5$ 的方法鉴定。第三组离子的分离鉴定流程如图 4-4 所示。

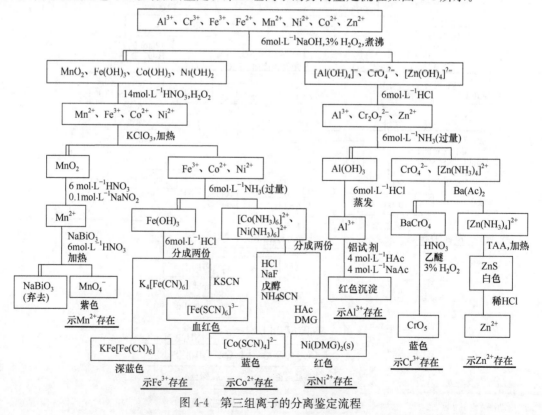

图 4-4　第三组离子的分离鉴定流程

$Zn^{2+}$ 的鉴定还可采用二苯硫腙,在水中为粉红色螯合物,反应式如下:

$$Zn^{2+} + C = S \quad + OH^- \longrightarrow \quad C = S \to Zn^{2+}/2 \quad + H_2O$$

第四组离子,也称碳酸铵组,是以 $(NH_4)_2CO_3$ 为分组试剂得到的白色沉淀,包括 $Ca^{2+}$、$Ba^{2+}$。由于 $Mg^{2+}$ 沉淀不完全,分组时以 $NH_3$-$NH_4Cl$ 控制 pH,使其归入第五组。分组生成的 $CaCO_3$ 和 $BaCO_3$ 采用 HAc 溶解转化为阳离子,并有利于后续采用 $BaCrO_4$ 沉淀分离 $Ca^{2+}$ 和 $Ba^{2+}$;$Ca^{2+}$ 采用白色沉淀 $CaC_2O_4$ 和焰色反应进行鉴定。

第五组离子,也称易溶组,包括 $Na^+$、$K^+$、$NH_4^+$ 和 $Mg^{2+}$。$Mg^{2+}$ 可利用白色 $MgNH_4PO_4$ 沉淀进行鉴定或分离,进一步采用镁试剂 I(对硝基苯偶氮间苯二酚,有机染料)在碱性条件下生成蓝色吸附物加以鉴定;$Na^+$ 的鉴定采用生成淡黄色沉淀 $NaZn(UO_2)_3(Ac)_9 \cdot 9H_2O$ 或白色沉淀 $NaSb(OH)_6$ 的方法;$K^+$ 的鉴定可采用生成白色沉淀 $K[B(C_6H_5)_4]$、白色浑浊 $KClO_4$ 或黄色沉淀 $K_2Na[Co(NO_2)_6]$ 的方法。需要指出的是:由于易溶组离子所生成沉淀的溶解度较大,且与所用鉴定试剂(如鉴定 $K^+$ 一般用 Na 盐)的溶解度差别并不是很大,因此沉淀的产生需用玻璃棒摩擦试管壁,并且需要严格控制反应的介质条件。必要时还需做对照实验。例如,用 $Na_3[Co(NO_2)_6]$ 鉴定 $K^+$ 时,pH 需控制在 3~7,强酸性介质会导致 $NO_2^-$ 分解破坏试剂,碱性介质会生成 $Co(OH)_3$ 沉淀。第四组和第五组离子的分离鉴定流程如图 4-5 所示。

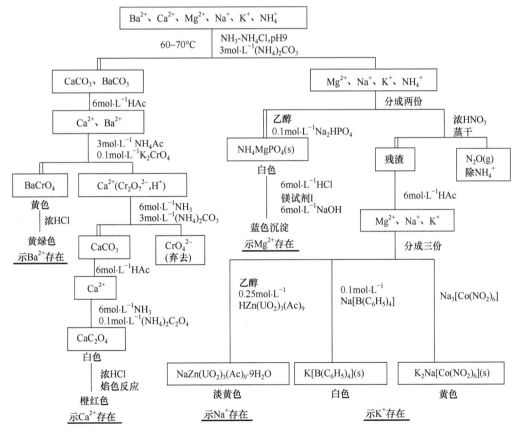

图 4-5　第四组和第五组离子的分离鉴定流程

### 2. 两酸两碱系统

该系统是以氢氧化物的沉淀与溶解为分组基础的分析方法,组试剂为 HCl、$H_2SO_4$、NaOH、$NH_3 \cdot H_2O$,其分析离子分组流程如图 4-6 所示。

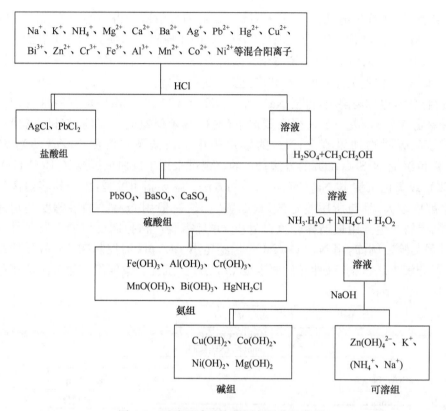

图 4-6　两酸两碱系统分析离子分组流程

## 4.3.2　阴离子分析

混合阴离子的分析没有一定的系统方法,一般是根据其中的离子性质自行设计分离和鉴定的流程。以 $Cl^-$、$Br^-$、$I^-$、$CO_3^{2-}$、$SO_4^{2-}$、$PO_4^{3-}$ 混合阴离子为例,用 $HNO_3$ 酸化的 $AgNO_3$ 分离 AgX,同时鉴定 $CO_3^{2-}$,利用 AgX 溶解度差别,用氨水分离出 $Cl^-$,进一步加 $HNO_3$ 产生 AgCl 白色沉淀或用显微镜观察其微观结晶形貌鉴定 $Cl^-$;用 Zn 粉将 $Br^-$、$I^-$ 转化入溶液,用滴加氯水的方法鉴定 $I^-$、$Br^-$,$Br^-$ 也可用与无色品红的反应进行鉴定(变为红色),$I^-$ 还可用下述方法鉴定:

$$Bi^{3+} + 5(tu) + Cu^{2+} + 5I^- \Longrightarrow [Bi(tu)_3]I_3 \cdot [Cu(tu)_2]I\downarrow (橙红色) + 1/2 I_2$$

$PO_4^{3-}$ 采用生成钼磷酸铵黄色沉淀的方法进行分离和鉴定,而 $SO_4^{2-}$ 采用生成不溶于 $HNO_3$ 的 $BaSO_4$ 白色沉淀鉴定。混合阴离子的分离鉴定流程如图 4-7 所示。

另外,$ClO_3^-$、$SO_3^{2-}$、$S_2O_3^{2-}$、$S_2O_8^{2-}$、$S^{2-}$、$NO_3^-$、$NO_2^-$、$AsO_4^{3-}$、$[B(OH)_4]^-$、$VO_4^{3-}$、$CrO_4^{2-}$、$MoO_4^{2-}$、$WO_4^{2-}$、$MnO_4^-$ 等特征鉴定反应参见相关无机化学教材,在此不再赘述。

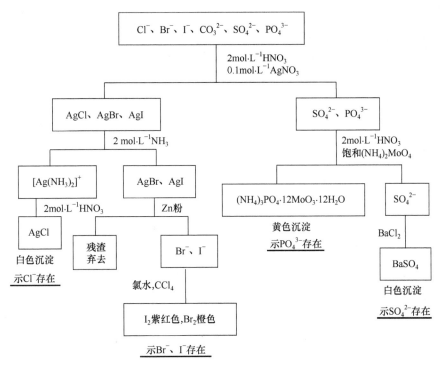

图 4-7　混合阴离子的分离鉴定流程

（北京科技大学　王明文）

## 实验 26　碱金属、碱土金属、铝

### 一、实验目的

（1）通过实验证实水溶液中的酸碱反应、沉淀反应存在化学平衡及平衡移动的规则，如同离子效应、溶度积规则、酸溶沉淀等。

（2）了解镁、钙、钡的氢氧化物的生成和性质。

（3）了解钠、钾、镁、钙、钡难溶盐的生成及其部分难溶盐的溶解性。

（4）掌握硫酸盐、草酸盐、碳酸盐、磷酸盐等常见难溶盐。

### 二、仪器和试剂

仪器：离心试管，试管，量筒（10mL），玻璃棒，滴管，试管夹，酒精灯，蒸发皿，离心机，研钵。

试剂：铝试剂，铝片，甲基橙（0.05%），酚酞（0.1%），pH 试纸，LiCl（1mol・$L^{-1}$），NaCl（1mol・$L^{-1}$），KCl（1mol・$L^{-1}$），$NH_4Cl$（饱和），$MgCl_2$（0.1mol・$L^{-1}$、1mol・$L^{-1}$），$CaCl_2$（0.1mol・$L^{-1}$、1mol・$L^{-1}$），$SrCl_2$（1mol・$L^{-1}$），$BaCl_2$（0.1mol・$L^{-1}$、1mol・$L^{-1}$），NaF（1.0mol・$L^{-1}$），$Na_2HPO_4$（0.1mol・$L^{-1}$），$Na_2SO_4$（0.1mol・$L^{-1}$），$Zn(UO_2)_3(Ac)_8$（0.1mol・$L^{-1}$），酒石酸氢钠（饱和），$Na_3[Co(NO_2)_6]$，$Na_2CO_3$（1mol・$L^{-1}$），$(NH_4)_2CO_3$（0.5mol・$L^{-1}$），$(NH_4)_2C_2O_4$（饱和），$K_2CrO_4$（1mol・$L^{-1}$），$HgCl_2$（0.1mol・$L^{-1}$），$(NH_4)_2S$

$(3mol \cdot L^{-1})$，$Na_2CO_3$ $(0.1mol \cdot L^{-1})$，$Al_2(SO_4)_3$ $(0.1mol \cdot L^{-1}、0.5mol \cdot L^{-1})$，HCl $(0.1mol \cdot L^{-1}、2mol \cdot L^{-1}、6mol \cdot L^{-1}、浓)$，$H_2SO_4$ $(1mol \cdot L^{-1}、2mol \cdot L^{-1}、浓)$，$HNO_3$ $(2mol \cdot L^{-1}、6mol \cdot L^{-1})$，HAc$(0.1mol \cdot L^{-1}、2mol \cdot L^{-1}、6mol \cdot L^{-1})$，NaOH$(0.1mol \cdot L^{-1}、2mol \cdot L^{-1}、6mol \cdot L^{-1})$，$NH_3 \cdot H_2O(0.1mol \cdot L^{-1}、2mol \cdot L^{-1})$。

备注:若为微型实验,则试剂用量为下述"三、实验内容"中常量实验所示用量的 1/4～1/5。

### 三、实验内容

1. 镁、钙、钡的氢氧化物的生成和性质

1) 氢氧化镁的生成和性质

在三支试管中各加入 0.5mL $MgCl_2$$(0.1mol \cdot L^{-1})$溶液,再各滴加 NaOH$(2mol \cdot L^{-1})$溶液,观察生成的氢氧化镁的颜色和状态。然后分别试验其与饱和 $NH_4Cl$、HCl$(2mol \cdot L^{-1})$、NaOH$(2mol \cdot L^{-1})$溶液的作用,写出反应式,并解释。

2) 镁、钙、钡氢氧化物的溶解性

(1) 在三支试管中分别加入 0.5mL 浓度均为 $0.1mol \cdot L^{-1}$ 的 $MgCl_2$、$CaCl_2$、$BaCl_2$ 溶液,然后加入等体积新配制的(不含 $CO_3^{2-}$)NaOH$(2mol \cdot L^{-1})$溶液,观察三支试管中沉淀的量。根据实验结果,比较镁、钙、钡氢氧化物溶解度的大小。

(2) 在三支试管中分别加入体积均为 0.5mL、浓度均为 $0.1mol \cdot L^{-1}$ 的 $MgCl_2$、$CaCl_2$、$BaCl_2$ 溶液,然后加入等体积新配制的 $NH_3 \cdot H_2O$$(2mol \cdot L^{-1})$,观察现象,哪支试管有沉淀?为什么?

2. 碱金属微溶盐

(1) Li 的微溶沉淀:分别向 $1mol \cdot L^{-1}$ LiCl 溶液中滴加 $1.0mol \cdot L^{-1}$ NaF 溶液和 $1.0mol \cdot L^{-1}$ $Na_2HPO_4$ 溶液,观察现象,写出反应式。

(2) 钠难溶盐(钠离子的鉴定反应):取 1 滴钠盐溶液,加 8 滴 $Zn(UO_2)_3(Ac)_8$(乙酸铀酰锌)溶液,用玻璃棒摩擦管壁,观察 $NaAc \cdot Zn(Ac)_2 \cdot 3UO_2(Ac)_2 \cdot 9H_2O$(乙酸铀酰锌钠)沉淀的颜色和形状。

(3) 钾难溶盐:在少量 $1mol \cdot L^{-1}$ KCl 溶液中加入 1mL 饱和酒石酸氢钠($NaHC_4H_4O_6$)溶液,观察难溶盐 $KHC_4H_4O_6$ 晶体的析出。

加一滴钾盐溶液在点滴板上,然后加 1～2 滴 $Na_3[Co(NO_2)_6]$试剂,观察现象。

3. 碱土金属难溶盐

1) 硫酸盐(钡离子的鉴定反应)

在三支试管中分别加入 5 滴浓度均为 $0.1mol \cdot L^{-1}$ 的 $MgCl_2$、$CaCl_2$、$BaCl_2$ 溶液,然后各加入 5 滴 $0.1mol \cdot L^{-1}Na_2SO_4$ 溶液,如无沉淀产生,可用玻璃棒摩擦试管内壁,观察反应产物的颜色和状态,分别用 $HNO_3$$(2mol \cdot L^{-1})$试验各沉淀的溶解性,比较溶解度的大小。

2) 碳酸盐

(1) 取三支试管,分别加入 5 滴浓度均为 $0.1mol \cdot L^{-1}$ 的 $MgCl_2$、$CaCl_2$、$BaCl_2$ 溶液,然后各加入 5 滴 $0.1mol \cdot L^{-1}$ $Na_2CO_3$ 溶液,观察现象,试验上述碳酸盐对 HAc$(2mol \cdot L^{-1})$溶液

的反应,写出反应式。

(2) 取三支试管,分别加入 5 滴浓度均为 $0.1 mol \cdot L^{-1}$ 的 $MgCl_2$、$CaCl_2$、$BaCl_2$ 溶液,然后各加入 2 滴 $2 mol \cdot L^{-1} NH_3 \cdot H_2O$ 和 4 滴 $1 mol \cdot L^{-1} NH_4Cl$ 溶液,再各加入 3 滴 $0.5 mol \cdot L^{-1} (NH_4)_2CO_3$ 溶液,观察现象。

3) 草酸盐

分别向 $1 mol \cdot L^{-1} MgCl_2$、$CaCl_2$、$BaCl_2$ 溶液中滴加饱和 $(NH_4)_2C_2O_4$ 溶液,制得的沉淀经离心分离后再分别与 $2 mol \cdot L^{-1} HAc$、$HCl$ 反应,观察现象,写出反应式。

4) 铬酸盐

分别向 $1 mol \cdot L^{-1} CaCl_2$、$SrCl_2$、$BaCl_2$ 溶液中滴加 $1 mol \cdot L^{-1} K_2CrO_4$ 溶液,观察是否生成沉淀。沉淀经离心分离后再分别与 $2 mol \cdot L^{-1} HAc$、$HCl$ 反应,观察现象,写出反应式。

5) 磷酸镁铵的生成

在 $0.5 mL MgCl_2$ 溶液中加入几滴 $2 mol \cdot L^{-1} HCl$ 及 $0.5 mL$ $0.1 mol \cdot L^{-1} Na_2HPO_4$ 溶液,再加 4～5 滴 $2 mol \cdot L^{-1} NH_3 \cdot H_2O$,振荡试管,观察现象,写出反应式。

### 4. 金属铝和铝盐的性质及铝离子的鉴定

1) 金属铝在空气中的氧化以及与水的反应

取一片铝片,用砂纸擦净,放在点滴板上,在清洁的铝片表面上滴 1 滴 $HgCl_2$($0.1 mol \cdot L^{-1}$)溶液。当此溶液覆盖下的金属表面呈灰色时,用碎滤纸将液体擦去,并继续将湿润处擦干;然后将此金属放置在空气中,观察铝片表面有大量蓬松的 $Al_2O_3$ 析出,再将铝片置入盛水的试管中,观察氢气的放出,如果气体产生过于缓慢,将此试管微微加热。写出反应式。

2) 铝盐的水解性

(1) 取 5 滴 $Al_2(SO_4)_3$($0.5 mol \cdot L^{-1}$)溶液,滴加 2～3 滴 $(NH_4)_2S$($3 mol \cdot L^{-1}$)溶液,观察现象。

(2) 取 5 滴 $Al_2(SO_4)_3$($0.1 mol \cdot L^{-1}$)溶液,滴加 3 滴 $NaHCO_3$($0.5 mol \cdot L^{-1}$)溶液,观察沉淀生成。

3) 氢氧化铝的两性

取 $Al_2(SO_4)_3$($0.1 mol \cdot L^{-1}$)溶液各 2 滴分盛于三个点滴板穴中,各滴加氨水($2 mol \cdot L^{-1}$),观察 $Al(OH)_3$ 沉淀生成。然后分别试验沉淀与稀酸、稀碱及过量氨水的反应,观察现象,写出反应式。

4) $Al^{3+}$ 的鉴定

取 3 滴 $HAc$($6 mol \cdot L^{-1}$)溶液于点滴板穴中,加入 1 滴 $Al_2(SO_4)_3$($0.5 mol \cdot L^{-1}$)与 1 滴铝试剂[黄金三羧酸铵$(NH_4)_3C_{19}H_{11}O_3(COO)_3$]作用,生成红色螯合物,加 $NH_3 \cdot H_2O$($2 mol \cdot L^{-1}$)碱化后,得到鲜红色絮状沉淀。

## 四、思考题

(1) 试验镁、钙、钡氢氧化物的溶解性时,所用的 $NaOH$ 溶液为什么必须是新配制的?

(2) 用 $(NH_4)_2CO_3$ 作沉淀剂沉淀 $Ba^{2+}$ 等,为什么要加入 $NH_3 \cdot H_2O$?

(3) 如何制备无水三氯化铝? $Al$、$Al_2O_3$、$Al(OH)_3$ 的共性是什么?

(北京科技大学　王明文)

## 实验 27　硼族、碳族和氮族元素

### 一、实验目的

（1）熟悉硼酸、磷酸盐酸碱性和溶解性，碳酸盐、硅酸盐与 $PCl_5$ 的水解。

（2）熟悉亚硝酸、硝酸的氧化性和硝酸盐的热稳定性。

（3）熟悉锡、铅、锑、铋的化合物的性质。

（4）掌握 $NH_4^+$、$NO_3^-$、$NO_2^-$ 和锡、铅、锑、铋的离子鉴定方法。

### 二、仪器和试剂

仪器：离心试管，试管，量筒（10mL），玻璃棒，滴管，烧杯，试管夹，酒精灯，蒸发皿，点滴板，离心机。

试剂：$SbCl_3(s)$，$Bi(NO_3)_3(s)$，$NaBiO_3(s)$，$PbO_2(s)$，硼酸（s），$FeSO_4 \cdot 7H_2O(s)$，$KNO_3(s)$，$PCl_5(s)$，铜屑，锌片，铝屑，锡粒，锡片，$CCl_4$，乙醇，甘油，冰块，pH 试纸，淀粉-KI 试纸，奈斯勒试剂，酚酞，$Na_3PO_4(0.1mol \cdot L^{-1})$，$Na_2HPO_4(0.1mol \cdot L^{-1})$，$NaH_2PO_4(0.1mol \cdot L^{-1})$，$AgNO_3(0.1mol \cdot L^{-1})$，$Na_2CO_3(0.1mol \cdot L^{-1})$，$NaHCO_3(0.1mol \cdot L^{-1})$，$Na_2SiO_3(20\%)$，$CuSO_4(0.1mol \cdot L^{-1})$，$NaNO_2$（饱和，$0.1mol \cdot L^{-1}$、$0.5mol \cdot L^{-1}$），$NaNO_3(0.5mol \cdot L^{-1})$，$KI(0.1mol \cdot L^{-1})$，$KMnO_4(0.01mol \cdot L^{-1})$，$SbCl_3(0.1mol \cdot L^{-1})$，$Bi(NO_3)_3(0.1mol \cdot L^{-1})$，$CaCl_2(0.1mol \cdot L^{-1})$，$BaCl_2(1mol \cdot L^{-1})$，$SnCl_2(0.1mol \cdot L^{-1})$，$SnCl_4(0.1mol \cdot L^{-1})$，$Pb(NO_3)_2(0.1mol \cdot L^{-1})$，$FeCl_3(0.1mol \cdot L^{-1})$，$HgCl_2(0.1mol \cdot L^{-1})$，$Na_2S(0.1mol \cdot L^{-1}$、$0.5mol \cdot L^{-1}$、$1mol \cdot L^{-1})$，$(NH_4)_2S_2(1mol \cdot L^{-1})$，$NH_4Cl(0.1mol \cdot L^{-1})$，$H_2S$（饱和），$HCl(0.1mol \cdot L^{-1}$、$2mol \cdot L^{-1}$、$6mol \cdot L^{-1}$，浓），$H_2SO_4(1mol \cdot L^{-1}$、$2mol \cdot L^{-1}$、$3mol \cdot L^{-1}$，浓），$HNO_3(6mol \cdot L^{-1})$，$HAc(0.1mol \cdot L^{-1}$、$2mol \cdot L^{-1}$、$6mol \cdot L^{-1})$，$NaOH(0.1mol \cdot L^{-1}$、$2mol \cdot L^{-1}$、$6mol \cdot L^{-1}$，$40\%)$，$NH_3 \cdot H_2O(0.1mol \cdot L^{-1}$、$2mol \cdot L^{-1})$。

### 三、实验内容

**1. 硼酸及硼砂的重要性质**

（1）取少量硼酸晶体溶于约 2mL 水中（为方便溶解，可微热），冷却至室温后测其 pH。再向硼酸溶液中加入几滴甘油，测 pH。写出反应式，并解释。

（2）取少量硼酸晶体于蒸发皿中，加入少许乙醇和几滴浓 $H_2SO_4$，混匀后点燃，观察火焰颜色，并解释。

**2. 碳酸盐和硅酸盐**

（1）试验 $0.1mol \cdot L^{-1}$ $Na_2CO_3$ 溶液、$0.1mol \cdot L^{-1}$ $NaHCO_3$ 溶液和 $20\%$ $Na_2SiO_3$ 溶液的 pH。

（2）在 3 滴 $CuSO_4(0.1mol \cdot L^{-1})$ 溶液中加入 3 滴 $Na_2CO_3(0.1mol \cdot L^{-1})$ 溶液，观察沉淀的颜色和气体的产生，写出反应式。

（3）硅酸凝胶的生成：取 6 滴 $Na_2SiO_3(20\%)$ 溶液于点滴板中，加入 1 滴酚酞，再滴加 HCl（$6mol \cdot L^{-1}$），至溶液刚呈粉红色为止（控制 pH 8~9），充分搅拌，观察现象，并写出反应式。

　　3. 亚硝酸及其盐的性质

　　(1) 亚硝酸的生成与分解:把已用冰水冷却的约 5 滴饱和 $NaNO_2$ 溶液与约 5 滴 3mol·$L^{-1}$ $H_2SO_4$ 混合均匀,观察现象,放置后又有什么变化? 为什么?

　　(2) 亚硝酸的氧化性:取少量 0.1mol·$L^{-1}$ KI 溶液用 $H_2SO_4$ 酸化,再加入几滴 $NaNO_2$ 溶液,观察反应及产物的颜色和状态,微热试管,又有什么变化? 写出反应式。

　　(3) 亚硝酸的还原性:将几滴 $KMnO_4$ 溶液用 $H_2SO_4$ 酸化后滴加 0.1mol·$L^{-1}$ $NaNO_2$ 溶液,观察现象,写出反应式。

　　(4) 亚硝酸根的检出:取 1 滴 $NaNO_2$(0.1mol·$L^{-1}$)于点滴板中,加入 2 粒绿豆粒大小的 $FeSO_4$ 晶体,用玻璃棒搅拌溶解后,再加入 1 滴 HAc(2mol·$L^{-1}$),观察现象。

　　(注意亚硝酸及其盐有毒,切勿入口!)

　　4. 硝酸及其盐的性质

　　(1) 硝酸的氧化性:分别试验浓硝酸与金属铜、稀硝酸与金属铜、稀硝酸与活渡金属(锌)的反应,产物各是什么? 写出反应式。总结稀硝酸与浓硝酸被还原的规律,并验证稀硝酸与 Zn 反应产物中 $NH_3$ 或 $NH_4^+$ 的存在。

　　(2) 在干燥试管中加入 1g $KNO_3$ 晶体,加热使其熔化,将带余烬火柴梗迅速投入试管中,火柴又复燃,试解释。

　　(3) 硝酸盐的检验:取少量固体 $FeSO_4·7H_2O$ 于试管中,滴加 10 滴 0.5mol·$L^{-1}$ $NaNO_3$ 溶液溶解后,在试管上口慢慢滴入浓硫酸,注意观察浓硫酸与混合液接界处的现象,写出反应式。

　　5. 磷酸盐的酸碱性和溶解性

　　(1) 酸碱性:分别检验 0.1mol·$L^{-1}$ $Na_3PO_4$、$Na_2HPO_4$ 和 $NaH_2PO_4$ 水溶液的 pH。以等物质的量的 $AgNO_3$ 溶液分别加入这些溶液中,产生沉淀后溶液的 pH 又有什么变化? 试解释。

　　(2) 钙盐的溶解性:在三个点滴板穴中各加入 2 滴 $CaCl_2$(0.1mol·$L^{-1}$)溶液,然后分别加入等量的 0.1mol·$L^{-1}$ $Na_3PO_4$、$Na_2HPO_4$、$NaH_2PO_4$ 三种溶液,观察有无沉淀生成,比较其溶解性。

　　(3) $PCl_5$ 的水解(演示实验,学生不做):把黄豆粒大小的 $PCl_5$ 固体加入盛有 10mL 蒸馏水的干净小烧杯中,加热至沸,写出水解反应式。用 $AgNO_3$ 检验其中的水解产物 $PO_4^{3-}$ 的存在。

　　6. 锡、铅、锑、铋

　　1) 锡、铅氢氧化物的两性

　　(1) α-锡酸及 β-锡酸的生成与性质:通常用 Sn(Ⅳ)与碱反应制得的 $Sn(OH)_4$ 是 α-锡酸;由锡粒与浓 $HNO_3$ 加热下制得的 $Sn(OH)_4$ 是 β-锡酸。α-锡酸经加热或放置较长时间后都会转化为 β-锡酸。

　　α-锡酸的制备与性质:向少量 0.1mol·$L^{-1}$ $SnCl_4$ 溶液中滴加 2mol·$L^{-1}$ $NH_3·H_2O$,观察现象,把沉淀分成两份,分别试验其与 2mol·$L^{-1}$ NaOH、2mol·$L^{-1}$ HCl 溶液的作用,写出反应式。

β-锡酸的制备与性质:在试管中放入 1~2 粒锡粒,加入少量浓 $HNO_3$,在通风橱内稍加热,观察现象。把沉淀分成两份,分别试验其与 40% NaOH、6mol·L$^{-1}$ HCl 的反应,写出反应式。

总结 α-、β-锡酸性质上的异同及它们的关系。

(2) 在点滴板穴中各加入 2 滴 $SnCl_2$(0.1mol·L$^{-1}$)制取 2 份 $Sn(OH)_2$(应逐滴滴加碱液,为什么?),试验其两性,写出反应式。

(3) 在点滴板穴中各加入 2 滴 $Pb(NO_3)_2$(0.1mol·L$^{-1}$)制取 2 份 $Pb(OH)_2$,验证其两性(试验其碱性用什么酸?),写出反应式。

2) 锡的还原性和铅的氧化性

(1) 取 4 滴 $SnCl_2$(0.1mol·L$^{-1}$)于点滴板中,再逐滴加入 $FeCl_3$(0.1mol·L$^{-1}$),观察现象,写出反应式。

(2) 取 1 滴 $HgCl_2$(0.1mol·L$^{-1}$)溶液于点滴板中,逐滴加入 $SnCl_2$(0.1mol·L$^{-1}$)溶液,观察现象。继续滴加 $SnCl_2$,又有何变化(该反应用来鉴定 $Hg^{2+}$ 和 $Sn^{2+}$)?

(3) 取绿豆粒大小的 $PbO_2$ 于点滴板中,加入 1 滴浓 HCl,观察现象并验证气体产物,写出反应式(建议演示)。

3) 锡、铅的硫化物

(1) SnS 的生成和性质:在两支离心试管中分别加入 2 滴 $SnCl_2$(0.1mol·L$^{-1}$)溶液,各加入 3 滴 $H_2S$(饱和溶液),观察沉淀生成,离心分离,弃去上层清液,用少量蒸馏水洗涤沉淀,再离心分离,分别逐滴加入 $Na_2S$(1mol·L$^{-1}$)和 $(NH_4)_2S_2$(1mol·L$^{-1}$)。若沉淀溶解,再用稀 HCl 酸化,观察变化,写出有关反应式。

(2) PbS 的生成和性质:在 $Pb(NO_3)_2$(0.1mol·L$^{-1}$)溶液中滴加 $H_2S$ 饱和溶液,观察沉淀生成。再按上述(1)的方法分别试验沉淀,是否反应。

根据实验结果,比较 SnS 和 PbS 在性质上的差异。

4) $Sb^{3+}$ 和 $Bi^{3+}$ 的硫化物

(1) 在两支离心试管中分别加入 2 滴 $SbCl_3$(0.1mol·L$^{-1}$)溶液,各加入 3 滴 $Na_2S$(0.1mol·L$^{-1}$),观察沉淀的颜色。离心沉降,弃去上层清液,用少量蒸馏水洗涤沉淀,再离心分离;在两支试管中分别加入 $Na_2S$(0.5mol·L$^{-1}$)和 HCl(2mol·L$^{-1}$),振荡,哪一支试管中沉淀溶解? 在溶解的试管中再加 HCl(2mol·L$^{-1}$),沉淀是否再次出现? 试解释,并写出有关反应式。

(2) 在两支离心试管中分别加入 2 滴 $BiCl_3$(0.1mol·L$^{-1}$)溶液,用与上述(1)相同的方法,试验 $Bi_2S_3$ 是否与 HCl 和 $Na_2S$ 作用,并与 $Sb_2S_3$ 比较。

5) $Sb^{3+}$ 和 $Bi^{3+}$ 的水解与氢氧化物的酸碱性

分别取少量 $SbCl_3$(s)和 $BiCl_3$(s),以少量水溶解,观察现象,检测 pH。分别试验沉淀与 2mol·L$^{-1}$ HCl 和 2mol·L$^{-1}$ NaOH 的作用,检验水解产生氢氧化物的酸碱性,写出有关反应式。

6) $Sb^{3+}$ 和 $Bi^{3+}$ 的鉴定

(1) 在一小片光亮锡片上滴加 1 滴 $SbCl_3$(0.1mol·L$^{-1}$)溶液,锡片呈现黑色,此法鉴定 $Sb^{3+}$ 的存在,写出反应式。

(2) 在 2 滴 $SnCl_2$(0.1mol·L$^{-1}$)溶液中逐滴加入 NaOH(2mol·L$^{-1}$)至白色沉淀溶解,再加数滴,然后加入 1 滴 $BiCl_3$(0.1mol·L$^{-1}$)溶液,观察现象,写出反应式。改用 $SbCl_3$

$(0.1mol \cdot L^{-1})$ 进行此实验,仔细观察现象的异同。

**四、思考题**

(1) 实验室中为什么可以用磨砂口玻璃器皿储存酸液而不能用以储存碱液?

(2) $H_2CO_3$ 和 $H_2SiO_3$ 性质有何异同?下列两个反应有无矛盾?为什么?

$$CO_2 + Na_2SiO_3 + H_2O =\!\!=\!\!= H_2SiO_3 + Na_2CO_3$$
$$Na_2CO_3 + SiO_2 =\!\!=\!\!= Na_2SiO_3 + CO_2 \uparrow (高温下进行)$$

(3) 不同的金属离子与 $Na_2CO_3$ 作用时,为什么有的生成碳酸盐,有的生成碱式盐,而有的生成氢氧化物?各举一例。

(4) $HNO_3$ 和金属反应的产物是什么(联系 $HNO_3$ 的浓稀与还原剂强弱考虑)?

(5) 比较亚硝酸和硝酸的氧化性、稳定性。用棕色环法鉴定 $NO_3^-$、$NO_2^-$ 的条件有什么不同?为什么?

(6) 如何检验 +2 价锡和铅的氢氧化物具有两性?在证明 $Pb(OH)_2$ 具有碱性时,用什么酸与它反应为宜?

(7) 实验室中配制 $SnCl_2$ 溶液,往往既加 HCl 又加锡粒,为什么?

(北京科技大学 王明文)

## 实验 28 氧族和卤素元素

**一、实验目的**

(1) 熟悉卤素单质的氧化性和卤素离子的还原性、卤素含氧酸盐的氧化性。

(2) 试验 $H_2O_2$ 的重要性质。

(3) 认识 $SO_3^{2-}$ 的氧化性和还原性,$S_2O_3^{2-}$、$H_2S$ 的还原性。

**二、仪器和试剂**

仪器:离心试管,试管,量筒(10mL),玻璃棒,滴管,烧杯,试管夹,酒精灯,蒸发皿,点滴板,离心机。

试剂:$KClO_3(s)$,$MnO_2(s)$,$FeS(s)$,$Na_2SO_3(s)$,$KMnO_4(s)$,$CCl_4$,淀粉(0.5%、1%),无水乙醇,pH 试纸,KI-淀粉试纸,乙酸铅试纸,氯水(自制),溴水,碘水,$H_2O_2(3\%)$,$KClO_3$(饱和),$NaCl(0.1mol \cdot L^{-1})$,$KBr(0.1mol \cdot L^{-1})$,$KI(0.01mol \cdot L^{-1}$、$0.1mol \cdot L^{-1}$、$0.5mol \cdot L^{-1}$、$2mol \cdot L^{-1})$,$Na_2SO_3(2mol \cdot L^{-1}$,饱和),$Na_2S_2O_3(0.1mol \cdot L^{-1}$、$0.5mol \cdot L^{-1})$,$MnSO_4$ $(0.1mol \cdot L^{-1})$,$AgNO_3(0.1mol \cdot L^{-1})$,$Pb(NO_3)_2(0.1mol \cdot L^{-1})$,$KMnO_4(0.01mol \cdot L^{-1})$,$K_2Cr_2O_7(0.1mol \cdot L^{-1})$,$Na_2S(0.1mol \cdot L^{-1})$,$Na_2[Fe(CN)_5NO](1\%)$,$H_2S$(饱和),$SO_2$(水溶液),$H_2SO_4(1mol \cdot L^{-1}$、$2mol \cdot L^{-1}$、$3mol \cdot L^{-1}$、$6mol \cdot L^{-1}$,浓),$HCl(2mol \cdot L^{-1}$、$6mol \cdot L^{-1}$,浓),$HNO_3(2mol \cdot L^{-1}$、$6mol \cdot L^{-1}$,浓),$NH_3 \cdot H_2O(2mol \cdot L^{-1}$、$6mol \cdot L^{-1}$,浓),$KOH(2mol \cdot L^{-1})$,$NaOH(2mol \cdot L^{-1}$、$6mol \cdot L^{-1}$,40%),$Ba(OH)_2(0.15mol \cdot L^{-1})$。

备注:若为微型实验,则试剂用量为下述"三、实验内容"中常量实验所示用量的 1/4~1/5。

### 三、实验内容

**1. 卤素的氧化还原性**

（1）氯水、溴水、碘水氧化性差异的比较：分别实验氯水、溴水、碘水与 $0.1mol \cdot L^{-1}$ $Na_2S_2O_3$ 溶液和饱和 $H_2S$ 水溶液的作用，仔细观察现象差别，验证反应产物，写出反应式。

（2）现有 $KBr(0.1mol \cdot L^{-1})$ 溶液、$KI(0.1mol \cdot L^{-1})$ 溶液、氯水、溴水、$CCl_4$，设计实验比较氯、溴、碘氧化性的强弱。

（3）氯水对溴、碘离子混合溶液的氧化顺序：在试管内加入 $0.5mL$（约 10 滴）$0.1mol \cdot L^{-1}$ KBr 溶液及 2 滴 $0.01mol \cdot L^{-1}$ KI 溶液，然后再加 $0.5mL$ $CCl_4$，逐滴加入氯水，仔细观察 $CCl_4$ 液层颜色的变化，写出有关反应式。

通过以上实验说明卤素氧化性的递变顺序。

**2. 卤素含氧酸盐的氧化性**

1）次氯酸钾

取氯水 5mL 逐滴加入 $2mol \cdot L^{-1}$ KOH 至溶液呈弱碱性（用 pH 试纸检验）。将溶液分成三份，分别与 $2mol \cdot L^{-1}$ HCl、$0.1mol \cdot L^{-1}$ $MnSO_4$ 溶液、用 $H_2SO_4$ 酸化的碘化钾-淀粉溶液反应。观察现象，检验产物，写出反应式。

2）氯酸钾

（1）取少量 $KClO_3$ 晶体置于试管中，加入少许浓盐酸，注意逸出气体的气味，检验气体产物，写出反应式，并解释。

（2）分别试验饱和 $KClO_3$ 溶液与 $0.1mol \cdot L^{-1}$ $Na_2SO_3$ 溶液在中性及酸性条件下（用什么酸酸化）的反应，用 $AgNO_3$ 验证反应产物，该实验如何说明了 $KClO_3$ 的氧化性与介质酸碱性的关系？

（3）取少量 $KClO_3$ 晶体，用 $1\sim2mL$ 水溶解，加入少量 $CCl_4$ 及 $0.1mol \cdot L^{-1}$ KI 溶液数滴，摇动试管，观察水相及有机相有什么变化，再加入 $6mol \cdot L^{-1}$ $H_2SO_4$ 酸化溶液，又有什么变化？写出反应式。能否用 $HNO_3$ 或 HCl 酸化溶液？为什么？

**3. $H_2O_2$ 的氧化还原性**

（无特别说明，均使用 3% $H_2O_2$）

1）弱酸性

在小试管中加入数滴 30%$H_2O_2$ 浓溶液，再加入少量酚酞，振荡，观察现象；在另一小试管中加入约 1mL 30%$H_2O_2$ 浓溶液，再加入同体积的 $0.15mol \cdot L^{-1}$ $Ba(OH)_2$ 溶液，振荡，观察现象，并写出反应式。

2）氧化性

（1）在酸性介质中 $H_2O_2$（3%）与 $KI(0.1mol \cdot L^{-1})$ 的作用。为判断反应产物的生成可加淀粉溶液（0.5%）。写出试剂加入量、试剂加入次序，记录实验现象，写出反应式，并用电极电势解释反应的进行。

（2）在少量 $0.1mol \cdot L^{-1}$ $Pb(NO_3)_2$ 溶液中滴加饱和硫化氢水溶液，离心分离后吸去清液,往沉淀中逐滴加入 3% $H_2O_2$ 溶液并用玻璃棒搅动溶液,观察现象,写出反应式。

3) 还原性

(1) 在酸性介质中 $H_2O_2$(3%)与 $KMnO_4$($0.01mol \cdot L^{-1}$)的作用。写出试剂加入量及试剂加入次序,记录实验现象,写出反应式,并用电极电势解释。

(2) 在少量 $0.1mol \cdot L^{-1}$ $AgNO_3$ 溶液中滴加 $2mol \cdot L^{-1}$ NaOH 溶液至棕色沉淀生成,再加入少量 3% $H_2O_2$ 溶液,观察现象。用火柴余烬检验反应生成的气体,写出反应式。另取少量 $0.1mol \cdot L^{-1}$ $AgNO_3$ 溶液,加入少量 3% $H_2O_2$ 溶液,现象又有何不同?试解释。

4) $H_2O_2$ 的分解

(1) 加热约 2mL 3% $H_2O_2$ 溶液,有什么现象发生?用火柴余烬检验产生的气体,写出反应式。

(2) 在少量 3% $H_2O_2$ 溶液中加入少量 $MnO_2$ 固体,观察现象,用火柴余烬检验反应产生的气体,写出反应式。

通过以上实验,简单总结 $H_2O_2$ 的化学性质及实验室的保存方法。

### 4. 硫化氢和硫化物

1) 硫化氢的还原性

各取几滴 $0.1mol \cdot L^{-1}KMnO_4$、$0.1mol \cdot L^{-1}K_2Cr_2O_7$ 溶液用硫酸酸化后,分别滴加 $H_2S$ 饱和溶液,观察现象,写出反应式。

2) $S^{2-}$ 的鉴定

(1) 在点滴板上滴入 1 滴 $Na_2S$($0.1mol \cdot L^{-1}$),再加 1 滴 $Na_2[Fe(CN)_5NO]$试液,出现紫红色,表示 $S^{2-}$ 存在。

(2) 在点滴板上滴入 1 滴 $Na_2S$($0.1mol \cdot L^{-1}$),再加 3 滴 HCl($6mol \cdot L^{-1}$),用湿润的 $Pb(Ac)_2$ 试纸检验,试纸变黑表示有 $S^{2-}$ 存在。

### 5. $SO_2$ 水溶液的性质

(1) 取 1 滴 $H_2S$ 饱和溶液,加入 1 滴 $SO_2$ 溶液,观察现象,写出反应式。

(2) 取 1 滴 $KMnO_4$($0.01mol \cdot L^{-1}$)溶液,加 2~3 滴稀 $H_2SO_4$ 酸化,逐滴加入 $SO_2$ 水溶液,观察现象,写出反应式。

### 6. 硫代硫酸及其盐的性质

(1) 在 5~6 滴 $Na_2S_2O_3$($0.1mol \cdot L^{-1}$)溶液中加入 0.5mL HCl($2.0mol \cdot L^{-1}$),片刻观察现象,有无 $SO_2$ 气体产生?

(2) 取 2 滴 $AgNO_3$($0.1mol \cdot L^{-1}$)溶液,逐滴加入 $Na_2S_2O_3$($0.1mol \cdot L^{-1}$)溶液,至生成的白色沉淀溶解,写出反应式。

(3) 取 2 滴 $AgNO_3$($0.1mol \cdot L^{-1}$)溶液,加入 2 滴 $Na_2S_2O_3$($0.1mol \cdot L^{-1}$)溶液,观察现象,写出有关反应式。

## 四、注意事项

由于氯气、$H_2S$ 具有毒性,$SO_2$ 为刺激性气体,因此本实验需通风良好,特别是制备氯水时需在通风橱内进行。

### 五、思考题

（1）如何鉴别 $HCl$、$SO_2$ 和 $H_2S$ 三种气体？

（2）次氯酸钠和 KI 反应时，若溶液的 pH 过高会有何结果？

（3）实验室用的 $H_2S$ 饱和溶液为什么要现用现配？

（4）在水溶液中 $Na_2S_2O_3$ 与 $AgNO_3$ 反应，什么情况下生成$[Ag(S_2O_3)_2]^{3-}$？什么情况下有 $Ag_2S$ 沉淀生成？

（5）$Na_2S_2O_3$ 和 $I_2$ 反应时能否加酸？为什么？

（北京科技大学　王明文）

## 实验 29　铜副族和锌副族元素

### 一、实验目的

（1）试验并掌握铜、银、锌氢氧化物的酸碱性和稳定性。

（2）试验并掌握铜的价态变化条件。

（3）试验并掌握铜、银、锌的配位能力。

### 二、仪器和试剂

仪器：离心试管，试管，玻璃棒，滴管，试管夹，酒精灯，离心机，点滴板。

试剂：$CuCl_2(s)$，$KBr(s)$，葡萄糖（10%），淀粉溶液（0.5%），$CuSO_4$（0.1mol·$L^{-1}$），$ZnSO_4$（0.1mol·$L^{-1}$），$CdSO_4$（0.1mol·$L^{-1}$），$HgNO_3$（0.1mol·$L^{-1}$），$HgCl_2$（0.1mol·$L^{-1}$），$Hg_2(NO_3)_2$（0.1mol·$L^{-1}$），$K_2Cr_2O_7$（0.1mol·$L^{-1}$），$AgNO_3$（0.1mol·$L^{-1}$），$NaCl$（0.1mol·$L^{-1}$），$KBr$（0.1mol·$L^{-1}$），$KI$（0.1mol·$L^{-1}$、2mol·$L^{-1}$），$Na_2S_2O_3$（0.1mol·$L^{-1}$、0.5mol·$L^{-1}$），$Na_2SO_3$（2mol·$L^{-1}$），$Na_2S$（0.1mol·$L^{-1}$），$K_2CrO_4$（0.1mol·$L^{-1}$），$K_4[Fe(CN)_6]$（0.1mol·$L^{-1}$），$HCl$（0.1mol·$L^{-1}$、2mol·$L^{-1}$、6mol·$L^{-1}$、浓），$H_2SO_4$（1mol·$L^{-1}$），$NH_3·H_2O$（0.1mol·$L^{-1}$、2mol·$L^{-1}$、6mol·$L^{-1}$、浓），$NaOH$（2mol·$L^{-1}$、6mol·$L^{-1}$，40%）。

### 三、实验内容

*1. Cu（Ⅰ）的制备和性质*

（1）往盛有 $CuSO_4$（0.1mol·$L^{-1}$）溶液的试管中滴加 $KI$（0.1mol·$L^{-1}$）溶液，观察有何变化。再向其中滴加 $Na_2S_2O_3$（0.5mol·$L^{-1}$）溶液（不宜过多，为什么？）以除去生成的碘。观察生成的碘化亚铜的颜色和状态，写出反应式。查阅相关数据并计算说明反应为什么会自发进行。

（2）氯化亚铜的形成和性质：取少量固体 $CuCl_2$，加入 2mL 2mol·$L^{-1}$ $Na_2SO_3$ 溶液，搅拌，观察现象，若有沉淀产生，取少量分别试验沉淀与浓氨水和浓盐酸作用，观察现象，写出反应式。

（3）氧化亚铜的形成和性质：在 $CuSO_4$ 溶液中加入过量的 6mol·$L^{-1}$ $NaOH$ 溶液，使最初生成的沉淀完全溶解。然后加入数滴 10% 葡萄糖溶液,摇匀,微热,观察现象。若生成沉淀,离心分离,并用蒸馏水洗涤沉淀。往沉淀中加入 $1mol \cdot L^{-1}$ $H_2SO_4$ 溶液,再观察现象,写出反应式。

### 2. Cu(Ⅱ)的性质

1) 氢氧化铜的生成和性质

往盛有 $CuSO_4$($0.1mol \cdot L^{-1}$)溶液的试管中滴加 NaOH($2mol \cdot L^{-1}$)溶液,观察 $Cu(OH)_2$ 的颜色和状态。把沉淀分成三份,一份加热,其他两份分别滴加 $H_2SO_4$($1mol \cdot L^{-1}$)和过量的 NaOH($6mol \cdot L^{-1}$)溶液。观察有何变化,写出反应式。

2) $Cu^{2+}$ 的鉴定

(1) 取少量固体 $CuCl_2$,然后加入浓盐酸,温热,使固体溶解,再加入少量蒸馏水,观察溶液的颜色,写出反应式。取少量固体 KBr,慢慢加入上述溶液中,直到振荡后不再溶解为止。观察现象,并解释。

(2) 取 2 滴 $CuSO_4$($0.1mol \cdot L^{-1}$)溶液置于点滴板上,加 1 滴 $K_4[Fe(CN)_6]$,观察现象。这是鉴定 $Cu^{2+}$ 的特征反应。

### 3. 银

1) 配合物

利用 $AgNO_3$、NaCl、KBr、KI、$Na_2S_2O_3$、$2mol \cdot L^{-1}$ $NH_3 \cdot H_2O$ 等试剂设计系列试管实验,比较 AgCl,AgBr 和 AgI 溶解度的大小以及 $Ag^+$ 与 $NH_3 \cdot H_2O$、$Na_2S_2O_3$ 生成的配合物稳定性的大小。记录有关现象,写出反应式。

2) 沉淀转化

设计 AgCl 与 $Ag_2CrO_4$ 沉淀间的转化。给定试剂:$AgNO_3$($0.1mol \cdot L^{-1}$)、NaCl($0.1mol \cdot L^{-1}$)、$K_2CrO_4$($0.1mol \cdot L^{-1}$)。设计前考虑以下问题:

(1) 计算反应 $Ag_2CrO_4 + 2Cl^- \rightleftharpoons 2AgCl\downarrow + CrO_4^{2-}$ 的平衡常数,并估计 $Ag_2CrO_4$ 易转化为 AgCl,还是 AgCl 易转化为 $Ag_2CrO_4$。从平衡常数大小说明体系中有过量的 $CrO_4^{2-}$ 对 $Ag_2CrO_4$ 转化为 AgCl 有无影响。

(2) 当 $Ag_2CrO_4$(砖红色)沉淀转化为 AgCl(白色)沉淀时,可观察到哪些实验现象? 怎样选取 $AgNO_3$ 与 $K_2CrO_4$ 的体积,才能保证预测的实验现象均能观察到?

### 4. 锌和镉

(1) 锌的氢氧化物的生成和性质:往盛有 10 滴 $ZnSO_4$($0.1mol \cdot L^{-1}$)溶液的离心试管中滴加 NaOH($2mol \cdot L^{-1}$)溶液,直到大量沉淀生成为止(不可过量)。离心后,将沉淀分成两份,一份加 HCl($2mol \cdot L^{-1}$)溶液,一份加 NaOH($2mol \cdot L^{-1}$)溶液,观察现象,写出反应式。

(2) 锌和镉的配合物:往盛有 10 滴 $ZnSO_4$($0.1mol \cdot L^{-1}$)溶液的试管中滴加 $NH_3 \cdot H_2O$($2mol \cdot L^{-1}$)溶液,观察沉淀的生成。继续滴加 $NH_3 \cdot H_2O$($2mol \cdot L^{-1}$)直至过量,观察沉淀的溶解,写出反应式。用 $CdSO_4$($0.1mol \cdot L^{-1}$)溶液做同样的实验,观察现象,写出反应式。

### 5. 汞

(1) 氧化汞的制备和性质:往盛有 10 滴 $Hg(NO_3)_2$($0.1mol \cdot L^{-1}$)溶液的离心试管中逐

滴加入 NaOH($2mol \cdot L^{-1}$)溶液,观察产物的颜色和状态。离心后弃去清液,将沉淀分成两份,一份滴加 HCl($2mol \cdot L^{-1}$)溶液,另一份滴加过量的 NaOH(40%)溶液,沉淀是否溶解? 与锌和镉的氢氧化物比较,有何异同?

(2) 氯化汞与 $NH_3 \cdot H_2O$ 的反应:在盛有 10 滴 $HgCl_2$($0.1mol \cdot L^{-1}$)溶液的试管中滴加 $NH_3 \cdot H_2O$($2mol \cdot L^{-1}$)溶液,观察沉淀的生成。加入过量的 $NH_3 \cdot H_2O$($2mol \cdot L^{-1}$)溶液,沉淀是否溶解? 写出反应式。

(3) Hg(I)的歧化反应:在 5 滴 $Hg_2(NO_3)_2$($0.1mol \cdot L^{-1}$)溶液中滴加 $NH_3 \cdot H_2O$($2mol \cdot L^{-1}$)溶液,观察现象,写出反应式。

(4) 汞的配位反应。

在盛有 5 滴 $Hg(NO_3)_2$($0.1mol \cdot L^{-1}$)溶液的试管中逐滴加入浓 $NH_3 \cdot H_2O$,观察沉淀的生成,继续滴加浓 $NH_3 \cdot H_2O$,沉淀是否溶解? 写出反应式。

取 3 滴 $Hg(NO_3)_2$($0.1mol \cdot L^{-1}$)溶液于一试管中,逐滴加入 KI($2mol \cdot L^{-1}$)溶液至生成的沉淀又溶解,观察现象,写出反应式。

取 3 滴 $Hg_2(NO_3)_2$($0.1mol \cdot L^{-1}$)溶液于一试管中,逐滴加入 KI($2mol \cdot L^{-1}$)溶液,观察沉淀的颜色,再加入过量的 KI($2mol \cdot L^{-1}$)溶液,沉淀是否溶解? 解释现象,写出反应式,并与上一实验比较。

### 6. 分步沉淀

在离心试管中加 5 滴 $CuSO_4$($0.1mol \cdot L^{-1}$)和 5 滴 $CdSO_4$($0.1mol \cdot L^{-1}$)溶液,再加 10 滴去离子水,搅拌均匀。逐滴加入 $Na_2S$($0.1mol \cdot L^{-1}$)溶液(注意每加 1 滴 $Na_2S$ 均要搅拌均匀),观察生成沉淀的颜色。当加入 5 滴 $Na_2S$ 后,离心分离。再在清液中加 1 滴 $Na_2S$($0.1mol \cdot L^{-1}$),观察生成沉淀的颜色。若此时生成仍是土色沉淀,则充分搅拌,再离心分离,依此操作直至清液中加 1 滴 $Na_2S$ 溶液,出现纯黄色沉淀为止。记录所加 $Na_2S$ 的滴数。

估算把溶液中 $Cu^{2+}$ 完全沉淀为 CuS 所需 $Na_2S$($0.1mol \cdot L^{-1}$)的滴数,解释实际加入滴数大于估算滴数的原因。若要使实际加入滴数接近于估算滴数,应如何操作?

注:CuS 呈黑色,CdS 呈黄色,实验中观察到的土色是黑色与黄色的混合色。

## 四、思考题

(1) 分析 Cu(I)和 Cu(II)、Hg(I)和 Hg(II)各自稳定存在和相互转化的条件,并举例说明。

(2) 使用金属汞及其盐应注意什么问题?

(3) $Hg^{2+}$、$Hg_2^{2+}$ 与 KI 反应的产物有何异同?

(北京科技大学　王明文)

## 实验 30　铬副族元素和钛、钒、锰

### 一、实验目的

(1) 了解 Ti(IV)和 V(V)的某些重要化合物的性质及低氧化态的钛和钒化合物的生成和性质,观察常见氧化态的钛和钒的化合物的颜色。

（2）了解铬和锰的各种常见化合物的生成和性质,掌握铬和锰各种氧化态之间的转化条件。

（3）了解钼、钨的一些重要化合物的性质。

## 二、仪器和试剂

仪器:离心试管,试管,玻璃棒,滴管,试管夹,酒精灯,离心机,点滴板。

试剂:锌粒,锌粉,$NH_4VO_3(s)$,$Na_2C_2O_4(s)$,$NH_4NO_3(s)$,$K_2S_2O_8(s)$,$PbO_2(s)$,$NaBiO_3(s)$,$H_2O_2(3\%)$,溴水,乙醚,戊醇,$TiOSO_4(0.1mol \cdot L^{-1})$,$CuCl_2(0.1mol \cdot L^{-1})$,$NH_4VO_3($饱和$)$,$KMnO_4(0.01mol \cdot L^{-1}、0.1mol \cdot L^{-1})$,$VO_2Cl(0.5mol \cdot L^{-1})$,$NH_4VO_3(0.1mol \cdot L^{-1}$,饱和$)$,$CrCl_3(0.1mol \cdot L^{-1})$,$Cr(NO_3)_3(1mol \cdot L^{-1})$,$Cr_2(SO_4)_3(0.1mol \cdot L^{-1})$,$Na_2CrO_4$$(0.1mol \cdot L^{-1})$,$K_2Cr_2O_7(0.1mol \cdot L^{-1})$,$MnSO_4(0.002mol \cdot L^{-1}、0.1mol \cdot L^{-1}、0.5mol \cdot L^{-1})$,$(NH_4)_2MoO_4(0.1mol \cdot L^{-1}$,饱和$)$,$Na_2WO_4(0.1mol \cdot L^{-1}$,饱和$)$,$Na_2HPO_4(0.1mol \cdot L^{-1})$,$AgNO_3(0.1mol \cdot L^{-1})$,$Na_2CO_3(1mol \cdot L^{-1})$,$Na_2SO_3(0.1mol \cdot L^{-1})$,$H_2SO_4(1mol \cdot L^{-1}、2mol \cdot L^{-1}、3mol \cdot L^{-1}、6mol \cdot L^{-1}$,浓$)$,$HCl(0.1mol \cdot L^{-1}、2mol \cdot L^{-1}、6mol \cdot L^{-1}$,浓$)$,$HNO_3(2mol \cdot L^{-1}$,浓$)$,$H_2C_2O_4(1mol \cdot L^{-1})$,$NH_3 \cdot H_2O(0.1mol \cdot L^{-1}、2mol \cdot L^{-1}、6mol \cdot L^{-1})$,$NaOH(2mol \cdot L^{-1}、6mol \cdot L^{-1}$,40\%$)$。

## 三、实验内容

1. 观察

观察和熟悉下列水合离子颜色,以表格形式写出实验结果。

$[Ti(H_2O)_6]^{3+}$、$[Cr(H_2O)_6]^{3+}$、$[Mn(H_2O)_6]^{2+}$、$[Fe(H_2O)_6]^{3+}$、$[Co(H_2O)_6]^{2+}$、$[Ni(H_2O)_6]^{2+}$、$[Cu(H_2O)_6]^{2+}$;

$CrO_4^{2-}$、$Cr_2O_7^{2-}$、$MnO_4^{2-}$、$MnO_4^-$、$MoO_4^{2-}$、$WO_4^{2-}$、$VO_3^-$。

2. 钛和钒

（1）钛（Ⅳ）和钛（Ⅲ）的氧化还原性:往 $TiOSO_4$ 溶液中,加入一锌粒,观察现象,反应一段时间后,将溶液分装于两支试管中,分别试验它们在空气中及少量 $CuCl_2$ 溶液的反应,观察现象,写出反应式。

（2）钒酸根的聚合反应:取 2mL $NH_4VO_3$（饱和）溶液于试管中,观察颜色,测定 pH;滴加 $HCl(6mol \cdot L^{-1})$,当溶液刚呈红棕色时,测其 pH,再滴加 $HCl(6mol \cdot L^{-1})$,当 pH 为 2 时,是否有沉淀产生? 继续滴加 $HCl(6mol \cdot L^{-1})$,当溶液变成淡黄色时,测其 pH。解释现象,说明钒酸根的聚合程度与溶液的 pH 的关系。

（3）钒的常见氧化态的水合离子颜色及其氧化还原性:取饱和 $NH_4VO_3$ 溶液,用 6mol $\cdot$ $L^{-1}$ 盐酸酸化后加入少量锌粉,放置片刻,仔细观察溶液颜色的变化。并分别试验溶液和不同量 $KMnO_4$ 溶液的反应,使 $V^{2+}$ 氧化成 $V^{3+}$、$VO^{2+}$、$VO_2^+$,观察它们在溶液中的颜色,写出反应式。

（4）$H_2O_2$ 配合物(用于 Ti、V 的鉴定)。

钛（Ⅳ）的鉴定:在少量 $TiOSO_4$ 溶液中,滴加 3\% $H_2O_2$ 溶液,观察现象。再加入少量 6mol $\cdot$ $L^{-1}$ $NH_3 \cdot H_2O$,又有什么现象? 写出反应式。

钒（V）的鉴定：在试管中加入 2 滴 $VO_2Cl(0.5mol \cdot L^{-1})$，加 2 滴 $H_2O_2(3\%)$，观察现象。然后加入过量的 $H_2O_2(3\%)$ 或 $NH_3 \cdot H_2O(2mol \cdot L^{-1})$，再加入 $HCl(6mol \cdot L^{-1})$，观察每一步的现象，写出反应式。

3. 铬

(1) $Cr^{2+}$ 的生成：在 $3\sim5$ 滴 $CrCl_3(0.1mol \cdot L^{-1})$ 溶液中加入 $3\sim5$ 滴 $HCl(6mol \cdot L^{-1})$ 溶液，再加少量锌粉，微热至有大量气体逸出，观察溶液的颜色由暗绿变为天蓝色。用滴管将上部清液转移到另一支试管中，在其中加入数滴浓 $HNO_3$，观察溶液的颜色有何变化，写出反应式。

(2) 氢氧化铬的生成和酸碱性：用 $CrCl_3(0.1mol \cdot L^{-1})$ 溶液和 $NaOH(2mol \cdot L^{-1})$ 溶液生成 $Cr(OH)_3$，检验它的酸碱性。

(3) 在 $Cr_2(SO_4)_3$ 溶液中加入少量固体 $Na_2C_2O_4$，振荡，观察溶液颜色的变化，再逐滴加入 $2mol \cdot L^{-1}$ $NaOH$，观察有无沉淀生成，并解释。写出反应式。

(4) 不同氧化态铬的氧化还原性：利用 $Cr_2(SO_4)_3$、$3\%$ $H_2O_2$、$2mol \cdot L^{-1}$ $NaOH$、$2mol \cdot L^{-1}$ $H_2SO_4$ 等试剂设计系列试管实验，说明在不同介质下，铬的不同氧化态（包括 $CrO_5$）的氧化还原性和它们之间相互转化条件。写出反应式。

4. 钼和钨

(1) 钼酸和钨酸的生成和性质：取 $3\sim5$ 滴饱和 $(NH_4)_2MoO_4$ 溶液于试管中，滴加 $HCl$ $(6mol \cdot L^{-1})$，观察沉淀的生成和颜色，继续滴加 $HCl(6mol \cdot L^{-1})$，观察沉淀的溶解。

取饱和 $Na_2WO_4$ 溶液进行同样的实验，观察沉淀的生成和颜色。将沉淀加热，并实验它是否溶于过量的酸。

比较钼酸和钨酸性质上的差别。

(2) 低氧化态钼和钨化合物的生成：取 $3\sim5$ 滴饱和 $(NH_4)_2MoO_4$ 溶液，用 $HCl(2mol \cdot L^{-1})$ 酸化，加入一小粒锌，摇荡试管，观察溶液颜色有何变化。放置一段时间（可补加几滴 $2mol \cdot L^{-1}$ $HCl$），溶液颜色又有何变化？

取饱和 $Na_2WO_4$ 溶液进行同样的实验，观察现象。

(3) $MoO_4^{2-}$ 的鉴定：取 10 滴饱和 $(NH_4)_2MoO_4$ 溶液于试管中，用 $HNO_3(2mol \cdot L^{-1})$ 酸化，再加入 5 滴 $Na_2HPO_4(0.1mol \cdot L^{-1})$ 溶液和绿豆粒大小的固体 $NH_4NO_3$，水浴加热，观察沉淀的生成（必要时用玻璃棒摩擦试管壁）。

5. 锰

1) 锰（Ⅱ）的还原性
分别试验 $MnSO_4$ 溶液在碱性介质中与空气、溴水的作用。

2) $Mn^{2+}$ 的鉴定反应

(1) 与 $K_2S_2O_8$ 反应：往有 2 滴 $0.002mol \cdot L^{-1}$ $MnSO_4$ 溶液的试管中加入约 $5mL$ $1mol \cdot L^{-1}$ $H_2SO_4$ 和 2 滴 $AgNO_3$ 溶液，再加入少量 $K_2S_2O_8$ 固体，水浴加热，溶液的颜色有什么变化？另取一支试管，不加 $AgNO_3$ 溶液，进行同样实验。比较上述两个实验的现象有什么不同，为什么？写出反应式。

(2) 与 $PbO_2$ 反应：在有少量 $PbO_2(s)$ 的试管中加入 $3mol \cdot L^{-1}$ $H_2SO_4$ 酸化溶液，再加入 1 滴 $0.1mol \cdot L^{-1}$ $MnSO_4$ 溶液，于水浴中加热，观察现象，写出反应式。

(3) 与 $NaBiO_3$ 反应：2 滴 $0.1mol \cdot L^{-1}$ $MnSO_4$ 溶液，用 $2mol \cdot L^{-1}$ $H_2SO_4$ 酸化，加入少量 $NaBiO_3(s)$，观察现象，写出反应式。

3）$Mn^{3+}$ 的生成和性质

取 5 滴 $MnSO_4$($0.5mol \cdot L^{-1}$)溶液加两滴浓 $H_2SO_4$，用冷水冷却试管，然后加 $3\sim5$ 滴 $KMnO_4$($0.01mol \cdot L^{-1}$)溶液，有何现象？将所得的溶液用 $Na_2CO_3$($1mol \cdot L^{-1}$)中和，使 pH 升高，则 $Mn^{3+}$ 歧化为 $Mn^{2+}$ 和 $MnO_2$。

4）锰（Ⅶ）氧化性：在三支试管中分别加入 5 滴 $KMnO_4$($0.01mol \cdot L^{-1}$)溶液，再分别加入 5 滴 $H_2SO_4$($2mol \cdot L^{-1}$)溶液、$NaOH$($6mol \cdot L^{-1}$)溶液和 $H_2O$，然后各加入几滴 $Na_2SO_3$($0.1mol \cdot L^{-1}$)溶液。观察现象，写出有关反应式。

## 四、思考题

(1) 如何实现 $Cr^{3+} \rightarrow [Cr(OH)_4]^- \rightarrow CrO_4^{2-} \rightarrow Cr_2O_7^{2-} \rightarrow CrO_5 \rightarrow Cr^{3+}$ 的转化？如何实现 $Mn^{2+} \rightarrow MnO_2 \rightarrow MnO_4^{2-} \rightarrow MnO_4^- \rightarrow Mn^{2+}$ 的转化？各用反应式表示。

(2) 比较 Cr(Ⅵ)、Mo(Ⅵ)和 W(Ⅵ)的氧化性和稳定性。

(3) 如何存放 $KMnO_4$ 溶液？为什么？

（北京科技大学　王明文）

## 实验 31　铁 系 元 素

### 一、实验目的

(1) 掌握 Fe(Ⅱ)、Co(Ⅱ)、Ni(Ⅱ)的还原性和 Fe(Ⅲ)、Co(Ⅲ)、Ni(Ⅲ)的氧化性。

(2) 掌握 Fe、Co、Ni 的配合物的生成和性质。

### 二、仪器和试剂

仪器：离心试管，试管，玻璃棒，滴管，试管夹，酒精灯，离心机，点滴板。

试剂：铜片，$Na_2C_2O_4(s)$，$NaF(s)$，$H_2O_2$(3%)，碘水，溴水，淀粉溶液(0.5%)，丙酮，戊醇，$CCl_4$，乙二胺(1%)，丁二酮肟(1%)，pH 试纸，KI-淀粉试纸，乙酸铅试纸，$FeCl_3$($0.1mol \cdot L^{-1}$)，$Fe_2(SO_4)_3$($0.1mol \cdot L^{-1}$)，$FeSO_4$($0.1mol \cdot L^{-1}$)，$(NH_4)_2Fe(SO_4)_2$($0.1mol \cdot L^{-1}$)，$KMnO_4$($0.01mol \cdot L^{-1}$)，$K_3[Fe(CN)_6]$($0.1mol \cdot L^{-1}$)，$K_4[Fe(CN)_6]$($0.1mol \cdot L^{-1}$)，KSCN($0.1mol \cdot L^{-1}$，饱和)，KI($0.02mol \cdot L^{-1}$、$0.1mol \cdot L^{-1}$)，$CoCl_2$($0.1mol \cdot L^{-1}$)，$NiSO_4$($0.1mol \cdot L^{-1}$)，KSCN(25%)，EDTA($0.02mol \cdot L^{-1}$)，$Cr_2(SO_4)_3$($0.1mol \cdot L^{-1}$)，$MnSO_4$($0.1mol \cdot L^{-1}$)，$NH_4Cl$($0.1mol \cdot L^{-1}$)，$CuSO_4$($0.1mol \cdot L^{-1}$)，$AgNO_3$($0.1mol \cdot L^{-1}$)，$H_2SO_4$($2mol \cdot L^{-1}$、$6mol \cdot L^{-1}$、浓)，HCl($0.1mol \cdot L^{-1}$、$2mol \cdot L^{-1}$、$6mol \cdot L^{-1}$、浓)，$HNO_3$($2mol \cdot L^{-1}$、浓)，$NH_3 \cdot H_2O$($2mol \cdot L^{-1}$、$6mol \cdot L^{-1}$)，NaOH($2mol \cdot L^{-1}$、$6mol \cdot L^{-1}$、40%)。

### 三、实验内容

**1. 铁盐的性质**

1）$Fe^{2+}$、$Fe^{3+}$ 的水解性

在两支试管中分别加入 0.5mL $FeSO_4$($0.1mol \cdot$ $L^{-1}$)溶液和 0.5mL $FeCl_3$($0.1mol \cdot$

L$^{-1}$)溶液,再加入 0.5mL 去离子水,加热煮沸,有何现象?

2) Fe$^{2+}$ 的还原性

(1) 取几滴 KMnO$_4$(0.01mol · L$^{-1}$)溶液,酸化后滴加 FeSO$_4$(0.1mol · L$^{-1}$)溶液,有何变化? 再加入 2 滴 K$_4$[Fe(CN)$_6$](0.1mol · L$^{-1}$)溶液,又有何变化? 写出反应式。

(2) 取 0.5mL FeSO$_4$(0.1mol · L$^{-1}$)溶液,酸化后加入 H$_2$O$_2$(3%)溶液,微热,观察溶液颜色的变化。再加 2 滴 KSCN(0.1mol · L$^{-1}$)溶液,有何现象? 写出反应式。

(3) 在碘水中加 2 滴淀粉溶液,再逐滴加入 FeSO$_4$(0.1mol · L$^{-1}$)溶液,有无变化?

(4) 用 K$_4$[Fe(CN)$_6$](0.1mol · L$^{-1}$)溶液代替 FeSO$_4$ 溶液,重复上述(2)、(3)实验。

3) Fe$^{3+}$ 的氧化性

(1) 在 FeCl$_3$(0.1mol · L$^{-1}$)溶液中加入 KI(0.02mol · L$^{-1}$)溶液,再加 2 滴淀粉溶液,有何现象? 用 K$_3$[Fe(CN)$_6$](0.1mol · L$^{-1}$)溶液代替 FeCl$_3$ 溶液,重复这一实验。

(2) 在 1mL FeCl$_3$(0.1mol · L$^{-1}$)溶液中浸入一小片铜,观察溶液颜色的变化。

2. Fe、Co、Ni 的氧化还原性对比

(1) 分别在(NH$_4$)$_2$Fe(SO$_4$)$_2$、CoCl$_2$、NiSO$_4$ 溶液中加入 1 滴溴水,观察现象,写出反应式。

(2) 分别在(NH$_4$)$_2$Fe(SO$_4$)$_2$、CoCl$_2$、NiSO$_4$ 溶液中加入 6mol · L$^{-1}$ NaOH,观察现象,将沉淀放置一段时间后,观察有何变化。再将 Co(Ⅱ)、Ni(Ⅱ)生成的沉淀各分成两份,分别加入 3%H$_2$O$_2$ 和溴水,它们各有何变化? 写出反应式。

根据实验结果比较 Fe(Ⅱ)、Co(Ⅱ)、Ni(Ⅱ)还原性差异。

(3) 铁(Ⅲ)、钴(Ⅲ)和镍(Ⅲ)的氧化性:制取 Fe(OH)$_3$、CoO(OH)、NiO(OH)沉淀,并分别加入浓盐酸,观察现象,检查是否有氯气生成,写出反应式。

根据实验结果比较 Fe(Ⅲ)、Co(Ⅲ)、Ni(Ⅲ)氧化性差异。

3. 配合物

(1)观察不同配体的 Co(Ⅱ)配合物的颜色:向饱和 KSCN 溶液中滴加 CoCl$_2$ 溶液至呈蓝紫色,将此溶液分成三份,其中两份分别加入蒸馏水和丙酮,对比颜色差异,并作解释。

$$[Co(NCS)_4]^{2-}+6H_2O \underset{\text{丙酮}}{\rightleftharpoons} [Co(H_2O)_6]^{2+}+4NCS^-$$

(2) 氨合物:分别向 Cr$_2$(SO$_4$)$_3$、MnSO$_4$、FeCl$_3$、(NH$_4$)$_2$Fe(SO$_4$)$_2$、CoCl$_2$ 和 NiSO$_4$ 溶液中滴加 6mol · L$^{-1}$ NH$_3$ · H$_2$O,观察现象,写出反应式,并总结上述金属离子形成氨合物的能力。

(3) 在 FeCl$_3$ 溶液中加入少量 KSCN 溶液,观察现象。然后加入少量固体 Na$_2$C$_2$O$_4$,观察溶液颜色变化,并解释。写出反应式。

(4) 在 NiSO$_4$ 溶液中加入过量 2mol · L$^{-1}$ NH$_3$ · H$_2$O,观察现象。然后逐滴加入 1%乙二胺溶液,再观察现象。

4. 配合物的生成对氧化还原性的影响

(1)往 KI 和 CCl$_4$ 混合溶液中加入 FeCl$_3$ 溶液,观察现象。若上述试液在加入 FeCl$_3$ 之前先加入少量固体 NaF,观察现象有什么不同,并解释。写出反应式。

(2) 在室温下分别对比 $0.1mol \cdot L^{-1}(NH_4)_2Fe(SO_4)_2$ 溶液在有 EDTA 存在下与没有 EDTA 存在下和 $AgNO_3$ 溶液的反应,并解释。

(3) 试验 $Fe_2(SO_4)_3(0.1mol \cdot L^{-1})$ 与 $KI(0.1mol \cdot L^{-1})$ 的作用,$K_3[Fe(CN)_6](0.1mol \cdot L^{-1})$ 与 $KI(0.1mol \cdot L^{-1})$ 的作用(为判别是否有 $I_2$ 生成,可加 $0.5\%$ 淀粉溶液,若溶液变蓝说明有 $I_2$ 生成,若溶液不变蓝则说明没有 $I_2$ 生成)。

再试验 $K_4[Fe(CN)_6](0.1mol \cdot L^{-1})$ 与碘水的作用,$(NH_4)_2Fe(SO_4)_2(0.1mol \cdot L^{-1})$ 与碘水的作用。

写出实验步骤,记录实验现象。从现象总结规律。

(4) 配离子的生成对氧化还原性的影响:查出 $Co^{3+}/Co^{2+}$、$H_2O_2/H_2O$、$O_2/H_2O_2$ 和 $HO_2^-/OH^-$ 电对的 $E^{\ominus}$ 值,判断 $Co^{2+}$ 与 $H_2O_2$ 能否发生反应。

取 5 滴 $CoCl_2(0.1mol \cdot L^{-1})$ 溶液,滴加 $H_2O_2(3\%)$,振荡,观察现象。

取 5 滴 $CoCl_2(0.1mol \cdot L^{-1})$ 溶液,加 5 滴 $NH_4Cl(1mol \cdot L^{-1})$ 溶液和过量的 $NH_3 \cdot H_2O$ $(6mol \cdot L^{-1})$ 溶液,振荡,观察溶液的颜色,滴加 $H_2O_2(3\%)$,振荡,再观察溶液的颜色,根据电极电势判别生成的配离子中 Co 的氧化数,写出反应式。

注:加入 $1mol \cdot L^{-1}$ $NH_4Cl$ 溶液的目的是控制溶液的 pH,尽量避免 $Co(OH)_2$ 沉淀的产生。

5. 沉淀的生成对氧化还原性的影响

在离心试管中加 10 滴 $(NH_4)_2Fe(SO_4)_2(0.1mol \cdot L^{-1})$ 溶液、1 滴淀粉溶液($0.5\%$)和 $1\sim2$ 滴碘水,搅拌,观察实验现象。

再向该离心试管中滴加 $AgNO_3(0.1mol \cdot L^{-1})$ 溶液,边滴加边搅拌,至蓝色褪去。

根据实验现象判别是否发生了反应,发生了什么反应。写出反应式,查出和计算相应的电极电势,解释反应的进行。

6. 配合物应用——金属离子的鉴定

(1) 铁、铜的鉴定(使用点滴板)。

$Fe^{3+}$:2 滴 $Fe_2(SO_4)_3(0.1mol \cdot L^{-1})$ 溶液,加 1 滴 $K_4[Fe(CN)_6]$,观察现象。

$Fe^{2+}$:2 滴 $(NH_4)_2Fe(SO_4)_2(0.1mol \cdot L^{-1})$ 溶液,加 1 滴 $K_3[Fe(CN)_6]$,观察现象。

$Cu^{2+}$:2 滴 $CuSO_4(0.1mol \cdot L^{-1})$ 溶液,加 1 滴 $K_4[Fe(CN)_6]$,观察现象。

(2) 钴(Ⅱ)的鉴定:在 $CoCl_2$ 溶液中加入戊醇(或丙酮)后,再滴加饱和 KSCN 溶液,观察现象,写出反应式。

(3) 镍(Ⅱ)的鉴定:$NiSO_4$ 溶液中加入 $2mol \cdot L^{-1}$ $NH_3 \cdot H_2O$ 至呈弱碱性,再加入 1 滴 $1\%$ 丁二酮肟溶液,观察现象,写出反应式。

## 四、思考题

(1) 制取 $Co(OH)_3$、$Ni(OH)_3$ 时,为什么要以 Co(Ⅱ)、Ni(Ⅱ) 为原料在碱性溶液中进行氧化,而不用 Co(Ⅲ)、Ni(Ⅲ) 直接制取?

(2) 在 $Co(OH)_3$ 沉淀中加入浓 HCl 后,有时溶液呈蓝色,加水稀释后又呈粉红色,为什么?

(北京科技大学 王明文)

## 实验 32　混合阳离子分离与鉴定 I（设计实验）

### 一、实验目的

（1）熟悉某些阳离子的特性。

（2）了解分离与鉴定离子的方法、掌握分离与鉴定中的基本操作方法。

### 二、仪器和试剂

仪器：离心试管，试管，玻璃棒，滴管，试管夹，酒精灯，离心机，点滴板。

试剂：混合阳离子溶液 3 份，均为硝酸盐，编号为 1～3。

以下为备用试剂：KCl(s)，锌粉，铝屑，$K_2S_2O_8(s)$，$NaBiO_3(s)$，$FeSO_4 \cdot 7H_2O(s)$，$PbO_2(s)$，$Bi(NO_3)_3(s)$，NaF(s)，KBr(s)，$CuCl_2(s)$，$Na_2C_2O_4(s)$，$SnCl_2(s)$，氯水，碘水，$H_2S$（饱和），$H_2O_2$（3%），乙醇，乙二胺溶液（1%），丙酮，戊醇，$CCl_4$，乙醚，丁二酮肟（1%），铝试剂，镁试剂 I，乙酰铀酰锌，二苯硫脲，$CCl_4$，淀粉（0.5%、1%），甲基橙（0.05%），酚酞（0.1%），pH 试纸，KI-淀粉试纸，乙酸铅试纸等，$MnSO_4$（0.1mol·$L^{-1}$），$FeCl_3$（0.1mol·$L^{-1}$），KSCN（25%，饱和），$K_2Cr_2O_7$（0.1mol·$L^{-1}$），$KMnO_4$（0.01mol·$L^{-1}$、0.1mol·$L^{-1}$），$AgNO_3$（0.1mol·$L^{-1}$），NaCl（0.1mol·$L^{-1}$），KBr（0.1mol·$L^{-1}$），KI（0.01mol·$L^{-1}$、0.1mol·$L^{-1}$、2mol·$L^{-1}$），$Na_2S_2O_3$（0.1mol·$L^{-1}$、0.5mol·$L^{-1}$），$K_3[Fe(CN)_6]$（0.1mol·$L^{-1}$），$K_4[Fe(CN)_6]$（0.1mol·$L^{-1}$），$CaCl_2$（0.1mol·$L^{-1}$、1mol·$L^{-1}$），$Na_2CO_3$（1mol·$L^{-1}$），$NaHCO_3$（0.5mol·$L^{-1}$），$Ca(OH)_2$（饱和），NaAc（0.1mol·$L^{-1}$、饱和），NaCl（0.1mol·$L^{-1}$），$Na_2S$（0.1mol·$L^{-1}$），$MnSO_4$（0.1mol·$L^{-1}$），$SnCl_2$（0.1mol·$L^{-1}$），$(NH_4)_2Fe(SO_4)_2$（0.1mol·$L^{-1}$），$NH_4Cl$（1mol·$L^{-1}$），$BaCl_2$（0.1mol·$L^{-1}$），HCl（0.1mol·$L^{-1}$、2mol·$L^{-1}$、6mol·$L^{-1}$，浓），$H_2SO_4$（2mol·$L^{-1}$、6mol·$L^{-1}$，浓），$HNO_3$（6mol·$L^{-1}$），HAc（0.1mol·$L^{-1}$、2mol·$L^{-1}$、6mol·$L^{-1}$），NaOH（0.1mol·$L^{-1}$、2mol·$L^{-1}$、6mol·$L^{-1}$，40%），$NH_3 \cdot H_2O$（0.1mol·$L^{-1}$、2mol·$L^{-1}$、6mol·$L^{-1}$，浓）。

### 三、实验内容

对下列阳离子混合液设计分离鉴定流程（各离子浓度均为 0.1mol·$L^{-1}$）。

（1）$Na^+$、$K^+$、$NH_4^+$、$Mg^{2+}$、$Ca^{2+}$、$Ba^{2+}$。

（2）$Ag^+$、$Cu^{2+}$、$Al^{3+}$、$Fe^{3+}$、$Ba^{2+}$、$Na^+$。

（3）$Fe^{3+}$、$Co^{2+}$、$Ni^{2+}$、$Mn^{2+}$、$Al^{3+}$、$Cr^{3+}$、$Zn^{2+}$。

（北京科技大学　王明文）

## 实验 33　混合阳离子分离与鉴定 II（设计实验）

### 一、实验目的

（1）熟悉变价阳离子的分析特性。

（2）了解分离与鉴定离子的方法、掌握分离与鉴定中的基本操作方法。

（3）完成未知混合离子的分析。

## 二、仪器和试剂

仪器:离心试管,试管,玻璃棒,滴管,试管夹,酒精灯,离心机,点滴板。

试剂:混合阳离子溶液 4 份,均为硝酸盐,编号为 1～4。

以下为备用试剂:KCl(s),锌粉,铝屑,$K_2S_2O_8$(s),$NaBiO_3$(s),$FeSO_4 \cdot 7H_2O$(s),$PbO_2$(s),$Bi(NO_3)_3$(s),NaF(s),KBr(s),$CuCl_2$(s),$Na_2C_2O_4$(s),$SnCl_2$(s),氯水,碘水,$H_2S$(饱和),$H_2O_2$(3%),乙醇,乙二胺溶液(1%),丙酮,戊醇,$CCl_4$,淀粉溶液(0.5%),乙醚,丁二酮肟(1%),铝试剂,镁试剂Ⅰ,乙酰铀酰锌,二苯硫腙,$CCl_4$,淀粉(0.5%、1%),甲基橙(0.05%),酚酞(0.1%),pH 试纸,KI-淀粉试纸,乙酸铅试纸等,$MnSO_4$(0.1mol $\cdot$ $L^{-1}$),$FeCl_3$(0.1mol $\cdot$ $L^{-1}$),KSCN(25%,饱和),$K_2Cr_2O_7$(0.1mol $\cdot$ $L^{-1}$),$KMnO_4$(0.01mol $\cdot$ $L^{-1}$、0.1mol $\cdot$ $L^{-1}$),$AgNO_3$(0.1mol $\cdot$ $L^{-1}$),NaCl(0.1mol $\cdot$ $L^{-1}$),KBr(0.1mol $\cdot$ $L^{-1}$),KI(0.01mol $\cdot$ $L^{-1}$、0.1mol $\cdot$ $L^{-1}$、2mol $\cdot$ $L^{-1}$),$Na_2S_2O_3$(0.1mol $\cdot$ $L^{-1}$、0.5mol $\cdot$ $L^{-1}$),$K_3[Fe(CN)_6]$(0.1mol $\cdot$ $L^{-1}$),$K_4[Fe(CN)_6]$(0.1mol $\cdot$ $L^{-1}$),$CaCl_2$(0.1mol $\cdot$ $L^{-1}$、1mol $\cdot$ $L^{-1}$),$Na_2CO_3$(1mol $\cdot$ $L^{-1}$),$NaHCO_3$(0.5mol $\cdot$ $L^{-1}$),$Ca(OH)_2$(饱和),NaAc(0.1mol $\cdot$ $L^{-1}$、饱和),NaCl(0.1mol $\cdot$ $L^{-1}$),$Na_2S$(0.1mol $\cdot$ $L^{-1}$),$MnSO_4$(0.1mol $\cdot$ $L^{-1}$),$SnCl_2$(0.1mol $\cdot$ $L^{-1}$),$(NH_4)_2Fe(SO_4)_2$(0.1mol $\cdot$ $L^{-1}$),$NH_4Cl$(1mol $\cdot$ $L^{-1}$),$BaCl_2$(0.1mol $\cdot$ $L^{-1}$),$HgCl_2$(0.1mol $\cdot$ $L^{-1}$),HCl(0.1mol $\cdot$ $L^{-1}$、2mol $\cdot$ $L^{-1}$、6mol $\cdot$ $L^{-1}$,浓),$H_2SO_4$(2mol $\cdot$ $L^{-1}$、6mol $\cdot$ $L^{-1}$,浓),$HNO_3$(6mol $\cdot$ $L^{-1}$),HAc(0.1mol $\cdot$ $L^{-1}$、2mol $\cdot$ $L^{-1}$、6mol $\cdot$ $L^{-1}$),NaOH(0.1mol $\cdot$ $L^{-1}$、2mol $\cdot$ $L^{-1}$、6mol $\cdot$ $L^{-1}$,40%),$NH_3 \cdot H_2O$(0.1mol $\cdot$ $L^{-1}$、2mol $\cdot$ $L^{-1}$、6mol $\cdot$ $L^{-1}$,浓)。

## 三、实验内容

下列每组离子是混合溶液中可能存在的阳离子,试设计分离鉴定流程(各离子浓度均为 0.1mol $\cdot$ $L^{-1}$),给出分析结果。

(1) $Mg^{2+}$、$Ba^{2+}$、$Al^{3+}$、$Zn^{2+}$　　　　(2) $Ag^+$、$Pb^{2+}$、$Cu^{2+}$、$Zn^{2+}$

(3) $Cu^{2+}$、$Sn^{2+}$、$Zn^{2+}$、$Pb^{2+}$　　　　(4) $Al^{3+}$、$Mn^{2+}$、$Cr^{3+}$、$Fe^{2+}$

(北京科技大学　王明文)

## 实验 34　混合阴离子分离与鉴定(设计实验)

## 一、实验目的

(1) 熟悉常见阴离子的性质。

(2) 了解检出常见阴离子的方法与反应条件。

(3) 检出未知液的阴离子。

## 二、仪器和试剂

仪器:混合阴离子溶液 3 份,编号为 1～3。

以下为备用试剂:KCl(s),锌粉,铝屑,$K_2S_2O_8$(s),$NaBiO_3$(s),$FeSO_4 \cdot 7H_2O$(s),$PbO_2$(s),$Bi(NO_3)_3$(s),NaF(s),KBr(s),$CuCl_2$(s),$Na_2C_2O_4$(s),$SnCl_2$(s),氯水,碘水,$H_2S$(饱和),$H_2O_2$(3%),乙醇,乙二胺溶液(1%),丙酮,戊醇,$CCl_4$,乙醚,丁二酮肟(1%),$CCl_4$,淀粉

(0.5％、1％),甲基橙(0.05％),酚酞(0.1％),pH 试纸,KI-淀粉试纸,乙酸铅试纸等,$MnSO_4$(0.1mol·$L^{-1}$),$FeCl_3$(0.1mol·$L^{-1}$),KSCN(25％,饱和),$K_2Cr_2O_7$(0.1mol·$L^{-1}$),$KMnO_4$(0.01mol·$L^{-1}$、0.1mol·$L^{-1}$),$AgNO_3$(0.1mol·$L^{-1}$),NaCl(0.1mol·$L^{-1}$),KBr(0.1mol·$L^{-1}$),KI(0.01mol·$L^{-1}$、0.1mol·$L^{-1}$、2mol·$L^{-1}$),$Na_2S_2O_3$(0.1mol·$L^{-1}$、0.5mol·$L^{-1}$),$K_3[Fe(CN)_6]$(0.1mol·$L^{-1}$),$K_4[Fe(CN)_6]$(0.1mol·$L^{-1}$),$CaCl_2$(0.1mol·$L^{-1}$、1mol·$L^{-1}$),$Na_2CO_3$(1mol·$L^{-1}$),$NaHCO_3$(0.5mol·$L^{-1}$),$Ca(OH)_2$(饱和),NaAc(0.1mol·$L^{-1}$、饱和),NaCl(0.1mol·$L^{-1}$),$Na_2S$(0.1mol·$L^{-1}$),$MnSO_4$(0.1mol·$L^{-1}$),$SnCl_2$(0.1mol·$L^{-1}$),$(NH_4)_2Fe(SO_4)_2$(0.1mol·$L^{-1}$),$NH_4Cl$(1mol·$L^{-1}$),$BaCl_2$(0.1mol·$L^{-1}$),HCl(0.1mol·$L^{-1}$、2mol·$L^{-1}$、6mol·$L^{-1}$、浓),$H_2SO_4$(2mol·$L^{-1}$、6mol·$L^{-1}$、浓),$HNO_3$(6mol·$L^{-1}$),HAc(0.1mol·$L^{-1}$、2mol·$L^{-1}$、6mol·$L^{-1}$),NaOH(0.1mol·$L^{-1}$、2mol·$L^{-1}$、6mol·$L^{-1}$,40％),$NH_3·H_2O$(0.1mol·$L^{-1}$、2mol·$L^{-1}$、6mol·$L^{-1}$,浓)。

### 三、实验内容

下列每组离子是混合溶液中可能存在的离子,试设计分离鉴定流程(各离子浓度均为0.1mol·$L^{-1}$),给出分析结果。

(1) $CO_3^{2-}$、$NO_2^-$、$PO_4^{3-}$、$S_2O_3^{2-}$、$SO_3^{2-}$、$SO_4^{2-}$、$I^-$、$CrO_4^{2-}$、$MnO_4^-$。

(2) $Cl^-$、$Br^-$、$I^-$、$NO_3^-$、$SO_4^{2-}$。

(3) 含有 $Na^+$、$Fe^{3+}$、$Al^{3+}$、$Cu^{2+}$、$NH_4^+$、$NO_3^-$、$SO_4^{2-}$、$Cl^-$ 8 种离子的 6 种混合溶液,设计实验方案,并分析鉴定。

为了便于查找,将常见阴离子与常用检验试剂反应情况列于表 4-2。

表 4-2　阴离子的初步检验

| 试剂\离子 | 稀 $H_2SO_4$ | $BaCl_2$(中性或弱碱性) | $AgNO_3$($HNO_3$) | KI(稀 $H_2SO_4$,$CCl_4$) | $KMnO_4$(稀 $H_2SO_4$) | $I_2$-淀粉(稀 $H_2SO_4$) |
|---|---|---|---|---|---|---|
| $CO_3^{2-}$ | ↑ | ↓ | | | | |
| $PO_4^{3-}$ | | + | | | | |
| $NO_2^-$ | + | | | + | + | |
| $NO_3^-$ | | | | (+) | | |
| $AsO_3^{3-}$ | | (+) | | | + | |
| $AsO_4^{3-}$ | | + | | + | | |
| $S^{2-}$ | + | | + | | + | + |
| $SO_3^{2-}$ | + | + | | | + | + |
| $S_2O_3^{2-}$ | + | (+) | + | | + | + |
| $SO_4^{2-}$ | | + | | | | |
| $Cl^-$ | | | + | | (+) | |
| $Br^-$ | | | + | | + | |
| $I^-$ | | | + | | + | |

注:(+)表示阴离子浓度大时才发生反应

### 四、思考题

(1) 用沉淀法分离混合离子时,如何检验离子的沉淀是否已经完全?

（2）拟订混合离子分离鉴定方案的原则是什么？

（3）用稀 $H_2SO_4$ 酸化一未知阴离子混合液后,溶液变浑浊,此未知液中可能含有哪些阴离子？

（北京科技大学　王明文）

## 实验 35　未知物的鉴定

### 一、实验目的

（1）通过未知物的判定实验熟悉无机物的性质,特别是在水溶液中的行为。

（2）熟悉鉴定未知物的流程和方法。

### 二、仪器和试剂

仪器:离心试管,试管,玻璃棒,滴管,试管夹,酒精灯,离心机,点滴板。

试剂:未知物 D(s),未知物 E。

未知 $CuO,Co_2O_3,PbO_2,MnO_2$ 黑色或近黑色固体粉末,编号 3-$x$。

未知 $NaHCO_3,Na_2CO_3,Na_2B_4O_7,Na_2SO_4,NaNO_2,Na_2S,Na_2S_2O_3,Na_3PO_4,NaCl,Na_2SO_3,NaBr$ 固体,编号 4-$x$。

未知 $Na_2S,Na_2SO_3,Na_2S_2O_3,Na_2SO_4,K_2S_2O_8$ 溶液,编号 5-$x$。

未知 $(NH_4)_2SO_4,HNO_3,Na_2CO_3,BaCl_2,NaOH,NaCl,H_2SO_4$ 溶液,编号 6-$x$。

未知 $AgNO_3,K_2CrO_4,Pb(NO_3)_2,FeCl_3,Ni(NO_3)_2,NaOH,NH_4SCN,KNO_3$ 溶液,编号 7-$x$。

备用试剂:铜粉,锌粉,$KCl(s),K_2S_2O_8(s),FeSO_4 \cdot 7H_2O(s),NaBiO_3(s),PbO_2(s),NaF(s),KBr(s),CuCl_2(s),Na_2C_2O_4(s),SnCl_2(s)$,氯水,碘水,$H_2S$(饱和),$H_2O_2$(3%),乙醇,丙酮,戊醇,$CCl_4$,丁二酮肟(1%),乙醚,$CCl_4$,淀粉(0.5%、1%),葡萄糖(10%),甲基橙(0.05%),酚酞(0.1%),pH 试纸,KI-淀粉试纸,乙酸铅试纸等,$BaCl_2(0.1mol \cdot L^{-1}),AgNO_3(0.1mol \cdot L^{-1}),KMnO_4(0.01mol \cdot L^{-1}、0.1mol \cdot L^{-1}),K_3[Fe(CN)_6](0.1mol \cdot L^{-1}),K_4[Fe(CN)_6](0.1mol \cdot L^{-1}),MnSO_4(0.1mol \cdot L^{-1}),FeCl_3(0.1mol \cdot L^{-1}),KSCN$(25%、饱和),$K_2Cr_2O_7(0.1mol \cdot L^{-1}),K_2CrO_4(0.1mol \cdot L^{-1}),NaCl(0.1mol \cdot L^{-1}),KI(0.01mol \cdot L^{-1}、0.1mol \cdot L^{-1}、2mol \cdot L^{-1}),Na_2S_2O_3(0.1mol \cdot L^{-1}、0.5mol \cdot L^{-1}),CaCl_2(0.1mol \cdot L^{-1}、1mol \cdot L^{-1}),Na_2CO_3(1mol \cdot L^{-1}),NaHCO_3(0.5mol \cdot L^{-1}),Ca(OH)_2$(饱和),$NaAc(0.1mol \cdot L^{-1}$,饱和$),Na_2S(0.1mol \cdot L^{-1}),MnSO_4(0.1mol \cdot L^{-1}),SnCl_2(0.1mol \cdot L^{-1}),(NH_4)_2Fe(SO_4)_2(0.1mol \cdot L^{-1}),NH_4Cl(1mol \cdot L^{-1}),K_4[Fe(CN)_6](0.1mol \cdot L^{-1}),HCl(0.1mol \cdot L^{-1}、2mol \cdot L^{-1}、6mol \cdot L^{-1}$,浓$),H_2SO_4(2mol \cdot L^{-1}、6mol \cdot L^{-1}$,浓$),HNO_3(6mol \cdot L^{-1}),HAc(0.1mol \cdot L^{-1}、2mol \cdot L^{-1}、6mol \cdot L^{-1}),NaOH(0.1mol \cdot L^{-1}、2mol \cdot L^{-1}、6mol \cdot L^{-1}、40\%),NH_3 \cdot H_2O(0.1mol \cdot L^{-1}、2mol \cdot L^{-1}、6mol \cdot L^{-1}$,浓$)$。

### 三、实验内容

（1）未知阴离子 E:含 E 离子的钠盐为白色固体。取少量固体,加水溶解后分别进行下列实验。

a. 加 0.1mol·L$^{-1}$ BaCl$_2$ 溶液,并用玻璃棒摩擦试管内壁,出现____色沉淀 G。

b. 加入适量 0.1mol·L$^{-1}$ AgNO$_3$ 溶液,产生____色沉淀 M,放置后转变为____色沉淀 N。

c. 加入稀硫酸,产生____色浑浊液 R。

d. 加入酸化的 KMnO$_4$,得到____色溶液 T,加入 BaCl$_2$ 溶液后产生____色沉淀 S。

e. 将此溶液滴加到碘水中,得到____色溶液 W。

记录实验现象,综合上述结果,判断 E 是什么物质,并指出各字母所代表的物质,写出反应式。

(2) 未知物 D(蓝色固体):取未知物 D 溶于水后,进行下列实验。

a. 加 0.1mol·L$^{-1}$ NaOH 溶液,得到____色悬浮物 R,加热后产生____色沉淀 M。

b. 在悬浮物 R 中加入 2mol·L$^{-1}$ NH$_3$·H$_2$O,产生沉淀_____色澄清溶液 T。

c. 加 40% NaOH 并加热,得到____清液 Q,再加入葡萄糖,加热,产生_____色沉淀 J,再加入稀硫酸,产生_____色固体 H 和_____色清液 L。

d. 加入 K$_4$[Fe(CN)$_6$],产生____色沉淀 X。

e. 加入 0.1mol·L$^{-1}$ KI 溶液,微热,产生_____色浑浊液,加入 0.1mol·L$^{-1}$ Na$_2$S$_2$O$_3$ 后,得到_____色沉淀 Z。

f. 加入浓 HCl 和铜粉,加热,产生_____色溶液 Y,再加入大量水后,产生_____色沉淀 W。

g. 加入 BaCl$_2$ 溶液,产生_____色沉淀 U,加入 2mol·L$^{-1}$ HCl 无变化。

记录实验现象,综合上述结果,判断 D 是什么物质,并指出各字母所代表的物质,写出反应式。

(3) 鉴别四种黑色和接近黑色的氧化物:CuO、Co$_2$O$_3$、PbO$_2$、MnO$_2$,编号 3-$x$。

(4) 鉴别下列固体物质:NaHCO$_3$、Na$_2$CO$_3$、Na$_2$B$_4$O$_7$、Na$_2$SO$_4$、NaNO$_2$、Na$_2$S、Na$_2$S$_2$O$_3$、Na$_3$PO$_4$、NaCl、Na$_2$SO$_3$、NaBr,编号 4-$x$。

(5) 现有五种已失落标签的试剂,分别是 Na$_2$S、Na$_2$SO$_3$、Na$_2$S$_2$O$_3$、Na$_2$SO$_4$、K$_2$S$_2$O$_8$,试设计用最简单的实验方法加以鉴别。

(6) 现有(NH$_4$)$_2$SO$_4$、HNO$_3$、Na$_2$CO$_3$、BaCl$_2$、NaOH、NaCl、H$_2$SO$_4$ 试剂,试利用它们之间的反应加以鉴别。

(7) 今有下列 8 种失去标签的液体试剂,要求在不借用其他试剂的条件下加以鉴别:AgNO$_3$、K$_2$CrO$_4$、Pb(NO$_3$)$_2$、FeCl$_3$、Ni(NO$_3$)$_2$、NaOH、NH$_4$SCN、KNO$_3$。

(北京科技大学　王明文)

# 第5章　无机化合物的制备与表征

化学最重要的任务是制造新物质。化学不但研究自然界的本质,而且创造新分子、新催化剂以及具有特殊反应性的新化合物。化学学科通过合成优美而对称的分子,赋予人们创造的艺术;化学以新方式重排原子的能力,赋予我们从事创造性劳动的机会,而这正是其他学科所不能媲美的。

目前已知的化学物质达 7000 多万种,其中绝大多数并不存在于自然界,而是利用化学反应通过某些实验方法,从一种或几种物质得到另一种或几种物质。长期以来,化学的发展重心都是放在制备和发现新化合物上。无机合成不仅能制造许多一般化学物质,还能为新技术和高科技合成出各种新材料(如新的配合物、金属有机化合物和原子簇化合物等)。具有一定结构、性能的新型无机化合物或无机材料合成路线的设计和选择,化合物或材料合成途径和方法的改进及创新是目前无机合成研究的主要对象。

无机合成化学的发展及应用涉及国民经济、国防建设、资源开发、新技术发展以及人们衣食住行的各个方面。

## 5.1　无机化合物制备的反应

无机制备中涉及的反应很多,主要有以下几类。

### 1. 热分解反应

某些含氧酸盐($KMnO_4$、$KClO_4$、$AgNO_3$),不活泼金属氧化物($HgO$、$Ag_2O$)及共价型卤化物、羰基化合物、氢化物等受热分解可以制备单质;许多金属,特别是重金属的碳酸盐、硝酸盐、草酸盐及铵盐等不稳定,受热分解可以制备相应的金属氧化物;固体配合物的热分解反应相当于固态下的取代反应,它是当固体配合物被加热到某一温度时,易挥发的内配体逸出,其位置被配合物外界的阴离子占据,从而得到新的配合物。

例如,利用甲硅烷的热分解制备半导体材料硅

$$SiH_4 \xrightarrow{800\sim1000℃} Si + 2H_2$$

由 $CaCO_3$ 热分解制备 $CaO$

$$CaCO_3 \xrightarrow{900℃} CaO + CO_2$$

高温下水氨合金属配合物往往可以失去配位水分子,利用此性质有时可以方便地制备卤氨合金属配合物

$$[Rh(NH_3)_5H_2O]I_3 \xrightarrow{100℃} [Rh(NH_3)_5I]I_2 + H_2O$$

### 2. 化合反应

利用非金属氧化物及金属氧化物与水化合可制备含氧酸及碱,在非水溶剂中,利用两物质之间的化合反应也可以制备某些配合物。

例如,硫酸的制备

$$SO_3 + H_2O =\!=\!= H_2SO_4$$

活泼金属氢氧化物的制备

$$CaO + H_2O =\!=\!= Ca(OH)_2$$

二氯二氨合铂(Ⅱ)的制备

$$PtCl_2 + 2NH_3 =\!=\!= [Pt(NH_3)_2Cl_2]$$

### 3. 复分解反应

由两种化合物互相交换成分,生成另外两种化合物的反应称为复分解反应。利用复分解反应可以制备各种酸、碱、盐及氢化物。

通常利用盐与盐作用以可溶性盐制难溶性盐

$$3ZnSO_4 + 2K_3PO_4 =\!=\!= Zn_3(PO_4)_2 + 3K_2SO_4$$

利用酸与氧化物、氢氧化物作用制备硝酸盐、硫酸盐、磷酸盐、碳酸盐、乙酸盐、氯酸盐、高氯酸盐等

$$CuO + 2HNO_3 =\!=\!= 2Cu(NO_3)_2 + H_2O$$

用酸与盐作用制备某些盐时,最常用的原料是碳酸盐或碱式碳酸盐,这时可制得很纯的化合物。例如

$$CoCO_3 \cdot 3Co(OH)_2 + 8HCl =\!=\!= 4CoCl_2 + 7H_2O + CO_2$$

利用非金属的金属二元化合物与酸作用可以制备卤素、硫族、磷、砷、锑及硅等元素的氢化物,但必须注意酸的选择。

$$Mg_2Si + 4HCl =\!=\!= 2MgCl_2 + SiH_4$$

### 4. 氧化还原反应

利用氧化还原反应可以制备单质及多种化合物。

通常用C、$H_2$、Mg、Al、Na等还原剂从金属氧化物或卤化物中还原出金属单质。例如

$$CuO + H_2 \xrightarrow{250\sim300℃} Cu + H_2O$$

非金属单质可由其相应的化合物通过氧化还原反应制得,如由卤化物的氧化可制取卤素单质,氨的高温氧化制取氮,磷酸钙的电热还原制 $P_4$。

$$2Ca_3(PO_4)_2 + 6SiO_2 + 10C \xrightarrow{\triangle} 6CaSiO_3 + P_4 + 10CO$$

常用氧化剂氧化低价化合物制备高氧化态的含氧酸盐,如 $K_2MnO_4$ 的制备

$$3MnO_2 + 6KOH + KClO_3 =\!=\!= 3K_2MnO_4 + KCl + 3H_2O$$

### 5. 取代反应

利用取代反应可以制备无水金属卤化物及多种配合物。例如,将溴化氢气流导入沸腾回流的 $TiCl_4$,即迅速而平稳地生成 $TiBr_4$

$$TiCl_4 + 4HBr \xrightarrow{230℃} TiBr_4 + 4HCl$$

从 $HgSO_4$ 和 NaCl 的反应混合物中可蒸馏出 $HgCl_2$

$$HgSO_4 + 2NaCl =\!=\!= Na_2SO_4 + HgCl_2$$

又如,配合物 $Pt(NH_3)_2Cl_2$ 也可由取代反应制备

$$[PtCl_4]^{2-} + 2NH_3 = Pt(NH_3)_2Cl_2 + 2Cl^-$$

## 5.2　选择合成路线的基本原则

合成路线是合成工作者为待合成的目标化合物所拟定的合成方案。合成路线设计涉及化合物的结构、性能、反应等诸多方面的内容。要做好这方面的工作,必须遵循下面几个原则:

### 1. 合成路线的科学性

无机合成的基础是无机化学反应,一个化学反应的实现要从热力学方面考虑它的可能性,这主要根据元素在周期表中的位置和性质进行定性判断,辅以通过 $K_a^\ominus(K_b^\ominus)$、$K_{sp}^\ominus$、$K_{稳}^\ominus$、$E^\ominus$ 和 $\Delta G^\ominus$ 等热力学数据进行定量判断。另外,也要从动力学角度分析它的现实性。若一个化学反应的反应趋势极大,但反应可能进行得非常缓慢,因而没有实际意义。

无机合成仅仅实现一个或几个无机化学反应是远远不够的,还必须对产品进行分离和提纯,使之达到要求(或规定)的质量标准。这往往是化学合成工作的重要组成部分,甚至成为技术难关。

### 2. 合成路线的先进性

合成路线设计涉及化合物的结构、性能、反应等诸方面的内容。首先要分析成功的可能性,即能得到所需化合物,同时要考虑经济上是否合理;另外从合成本身来讲,创造性也是合成工作者所追求的目标。从总体上看,合成路线的选择要求工艺简单、反应条件温和、操作简便安全,原料试剂来源丰富、价廉、易得、毒性小,成本低,转化率高,产品质量好,同时对环境污染小,生产安全性好。

### 3. 按照实际情况选择合适的合成路线和方法

产品生产通常有多种方法,各种方法又各具优、缺点,应综合评选出适合实际情况的最佳合成路线;另外,有时因条件限制,不得不放弃较优化的方案,而采取实际所能提供的原料和条件的方案。

例如,$SbCl_3$ 的合成有以下两种方法:

(1) 金属锑法。金属锑在氯气中燃烧,得到 $SbCl_3$,同时生成 $SbCl_5$,可用蒸馏法除去。

(2) 锑化物法。三氧化二锑或三硫化二锑与盐酸反应后,经浓缩蒸馏而得。

锑化物法能得到较纯的产品,但成本高,设备腐蚀严重。金属锑法成本低,劳动保护易解决。因此,目前工业上多采用此法生产。

又如,以 Cu 为原料合成氧化铜,也有两种方法:

(1) 直接合成法。将 Cu 与 $O_2$ 直接化合得到。

$$2Cu + O_2 \xrightarrow{\triangle} 2CuO$$

(2) 间接合成法。先将 Cu 氧化为可溶性 Cu(Ⅱ)化合物,再转化为 CuO。

$$Cu \longrightarrow Cu(Ⅱ) \longrightarrow \begin{cases} Cu(OH)_2 \longrightarrow CuO \\ Cu_2(OH)_2CO_3 \longrightarrow CuO \end{cases}$$

工业铜杂质较多,一般不采用直接合成法。而采用间接合成法时,若先将 Cu 转化为 $Cu(NO_3)_2$,由于

$$Cu(NO_3)_2 \xrightarrow{\triangle} CuO + 2NO_2 + 1/2O_2$$

考虑 $NO_2$ 的污染,一般不采用此法。而 $Cu(OH)_2$ 显两性,溶于过量碱中

$$Cu(OH)_2 + 2OH^- \Longrightarrow Cu(OH)_4^{2-}$$

且 $Cu(OH)_2$ 为胶状沉淀,过滤困难,故很少采用由 $Cu(OH)_2$ 分解制备 CuO 的方法。所以一般采用碱式碳酸铜热处理的方法来制备 CuO。

$$Cu_2(OH)_2CO_3 \Longrightarrow 2CuO + CO_2 + H_2O$$

而合成 $Cu_2(OH)_2CO_3$,还要考虑原料选择,是用 $NaHCO_3$、$Na_2CO_3$、$(NH_4)_2CO_3$ 还是 $NH_4HCO_3$ 与可溶性铜盐作用,如果产品对碱金属要求不严,可用 $NaHCO_3$,反之就用 $NH_4HCO_3$。

## 5.3　无机化合物的常见制备方法

无机化合物或材料种类繁多,制备方法也是多种多样的,这里我们仅介绍其中几种常见的制备方法。

### 1. 以强制弱法

此法主要是利用氧化还原反应或酸碱反应,由强氧化剂、强还原剂制弱氧化剂、弱还原剂,由强酸强碱制弱酸弱碱。

### 2. 水溶液中的离子反应法

此法包括气体的生成、酸碱中和、沉淀的生成与转化、配合物的生成与转化等。例如,沉淀(或共沉淀)合成,这是一般无机合成中常用的方法。将欲制备的化合物以沉淀形式从其他可溶性化合物中制备分离出来。有时不能一步反应得到所需的化合物,先用沉淀法得到一种化合物,再用其他反应处理此化合物,得到所需物质。例如,从硫酸铝制备氧化铝

$$Al_2(SO_4)_3 + 6NH_3 \cdot H_2O \Longrightarrow 2Al(OH)_3 + 3(NH_4)_2SO_4$$

$$2Al(OH)_3 \Longrightarrow Al_2O_3 + 3H_2O$$

沉淀剂可以是可溶性无机碱,也可以是有机化合物。该法工艺简单、经济。

沉淀法又分为共沉淀法和均相沉淀法。

(1) 共沉淀法。它是在含多种阳离子的溶液中加入沉淀剂,使所有离子完全沉淀的方法。当沉淀物为单一化合物时或单相固溶体时,称为单相沉淀;如果沉淀物为混合物,称为混合共沉淀。

(2) 均相沉淀法。一般的沉淀过程是不平衡的,但如果控制溶液中的沉淀剂浓度,使之缓慢增加,则使溶液中的沉淀处于平衡状态,且沉淀能在整个溶液中均匀出现,这种方法称为均相沉淀。通常是通过溶液中的化学反应使沉淀剂缓慢生成,从而克服了由外部向溶液中加沉淀剂而造成沉淀剂局部不均匀性,结果沉淀不能在整个溶液中均匀出现的缺点。例如,当尿素水溶液的温度升高至 70℃时,尿素会发生分解

$$(NH_2)_2CO + 3H_2O \Longrightarrow 2NH_3 \cdot H_2O + CO_2$$

由此生成的沉淀剂 $NH_3 \cdot H_2O$ 在金属盐溶液中分布均匀,浓度低,使得沉淀物均匀地生

成。这种方法可用于制备各种纳米精细陶瓷粉末材料。

### 3. 非水溶剂及低温合成

非水溶剂合成适用于制备反应物或产物易与水起反应的物质。常用的非水溶剂有:液氨、冰醋酸、无水硫酸、液态氟化氢及某些有机溶剂等。例如,钾的氨溶液与氧作用制备超氧化钾 $KO_2$,即为非水溶液合成。

低温指低于室温的温度。由于许多非水溶剂的液态范围(一种溶剂在常压下的熔点与沸点的温度范围,即为其在常压下的液态范围)在低温,因此,随着非水溶剂的广泛应用,使得某些反应只能在低温条件下才能完成。低温技术的发展为某些挥发性化合物的合成及新型无机功能材料的合成开辟了新途径。

常见的低温源有:

(1) 冰盐或冰酸共熔体系。冰盐或冰酸低共熔体系是实验室中最常使用、最普通的低温源。将冰块和盐磨细、充分混合,可得到不同低共熔点的低温源。例如,3 份冰+1 份 NaCl(质量比)可达 $-20℃$;3 份冰+3 份 $CaCl_2$(质量比)可达 $-40℃$。将磨细的冰与酸混合也可得到低温源。

(2) 干冰浴。干冰的升华温度为 $-78.3℃$,用时常加一些惰性溶剂,如丙酮、醇、氯仿等,以使它的导热性更好些。

(3) 液氮。液氮的液化温度为 $-195.8℃$,在科学实验中经常用作低温源。

### 4. 高温合成

高温合成是现代物质合成的重要方法和手段,一些耐腐蚀材料、高硬度高强度材料、高速切削工具及用于火箭、人造卫星、宇宙飞船等的耐高温材料的生产制造都与高温技术有关。高温合成反应的类型很多,主要有:高温氯化、高温还原、高温固相反应、高温熔炼和合金制备、高温熔盐电解、高温下的化学转移反应等。

实验室中用于高温反应的电炉主要有 3 种:马弗炉、坩埚炉和管式炉。马弗炉用于不需要控制气氛,只需加热坩埚里的物料的情况。坩埚炉和管式炉通常用于控制气氛下(如氢气流或氮气流中)加热物质。

当需要将反应容器加热到某一均匀温度时,可将其浸入作为传热介质的液体中。常用热浴及它们所能达到的极限温度见表 5-1。

表 5-1　常用热浴

| 热浴名称 | 所用热载体 | 极限温度/℃ | 备注 |
| --- | --- | --- | --- |
| 水浴 | 水 | 98 | |
| 油浴 | 石蜡油 | 200 | |
| | 甘油 | 220 | |
| | DC300 硅油[①] | 280 | |
| | DC500 硅油 | 250 | |
| 硫酸浴 | 浓硫酸 | 300 | |
| 石蜡浴 | 石蜡 | 300 | 熔点 30~60℃ |

| 热浴名称 | 所用热载体 | 极限温度/℃ | 备注 |
|---|---|---|---|
| 空气浴 | 空气 | 300 | |
| 盐浴 | 55％KNO$_3$＋45％NaNO$_2$（质量分数） | 550 | 熔点 137℃ |
| | 55％KNO$_3$＋45％NaNO$_3$（质量分数） | 600 | 熔点 218℃ |
| 合金浴 | Wood 合金② | ＞600 | |

① DC 为 DowCorning 的缩写

② Wood 合金成分为：50％Bi、25％Pb、12.5％Sn、12.5％Cd

### 5. 电化学合成

电化学合成是利用通电发生氧化还原反应进行物质制备的方法。电解法的优点之一是在电解中可以施加非常高的电势，因而可以达到任何一般化学试剂所达不到的氧化能力或还原能力，故常用于制备氧化性或还原性较强的物质，如 Na 和 K 等活泼金属、过硫酸盐、高锰酸盐、氟、钛和钒的低价化合物等；电解法的另一个优点是在电解过程中可以方便地控制电势，以进行个别的氧化反应或还原反应；第三个优点是不引入氧化剂或还原剂，故可以得到高纯度的产品；第四个优点是电解法可以制备许多用其他方法所不能制备的物质，如活泼金属的制备及其合金镀层的形成。

电解定律——法拉第定律：电解时，在电极上发生变化的物质的量与通过的电量成正比，并且每通入 1F 电量（96500C 或 26.8A·h）可析出 1mol 的任何物质。其数学表达式为

$$G = \frac{E}{96500}Q = \frac{E}{96500}It \tag{5-1}$$

式中：$G$ 为析出物质的质量（也为理论产量），g；$Q$ 为通入的电量，C；$I$ 为电流强度，A；$t$ 为通电时间，s；$E$ 为析出物质的电化学当量

$$E = \frac{M}{n} \tag{5-2}$$

式中：$M$ 为析出物质的摩尔质量，g·mol$^{-1}$；$n$ 为析出 1mol 物质转移的电子的物质的量，mol。

电解合成的产率即为电流效率。

$$产率＝电流效率＝\frac{实际产量}{理论产量}×100％ \tag{5-3}$$

### 6. 水热合成

水热合成是指温度为 100～1000℃、压力为 1MPa～1GPa 条件下利用水溶液中物质化学反应所进行的合成。在高温高压条件下，水处于临界或超临界状态，反应活性提高，物质在水中的物性及化学反应性能均有很大改变，因而水热反应可以替代某些高温固相反应。又由于水热反应的均相成核及非均相成核机理与固相反应的扩散机理不同，因而可以创造出其他方法无法制备的新化合物和新材料，目前它已成为多数无机功能材料、特种组成与结构的无机化合物以及特种凝聚态材料，如超微粒、溶胶与凝胶、非晶态、单晶等合成的越来越重要的途径。

水热反应的主要类型和典型实例见表 5-2。

**表 5-2　水热反应类型及典型实例**

| 反应种类 | 定义 | 实例 |
| --- | --- | --- |
| 氧化反应 | 金属和高温高压的纯水、水溶液、有机溶剂反应得到新氧化物、配合物、金属有机化合物的反应 | $Cr + H_2O \longrightarrow Cr_2O_3 + H_2$<br>$Zr + H_2O \longrightarrow ZrO_2 + H_2$<br>$Me + nL \longrightarrow MeL_n$（Me=金属离子，L=有机配体） |
| 沉淀反应 | 在水热条件下生成沉淀的反应 | $KF + MnCl_2 \longrightarrow KMnF_3$<br>$KF + CoCl_2 \longrightarrow KCoF_3$ |
| 合成反应 | 在水热条件下数种组分直接化合或经中间态发生化合反应 | $Nd_2O_3 + H_3PO_4 \longrightarrow NaP_5O_{14}$<br>$CaO \cdot nAl_2O_3 + H_3PO_4 \longrightarrow Ca_5(PO_4)_3OH + AlPO_4$<br>$La_2O_3 + Fe_2O_3 + SrCl_2 \longrightarrow (La, Sr)FeO_3$<br>$FeTlO_3 + KOH \longrightarrow K_2O \cdot nTlO_2 (n=4,6)$ |
| 分解反应 | 在水热条件下使化合物分解得到新化合物晶体的反应 | $FeTlO_3 \longrightarrow FeO + TlO_2$<br>$ZrSiO_4 + NaOH \longrightarrow ZrO_2 + Na_2SiO_2$ |
| 晶化反应 | 在水热条件下，使溶胶、凝胶等非晶态物质晶化的反应 | $CeO_2 \cdot xH_2O \longrightarrow CeO_2$<br>$ZrO_2 \cdot H_2O \longrightarrow M\text{-}ZrO_2 + T\text{-}ZrO_2$<br>硅铝酸盐凝胶$\longrightarrow$沸石 |

　　水热反应必须是在水或矿化剂的参与下进行的。矿化剂对水热反应来说是很重要的，它起增大反应物的溶解度、参与结构重排、加速化学反应的作用。矿化剂可以是酸、碱或配位剂，盐有时也作矿化剂。

　　水热合成的优点是所得产物纯度高，分散性好、粒度易控制。

### 7. 光化学合成

　　以热为化学变化提供能量的化学反应属于基态化学，又称为热化学；以光为化学变化提供能量的化学反应属于激发态化学，也称为光化学。光化学是在光辐射下引起（或诱发）的化学过程。在这类过程中，把光看成是一种"光子试剂"，这种试剂有较高的专一性，而且在作用后不会给体系留下任何新的"杂质"。光参加这类反应的方式主要是提供与其波长及强度相关的能量，分子吸收光所提供的能量后，由给定条件下的能量最低状态（基态）提升到能量较高的状态（激发态），然后发生化学反应。光合作用是地球上很重要的光化学反应。光化学合成就是利用光化学的方法，将光化学反应作为合成化合物的手段。

　　现代的光化学合成主要用来制备那些由其他方法很难或无法得到的某些化合物或具有特殊结构的化合物。对于无机光化学合成，主要工作集中在有机金属配合物的光化学合成，无机化合物如金属、半导体及绝缘体等的激光光助镀膜，光催化分解水制取氢气和氧气，以及汞的光敏化制取硅烷、硼烷及过渡金属（Fe、Mo、W、Cr 等）羰基配合物等。

　　现代无机合成中，为了合成特殊结构或聚集态（如膜、超微粒、非晶态……）及具有特殊性能的无机功能化合物或材料，越来越广泛地应用各种特殊实验技术和方法：高温和低温合成、水热溶剂热合成、高压和超高压合成、放电和光化学合成、电氧化还原合成、无氧无水实验技术、各类化学气相沉积（CVD）技术、溶胶-凝胶（sol-gel）技术、单晶的合成与晶体生长、放射性同位素的合成与制备以及各类重要的分离技术等。例如，大量由固相反应或界面反应合成的无机材料只能在高温或高温高压下进行；具有特种结构和性能的表面或界面的材料如新型无机半导体超薄膜,具有特种表面结构的固体催化材料和电极材料等需要在超高真空下合成;大量低价态化合物和配合物只能在无氧无水的实验条件下合成;晶态物质的造孔反应需要在中压水热合成条件下完成;大量非金属间化合物的合成和提纯需要在低温真空下进行等。

## 5.4 无机化合物的分离与提纯方法

产品的分离、提纯是合成化学的重要组成部分。合成过程中常伴有副反应发生,很多情况下合成一个化合物并不困难,困难的是从混合物中将产品分离出来。另一方面,通过化学反应制得的产物常含有杂质,纯度不符合要求,随着近代技术的发展,对无机材料纯度的要求越来越高,如超纯试剂、半导体材料、光学材料、磁性材料、用于航天航海的超纯金属等。因此,对合成产物必须进行分离提纯,以满足现代技术发展的需要。同时,合成和分离是两个紧密相连的问题,解决不好分离问题就无法获得满意的合成结果。

无机化合物的常见分离提纯方法有:

### 1. 重结晶

将待提纯的固体物质溶于溶剂,制成饱和溶液,趁热过滤,将不溶性残渣滤掉,滤液经冷却、结晶,再进行过滤、洗涤,可得纯晶体。若需进一步提高纯度可再做一次重结晶,称为二次重结晶。

结晶经重结晶后所得各部分母液,再经处理又可分别得到第二批、第三批结晶。这种方法则称为分步结晶法或分级结晶法。晶态物质在一再结晶过程中,结晶的析出总是越来越快,纯度也越来越高。

### 2. 分级沉淀法

当溶液中含有两种或两种以上离子时,在滴加一种共同沉淀剂时,发生沉淀有先后的现象称为分级沉淀或分步沉淀。

在分步沉淀中,所需沉淀剂离子浓度小的先沉淀,大的后沉淀。

在实际应用中,可以通过改变溶液的离子强度、pH 或介电常数等,使溶液中不同的物质按溶解度变化的顺序逐步沉淀出来。常用于大分子物质的分离。如逐步增加沉淀剂(如硫酸铵)的饱和度而使不同类型的蛋白质分步沉淀。

### 3. 蒸馏及分馏

蒸馏是分离提纯液体物质的常用方法。它是利用液体混合物中各组分挥发性的不同,将它们分离的方法。蒸馏方法有:常压蒸馏、减压蒸馏和分馏。

### 4. 升华

固体物质受热不经过液体阶段,直接变成气体的现象称为升华。冷凝升华的物质,便可得到纯物质。升华分为常压升华和真空升华。后者主要用于难升华物质,如金属的纯制。

### 5. 离子交换法

离子交换法是一种利用液相中的离子和固相中离子间所进行的可逆性化学反应提纯或分

离物质的方法。离子交换法中的固相称为离子交换剂,是能与溶液中的阳离子或阴离子进行交换的物质。当液相中的某些离子较为离子交换剂所喜好时,便会被离子交换剂吸附,为维持水溶液的电中性,离子交换剂必须释放等价离子回溶液中。

离子交换剂分为无机质类和有机质类两大类。无机离子交换剂有天然或人造沸石、磷酸锆等,有机离子交换剂有磺化煤、各种离子交换树脂等;按交换性能不同,又可分为阳、阴离子型两类。一般不溶于酸、碱和多种溶剂中,使用后交换性能逐渐消失,可经过处理使之再生。

离子交换分离广泛用于:①实验室制备去离子水、工业上水的软化及高纯水的制备;②试剂的制备,如制备过氧化氢、次磷酸等;③溶液和物质的纯化,如从酸、碱和盐电解质中除去金属离子;④除去干扰离子,如测定阴离子时,用阳离子交换树脂除去干扰的金属离子;⑤金属离子的分离与核能材料的提取,如从碱金属中分离过渡金属离子;⑥痕量离子的浓缩;⑦环境保护中含有害金属离子废水、有机废水的净化等。

### 6. 色谱分离

色谱法的分离原理是利用待分离的各种物质在两相中的分配系数、吸附能力等亲和能力的不同来进行分离的。

含有样品的流动相(气体、液体)通过一固定于柱子或平板上、与流动相互不相溶的固定相表面;当流动相中携带的混合物流经固定相时,混合物中的各组分与固定相发生相互作用,由于混合物中各组分在性质和结构上的差异,与固定相之间产生的作用力的大小、强弱不同,随着流动相的移动,混合物在两相间经过反复多次的分配平衡,使得各组分被固定相保留的时间不同,从而按一定次序由固定相中先后流出。与适当的柱后检测方法结合,实现混合物中各组分的分离与检测。

### 7. 萃取分离

萃取是利用物质在两种不互溶(或微溶)的溶剂中溶解度或分配比例的不同来达到分离、提取或纯化目的的一种方法。采用萃取法可以从固体或液体混合物中提取所需要的物质,也可以用来洗去混合物中的少量杂质,通常称前者为萃取,后者为洗涤。

将含有待提取物的水溶液用有机溶剂萃取时,待提取物就在两液相间进行分配。在一定温度下,此待提取物在有机相中和在水相中的浓度之比是一常数,即所谓"分配定律",常数称为分配系数。当应用一定量的有机溶剂从某一溶液中萃取某待提取物时,欲达到较高的萃取效率,必须分多次萃取。

除上述传统分离提纯方法外,有时候还需采用一系列特种的分离方法,如低温分馏、低温分级蒸发冷凝、低温吸附分离、高温区域熔炼、晶体生长中的分离技术、特殊的色谱分离、电化学分离、渗析、扩散分离、膜分离技术和超临界萃取分离技术等,以及利用性质的差异充分运用化学分离方法等。遇到特殊的分离问题时必须设计特殊的方法。

## 5.5　无机化合物的分析与表征方法

物质的合成工作与物质的分析表征是密切相关的。当一个新的物质制备出来,它的组分、结构和性质等问题,是必须要解决的,也就是要对合成的物质进行分析鉴定。一旦对新物质的结构等问题有所了解,反过来可以促进合成工作合理化,而且可以进一步解决更复杂未知物的合成问题。物质的分析鉴定不仅对合成新化合物是必要的,对于已知化合物的合成也是不可缺少的工作。例如,需要通过分析来确定合成物质的纯度、杂质的含量等。化合物结构的鉴定和表征在无机合成中具有重要的指导作用。它既包括了对合成产物的结构确证,又包括特殊材料结构中非主要组分的结构状态和物化性能的测定。为了进一步指导合成反应的定向性和选择性,有时还需对合成反应过程的中间产物的结构进行检测,但由于无机反应的特殊性,这类问题的解决往往相当困难。

目前常用的物质分析及表征方法有:

(1) 物理法。可测定物质的熔点、沸点、电导率、黏度等。

(2) 化学分析与仪器分析。化学分析主要用于测定物质的主要组成成分,也可用于结构分析;化学分析法是以物质的化学反应为基础的分析方法。它分为重量分析和滴定分析。用得较多的是滴定分析。根据所利用的反应类型不同,可分为酸碱滴定、氧化还原滴定、沉淀滴定、配位滴定。

仪器分析是指采用比较复杂或特殊的仪器设备,通过测量物质的某些物理性质或物理化学性质的参数及其变化来获取物质的化学组成、成分含量及化学结构等信息的一类方法。这些方法一般都有独立的原理和理论基础。仪器分析方法有发射光谱分析、等离子发射光谱分析、紫外光谱分析、红外光谱分析、拉曼光谱分析、原子吸收分光光度分析、分子吸收分光光度分析、离子色谱分析、等离子质谱分析、辉光放电质谱分析、核磁共振谱分析、粒子构成分析、电子显微镜分析、差热分析、热重分析、X 射线衍射分析等。

(中南大学　古映莹)

## 实验 36　硫酸铝的制备

### 一、实验目的

(1) 了解碱法制备硫酸铝的方法。

(2) 加深对氢氧化铝两性性质的认识。

### 二、实验原理

硫酸铝可以作为絮凝剂,用于提纯饮用水、污水处理、造纸工业以及纺织品印染,硫酸铝还是一种很有效的软体动物杀虫剂;此外,硫酸铝也可用来调节土壤 pH。本实验从金属铝出发制备硫酸铝晶体$[Al_2(SO_4)_3 \cdot 18H_2O]$。

利用金属铝可以溶于氢氧化钠溶液的特性先制备成铝酸钠溶液。

$$2Al + 2NaOH + 6H_2O \Longrightarrow 2Na[Al(OH)_4] + 3H_2 \uparrow$$

再用碳酸氢铵调节溶液的 pH 至 8~9,将其转化为氢氧化铝沉淀。

$$2Na[Al(OH)_4] + NH_4HCO_3 \Longrightarrow 2Al(OH)_3 \downarrow + Na_2CO_3 + NH_3 \uparrow + 2H_2O$$

氢氧化铝溶于硫酸并生成硫酸铝溶液。

$$2Al(OH)_3 + 3H_2SO_4 + 12H_2O \Longrightarrow Al_2(SO_4)_3 \cdot 18H_2O$$

加热浓缩并冷却结晶,即得硫酸铝晶体。

硫酸铝为白色六角形鳞片或针状结晶,易溶于水,难溶于乙醇。在空气中易潮解。加热至赤热即分解成 $SO_3$ 和 $Al_2O_3$。

### 三、仪器和试剂

仪器:电子天平(0.1g),抽滤装置,生物显微镜(使用方法参见本教材 2.9.4 小节),可调电炉,玻璃漏斗,漏斗架,玻璃棒,滴管,载玻片,烧杯(100mL、250mL),量筒(10mL、30mL),蒸发皿(100mL)。

试剂:$H_2SO_4$(6mol·$L^{-1}$),$NH_4HCO_3$(饱和),无水乙醇,NaOH(s),铝片,pH 试纸,滤纸。

### 四、实验内容

(1) 铝酸钠溶液的制备。用电子天平快速称取 NaOH 固体 2g,置于 100mL 烧杯中,注入蒸馏水 20mL,微热,搅拌溶液。加入金属铝片 0.2g,搅拌使其全部溶解。反应完毕后加水约 20mL,常压过滤,用 5mL 水荡洗烧杯,滤液盛接于 250mL 烧杯中。

(2) 氢氧化铝的生成和洗涤。向上述铝酸钠溶液中补加 30mL 水,加热至沸,并保持沸腾状态。在不断搅拌下,缓慢加入饱 $NH_4HCO_3$ 溶液约 20mL,调节 pH 约为 9。将沉淀物煮沸 5min 并不断搅拌,取上层清液检验是否沉淀完全。沉淀完全后趁热减压过滤,再用 30mL 沸水淋洗沉淀,并抽至无水滴出。

(3) 硫酸铝的制备。将制得的氢氧化铝沉淀转入 100mL 蒸发皿中,在加热搅拌下滴加 6mol·$L^{-1}$ $H_2SO_4$ 溶液 10mL 至沉淀全部溶解,溶液清亮。此溶液为硫酸铝过饱和溶液。

(4) 观察硫酸铝晶体。取少量硫酸铝过饱和溶液于载玻片上,使之散开,在显微镜下观察晶体的形成和长大过程。观察完晶体形状后,在载玻片上的晶体旁加一滴水,在显微镜下观察晶体的溶解过程。

### 五、注意事项

(1) 实验的制备过程全程需要加热,还需要加入强碱和强酸,切记注意安全,加热时一定要不断搅拌。

(2) 金属铝片需分次加入。

(3) 加热浓缩硫酸铝时,不能过度浓缩。

(4) 将实验台面整理干净后再用显微镜观察晶体。

(5) 如果硫酸铝出现结块而没有母液,可加少量蒸馏水重新溶解。如果冷却到室温仍无结晶出现,可滴加少量无水乙醇。

### 六、思考题

(1) 硫酸铝还可以由金属铝与硫酸反应制备,这种方法更简单直接,为什么本实验不采用简单直接的酸法却要选择操作复杂的碱法?

(2) 如何使铝酸钠转化为氢氧化铝? 所加碳酸氢铵起什么作用?

(3) 氢氧化铝的生成过程中,为什么要加热煮沸并搅拌?

(4) 浓缩硫酸铝溶液时,为什么不能过分浓缩?

(中南大学　王曼娟)

## 实验 37　硫代硫酸钠的制备和应用

### 一、实验目的

（1）了解亚硫酸钠法制备 $Na_2S_2O_3 \cdot 5H_2O$ 的过程。

（2）学习 $Na_2S_2O_3 \cdot 5H_2O$ 的检验方法。

（3）学习回流操作，用溶液吸收气体的方法。

### 二、实验原理

$Na_2S_2O_3 \cdot 5H_2O$ 是最重要的硫代硫酸盐，俗称"海波"，又名"大苏打"，是无色透明单斜晶体。密度 $1.685g \cdot cm^{-3}$（20℃），在 33℃ 以上干燥空气中易风化，灼烧时分解为硫酸钠和硫化钠。易溶于水，不溶于乙醇，水溶液显碱性，在酸性溶液中迅速分解。

$$S_2O_3^{2-} + 2H^+ \xrightarrow{\quad} S(s) + SO_2 + H_2O$$

$S_2O_3^{2-}$ 具有较强的还原性和配位能力，用作照相术中的定影剂，棉织物漂白后的脱氯剂，定量分析中的还原剂。它与 AgBr 的有关反应如下：

$$AgBr(s) + 2S_2O_3^{2-} \xrightarrow{\quad} [Ag(S_2O_3)_2]^{3-} + Br^-$$
$$2Ag^+ + S_2O_3^{2-} \xrightarrow{\quad} Ag_2S_2O_3$$
$$Ag_2S_2O_3 + H_2O \xrightarrow{\quad} Ag_2S + H_2SO_4$$

此反应用作 $S_2O_3^{2-}$ 的定性鉴定。

$$S_2O_3^{2-} + 4Cl_2 + 5H_2O \xrightarrow{\quad} 2SO_4^{2-} + 8Cl^- + 10H^+$$
$$2S_2O_3^{2-} + I_2 \xrightarrow{\quad} S_4O_6^{2-} + 2I^-$$

此反应用于碘量法滴定分析。

$Na_2S_2O_3 \cdot 5H_2O$ 的制备方法有多种，其中亚硫酸钠法是工业和实验室中的主要制备方法

$$Na_2SO_3 + S + 5H_2O \xrightarrow{煮沸或微波辐射} Na_2S_2O_3 \cdot 5H_2O$$

反应液经活性炭脱色，过滤，浓缩结晶，过滤，干燥，即得产品。

### 三、仪器和试剂

仪器：电子分析天平（0.01g、0.0001g），恒温烘箱、烧杯（25mL、100mL）、蒸发皿（30cm），微型吸滤瓶装置，九孔井穴板，微量滴定管，锥形瓶或碘量瓶（25mL），滤纸，家用微波炉（方法二用），石棉网，酒精灯或可调电炉，表面皿，量筒（10mL），泥三角。

试剂：$Na_2SO_3$ 或 $Na_2SO_3 \cdot 5H_2O$，硫粉（s），$AgNO_3$（0.1mol·$L^{-1}$），$I_2$（0.1000mol·$L^{-1}$），淀粉试液（1%），活性炭，无水乙醇。

### 四、实验内容

1. 制备

（1）方法一：称取 1.26g $Na_2SO_3$（或 2.50g $Na_2SO_3 \cdot 6H_2O$）于 25mL 小烧杯中，加 5mL 去离子水溶解，再加入 0.33g 充分研细的硫粉（最好用棒硫），小火加热煮沸至硫粉绝大部分溶解（注意：蒸发过程中要不断地搅拌，补充蒸发掉的水分），加 1g 活性炭脱色。趁热过滤；将滤液放在 30cm 蒸发皿（或 25mL 小烧杯）中，于泥三角（或石棉网）上小火蒸发浓缩至有晶体析

出,停止加热;冷却至室温;将晶体转移到微型吸滤瓶上的玻璃漏斗中,进行减压抽滤,滤液倒入回收瓶中,晶体用滤纸吸干后于 40℃ 的烘箱中干燥 40～60min,称量,计算产率。

(2) 方法二:称取 0.20g 硫粉于 25mL 烧杯中,加 2 滴乙醇润湿,再加 0.60g $Na_2SO_3$(或 1.20g $Na_2SO_3 \cdot 5H_2O$)和 8mL 蒸馏水,搅拌溶解。把烧杯置于 100mL 烧杯的水浴中,盖上表面皿,放进微波炉里,以小火挡(约 250W)微波辐射 6min,取出趁热过滤,将滤液放入 25mL 烧杯中,在小火上蒸发浓缩至液面有微晶析出,停止加热,冷却至室温。抽滤,晶体用 1.0mL 无水乙醇洗涤,再用滤纸吸干。称量并计算产率。

2. 产品检验

(1) $S_2O_3^{2-}$ 的定性鉴定。取一粒 $Na_2S_2O_3 \cdot 5H_2O$ 晶体于九孔井穴板的一个孔穴中,滴 1 滴去离子水使之溶解,再加入 2 滴 0.1mol・$L^{-1}$ $AgNO_3$,观察生成的 $Ag_2S_2O_3$ 沉淀由白→黄→棕→黑的变化过程。写出反应方程式。

(2) $Na_2SO_3 \cdot 5H_2O$ 含量的测定。称取 0.1000g $Na_2SO_3 \cdot 5H_2O$ 晶体,放入 25mL 碘量瓶(或锥形瓶)中,加 7mL 去离子水溶解,以微量滴定管中 0.1000mol・$L^{-1}$ 碘标准溶液滴定至近终点时,加 3 滴 1% 淀粉试液,继续滴定至溶液呈蓝色。平行滴定 3 份。

$Na_2SO_3 \cdot 5H_2O$ 含量的计算如下:

$$w(Na_2SO_3 \cdot 5H_2O) = \frac{(cV \times 0.2482)}{m} \times 100\%$$

式中:$c$ 为碘标准溶液的摩尔浓度,mol・$L^{-1}$;$V$ 为所消耗碘标准液的体积,mL;$m$ 为样品的质量,g;0.2482 为每毫摩尔 $Na_2SO_3 \cdot 5H_2O$ 的质量,g・$mmol^{-1}$。

## 五、实验记录与结果

硫代硫酸钠的粗产品质量 $m_1 = \underline{\hspace{3cm}}$ g;样品中硫代硫酸钠的含量 $\underline{\hspace{2cm}}$。

## 六、注意事项

加乙醇的目的是使硫粉易于分散到溶液中。同时还可投入少许玻璃棉吸附硫粉,使硫粉与溶液接触的机会增加。

## 七、思考题

(1) 制备硫代硫酸钠除亚硫酸钠法外,还有哪些方法?

(2) 用亚硫酸钠法制备硫代硫酸钠,硫粉稍有过量,为什么?

(3) 用标准碘溶液滴定硫代硫酸钠的原理是什么?写出反应方程式。

(中南大学　颜　军)

# 实验 38　二草酸合铜(Ⅱ)酸钾的制备及组成测定

## 一、目的要求

(1) 熟练掌握无机制备的一些基本操作。

(2) 了解配位滴定和氧化还原滴定的原理和方法;掌握滴定分析基本操作。

（3）了解重量分析法及分光光度法的基本原理及方法，掌握重量分析及分光光度分析的基本操作。

## 二、实验原理

草酸钾和硫酸铜反应生成二草酸合铜（Ⅱ）酸钾

$$CuSO_4 + 2K_2C_2O_4 \longrightarrow K_2[Cu(C_2O_4)_2] + K_2SO_4$$

产物是一种蓝色晶体，在 150℃ 失去结晶水，在 260℃ 分解；虽可溶于温水，但会缓慢分解。

产物组成测定：

（1）重量分析法测定结晶水。结晶水是水合结晶物质中结构内部的水，加热至一定温度即可以失去。失去结晶水的温度往往随物质的不同而异，如 $BaCl_2 \cdot 2H_2O$ 的结晶水加热到 120～125℃ 即可失去，二草酸合铜（Ⅱ）酸钾的结晶水加热到 150℃ 即可失去。称取一定质量的结晶二草酸合铜（Ⅱ）酸钾，在 150℃ 下加热到质量不再改变时为止。试样减轻的质量就等于结晶水的质量。

（2）EDTA 配位滴定法测定产物中铜含量。EDTA 是乙二胺四乙酸，通常用 $H_4Y$ 代表其化学式。EDTA 是一个六齿配体，几乎可以与所有金属离子形成稳定的螯合物，所以 EDTA 在配位滴定中得到广泛应用。铜与 EDTA 形成的螯合物 $\lg K_f(CuY) = 18.8$，足够大，因此可用 EDTA 标准溶液直接测定。

（3）高锰酸钾氧化还原滴定法测定产物中草酸根含量。高锰酸钾是一种强氧化剂，溶液的酸度不同，其氧化能力和还原产物也不同，由其不同酸度下的 $E$ 可知，其在酸性溶液中的氧化性最强，可测定许多还原性物质的浓度或含量，如 $Fe^{2+}$、$H_2O_2$、$Sn^{2+}$、$C_2O_4^{2-}$、$Ti(Ⅲ)$、$As(Ⅲ)$、$Sb(Ⅲ)$ 等。在 $H_2SO_4$ 介质中，$MnO_4^-$ 与 $C_2O_4^{2-}$ 的滴定反应为

$$2MnO_4^- + 5C_2O_4^{2-} + 16H^+ \longrightarrow 2Mn^{2+} + 10CO_2 \uparrow + 8H_2O$$

在室温下此反应的速率缓慢，因此应将溶液加热至 75～85℃，温度超过 90℃ 时，$H_2C_2O_4$ 在酸性溶液中会发生分解

$$H_2C_2O_4 \longrightarrow CO_2 \uparrow + CO \uparrow + H_2O$$

另外，由于 $MnO_4^-$ 与 $C_2O_4^{2-}$ 的反应是自催化反应，滴定开始时反应比较慢，因此滴定速度也要慢，反应生成一定量的 $Mn^{2+}$ 后，滴定速度可以稍快一些，但也不能太快，否则加入的 $KMnO_4$ 溶液来不及与 $C_2O_4^{2-}$ 反应，在热的酸性溶液中发生分解。

（4）利用分光光度法测定产物的吸收光谱，确定最大吸收波长。过渡金属元素的配合物一般是有颜色的，这是因为它们吸收可见光区中某些波长的光而呈现出未被吸收的那部分光的颜色。但是，过渡金属元素配合物的吸收光的范围往往扩展到近红外和（或）近紫外区，即它们吸收光的波长范围为 200～25000nm。

## 三、仪器和试剂

仪器：布氏漏斗，抽滤瓶，瓷坩埚，酸式滴定管，恒温烘箱，干燥器，蒸发皿，称量瓶，温度计，量筒（10mL、20mL、25mL、100mL），烧杯（100mL、500mL、1000mL），锥形瓶（250mL），容量瓶（100mL），移液管（20mL），玻璃棒，可调电炉，电磁搅拌器，722 型分光光度计，电子天平（0.01g），电子分析天平（0.1mg）。

试剂：$CuSO_4 \cdot 5H_2O(s)$，$K_2C_2O_4 \cdot H_2O(s)$，$NH_3 \cdot H_2O\text{-}NH_4Cl$ 缓冲溶液（pH=10），二甲酚橙（0.2%），$H_2SO_4$（2mol·$L^{-1}$），$KMnO_4$ 标准溶液（0.02mol·$L^{-1}$），EDTA 标准液

$(0.02mol \cdot L^{-1})$，$NH_3 \cdot H_2O$(浓)，紫脲酸胺指示剂。

**四、实验内容**

1. 二草酸合铜(Ⅱ)酸钾的制备

称取 3.0g $CuSO_4 \cdot 5H_2O$ 溶于 6mL 90℃水中；称取 9.0g $K_2C_2O_4 \cdot$ $H_2O$ 溶于 25mL 90℃水中。在剧烈搅拌(转速约 1100rpm)下，趁热将 $K_2C_2O_4$ 溶液迅速加入 $CuSO_4$ 溶液中，自然冷却至接近室温，有晶体析出；再用冰水浴冷至母液呈浅蓝色或接近无色，减压抽滤，用 6～8 mL 冷水分三次洗涤沉淀，抽干；将产品转移至蒸发皿中，蒸气浴加热干燥，转入称量瓶(事先称量好空的称量瓶)中称量并记录。

2. 二草酸合铜(Ⅱ)酸钾的组成测定

(1) 结晶水的测定。取两个坩埚，仔细洗净后置于烘箱中(烘时应将瓶盖取下横置于瓶口上)，在 125℃温度下烘干，约烘 1.5h 后把坩埚及盖一起放在干燥器中冷却至室温，在电子天平上准确称取其质量。再将坩埚放入烘箱中烘干、冷却、称量，重复进行，直至恒量。

准确称取 0.5～0.6g 产物，分别放入两个已恒量(事先称量好)的坩埚中，放入烘箱，在 150℃时干燥 1h，然后放入干燥器中冷却 30min 后称量。同法再干燥 30min，冷却，称量。

根据称量结果，计算结晶水含量。

(2) 草酸根的含量测定。准确称取 0.21～0.23g 产物，用 2mL 浓 $NH_3 \cdot H_2O$ 溶解后，再加入 30mL 2mol $\cdot L^{-1}$ $H_2SO_4$ 溶液，此时会有淡蓝色沉淀出现，加水稀释至 100mL。在 75～85℃水浴中加热 10min，趁热用 $KMnO_4$ 标准溶液滴定，直至溶液出现浅粉红色(在 30s 内不褪色)即为终点(沉淀在滴定时逐渐消失)。记录读数。平行滴定 3 次。

根据滴定结果，计算 $C_2O_4^{2-}$ 含量。

(3) 铜(Ⅱ)含量的测定。准确称取 0.70～0.75g 产物，用 30mL $NH_3 \cdot H_2O$-$NH_4Cl$ 缓冲溶液溶解后，转入 100mL 容量瓶，蒸馏水定容，摇匀，用 25mL 移液管移取三份分别置于 250mL 锥形瓶，加 15mL $NH_3 \cdot H_2O$-$NH_4Cl$ 缓冲溶液，再加水稀释至 100mL。加紫脲酸胺指示剂半勺，用 0.02mol $\cdot L^{-1}$ 标准 EDTA 溶液滴定，当溶液由黄绿色变至紫色时即到终点。记录读数。

根据滴定结果，计算 $Cu^{2+}$ 含量。

根据以上测定结果，不足 100% 部分以 K 计。写出产物的化学式。

3. 二草酸合铜(Ⅱ)酸钾的吸收光谱和最大吸收波长的测定

先称取 0.2g $K_2C_2O_4 \cdot$ $H_2O$ 溶于 20mL 水中，分成两份，一份作参比，另一份再称取 0.1g 产物溶于其中，用 722 型分光光度计在 600～900nm 波长范围内测定溶液的吸光度，绘制吸光光谱，并确定其最大吸收波长。

**五、思考题**

(1) 除用 EDTA 测量 $Cu^{2+}$ 含量外，还有哪些方法能测 $Cu^{2+}$ 含量？

(2) 在测定 $C_2O_4^{2-}$ 含量时，对溶液的酸度、温度有何要求？为什么？

(3) 在测定 $Cu^{2+}$ 含量时，若加入的 $NH_3$-$NH_4Cl$ 缓冲溶液的 pH 不等于 10，对滴定有何影响？为什么？

（中南大学　古映莹）

## 实验 39　共沉淀法制备 ZnO 压敏陶瓷

### 一、实验目的

（1）掌握金属离子共沉淀的操作，了解陶瓷的基本生产工艺流程。

（2）学习测试压敏陶瓷的特殊电化学性能。

### 二、实验原理

氧化锌压敏陶瓷是近 20 年来发展起来的新型电压敏感材料。其优异的非线性电流-电压特性及浪涌吸收能力，使它成为目前应用领域最广、使用量最大的电子陶瓷材料之一，被广泛地用于电力系统、电子仪器、家用电器中作为保护元件，尤其在高性能浪涌吸收、过压保护、超导性能和无间隙避雷器方面的应用最为突出。

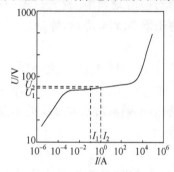

图 5-1　非线性电流-电压关系曲线

利用 ZnO 晶粒和含有杂质偏析的晶界所构成的多晶界结构，产生优良的非线性电流-电压特性（非欧姆特性）和吸收能量的能力，在电子线路和电力系统过电压保护中得到广泛的应用。氧化锌压敏电阻器是一种伏安特性为非线性的元件，和其他非线性元件（如稳压二极管、整流管等）相比，具有电压范围宽（几伏到几十万伏）、电压温度系数小、耐浪涌（超过正常工作电压的异常电压）能力强、寿命长、工艺简单、非线性系数大（非线性系数大于 50）等优点。

图 5-1 是 ZnO 压敏电阻的非线性电流-电压曲线。由该曲线可以求得非线性系数

$$\alpha = \lg \left( I_1/I_2 \right) / \lg(U_1/U_2) \tag{5-4}$$

式中：$U_1$ 和 $U_2$ 分别为对应于电流为 $I_1 = 0.1\text{mA}$ 和 $I_2 = 1\text{mA}$ 时的电压。它可用来表征压敏陶瓷的非线性电流-电压关系，表现该变阻器对电流变化的敏感程度。变阻器的另一个技术指标为压敏电压 $U_1$，指电流为 $0.1\text{mA}$ 时的电压。

曾经广泛使用的碳化硅、硒和硅等压敏电阻器，因其非线性差，且不能正确控制起始工作电压，因而不能满足新技术发展的需要。1968 年日本松下电器公司首先研制成功氧化锌压敏陶瓷。氧化锌压敏陶瓷是在氧化锌粉末中直接加入微量的氧化铋、三氧化二钴、二氧化锰、三氧化二锑和三氧化二铬等添加物，经过混合、干燥、预烧、粉碎、造粒、成型、烧结等工序加工而成。后来经过补充完善、发展成为添加物（掺杂物）为五～九元配方的传统干法工艺。干法工艺的缺点是各种氧化物机械混合不均匀，高温烧结温度下反应不易完全，成相不好，加工过程中易带入机械杂质，制约了氧化锌压敏陶瓷性能的进一步提高。

本实验采用共沉淀法掺杂制备压敏陶瓷氧化锌粉末，又称为湿法。该方法将锌盐和添加物的离子配成溶液，然后用沉淀剂将各种离子共同沉淀下来，沉淀物经过滤、洗涤、干燥、预烧后成为以 ZnO 为主体的掺有杂质的复合氧化物粉体。这种粉料直接用来加工为氧化锌压敏陶瓷。湿法共沉淀掺杂制粉技术为原料呈离子状态在溶液中混合，然后再共同沉淀下来，因此

具有物质混合均匀,反应活性好,烧结成相优良,粉末粒度容易控制等特点,同时可缩短加工工艺,有利于提高氧化锌压敏陶瓷的性能。

### 三、仪器和试剂

仪器:分析天平,电动搅拌器,恒温槽,滴液漏斗,抽滤装置,电热烘箱,高温箱式电阻炉,压片机,pH 计,JN2711 型压敏电阻参数测试仪(或直流电源和 ZC36 微电流测试仪)及玻璃仪器,烧杯,刚玉坩埚,马弗炉等。

试剂:$ZnCl_2$,$BiCl_3$,$SbCl_3$,$CrCl_3$,$CoSO_4$,$MnCl_2$,$AgNO_3$,浓氨水,$NH_4HCO_3$,盐酸,银浆,无水乙醇(均为 C. P. 或 A. R. )。

### 四、实验内容

(1) 金属离子溶液的配制。配方中金属离子的物质的量比为:50mmol(4.05g)ZnO : 0.52mmol(0.15g)$SbCl_3$ : 0.26mmol(0.081g)$BiCl_3$ : 0.26mmol(0.041g)$CrCl_3$ : 0.26mmol(0.040g)$CoSO_4$ : 0.26mmol(0.033g)$MnCl_2$ = 97 : 1 : 0.5 : 0.5 : 0.5 : 0.5,称取对应的金属氧化物或盐溶于盐酸溶液(盐酸与水的体积比约 1 : 3),获得 $ZnCl_2$、$SbCl_3$、$BiCl_3$、$CrCl_3$、$CoSO_4$ 和 $MnCl_2$ 的混合金属离子溶液。若在混合金属离子溶液的配制过程中出现沉淀,加入盐酸使之溶解。控制溶液总量为 50mL 左右,溶液中 $ZnCl_2$ 的浓度约为 $1mol \cdot L^{-1}$。将溶液置于滴液漏斗中。

(2) pH 调节。用 250mL 烧杯称取碳酸氢铵 20g,加入约 80mL 蒸馏水和 20mL 浓氨水使之溶解。然后一边搅拌一边缓慢滴加混合金属离子溶液,测量溶液酸度的变化,当 pH 为 6.9 时停止加入。

(3) 烘干处理。将烧杯置于恒温槽中,升温至 50℃后保温 4h。取出烧杯将沉淀抽滤、蒸馏水洗涤至无氯离子(用 $AgNO_3$ 溶液检验),再用少量无水乙醇洗涤三次,转入电热烘箱中于 85~95℃干燥 1.5h。取少量粉末进行 SEM(扫描电镜)、XRD(X 射线衍射)、DTA(差热分析)测试。

(4) 烧结处理。将粉末转入刚玉坩埚中,置于马弗炉中于 500℃预烧 4h,冷却后研磨,称取 0.3~0.5g 压片,再置于马弗炉中于 1100℃烧结 6h 后自然冷却至室温,涂覆银浆后测试其电性能。

### 五、产品的检测及结果分析

(1) 测量电流-电压曲线,找出 ZnO 变阻器的非线性区域。由电流-电压曲线求得压敏电压和非线性系数。

(2) 由电镜照片,分析所制粉末的粒径、形貌。

(3) 分析 XRD 图中呈现出的特征衍射峰分别代表哪些相的存在。

(4) 说明差热分析曲线上的峰所表示的化学或物理过程。

### 六、思考题

(1) 粉体材料制备过程中,哪些操作可能影响粉体材料的粒径、形貌?

(2) 如何评价氧化锌压敏陶瓷性能?

(中南大学　易小艺)

## 实验 40　化学共沉淀法制备镍锌铁氧体粉料

### 一、实验目的

（1）了解一种陶瓷粉料的制备方法，掌握金属离子共沉淀法的操作。

（2）学习差热、热重和 X 射线粉末衍射等分析方法在无机化合物表征中的应用。

### 二、实验原理

铁氧体（ferrites）常指铁系元素和其他一种以上适当元素的复合氧化物。目前已应用和在研究的铁氧体材料按其晶格类型主要分为以下七类（表 5-3）。

表 5-3　铁氧体材料的分类

| 结构类型 | 晶系 | 举例 | 主要用途 |
| --- | --- | --- | --- |
| 尖晶石型 | 立方 | $NiFe_2O_4$ | 用作软磁、旋磁、矩磁和压磁材料 |
| 石榴石型 | 立方 | $Y_3Fe_5O_{12}$ | 用作旋磁、磁泡、磁声、磁光材料 |
| 磁铅石型 | 立方 | $BaFe_2O_3$ | 用作永磁、肇磁、超高频软磁 |
| 钙钛石型 | 立方 | $LaFeO_3$ | 用作磁泡材料 |
| 钛铁石型 | 三方 | $MnNiO_3$ | 尚未应用 |
| 氯化钠型 | 立方 | $EuO$ | 用作强磁半导体、磁光材料 |
| 金红石型 | 四方 | $CrO_2$ | 用作磁记录介质 |

铁氧体材料的工业制备多采用以下流程：按选定的配方进行配料→球磨混合→预烧（固相反应）→造粒成型→烧结（又称烧成或热处理）→测试。

这是多晶陶瓷材料通用的经典工艺，近年来由于高温固相反应机理的研究取得很大进展，这一经典的陶瓷工艺更加成熟。与此同时，近年来还发展了一种铁氧体等电子陶瓷材料的新工艺——湿化学法（又称共沉淀法）。

湿化学法在制备多晶功能陶瓷粉料（如磁性、压电、铁电、光电等陶瓷材料）、荧光粉、高效催化剂和高纯单晶原料等方面，都已得到广泛的应用和发展，它特别适于实验室无机功能材料的研制。

通过共沉淀法制备镍锌铁氧体粉料的反应方程式为

$$0.5Ni^{2+} + 0.5Zn^{2+} + 2Fe^{2+} + 3C_2O_4^{2-} + 6H_2O \Longrightarrow Ni_{0.5}Zn_{0.5}Fe_2(C_2O_4)_3 \cdot 6H_2O \downarrow \quad (1)$$

$$Ni_{0.5}Zn_{0.5}Fe_2(C_2O_4)_3 \cdot 6H_2O \xrightarrow{\triangle} Ni_{0.5}Zn_{0.5}Fe_2O_4 \quad (2)$$

### 三、仪器和试剂

仪器：光电分析天平，恒温槽，马弗炉，X 射线粉末衍射仪，热分析仪，玻璃仪器，坩埚，布氏漏斗，移液管，烧杯，玻璃棒，称量瓶等。

试剂：$NiSO_4$，$ZnSO_4$，$FeSO_4$，$(NH_4)_2C_2O_4$，$BaCl_2$，$NH_3 \cdot H_2O$，$H_2C_2O_4$，$H_2SO_4$，盐酸，乙醇（均为 C.P. 或 A.R.）。

## 四、实验内容

### 1. 溶液的配制及标定

(1) 用 0.1% 的 $H_2SO_4$ 溶液分别配制 100mL 1.4mol・$L^{-1}$ $NiSO_4$ 溶液、100mL 1.4mol・$L^{-1}$ $ZnSO_4$ 溶液和 200mL 1.4mol・$L^{-1}$ $FeSO_4$ 溶液(如 $FeSO_4$ 为块状固体,为了加速固体的溶解,在称量前将其研磨)。

(2) 用重量法标定以上溶液的浓度:用移液管量取以上溶液各 25mL,分别盛于 250mL 烧杯中,稀释一倍左右,加热溶液至 60～70℃,分别加入 5.5g$(NH_4)_2C_2O_4・H_2O$,用玻璃棒不断搅拌 5～10min,再保温 10min(防止沸腾溅出)。保温过程中,用稀盐酸或氨水调节 pH3.0～3.5(用精密 pH 试纸测定),静置 4h 以上,用定量滤纸过滤并用草酸酸化的纯水洗涤数次。沉淀连同滤纸转入已恒重的坩埚中,在马弗炉中于 200℃ 烘烤 1h 后,再升温至 700℃ 保温 0.5h 后取出,氧化物称重,以 NiO (g・$L^{-1}$)、ZnO(g・$L^{-1}$)和 $Fe_2O_3$(g・$L^{-1}$)标出上述各溶液浓度。

### 2. 镍锌铁氧体粉料制备

(1) 称量。按共沉淀法制备镍锌铁氧体粉料的反应方程式(1)计算各料液的用量(按制取 0.05mol 计),准确量取各料液盛于 250mL 烧杯中,并准确称取$(NH_4)_2C_2O_4・H_2O$ 于 1000mL 烧杯中,用 300～400mL 纯水溶解。

(2) pH 调节。分别加热上述料液和沉淀剂溶液至 60～70℃,将料液倾入沉淀剂溶液中,用玻璃棒不断搅拌 5min,用稀硫酸或氨水调节 pH3.0～3.5(用精密 pH 试纸测定),继续保温和搅拌 5～10min,静置 4h 以上或用流水冷却至室温后放置片刻,减压过滤,用纯水洗至无 $SO_4^{2-}$ 为止(用 $BaCl_2$ 溶液检查),最后用少量乙醇淋洗一次,抽干。

(3) 干燥。将滤饼转入蒸发皿内晾干,取 1～2g 保存于称量瓶中,供差热、热重分析用。

(4)烧结处理。将滤饼放入马弗炉中,在 200℃ 下烘烤 1～2h 后,再慢慢升温至 700℃,保温 0.5h 后取出,即得具有尖晶石结构的镍锌铁氧体粉料,取 1～2g 粉料保存于称量瓶中,供 X 射线粉末衍射分析结构用。

## 五、产品的检测

(1) 用差热和热重分析确定镍锌铁氧体粉料的组成和热分解过程。
(2) 用 X 射线衍射分析测定镍锌铁氧体粉料的晶格常数。
(3) 测定镍锌铁氧体粉料的比表面。

## 六、思考题

(1) 如何通过 X 射线衍射分析测定的镍锌铁氧体粉料晶格常数推导其结构?
(2) 粉体材料的比表面积与哪些因素有关?

(中南大学 易小艺)

## 实验 41　水解法制备纳米氧化铁

### 一、实验目的

（1）了解水解法制备纳米材料的原理与方法。

（2）加深对水解反应影响因素的认识。

（3）熟悉分光光度计、离心机、pH 计的使用。

### 二、实验原理

纳米材料是指晶粒和晶界等显微结构达到纳米尺度水平的材料，具有量子尺寸效应、体积效应、表面效应和宏观量子隧道效应等基本特征，在保持原有物质化学性质的基础上，在磁、光、电、热、力、敏感等方面表现出本体材料不具备的性质。因此，纳米材料在磁性材料、发光材料、生物、医学、传感、电子、化工、军事、航天航空等众多领域都有重要应用。

纳米氧化铁具有良好的耐候性、耐光性、磁性和对紫外线具有良好的吸收和屏蔽效应，可广泛应用于闪光涂料、油墨、塑料、皮革、汽车面漆、电子、高磁记录材料、催化剂以及生物医学工程等方面，且可望开发新的用途。纳米氧化铁的制备方法很多，有化学沉淀法、热分解法、固相反应法、溶胶-凝胶法、气相沉积法、水解法等。

水解反应是中和反应的逆反应，是吸热反应。升温将加快水解速率，增大水解反应程度；浓度增大对反应程度无影响，但也可加快水解反应速率。对金属离子而言，溶液 pH 增大，水解程度与速率均增大。在实际生产及科研中常利用水解反应来进行物质的分离、鉴定和提纯，许多高纯度的金属氧化物，如 $Bi_2O_3$、$Al_2O_3$、$Fe_2O_3$ 等都是通过水解沉淀来提纯的。

利用水解来制备纳米材料是一种较新的制备方法，它是通过控制一定的温度和 pH 条件，使一定浓度的金属盐水解，生成氢氧化物或氧化物沉淀。若条件适当可得到颗粒均匀的多晶态溶胶，其颗粒尺寸在纳米级。为得到稳定的多晶溶胶，可降低金属离子的浓度，也可用配位剂配合法控制金属离子的浓度，如加入 EDTA，可适当增大金属离子的浓度，制得更多的沉淀，同时对产物的晶型也有影响。

本实验以 $FeCl_3$ 为原料，通过水解法制备纳米氧化铁。实验中考察 $FeCl_3$ 浓度、溶液的温度、反应时间与 pH 等对水解反应的影响，找出水热水解法制备纳米氧化铁的最佳工艺条件。

$FeCl_3$ 水解过程

$$Fe^{3+} + xH_2O \longrightarrow [Fe(OH)_x]^{3-x} \longrightarrow Fe(OH)_3 (Fe_2O_3 \cdot xH_2O)$$

随着水解的进行，溶液的颜色由黄棕色变为红棕色，最终析出红棕色的胶状沉淀。为了控制产品粒度在纳米尺度，实验中控制条件（温度、浓度、pH）使 $FeCl_3$ 水解成颗粒均匀的多晶态溶胶，而不生成沉淀。由于 $Fe^{3+}$ 水解后溶液颜色发生变化，随着时间增加 $Fe^{3+}$ 量逐渐减少，形成的 $Fe_2O_3 \cdot xH_2O$ 溶胶量也逐渐增大，溶液颜色趋于稳定，而 $Fe_2O_3 \cdot xH_2O$ 溶胶的最大吸收波长为 550nm，故可用分光光度计进行动态检测。

若水解过程中生成沉淀，说明成核不同步，可能是玻璃器皿未清洗干净，或者水解浓度过大，或者是水解时间太长。

### 三、仪器和试剂

仪器：磁力搅拌器，722 型分光光度计，pH 计，恒温烘箱，水浴恒温槽，高速离心机，普通离心机(使用方法参见本教材 2.8.1 小节),电子显微镜,激光粒度测定仪,X 射线粉末衍射仪,烧杯(100mL、500mL),50mL 具塞锥形瓶,50mL 量杯,胶头滴管,离心试管等。

试剂:$FeCl_3$($0.5mol \cdot L^{-1}$),EDTA($0.1mol \cdot L^{-1}$),$(NH_4)_2SO_4$($1mol \cdot L^{-1}$),盐酸($1mol \cdot L^{-1}$),NaOH($1mol \cdot L^{-1}$),无水乙醇等。

## 四、实验内容

### 1. 玻璃仪器的清洗

实验中所有的玻璃器皿均需严格清洗,先用铬酸洗液洗,再用去离子水冲洗干净,然后烘干备用。

### 2. 水解时间的影响

配制 40mL 含 $1.8 \times 10^{-2}mol \cdot L^{-1}$ $FeCl_3$、$1.0 \times 10^{-2}mol \cdot L^{-1}$ EDTA 的水解液,通过 pH 计的监测,滴加 $1mol \cdot L^{-1}$ 盐酸或 $1mol \cdot L^{-1}$ NaOH,调节溶液的 pH 至 2.0,然后,将溶液转入 50mL 具塞锥形瓶中,放入 90℃ 的水浴恒温槽中,观察水解前后溶液的变化。每隔 30min 取样,以蒸馏水作参比,用分光光度计于 550nm 处测定水解液的吸光度,直到 $A$ 值基本不变,水解液变成红棕色溶胶为止,约需读数 6 次。绘制 $A$-$t$ 图。

### 3. 水解液 pH 的影响

改变上述水解液的 pH,分别为 1.0、1.5、2.5、3.0,其余条件同步骤 2,水解 30min 后测定水解液的吸光度,绘制 $A$-pH 图。

### 4. 水解液中 $Fe^{3+}$ 浓度的影响

改变步骤 2 中水解液的 $Fe^{3+}$ 浓度,使之分别为 $5.0 \times 10^{-3}mol \cdot L^{-1}$、$1.0 \times 10^{-2}mol \cdot L^{-1}$、$2.5 \times 10^{-2}mol \cdot L^{-1}$,其余条件同步骤 2,水解 30min 后测定水解液的吸光度,绘制 $A$-$c$ 图。

### 5. 沉淀的分离

取 2、3、4 步骤中吸光度最大的样品的水解液快速冷却,分成两份,一份加 5 滴 $1mol \cdot L^{-1}$ $(NH_4)_2SO_4$ 溶液使溶胶沉淀后用普通离心机离心分离,一份用高速离心机离心分离。沉淀用去离子水洗至无 $Cl^-$ 后(如何检验?请思考),再用无水乙醇洗涤两次。比较两种分离方法的效率。将所得产品放入烘箱中于 100℃ 干燥 30min,冷却至室温后,研磨备用。

### 6. 产品鉴定

(1) 用激光粒度测定仪测定所得产品的粒度。
(2) 利用电子显微镜和 X 射线粉末衍射仪对所得产品进行结构分析。

## 五、注意事项

(1) 实验中所用玻璃仪器均需严格清洗。
(2) 水解后若生成沉淀,是因为成核不同步,或者玻璃仪器未清洗干净。
(3) 具塞锥形瓶用完后马上放入盐酸洗液中浸泡。

（4）离心机工作时，实验者不得离开。

## 六、思考题

（1）影响水解的因素有哪些？它们是如何影响的？

（2）水解器皿在使用前为什么要清洗干净？若清洗不净会带来什么后果？

（3）如何精密控制水解的 pH？为什么可用分光光度计监控水解程度？

（4）氧化铁溶胶的分离有哪些方法？哪种效果较好？

（中南大学　王曼娟）

## 实验 42　焦磷酸钾的制备和无氰镀铜

### 一、实验目的

（1）了解有关电解质溶液、电解、配合物等基础知识的综合应用。

（2）掌握焦磷酸钾和焦磷酸铜的制备方法。

（3）学习无氰镀铜的基本原理和操作。

### 二、实验原理

#### 1. 焦磷酸钾与焦磷酸铜的制备

$H_3PO_4$ 是三元酸。利用磷酸和氢氧化钾的中和反应，控制 pH 为 8.5 时生成磷酸氢二钾，再从磷酸氢二钾的缩合反应制取焦磷酸钾。

$$H_3PO_4 + 2KOH \xrightarrow{\quad\quad} K_2HPO_4 + 2H_2O$$

$$2K_2HPO_4 \xrightarrow[\triangle]{\text{缩合反应}} K_4P_2O_7 + H_2O$$

焦磷酸钾和硫酸铜反应生成难溶的焦磷酸铜。

$$K_4P_2O_7 + 2CuSO_4 \xrightarrow{\quad\quad} Cu_2P_2O_7 \downarrow + 2K_2SO_4$$

#### 2. 无氰镀铜

长期以来，各种电镀溶液都离不开氰化钠，它不但危害电镀工人的健康，也造成周围环境的严重污染。无氰电镀的研究为解决电镀工业中氰化钠的危害开辟了途径。无氰镀铜的电镀溶液以焦磷酸铜和焦磷酸钾形成的配合物为基本成分。

$$Cu_2P_2O_7 + 3K_4P_2O_7 \xrightarrow{\quad\quad} 2K_6[Cu(P_2O_7)_2]$$

配离子 $[Cu(P_2O_7)_2]^{6-}$ 在水溶液中存在解离平衡

$$[Cu(P_2O_7)_2]^{6-} \xrightarrow{\quad\quad} Cu^{2+} + 2P_2O_7^{4-}$$

电镀时的电极反应：

阴极反应　　$Cu^{2+} + 2e^- \xrightarrow{\quad\quad} Cu$　　　　（主要反应）

　　　　　　$2H^+ + 2e^- \xrightarrow{\quad\quad} H_2$　　　　　（副反应）

阳极反应　　$Cu - 2e^- \xrightarrow{\quad\quad} Cu^{2+}$　　　　（主要反应）

　　　　　　$4OH^- - 4e^- \xrightarrow{\quad\quad} 2H_2O + O_2$　　（副反应）

电镀正常时，两个副反应较少。

阴极周围由于 $Cu^{2+}$ 被还原成金属铜进入镀层,使 $Cu^{2+}$ 浓度降低,促使$[Cu(P_2O_7)_2]^{6-}$不断解离。同时在阳极周围由于金属铜被氧化生成 $Cu^{2+}$,促使$[Cu(P_2O_7)_2]^{6-}$不断生成,并扩散到阴极,使电镀过程不断进行。

焦磷酸盐镀铜的特点是镀液稳定、镀层细致、均匀而紧密、又无氰化钠的毒害。所以焦磷酸盐镀铜是一种比较好的无氰电镀的工艺。

电镀时,镀出的金属晶粒越细,则镀层越致密,防护性能也越好。影响镀层质量的因素主要是电镀液的性质、电流密度、溶液的 pH 及镀前处理等。

## 三、仪器和试剂

仪器:电炉,离心机,马弗炉,直流稳压电源,变阻箱,电子天平(0.1g),抽滤装置,铁片,镍电极片,铜电极片,瓷坩埚,蒸发皿,烧杯(100mL、150mL、250mL),量筒,滴管,点滴板等。

试剂:KOH(48%),$H_3PO_4$(85%),$CuSO_4 \cdot 5H_2O$,$NH_3 \cdot H_2O$,$H_2O_2$(30%),活性炭,柠檬酸或酒石酸,$AgNO_3$(0.1mol·L$^{-1}$),HCl(1+1),$Na_2CO_3$(10%),OP,$NiSO_4 \cdot 7H_2O$,NaCl,$H_3BO_3$,$H_2SO_4$(2moL·L$^{-1}$),NaOH(2mol·L$^{-1}$),十二烷基硫酸钠等。

## 四、实验内容

### 1. 焦磷酸钾的制备

量取 50 mL 48% KOH 溶液(相对密度为 1.5),放入 250mL 烧杯中。用滴管沿烧杯壁滴加 85% $H_3PO_4$(反应激烈,滴加要慢,同时搅拌)。加到反应较缓和时,取 1 滴溶液在点滴板上加同量的水稀释后,用精密试纸测其 pH。当 pH 为 8.5 时停止加酸。若 $H_3PO_4$ 加过量时,可补加 KOH 溶液,调节 pH 至 8.5。这时生成 $K_2HPO_4$。

将 $K_2HPO_4$ 溶液过滤,滤液在蒸发皿上浓缩,蒸发至干(注意搅拌)。再转移到瓷坩埚中,放入马弗炉,在 550℃ 左右灼烧 1h 以上,直至呈雪白色的固体,即得焦磷酸钾产品。缩合反应是否完全,可取少量产物溶解于水,用 $AgNO_3$ 溶液检验,至无黄色 $Ag_3PO_4$ 沉淀为止。

### 2. 焦磷酸铜的制备

在两个 150mL 的烧杯中分别加入 6.6g 自制的 $K_4P_2O_7$ 和 10g $CuSO_4 \cdot 5H_2O$。然后各加入约 50mL 去离子水。分别加热溶解。在搅拌下,趁热将焦磷酸钾溶液渐渐加到硫酸铜溶液中,即生成焦磷酸铜沉淀。静置片刻,上层清液的 pH 在 5 左右。离心分离并弃去上层清液;加入温热去离子水,搅匀,离心分离,再弃去清液。重复用温热去离子水洗涤两三次,以洗去影响镀层光亮度的大部分 $SO_4^{2-}$,得到的焦磷酸铜的悬浊液可直接配制电镀液。

### 3. 含配离子$[Cu(P_2O_7)_2]^{6-}$的电镀液的配制

在上面制得的焦磷酸铜的悬浊液中加入 30g 固体 $K_4P_2O_7$ 产品,搅拌溶解,即得深蓝色的含有配离子$[Cu(P_2O_7)_2]^{6-}$的溶液(pH 为 9～10)。再补充适量去离子水,使总量到 100mL 左右。加入 4～5 滴 30% $H_2O_2$ 溶液,以氧化硫酸铜原料中可能存在的一价铜离子。加入活性炭 0.2g 左右,加热至 60～70℃,搅拌,以除去有害的有机杂质。冷却后进行抽滤。

在滤液中加入适量的柠檬酸或酒石酸晶体(作为辅助配合剂)使 pH 为 7。然后加入适量的浓氨水和少量 OP(以增加镀层的光亮度),使 pH 为 8～8.5。

4. 电镀操作

1) 镀前处理

取镀件(铁片)一片,进行镀前处理,处理步骤如下:

(1) 抛光。用砂纸把镀件打磨光。

(2) 除油。除油液为 10%Na$_2$CO$_3$ 溶液,温度为 70~80℃,浸泡时间为 3min,取出后用蒸馏水清洗干净。

(3) 除锈。除锈液为(1+1)HCl 溶液,温度为室温,浸泡时间为 10~20s,取出后用去离子水清洗干净。

经处理后的铁片,在操作中不得再沾污。

2) 预镀镍

目前,铁件上直接进行无氰镀铜,其结合力较差,因此要进行预镀。预镀镍的工艺配方如下:

| | |
|---|---|
| NiSO$_4$ · 7 H$_2$O | 250~280g · L$^{-1}$ |
| NaCl | 15~20g · L$^{-1}$ |
| 十二烷基硫酸钠 | 0.1~0.15g · L$^{-1}$ |
| H$_3$BO$_3$ | 40~45g · L$^{-1}$ |
| pH(NaOH 调节) | 4.4~4.6 |
| 温度 | 30~40℃ |
| 阴极电流密度 | 8~10mA · cm$^{-2}$ |
| 阴极移动 | 20 次 · min$^{-1}$ |
| 电镀时间 | 3~5min |

镀镍液配制方法如下:

(1) 在 100mL 烧杯中加蒸馏水 50mL,加热到 60℃,依次加入 25g NiSO$_4$ · 7H$_2$O 和 1.5g NaCl,搅拌溶解(A 溶液)。

(2) 在另一个 100mL 烧杯中加蒸馏水 20mL,加热到 60℃,加入 4g H$_3$BO$_3$,搅拌溶解后,缓缓倒入 A 溶液中,搅拌混合均匀。再用定性滤纸过滤(B 溶液)。

(3) 用 2.0mol · L$^{-1}$ H$_2$SO$_4$ 或 2.0mol · L$^{-1}$ NaOH 溶液调整 B 溶液的 pH 至 4.5 左右(C 溶液)。

(4) 称取十二烷基硫酸钠 0.05g,溶于 10mL 蒸馏水中(D)。

(5) 将 D 溶液加入 C 溶液中,再加蒸馏水到总体积为 100mL,搅拌均匀即为镀镍液。

(6) 将经过镀前处理的铁片挂在阴极上,以镍片作阳极,按照上述工艺条件进行预镀镍。

3) 电镀

按图 5-2 装置。把刚预镀过镍的铁镀件在水中清洗后,挂在阴极上,铜片挂在阳极上。根据镀件面积调节变阻箱使电源控制在规定的阴极电流密度范围内(5~8mA · cm$^{-2}$)。整个电镀过程中,应不断轻轻搅动溶液。电镀 0.5h 后,取出镀件,清洗。

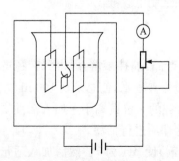

图 5-2 无氰镀铜装置示意图

4）质量检验

（1）外观质量。仔细观察镀件表面,检查其光洁度及有无针孔、斑痕

（2）附着力。用细砂纸打磨镀件的表面,观察其附着力的大小。

## 五、思考题

（1）制备焦磷酸钾的原理是什么？ 为什么要控制 pH 为 8.5？ pH 太高或太低,有什么影响？

（2）试举例比较电镀、电解、原电池的两极上反应的异同。

（3）影响镀层质量的因素有哪些？ 为什么有些镀层会发黑？

（中南大学　古映莹）

## 实验 43　电解法制备过二硫酸钾

### 一、实验目的

（1）了解电解合成过二硫酸钾的基本原理、特点以及影响电流效率的主要因素。

（2）熟悉电解仪器、装置和使用方法,练习碘量法分析测定化合物的方法。

（3）掌握阳极氧化制备含氧酸盐的方法和技能。

### 二、实验原理

过二硫酸钾是一种白色、无味晶体,相对密度 2.477,约 100℃分解,溶于水,不溶于乙醇,有强氧化性。用于制作漂白剂、氧化剂,也可用作聚合引发剂。

$S_2O_8^{2-}$ 是已知最强的氧化剂之一,它可以把很多元素氧化为它们的最高氧化态。例如,$Cr^{3+}$ 可被氧化为 $Cr_2O_7^{2-}$。

$$S_2O_8^{2-}+2H^++2e^-===2HSO_4^-\quad E^{\ominus}=2.05V$$
$$S_2O_8^{2-}+2Cr^{3+}+7H_2O===2SO_4^{2-}+Cr_2O_7^{2-}+14H^+$$

$S_2O_8^{2-}$ 的氧化反应速率较慢,需在酸性条件下进行,并加 $Ag^+$ 催化,有时还要加热。

在工业生产中,电解法常用来制备强氧化剂（阳极氧化制备）、强还原剂与高纯物质（阴极还原制备）。本实验采用电解 $KHSO_4$ 水溶液的方法阳极氧化制备 $K_2S_2O_8$。在电解液中主要含有 $K^+$、$H^+$ 和 $HSO_4^-$,电流通过溶液后,发生电极反应,其中

阳极反应　　　　　　　　$2HSO_4^-===S_2O_8^{2-}+2H^++2e^-$

阴极反应　　　　　　　　$2H^++2e^-===H_2$

在阳极除以上反应外,$H_2O$ 被氧化为 $O_2$ 的反应也很明显

$$2H_2O===O_2+4H^++4e^-\quad E^{\ominus}=1.23V$$

从标准电极电势看,$H_2O$ 的氧化反应的发生优先于 $HSO_4^-$ 的氧化反应。但实际上从水里放出 $O_2$ 更难,需要的电势比理论值 1.23V 更大,这是由于水的氧化是一个动力学上的缓慢过程,需要额外加一个称为超电势的电压才能进行和加快。也就是说,超电势越大,水的氧化越难。而水的氧化速度受电极材料所决定的超电势影响极大。在 $1mol·L^{-1}KOH$ 溶液中,$O_2$ 在不同阳极材料上的超电势大致如下:

| 阳极材料 | Ni | Cu | Ag | Pt |
|---|---|---|---|---|
| 超电势/V | 0.87 | 0.84 | 1.14 | 1.38 |

在不同阳极材料中,氧在 Pt 上有较高的超电势,为了使 $K_2S_2O_8$ 最大限度地生成,选择 Pt 作为阳极材料,能使 $O_2$ 的生成限制在最小程度。这是由于水放出氧气反应的超电势较大,其实际上发生需要的电势(标准态下 1.23V+1.38V=2.61V)变得高于 $HSO_4^-$ 发生氧化制取 $S_2O_8^{2-}$ 所需的电势,$HSO_4^-$ 在水中的氧化反应才得以优先进行,而 $H_2O$ 的氧化成为副反应。与之相反,氢气在 Pt 上超电势绝对值较低,而在阴极上 $H^+$ 还原制取 $H_2$ 实际发生所需的电势,在标准态下为其标准电极电势减去超电势的绝对值即为负值。其次,调整电解的条件对增加氧的超电势是有利的,因为超电势随电流密度增加而增大,电流密度与电流强度成正比、与电极面积成反比,所以采用较高的电流,阳极采用面积较小的铂丝。而阴极材料也可采用面积较大的铂片,阴极超电势随电流密度减小而有所减小,有利于氢气在阴极的析出。此外,电解如果在低温下进行,因为反应速度减慢,水被氧化这个过程的速度也会变小,所以低温对 $K_2S_2O_8$ 的形成有利。最后,提高 $HSO_4^-$ 的浓度,能使 $K_2S_2O_8$ 的产率增大。因此,本实验阳极制备条件为:Pt 电极,高电流密度,低温,饱和 $HSO_4^-$ 溶液。

在任何电解制备中,总有对产物不利的方面,如产物在阳极将发生扩散,到阴极又被还原为原来的物质。所以一般阳极和阴极必须分开,或用隔膜隔开。本实验阳极产生的 $K_2S_2O_8$ 也将向阴极扩散,但因低温下 $K_2S_2O_8$ 在水中溶解度不大,只要阳极和阴极距离适当,$K_2S_2O_8$ 在移到阴极以前就会从溶液中结晶出来。

阳极采用直径较小的 Pt 丝,已知 Pt 丝的直径和它同电解液接触的长度可以计算电流密度

$$电流密度=\frac{电流强度}{阳极面积} \tag{5-5}$$

根据法拉第电解定律可以计算电解合成产物的理论产量

$$m=\frac{M}{zF}q=\frac{M}{2\times 96485}It \tag{5-6}$$

式中:$m$ 为电极上参与反应物质的质量,g;$M$ 为该物质的摩尔质量,g·$mol^{-1}$;$F$ 为法拉第常量;$z$ 为电极反应中电子的计量系数;$t$ 为时间,s;$I$ 为电流强度,A。

因为有副反应,所以实际产量往往比理论产量少,通常所说的产率,在电化学中称为电流效率

$$产率=电流效率=\frac{实际产量}{理论产量}\times 100\% \tag{5-7}$$

## 三、仪器和试剂

仪器:直流稳压电源(每台两组),分析天平,铂电极,表面皿,烧杯(1000mL),大口径试管,抽滤装置,碱式滴定管,恒温烘箱,碘量瓶。

试剂:$KHSO_4$,$Na_2S_2O_3$ 标准溶液,KI(s),碎冰,$NH_4Cl$(或 NaCl),无水乙醇,冰醋酸,30% $H_2O_2$,$AgNO_3$,$MnSO_4$,淀粉指示剂,$Cr_2(SO_4)_3$。

## 四、实验内容

1. $K_2S_2O_8$ 的合成

称取 35g $KHSO_4$ 固体溶解于 100mL 水中,将溶解液倒入大试管中,装配 Pt 丝电极和 Pt

片电极,调节两极间的距离合适(约 1cm),并用木制盖子使之固定。

将大试管(盖子不能盖紧,以通大气,拿试管应拿下部,以免打破)放入 1000mL 烧杯中,用冰盐浴(加一层冰块加一层盐 $NH_4Cl$ 或 NaCl,层层叠加,最上层用盐覆盖)冷却。冷至 $-4℃$ 后,接通电源并开始计时,控制电流强度为 0.33A 左右,电解 $1.0\sim1.5h$。为使电解温度保持在 $-4℃$ 左右,需要适时在冰盐浴中补充冰块。反应结束后,关闭电源并记录时间。对电解液进行快速抽滤,用无水乙醇洗涤晶体 2 次(注意不能用水洗涤),抽干后,将产品连同滤纸置于表面皿上(滤纸和表面皿已事先称重),然后在烘箱中于 80℃ 干燥 30min,冷却后再称量。

2. 间接碘量法鉴定产品纯度

用减量法在碘量瓶中准确称取 $0.500\sim1.000g$ 样品,用 30mL 水溶解,加入 2g KI,塞紧瓶塞,振荡,KI 溶解后避光静置 15min。然后向溶液中加入 1mL 冰醋酸,用标准 $Na_2S_2O_3$ 溶液滴定至溶液由红棕色变为浅黄色;再加入 1mL 淀粉指示剂,继续用标准 $Na_2S_2O_3$ 溶液滴定至溶液由蓝色变为无色,即为终点。记录所消耗的标准 $Na_2S_2O_3$ 溶液体积。至少平行分析两个样品,计算产品纯度、实际产量及电流效率。

3. $K_2S_2O_8$ 的反应

取适量自制的 $K_2S_2O_8$ 溶解在尽量少的水中,配制成 $K_2S_2O_8$ 饱和溶液,使其分别与下列溶液反应,观察试管中的变化。

(1) 与酸化的 KI 溶液反应(微热)。
(2) 与酸化的 $MnSO_4$ 溶液(需加入 1 滴 $AgNO_3$ 溶液催化)反应(微热)。
(3) 与酸化的 $Cr_2(SO_4)_3$ 溶液(需加入 1 滴 $AgNO_3$ 溶液)反应(微热)。
(4) 与 $AgNO_3$ 溶液反应(微热)。
(5) 用 30% 的 $H_2O_2$ 溶液做以上(1)~(4)实验,与 $K_2S_2O_8$ 对比。

**五、注意事项**

(1) 实验两人一组,注意阴阳极不能接反,铂丝电极细软易断,应注意保护。
(2) 由于电解时溶液的电阻使电流产生过量的热,为使电解温度保持在 $-4℃$ 左右,需要适时在冰盐浴中补充冰块。实验时切记不要将水或冰加入到反应装置中。
(3) 电解完抽滤时注意不要摇晃大试管,也不要用手握大试管,抽滤后切记不能用水洗晶体。
(4) 洗涤用的乙醇须回收。

**六、思考题**

(1) 分析制备 $K_2S_2O_8$ 中电流效率降低的主要原因。
(2) 比较 $S_2O_8^{2-}$ 的标准电极电势,你能预言 $S_2O_8^{2-}$ 可以氧化 $H_2O$ 为 $O_2$ 和 $H^+$ 吗?实际上这个反应能发生吗?为什么?
(3) 写出电解 $KHSO_4$ 水溶液时发生的全部反应。
(4) 为什么在电解时阳极和阴极不能靠得很近?
(5) 如果用铜丝代替铂丝作阳极,仍能生成 $K_2S_2O_8$ 吗?

(中南大学　王曼娟)

## 实验 44　非水体系四碘化锡的制备

### 一、实验目的

（1）学习在非水溶剂中制备无水四碘化锡的原理和方法。

（2）了解四碘化锡的某些化学性质。

（3）了解如何根据所有消耗的实际用量确定物质的最简式。

（4）学习非水溶剂重结晶的方法和加热、回流等基本操作。

### 二、实验原理

无水四碘化锡是橙红色的立方晶体，为共价型化合物，熔点 416.5K，沸点 621K，受潮易水解，在空气中也会缓慢水解，所以必须储存于干燥容器内。易溶于二硫化碳、三氯甲烷、四氯化碳、苯等有机溶剂，在冰醋酸中溶解度较小。

根据四碘化锡溶解度的特性，它的制备不宜在水溶液中进行，除采用碘蒸气和金属锡直接合成外，一般可在非水溶剂中进行。目前较多选择四氯化碳或冰醋酸为合成溶剂。

本实验采用冰醋酸为溶剂，金属锡和碘在非水溶剂冰醋酸和乙酸酐体系中直接合成

$$Sn + 2I_2 \!\!=\!\!\!=\!\! SnI_4$$

### 三、仪器和试剂

仪器：台秤，圆底烧瓶（100～150mL），球形冷凝管，吸滤瓶，布氏漏斗，干燥管，温度计（200℃），煤气灯，蒸发皿。

试剂：$I_2$(s)，锡箔，KI(饱和溶液)，丙酮，$CaCl_2$(s，无水)，冰醋酸，乙酸酐，氯仿。

### 四、实验内容

#### 1. 四碘化锡的制备

在 100～150mL 干燥的圆底烧瓶中，加入 1.50g 碎锡箔和 4.00g $I_2$，再加入 30mL 冰醋酸和 30mL 乙酸酐。按图 5-3 所示，装好球形冷凝管，用水冷却。用煤气灯加热至沸，反应 1～1.5h，直至紫红色的碘蒸气消失，溶液颜色由紫红色变为橙红色，停止加热。冷至室温即有橙红色的四碘化锡晶体析出，结晶用布氏漏斗抽滤，将所得晶体转移到圆底烧瓶中加入 30mL 氯仿，水浴加热回流溶解后，趁热抽滤(保留滤纸上的固体。为何物质?)将滤液倒入蒸发皿中，置于通风橱内，待氯仿全部挥发完后，可得到 $SnI_4$ 橙红色晶体，称量，计算产率。

#### 2. 产品检验

1）确定碘化锡最简式

称出滤纸上剩余 Sn 箔的质量(准确至 0.01g)，根据 $I_2$ 与 Sn 的消耗量，计算其比值，得出碘化锡的最简式。

2）性质实验

（1）取自制的 $SnI_4$ 少量溶于 5mL 丙酮中，分成两份，一份加几滴水，另一份加同样量的饱

和 KI 溶液,解释所观察到的实验现象。

（2）用实验证实 SnI₄ 易水解的特性。

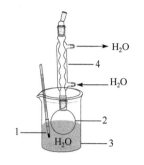

图 5-3　四碘化锡制备装置图
1. 温度计;2. 圆底烧瓶;
3. 烧杯;4. 冷凝管。

#### 3. 微型实验

（1）仪器:容积为 20mL 的圆底烧瓶,球形冷凝管（长度 100mm,直径 10mm),干燥管,电子天平,微型抽滤瓶,微型布氏漏斗,洗耳球（代替真空泵）。

（2）试剂及用量:I₂(s) 0.4000g,锡箔 0.2000g,冰醋酸 5mL,醋酸酐 5mL,氯仿 10mL。

（3）操作条件与常规实验相同。性质实验在点滴板上进行。

### 五、思考题

（1）在合成四碘化锡的操作过程中应注意哪些问题?

（2）在四碘化锡合成中,以何种原料过量为好? 为什么?

（3）三碘化铝能否用类似方法制得? 为什么?

（中南大学　颜　军）

## 实验 45　室温固相反应法合成硫化镉半导体材料

### 一、实验目的

（1）练习固液分离操作与加热设备的使用。

（2）学习室温固相反应合成半导体材料的方法。

（3）学习 X 射线衍射法表征化合物结构的方法。

（4）学习用热分析法研究化合物的热稳定性。

### 二、实验原理

室温固相反应是近几年发展起来的一种新的研究领域。利用固相反应可以合成液相反应中不易合成的金属配合物、原子簇化合物、金属配合物的顺反几何异构体,以及不能在液相中稳定存在的固相配合物等。同时,由于固、液相反应过程中的反应机理不同,有时还可能产生不同的反应产物,因而有可能制得一些特殊的材料。

利用室温固相反应法合成精细陶瓷材料的研究刚刚兴起。与常用的气相法、液相法及固相粉碎法相比,它具有明显的优点,如合成工艺大大简化,原料的用量及副产物的排放量都显著减少;同时由于减少了中间步骤并且是低温反应,可以有效避免粒子团聚,有利于产物纯度的提高。

CdS 是典型的化合物半导体材料,在颜料、光电池和敏感材料领域都有着重要的应用,其常用的合成方法是镉盐沉淀和气相反应法。本实验用镉盐与硫化钠在室温一步反应制备 CdS,现象明显,反应速度快。合成的产物结构经 X 射线衍射分析符合 JCPDS 卡片 100454,分别在 26.5°、44°、52°处出现最强衍射峰（图 5-4）。CdS 的热稳定性可用差热分析（DTA）和热重分析（TG）同时分析。

图 5-5 是 CdS 在空气气氛中的 DTA-TG 曲线,555.7℃ 的放热峰及伴随的增重现象可认为是 CdS 被氧化成 CdSO$_4$,382.2℃ 的微弱吸热峰和伴随的失重现象可认为是 CdS 表面吸附物的脱去或少量 CdS 被氧化成 CdO。由此表明 CdS 在 500℃ 以下是稳定的,超过 500℃ 即明显被氧化。

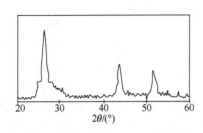

图 5-4  合成样品的 XRD 图

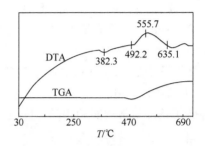

图 5-5  合成样品的 DTA-TGA 图

### 三、仪器和试剂

仪器:小研钵,离心试管,小坩埚,多用滴管,烘箱,马弗炉,离心机,差热分析仪,X 射线粉末衍射仪。

试剂:CdSO$_4$ · 8H$_2$O(s)[或 CdCl$_2$(s),Cd(NO$_3$)$_2$(s)],Na$_2$S · 9H$_2$O(s),BaCl$_2$(1.0mol · L$^{-1}$),pH 试纸。

### 四、实验内容

(1) 按 2.0g 的产量设计应加入 CdSO$_4$ · 8H$_2$O 和 Na$_2$S · 9H$_2$O 的量,用台秤称量后置于小研钵中研磨 10~20min,即生成橙红色的 CdS。

(2) 将产物用去离子水洗涤 5 次以上,上层清液用多用滴管吸出,用 pH 试纸检测清液的 pH≤6,且用 BaCl$_2$ 检验无沉淀为止,得到较纯的 CdS 沉淀。

(3) 洗净后的沉淀转移至离心试管离心分离(或用砂芯漏斗减压过滤),吸净上层清液后称量,计算产率。

(4) 将离心试管放入 105℃ 的烘箱中干燥 6h。干燥后的样品可用于进行热分析,X 射线衍射分析或红外光谱分析。为使 X 射线衍射图效果更明显,可以将该样品置于马弗炉中于 400℃ 煅烧 1~2h,使晶形趋于完整。

(5) 在差热-热重分析仪上测绘 DTA-TGA 曲线,确定合成产物的热稳定性。

(6) 对样品进行粉末 X 射线衍射分析,推测其结构。

### 五、思考题

(1) 常见的化合物半导体有哪些? 它们各有什么用途?

(2) 在空气中测得 CdS 的稳定温度在 500℃ 以下,氧化产物为 CdSO$_4$,若在 N$_2$ 中进行 DTA-TGA 分析,结果会如何? 试推测。

(3) 试从热力学角度推测,能否用本实验方法合成 ZnS。

(中南大学  颜  军)

## 实验 46　由废易拉罐制备明矾及明矾、铬钾矾单晶培养

### 一、实验目的

(1) 了解从铝单质制备明矾(硫酸铝钾)的原理和方法。

(2) 了解从水溶液中结晶制备硫酸铝钾大晶体的原理和方法。

(3) 熟练掌握溶解、结晶、抽滤等基本操作。

### 二、实验原理

铝质易拉罐具有美观、轻便、便于携带、使用方便等特点,是当今世界饮料包装行业中备受青睐的包装材料,它的回收再利用对节约资源、节省能源和保护环境有着重要意义。

硫酸铝钾 $KAl(SO_4)_2 \cdot 12H_2O$,俗称明矾,是一种重要的工业铝盐,易溶于水且易水解生成 $Al(OH)_3$ 胶体,具有强的吸附性能,可作为净水剂、媒染剂、造纸填充剂等。

#### 1. 硫酸铝钾制备

铝制品表面常有一层氧化铝保护膜,与稀酸反应很慢,且铝基材中其他金属也溶解带入成为可溶性杂质。碱可溶解铝表面的两性氧化物层,并进一步与铝单质反应生成可溶性的四羟基合铝酸钾 $K[Al(OH)_4]$。铝片中可能含有 Cr、Fe、Zn、Mn、Mg 及硅等杂质,加碱后,其中的Cr、Zn 及硅溶于碱性溶液成为可溶性杂质,其余以难溶的氢氧化物或氧化物沉淀形式析出,通过常压过滤可以去除。用 $H_2SO_4$ 调节滤液的酸度至 pH 为 8~9 时,有白色柔毛状的$Al(OH)_3$沉淀产生,继续加酸,则 $Al(OH)_3$ 溶解形成 $Al^{3+}$,冷却即可析出硫酸铝钾。反应过程如下:

$$2Al(s)+2KOH(aq)+6H_2O(l) =\!=\!= 2\,K[Al(OH)_4](aq)+3H_2(s) \tag{1}$$

$$2H_2SO_4(aq)+2\,K[Al(OH)_4](aq)=\!=\!=K_2SO_4(aq)+2\,Al(OH)_3(s)+3H_2O(l) \tag{2}$$

$$2H_2SO_4(aq)+2\,Al(OH)_3(s)=\!=\!=Al_2(SO_4)_3(aq)+5H_2O(l) \tag{3}$$

式(2)和式(3)合并为

$$Al_2(SO_4)_3(aq)+K_2SO_4(aq)+24H_2O(l)=\!=\!=K_2SO_4 \cdot Al_2(SO_4)_3 \cdot 24H_2O(s) \tag{4}$$

即

$$K^+(aq)+Al^{3+}(aq)+2SO_4^{2-}(aq)+12H_2O(l)=\!=\!=KAl(SO_4)_2 \cdot 12H_2O(s) \tag{5}$$

少量可溶性杂质则通过结晶、重结晶操作而留在母液中(主要利用明矾溶解度与杂质溶解度随温度的变化差异)。

#### 2. 大单晶生长

沉淀根据沉淀颗粒的大小可以分为晶形沉淀($0.1$~$1\mu m$)和无定形沉淀($<0.02\mu m$)。介于两者之间的是凝乳状沉淀。构晶离子在成核作用下形成晶核,晶核经历长大的过程就形成了沉淀颗粒。如果晶核的成长是按一定方向定向排列,则形成晶体沉淀。

构晶离子→晶核→沉淀颗粒→晶形沉淀或无定形沉淀

成核过程分均相成核(溶质从均匀液相中自发产生晶核)和异相成核(溶质因为外来杂质的影响形成晶核)两种。最终得到的沉淀类型受到晶核形成速率 $v$ 的影响。当晶核形成速率$v$ 小于晶核成长速率时,获得较大的沉淀颗粒,构晶离子定向排列形成晶形沉淀;而当晶核形

成速率 $v$ 很大时,形成大量的核,得到细小的无定形沉淀。成核速率 $v$(用分散度表示)与溶液的相对过饱和度的关系用冯·韦曼(Von Weimarn)公式描述为

$$v = K\frac{(Q-s)}{s} = K\left(\frac{Q}{s}-1\right) \tag{5-8}$$

式中:$Q$ 为加入沉淀剂瞬间沉淀物质的总浓度;$s$ 为沉淀的溶解度;$Q-s$ 为过饱和度;$(Q-s)/s$ 为相对过饱和度;过饱和比 $Q/s$ 可衡量均匀液相过饱和的溶质自发均相成核的程度;$K$ 为常数,它与沉淀的性质、温度、介质等有关。溶液的相对过饱和度越小,则晶核形成速率越慢,可望得到大颗粒沉淀。$Q/s$ 很小时,只形成很少的晶核,成核过程以异相成核为主;若 $Q/s$ 增大,当达到或超过临界过饱和比 $Q^*/s$ 时,就会自发地产生大量的晶核,沉淀反应由异相成核作用转化为异相成核和均相成核作用共存,即在较大相对过饱和度 $(Q^*-s)/s$(相对过饱和极限值,称为临界值)的情况下,出现均相成核。可见控制 $(Q-s)/s < (Q^*-s)/s$,即控制 $Q$ 在较低的水平,有望能得到大颗粒的沉淀。

图 5-6　铬钾矾单晶

### 3. 明矾、铬钾矾单晶培养

要在较短时间内得到较大尺寸的明矾单晶,实验中通过配制 45~50℃饱和溶液(表 5-4),缓慢降温,溶剂自然挥发达到控制溶液的过饱和度的目的;将形状规整的八面体籽晶引入饱和溶液,尺寸大、透明且形状完好的晶体可在 2 周到 1 月内形成。

**表 5-4　相关铝盐在不同温度下的溶解度 $[g \cdot (100g\ H_2O)^{-1}]$**

| 物质＼温度 ℃ | 0 | 10 | 20 | 25 | 30 | 40 | 50 | 60 | 70 | 80 | 90 |
|---|---|---|---|---|---|---|---|---|---|---|---|
| $K_2SO_4$ | 7.35 | 9.22 | 11.11 | 12.0 | 12.97 | 14.76 | 16.56 | 18.17 | 19.75 | 21.4 | 22.4 |
| $Al_2(SO_4)_3 \cdot 18H_2O$ | 31.2 | 33.5 | 36.4 | 38.5 | 40.4 | 45.7 | 52.2 | 59.2 | 66.2 | 73.1 | 86.8 |
| $KAl(SO_4)_2 \cdot 12H_2O$ | 3 | 4 | 5.9 | 7.2 | 8.4 | 11.7 | 17 | 24.8 | 40 | 71 | 109 |
| $KCr(SO_4)_2 \cdot 12H_2O$ | | | | 24.39 | | | | | | | |

明矾中的 $K^+$ 或 $Al^{3+}$ 可被其他阳离子取代。例如,$K^+$ 可被 $Na^+$、$NH_4^+$ 等取代;$Al^{3+}$ 可被 $Cr^{3+}$、$Fe^{3+}$ 等取代。$Cr^{3+}$ 取代 $Al^{3+}$ 后,其未充满的 3d 轨道中的电子会发生 d-d 跃迁,从而使化合物呈现出美丽的紫色。通过控制水溶液中 $Al^{3+}$ 和 $Cr^{3+}$ 的浓度配比,可以制备颜色不同但外形均为八面体的铬钾矾单晶。获取铬钾矾大单晶的方法与上面的方法相同,可用一粒铬钾矾(或明矾)的小晶体作晶种。

$$K^+(aq) + (1-x)Al^{3+}(aq) + xCr^{3+}(aq) + 2SO_4^{2-}(aq) + 12H_2O(l) =\!=\!=$$
$$K(Al_{1-x},Cr_x)(SO_4)_2 \cdot 12H_2O(s)$$

## 三、仪器和试剂

仪器:电子天平(称准至 1mg),循环水泵,玻璃棒,抽滤瓶,布氏漏斗,量筒,普通漏斗,研钵,电热板,50mL 锥形瓶,烧杯(100mL、50mL),光学显微镜两台(观察晶体生长的早期过程)。

试剂:$H_2SO_4$(3.0mol · $L^{-1}$),KOH(1.5mol · $L^{-1}$),乙醇(95%),硫酸铝钾(A. R.),硫

酸铬钾(A. R.)。

其他:滤纸,铝质易拉罐(自备,可口可乐罐),剪刀,砂纸,棉线,竹签,凡士林,冰水浴(提前预备)。

## 四、实验内容

### 1. 硫酸铝钾的制备

(1) 处理易拉罐。剪下自备铝质易拉罐(可口可乐罐)的瓶身部分,将内外表面(面积略大于 $6cm^2$)用砂纸磨光(打磨处理可在课前先完成),剪下 $6cm^2$ 的铝片,再剪成小于边长约 2mm 的碎片,在电子天平上称量(控制在 1000mg 以内),数据记录到实验记录本上(以后同)。

(2) 溶解铝片。在通风橱中,将铝片置于 100mL 烧杯内,加入约 25mL 的 $1.5mol \cdot L^{-1}$ KOH(根据所用铝片质量计算,此处以 1g Al 计)。在电热板上稍微加热,以促进反应进行。反应过程有氢气生成逸出,切记远离火源! 仔细观察实验现象,并解释。当不再有氢气生成逸出时,即表示反应完全,静置片刻。

(3) 滤除不溶性杂质。以减压过滤法过滤得到的热溶液,用滴管吸取去离子水(约 2mL)洗涤烧杯,然后将清洗液倒入布氏漏斗中过滤。将滤液从抽滤瓶上口倒入 100mL 烧杯中,用洗瓶吹出少量蒸馏水淋洗抽滤瓶,洗涤溶液与刚才的滤液合并备用。

(4) 酸化溶液。将盛有滤液的烧杯置于水浴中,边搅拌边缓慢加入约 25mL $3mol \cdot L^{-1}$ $H_2SO_4$。加入硫酸过程中注意观察白色的 $Al(OH)_3$ 沉淀生成,随后逐渐溶解(pH=2~3)。

(5) 加热溶解。酸化结束后,明矾会由于达到饱和而析出。将烧杯外壁的水擦干,再置于电热板上加热溶解。若溶液沸腾后仍有不溶性固体杂质存在,则趁热用普通过滤法除去。最后溶液的总体积应维持在约 40mL,以免溶液体积过大未达过饱和,明矾无法结晶析出(明矾的产率也会偏低)。

(6) 结晶。将澄清溶液(溶液中含有 $Al^{3+}$、$K^+$、$SO_4^{2+}$)静置冷却至室温,若无结晶生成可用玻璃棒轻刮器壁诱导结晶产生;再以冰水浴冷却使明矾结晶完全(注:若冰浴后仍无结晶析出,可能是溶液浓度太稀未达饱和,试想该如何处理?)

(7) 减压过滤。利用减压过滤使固液分离(操作参见本教材 2.8.1 小节)。滤饼用玻璃棒铺平后用 3~4mL 乙醇与水(1:1,体积比)的混合溶液洗涤 1~2 次(烧杯中残余结晶物也可用洗涤液冲洗);持续抽气至漏斗下端不滴水为止。洗涤用的乙醇与水混合液切勿过量,以避免铝明矾溶解。停止抽气过滤,将晶体转到已备好的干净滤纸上,再用滤纸尽量吸干母液。

(8) 称量,计算产率。

### 2. 籽晶(晶种)的制备

(1) 任选表 5-5 中 A~D 组溶质配比 2 组,制取两种籽晶。根据表 5-4 中明矾溶解度,称取一定量的自制明矾及铬钾矾(A. R.,由实验室提供)放入 100mL 烧杯中,加入适量蒸馏水(先加入计算量的 90% 的蒸馏水加热到 50℃,水量不够时再补充),制得接近 50℃ 的饱和溶液(pH=?),继续加热接近沸腾,然后让溶液冷至 50℃,趁热常压过滤,滤除多余固体,滤液承接在干净的小烧杯中,再重新加热,得到接近 50℃ 的饱和溶液。

表 5-5　明矾与铬钾矾混晶制备的成分配比

| 组别 | 明矾/g | 铬钾矾/g | 蒸馏水/mL |
|---|---|---|---|
| A | 6.00 | 0 | 35(推荐用量) |
| B | 4.00 | 2.11 | 35(视情况而定) |
| C | 3.00 | 3.16 | 30(视情况而定) |
| D | 2.00 | 4.21 | 25(视情况而定) |

（2）把一根缝纫机用尼龙线绑在玻璃棒上并悬于溶液正中间（图 5-7）令晶核在上面生成，晶体长大。用滤纸盖住烧杯口，贴上自己的标签，然后将烧杯置于不受振动，易蒸发，没有灰尘的地方，让其自然冷却，并静置 1~2 天（期间注意观察）。

（3）留下线上生长完好的、较大的八面体形状的籽晶，其余籽晶取下，仍放入母液中。

注：直接把棉线悬于溶液中，可省去绑晶种的麻烦，而且这样会更牢固。由于明矾和铬钾矾是类质同晶，晶胞参数相近，也可只制取一种籽晶。

图 5-7　尼龙线的悬挂

3. 明矾、铬钾矾大单晶体制备

（1）取出籽晶，将母液加热，使烧杯底部的小晶体溶解，并持续加热一小段时间。将溶液冷却至 45℃，若有晶体自溶液析出，过滤除去，再重新加热，没有饱和则需加入适量 $KAl(SO_4)_2 \cdot 12H_2O$ 再加热，直至把溶液配成 45℃ 的饱和溶液。

注：把母液配成 45℃ 的溶液，有利于籽晶快速长大，不至于晶体在室温升高时溶解。

（2）母液冷却到 45℃ 后，把籽晶轻轻吊在饱和溶液的正中间（不得靠近烧杯壁、杯底）。

（3）多次重复（1）、（2）步操作，直至得到清澈透明、八面体形状的明矾、铬钾矾大晶体。

（4）两周后将晶体取出，观察不同配方所得晶体的形状和颜色。

注：铬钾矾的溶解度似乎比明矾的大（如何得知）。绘制铝盐溶解度随温度变化的曲线，参考该关系的曲线，找出铬钾矾晶体生长的最佳温度区域。

## 五、实验结果与分析

（1）简要叙述产品制备实验步骤，解释观察到的现象，描述产品外观，列出重要结果。

（2）明矾、铬钾矾制备数据记录。

$m(Al) =$ _____ g；$m[KAl(SO_4)_2 \cdot 12H_2O] =$ _____ g；$V(NaOH) =$ _____ mL；$V(H_2SO_4)$ _____ mL；理论产率 = _____；实际产率 = _____。

（3）单晶制备数据记录。

表 5-6　明矾大晶体的制备条件　　　　　组别（　　）

| 晶体配方及培养条件 | A | B | C |
|---|---|---|---|
| 明矾/g | | | |
| 铬钾矾/g | | | |
| 蒸馏水/mL | | | |
| 溶液的起始 pH | | | |

续表

| 晶体配方及培养条件 | A | B | C |
|---|---|---|---|
| 籽晶生长到 2mm 的时间/天 | | | |
| 引入籽晶时溶液的温度/℃ | | | |
| 晶体成形所需时间、及温度及溶液 pH | | | |
| 晶体外观描述 | | | |

（4）对实验结果进行讨论。

## 六、实验注意事项

（1）易拉罐铝片的纯度通常为 96％。

（2）把母液配成 45℃的饱和溶液，有利于晶核的快速长大，否则晶核会被溶解，生成的晶体在温度升高时溶解。

（3）在结晶过程中，烧杯口上盖上一块滤纸，中间开一个小孔，让绑在玻璃棒（或竹签）上的尼龙线穿过，玻璃棒架在烧杯上并压住滤纸，然后，以免灰尘落下。

（4）晶体成长过程中，应经常观察，若发现籽晶上又长出小晶体，应及时去掉。若杯底有晶体，要取出籽晶，适当加热到开始设定的饱和溶液温度，再放入籽晶。

（5）溶液饱和度过大产生不规则小晶体附在原晶核上，晶体不透明；饱和度太低，晶体成长缓慢或溶解。

## 七、思考题

（1）回收铝易拉罐的意义何在？查阅有关资料，了解铝易拉罐的主要化学成分。工业上整体熔炼铝易拉罐存在什么问题？化学回收利用铝易拉罐有优势吗？

（2）根据你所称取的铝片质量，计算实验条件下中所有相关试剂的用量、产物的产量。

（3）在制备硫酸铝钾的过程中，需要分离出 $Al(OH)_3$，洗涤之后再用硫酸溶解吗？

（4）水溶液中得到完整性好的优质单晶的条件有哪些？

（5）Grow Alum Crystals。http://video.about.com/chemistry/Grow-Alum-Crystals.htm

注：本实验改编自台湾大学化学系普化实验"从废铝罐制备明矾"。

（武汉理工大学　杨　静　郭丽萍）

## 实验 47　三草酸根合铁(Ⅲ)酸钾的制备及组成分析

## 一、实验目的

（1）了解制备三草酸合铁(Ⅲ)酸钾的基本原理，综合练习无机合成基本操作。

（2）掌握高锰酸钾法测定铁及草酸根含量的方法和原理，掌握确定化合物化学式的基本原理和方法。

（3）了解三草酸根合铁（Ⅲ）酸钾的光化学性质。

## 二、实验原理

### 1. 三草酸根合铁(Ⅲ)酸钾制备

三草酸根合铁(Ⅲ)酸钾{$K_3[Fe(C_2O_4)_3] \cdot 3H_2O$}是一种翠绿色单斜晶体,密度 2.138g·cm$^{-3}$,易溶于水(0℃时在 100g 水中的溶解度为 4.7g,100℃时在 100g 水中的溶解度为 117.7g),难溶于乙醇,加热至 100℃ 时失去全部结晶水,230℃ 时分解。配离子 $[Fe(C_2O_4)_3]^{3-}$ 在水溶液中比较稳定,其稳定常数 $K_f^\ominus$ 为 $1.6 \times 10^{20}$。

制备 $K_3[Fe(C_2O_4)_3] \cdot 3H_2O$ 的方法有多种。本实验采用 $(NH_4)_2Fe(SO_4)_2 \cdot 6H_2O$ 与 $H_2C_2O_4$ 反应制备难溶的 $FeC_2O_4 \cdot 2H_2O$;然后在 $K_2C_2O_4$ 存在下,用 $H_2O_2$ 将其氧化成 $K_3[Fe(C_2O_4)_3]$;同时生成的 $Fe(OH)_3$ 与适量的 $H_2C_2O_4$ 反应被转化成 $K_3[Fe(C_2O_4)_3]$,有关反应如下:

$$(NH_4)_2Fe(SO_4)_2 \cdot 6H_2O + H_2C_2O_4 \Longrightarrow FeC_2O_4 \cdot 2H_2O(s) + (NH_4)_2SO_4 + H_2SO_4 + 4H_2O$$
$$6FeC_2O_4 \cdot 2H_2O(s) + 3H_2O_2 + 6K_2C_2O_4 \Longrightarrow 4K_3[Fe(C_2O_4)_3] + 2Fe(OH)_3(s) + 12H_2O$$
$$2Fe(OH)_3(s) + 3H_2C_2O_4 + 3K_2C_2O_4 \Longrightarrow 2K_3[Fe(C_2O_4)_3] + 6H_2O$$

$K_3[Fe(C_2O_4)_3] \cdot 3H_2O$ 难溶于乙醇,往该化合物水溶液中加入乙醇时,翠绿色晶体即可析出。

### 2. 三草酸合铁(Ⅲ)酸钾的光敏性

$K_3[Fe(C_2O_4)_3] \cdot 3H_2O$ 晶体是光敏物质,受光照射时发生光还原反应 Fe(Ⅲ)→Fe(Ⅱ),转变为黄色 $FeC_2O_4$、$K_2C_2O_4$ 和 $CO_2$,所以 $K_3[Fe(C_2O_4)_3] \cdot 3H_2O$ 常被涂于纸面,用作化学光量计。$FeC_2O_4$ 遇六氰合铁(Ⅲ)酸钾$[K_3(Fe(CN)_6]$生成滕氏蓝,在实验室中可做成感光纸用于感光实验。

$$2K_3[Fe(C_2O_4)_3] \xrightarrow{\text{光照}} 2FeC_2O_4 + 3K_2C_2O_4 + 2CO_2 \uparrow$$

此外,$K_3[Fe(C_2O_4)_3] \cdot 3H_2O$ 还是制备某些负载型活性铁催化剂的主要原料。

### 3. 结晶水含量

将一定量的 $K_3[Fe(C_2O_4)_3] \cdot 3H_2O$ 晶体放在已恒重的表面皿上在 110℃ 下干燥至恒重后称量,即可知结晶水含量(条件容许时可做热失重-差热分析)。

三草酸根合铁(Ⅲ)配离子,在水溶液中存在以下平衡

$$[Fe(H_2O)]^{3+}(aq) + 3C_2O_4^{2-}(aq) \Longrightarrow [Fe(C_2O_4)_3]^{3-}(aq) + 6H_2O(aq)$$

$$K_f^\ominus = \frac{[Fe(C_2O_4)_3^{3-}]}{[Fe(H_2O)_6^{3-}][C_2O_4^{2-}]^3} = 1.6 \times 10^{20}$$

在 $K_3Fe(C_2O_4)_3$ 溶液中加入酸、碱、沉淀剂或比 $C_2O_4^{2-}$ 配位能力更强的配位剂,将会改变游离 $C_2O_4^{2-}$ 或 $Fe^{3+}$ 的浓度,使配位平衡移动甚至破坏,或者配合物转化成另一种物质。

### 4. 配离子的组成

可通过化学分析确定。其中 $C_2O_4^{2-}$ 含量可直接由 $KMnO_4$ 标准溶液在酸性介质中滴定测定。$Fe^{3+}$ 含量则可先用过量 Zn 粉将其还原为 $Fe^{2+}$,然后再用 $KMnO_4$ 标准溶液滴定而测得,

有关反应为

$$5C_2O_4^{2-}+2MnO_4^-+16H^+\!=\!\!=\!\!10CO_2(g)+2Mn^{2+}+8H_2O$$

$$2Fe^{3+}+Zn\!=\!\!=\!\!2Fe^{2+}+Zn^{2+}$$

$$5Fe^{2+}+MnO_4^-+8H^+\!=\!\!=\!\!5Fe^{3+}+Mn^{2+}+4H_2O$$

配合物中 $K^+$ 的含量为配合物的总质量减去结晶水 $H_2O$、$C_2O_4^{2-}$ 和 $Fe^{3+}$ 质量之和。此外，$K^+$ 的含量还可通过离子交换树脂，交换出 $H^+$，用标准碱溶液标定而确定。

## 三、仪器和试剂

仪器：电子台秤,恒温槽,漏斗和漏斗架,抽滤装置一套,短颈漏斗,酸式滴定管(25mL),移液管(25mL),锥形瓶(250mL),烧杯(100mL),试管,点滴板,电热板。

试剂：$H_2SO_4$（3mol·$L^{-1}$），$H_2C_2O_4$（s），$BaCl_2$（0.1mol·$L^{-1}$）、$K_3[Fe(CN)_6]$（0.1mol·$L^{-1}$、0.5mol·$L^{-1}$），$K_2C_2O_4$（s），$NaHC_4H_4O_6$（饱和），$CaCl_2$（0.5mol·$L^{-1}$），$FeCl_3$（0.1mol·$L^{-1}$），KSCN（1mol·$L^{-1}$），$KMnO_4$ 标准溶液（0.0200mol·$L^{-1}$），$(NH_4)_2Fe(SO_4)_2\cdot6H_2O$（实验室自制），$H_2O_2$（3%），乙醇（95%），丙酮,锌粉（A.R.）。

## 四、实验内容

1. 三草酸根合铁（Ⅲ）酸钾制备

1）制备 $FeC_2O_4\cdot2H_2O$

称取 5.0g $(NH_4)_2Fe(SO_4)_2\cdot6H_2O$ 固体放入 100mL 烧杯中,加 20mL 去离子水（其中加入 1mL 3mol·$L^{-1}$ $H_2SO_4$,防止水解）,另称取 1.7g 草酸固体（$H_2C_2O_4\cdot2H_2O$）,用 10mL 热的去离子水溶解（如有不溶物,应过滤除去）。将两溶液缓慢混合,有 $FeC_2O_4\cdot2H_2O$ 沉淀生成,加热至沸,同时不断搅拌并维持微沸状态约 4min。取少量清液于试管中煮沸,无沉淀产生则表明反应基本完全。静置待 $FeC_2O_4\cdot2H_2O$ 完全沉降后,倾去上层清液,并采用倾析法洗涤沉淀,每次用热蒸馏水 10mL,洗涤 2~3 次,将 $FeC_2O_4\cdot2H_2O$ 洗净,洗涤后的废液中检验不到 $SO_4^{2-}$（检验 $SO_4^{2-}$ 时,如何消除 $C_2O_4^{2-}$ 的干扰）。

2）制备 $K_3[Fe(C_2O_4)_3]$

称取 3.5g $K_2C_2O_4\cdot H_2O$,用蒸馏水溶解制成饱和溶液（约 10mL）,搅拌下将溶液加入到有 $FeC_2O_4\cdot2H_2O$ 的烧杯中,然后将容器置于 40℃左右的水浴中,用滴管慢慢加入 15mL 3% $H_2O_2$ 溶液,边加边充分搅拌,在生成 $K_3[Fe(C_2O_4)_3]$ 的同时,有 $Fe(OH)_3$ 沉淀生成。加完 $H_2O_2$ 后,取一滴所得悬浊液于点滴板中,加一滴 $K_3[Fe(CN)_6]$ 溶液,若不出现蓝色,说明 $Fe^{2+}$ 被完全氧化;若显蓝色,则需再加入 $H_2O_2$,至检验不到 $Fe^{2+}$ 为止。

Fe（Ⅱ）完全被氧化后,在电热板上将溶液加热至微沸除去过量的 $H_2O_2$（边加热边充分搅拌）。在保持微沸的情况下,边搅拌边分批加入约 8mL 饱和 $H_2C_2O_4$ 溶液,至溶液完全变为透明的绿色（记录所用 $H_2C_2O_4$ 溶液体积）。最终反应体系体积应控制在 30mL 左右。

注意观察溶液有无浑浊,若有,减压过滤（抽滤瓶、布氏漏斗要洗净）,滤液倒入干净的烧杯,抽滤瓶用少量 95% 乙醇洗涤,倒入装滤液的烧杯。

3）溶剂替换法析出结晶

往所得的透明绿色溶液中加入 95% 乙醇（以不出现沉淀为度,约 10mL）,有翠绿色晶体析出。温热使生成的晶体溶解,然后将容器置于暗处冷却至室温并放置一段时间,待晶体析出。

用减压过滤法过滤,滴少量 95％乙醇在晶体上洗涤,然后继续抽干。取出晶体,用滤纸吸干表面的水分,称量,计算产率。滤液可配成光敏剂涂于白纸上进行感光实验。

4）$K_3[Fe(C_2O_4)_3] \cdot 3H_2O$ 晶体纯化

在制备 $K_3[Fe(C_2O_4)_3] \cdot 3H_2O$ 晶体的过程中需要防止在 $H_2O_2$（3％）试剂用量不足或是草酸及草酸钾大量过量,在合成前须准确计算试剂用量及考虑哪些试剂在合成过程中可以适当过量。若粗产品经过性质检验后纯度不高,则根据参与反应的化合物随温度的溶解度曲线对所制备的三草酸合铁（Ⅲ）酸钾通过重结晶进一步纯化。在特定的实验条件下反应中可能产生 $K_3[Fe(C_2O_4)_3] \cdot 3H_2O$ 的旋光异构体。根据需要,学生自行设计此部分的纯化方案。

### 2. 产品性质检验

1）光敏实验

（1）取 0.5mL 滤液与等体积的 $K_3[Fe(CN)_6]$（0.5mol·$L^{-1}$）溶液混合均匀。用毛笔蘸此混合液在白纸上写字,观察字迹经强光照射后的现象。

用毛笔蘸此混合液均匀涂在白纸上,放暗处晾干后,上面覆盖镂空的图案,在强光下照射,观察曝光部分的颜色变化(得到蓝底白线的图案)。

（2）在表面皿或点滴板上放少许 $K_3[Fe(C_2O_4)_3] \cdot 3H_2O$ 产品,置于日光下一段时间后观察晶体颜色的变化,与放暗处的晶体比较。

2）配合物内外界确定

称取 1g 产品溶于 20mL 蒸馏水中｛0.10mol·$L^{-1}$ $K_3[Fe(C_2O_4)_3] \cdot 3H_2O$｝,溶液供下面实验用。

（1）检定 $K^+$。取少量的 $K_2C_2O_4$（1mol·$L^{-1}$）及产品溶液,分别与饱和酒石酸氢钠（$NaHC_4H_4O_6$）溶液作用。充分摇匀,观察现象是否相同。如果现象不明显,可用玻璃棒摩擦试管内壁,稍等,再观察。

（2）检定 $C_2O_4^{2-}$。检验产品中有无游离的 $C_2O_4^{2-}$,配合物中 $C_2O_4^{2-}$ 是否全在内界。

$$[Fe(C_2O_4)_3]^{3-} + 3Ca^{2+} + 9H_2O \Longrightarrow [Fe(H_2O)_6]^{3+} + 3CaC_2O_4 \cdot H_2O$$

$K_f^{\ominus}[Fe(C_2O_4)_3^{3-}] = 1.6 \times 10^{20}$　　　$K_{sp}^{\ominus}(CaC_2O_4 \cdot H_2O) = 2.3 \times 10^{-9} \Rightarrow K^{\ominus} = 5.1 \times 10^5$

在少量 1mol·$L^{-1}$ $K_2C_2O_4$ 及产品溶液中分别加入 2 滴 0.5mol·$L^{-1}$ $CaCl_2$ 溶液,观察现象有何不同?

（3）检定 $Fe^{3+}$。在少量 0.2mol·$L^{-1}$ $FeCl_3$ 及产品溶液中,分别加入 1 滴 1mol·$L^{-1}$ KSCN 溶液,观察现象有何不同?

综合以上实验现象,确定所制得的配合物的内界、外界。

### 3. 三草酸根合铁（Ⅲ）配离子组成测定

1）$C_2O_4^{2-}$ 含量测定

准确称取 0.400g 自制纯化后的 $K_3[Fe(C_2O_4)_3] \cdot 3H_2O$(称准至 0.1mg)产品于一干燥的烧杯中,用少量蒸馏水溶解,然后完全转移至 100mL 的容量瓶中定容。标定时用移液管准确量取三份样品溶液 25.00mL 于三个锥形瓶中,各加入 30mL 去离子水和 10mL $H_2SO_4$（3mol·$L^{-1}$）溶解。

将其中的一个锥形瓶先加热至 70～80℃,用 0.02000mol·$L^{-1}$ $KMnO_4$ 标准溶液(实际浓度以试剂瓶上标注的浓度为准)滴定至浅红色,30s 不褪色为止。记录 $KMnO_4$ 标准溶液的用量。保留滴定后的溶液,用作 $Fe^{3+}$ 的测定[条件允许的情况下,可直接准确称取三份($0.10\sim$ $0.11g$)样品(准至 $0.1mg$)于三个洁净的 250mL 的锥形瓶中,然后按上述方法滴定]。

2) $Fe^{3+}$ 测定

将上述滴定后的溶液加热至近沸,加入半药匙锌粉,直至溶液的黄色消失。用短颈漏斗趁热将溶液过滤于另一个锥形瓶中,再加入 5mL 蒸馏水通过漏斗洗涤残渣一次,洗涤液与滤液收集于同一锥形瓶中。最后用 $KMnO_4$ 标准溶液滴定至溶液呈粉红色。记录 $KMnO_4$ 标准溶液的用量。

用另外两份样品重复上述的测定。根据滴定数据,计算 $K_3[Fe(C_2O_4)_3] \cdot 3H_2O$ 中 $C_2O_4^{2-}$ 与 $Fe^{3+}$ 的比值,确定配离子的组成。

4. 配阴离子 $[Fe(C_2O_4)_3]^{n-}$ 电荷数测定

采用离子交换法,自行设计,选做。

## 五、实验结果与分析

(1) 简要叙述产品制备、定性实验的步骤,解释观察到的现象,描述产品外观及定性分析结果。

(2) 产率计算及定量分析结果报告。

(3) 对实验结果进行讨论。

## 六、实验记录

1. 产品制备

$(NH_4)_2SO_4 \cdot FeSO_4 \cdot 6H_2O$ 质量_____ g;$K_3[Fe(C_2O_4)_3] \cdot 3H_2O$ 理论产量_____ g;$K_3[Fe(C_2O_4)_3] \cdot 3H_2O$ 实际产量_____ g;产率_____。

2. 产品配合物属性——配合物内外界确定

表 5-7　产品的定性鉴定结果

| 实验步骤 | 反应 | 现象及解释 |
|---|---|---|
| $K^+$ | | |
| | | |
| $Fe^{3+}$ | | |
| | | |
| $C_2O_4^{2-}$ | | |
| | | |

结论:该配合物内界、外界分别是_____。

3. 组成分析

(1) $K_3[Fe(C_2O_4)_3] \cdot nH_2O$ 中结晶水数目。

$0.50\sim0.60g$ 试样:烘干前 $m_1 =$ _____ g;烘干后 $m_2 =$ _____ g;$\Delta m_2 = (m_1 - m_2) =$

_____ g。

该样品中结晶水质量百分数为 $x=(\Delta m_2/m_1)\times 100\%=$ _____ 。

结晶水的数目 $n=[\Delta m_2/M(H_2O)]:[m_1/M(K_3[Fe(C_2O_4)_3]\cdot 3H_2O)]=$ _____ 。

(2) 计算 $Fe^{3+}$ 与 $C_2O_4^{2-}$ 的配位比(表5-8)。

表 5-8　$\bar{n}(Fe^{3+}):\bar{n}(C_2O_4^{2-})$ 的测定结果

| 实验编号 | | I | II | III |
|---|---|---|---|---|
| $m\{K_3[Fe(C_2O_4)_3]\cdot 3H_2O\}/g$ | | | | |
| 或 $c\{K_3[Fe(C_2O_4)_3]\cdot 3H_2O\}/(mol\cdot L^{-1})$ | | | | |
| $c(KMnO_4)/(mol\cdot L^{-1})$ | | | | |
| $C_2O_4^{2-}$ | $V(KMnO_4)$初读数/mL | | | |
| | $V(KMnO_4)$终读数/mL | | | |
| | $V_1(KMnO_4)$/mL | | | |
| $n(C_2O_4^{2-})$/mol | | | | |
| $Fe^{3+}$ | $V(KMnO_4)$初读数/mL | | | |
| | $V(KMnO_4)$终读数/mL | | | |
| | $V_2(KMnO_4)$/mL | | | |
| $n(Fe^{3+})$/mol | | | | |
| $\bar{n}(Fe^{3+}):\bar{n}(C_2O_4^{2-})$ | | | | |

(3) $n(K^+)=$ _____ ；自制产品的化学组成_____ 。

## 六、实验注意事项

(1) 在制备合成三草酸合铁(Ⅲ)酸钾起始反应物草酸亚铁时,应检验 $FeC_2O_4\cdot 2H_2O$ 是否沉淀完全,且沉淀中的 $SO_4^{2-}$ 和 $C_2O_4^{2-}$ 是否洗净。

(2) $FeC_2O_4\cdot 2H_2O$ 一定要氧化完全,如果未被氧化完全,即使加非常多的 $H_2C_2O_4$ 溶液,也不能使溶液变为透明的翠绿色。注意检测!

(3) 控制好反应终止时 $K_3[Fe(C_2O_4)_3]$ 溶液的总体积及溶液的 pH,对后续结晶及纯化过程有好处。

(4) 氧化还原滴定时,滴定速度及溶液温度须严格控制。

## 七、思考题

(1) 滴完 $H_2O_2$ 后为什么要煮沸溶液?

(2) 制得 $FeC_2O_4\cdot 2H_2O$ 后要洗去哪些杂质? 产物 $K_3[Fe(C_2O_4)_3]\cdot 3H_2O$ 为什么要经过多次洗涤? 洗涤不充分对其组成测定会产生怎样的影响?

(3) 在制备产物的最后一步,加入 10mL 95% 的乙醇,其作用是什么? 能否用蒸发浓缩溶液的方法取得产品? 为什么?

(4) 写出用 $MnO_4^-$ 标准溶液滴定产品中 $C_2O_4^{2-}$、$Fe^{3+}$ 的计量关系式。

(武汉理工大学　杨　静　郭丽萍)

# 主要参考书目

北京大学化学系分析化学教学组.1998.基础分析化学实验.2版.北京:北京大学出版社

蔡炳新,陈贻文.2001.基础化学实验.北京:科学出版社

蔡维平.2004.基础化学实验(一).北京:科学出版社

大连理工大学无机化学教研室.2006.无机化学.5版.北京:高等教育出版社

邓珍灵.2002.现代分析化学实验.长沙:中南大学出版社

古凤才.2000.基础化学实验教程.北京:科学出版社

关鲁雄.2002.化学基本操作与物质制备实验.长沙:中南大学出版社

李东辉.2002.医用基础化学实验指导.北京:中国科学技术出版社

梁均方.2008.无机化学实验.广州:广东高等教育出版社

刘绍乾.2006.基础化学实验指导.长沙:中南大学出版社

刘寿长,张建民,徐顺.2004.物理化学实验与技术.郑州:郑州大学出版社

刘又年.2013.无机化学.2版.北京:科学出版社

楼书聪.1993.化学试剂配制手册.南京:江苏科学技术出版社

孟凡德.2001.医用基础化学实验.北京:科学出版社

田玉美.2013.新大学化学实验.3版.北京:科学出版社

武汉大学.分析化学实验.4版.北京:高等教育出版社

徐甲强.1999.无机及分析化学实验.北京:海洋出版社

张利明.2003.无机化学实验.北京:人民卫生出版社

赵艳娜.2006.化学实验技术.郑州:郑州大学出版社

浙江大学化学系.2005.基础化学实验.北京:科学出版社

# 附　　录

## 附录一　不同温度下水的饱和蒸气压（$\times 10^2$Pa，273.2～313.2K）

| 温度/K | 0.0 | 0.2 | 0.4 | 0.6 | 0.8 |
|---|---|---|---|---|---|
| 273 | — | 6.105 | 6.195 | 6.286 | 6.379 |
| 274 | 6.473 | 6.567 | 6.663 | 6.759 | 6.858 |
| 275 | 6.958 | 7.058 | 7.159 | 7.262 | 7.366 |
| 276 | 7.473 | 7.579 | 7.687 | 7.797 | 7.907 |
| 277 | 8.019 | 8.134 | 8.249 | 8.365 | 8.483 |
| 278 | 8.603 | 8.723 | 8.846 | 8.970 | 9.095 |
| 279 | 9.222 | 9.350 | 9.481 | 9.611 | 9.745 |
| 280 | 9.881 | 10.017 | 10.155 | 10.295 | 10.436 |
| 281 | 10.580 | 10.726 | 10.872 | 11.022 | 11.172 |
| 282 | 11.324 | 11.478 | 11.635 | 11.792 | 11.952 |
| 283 | 12.114 | 12.278 | 12.443 | 12.610 | 12.779 |
| 284 | 12.951 | 13.124 | 13.300 | 13.478 | 13.658 |
| 285 | 13.839 | 14.023 | 14.210 | 14.397 | 14.587 |
| 286 | 14.779 | 14.973 | 15.171 | 15.369 | 15.572 |
| 287 | 15.776 | 15.981 | 16.191 | 16.401 | 16.615 |
| 288 | 16.831 | 17.049 | 17.260 | 17.493 | 17.719 |
| 289 | 17.947 | 18.177 | 18.410 | 18.648 | 18.886 |
| 290 | 19.128 | 19.372 | 19.618 | 19.869 | 20.121 |
| 291 | 20.377 | 20.634 | 20.896 | 21.160 | 21.426 |
| 292 | 21.694 | 21.968 | 22.245 | 22.523 | 22.805 |
| 293 | 23.090 | 23.378 | 23.669 | 23.963 | 24.261 |
| 294 | 24.561 | 24.865 | 25.171 | 25.482 | 25.797 |
| 295 | 26.114 | 26.434 | 26.758 | 27.086 | 27.418 |
| 296 | 27.751 | 28.088 | 28.430 | 28.775 | 29.124 |
| 297 | 29.478 | 29.834 | 30.195 | 30.560 | 30.928 |
| 298 | 31.299 | 31.672 | 32.049 | 32.432 | 32.820 |
| 299 | 33.213 | 33.609 | 34.009 | 34.413 | 34.820 |
| 300 | 35.232 | 35.649 | 36.070 | 36.496 | 36.925 |
| 301 | 37.358 | 37.796 | 38.237 | 38.683 | 39.135 |
| 302 | 39.593 | 40.054 | 40.519 | 40.990 | 41.466 |
| 303 | 41.945 | 42.429 | 42.918 | 43.411 | 43.908 |

| 温度/K | 0.0 | 0.2 | 0.4 | 0.6 | 0.8 |
|---|---|---|---|---|---|
| 304 | 44.412 | 44.923 | 45.439 | 45.958 | 46.482 |
| 305 | 47.011 | 47.547 | 48.087 | 48.632 | 49.184 |
| 306 | 49.740 | 50.301 | 50.869 | 51.441 | 52.020 |
| 307 | 52.605 | 53.193 | 53.788 | 54.390 | 54.997 |
| 308 | 55.609 | 56.229 | 56.854 | 57.485 | 58.122 |
| 309 | 58.766 | 59.412 | 60.067 | 60.727 | 61.395 |
| 310 | 62.070 | 62.751 | 63.437 | 64.131 | 64.831 |
| 311 | 65.537 | 66.251 | 66.969 | 67.693 | 68.425 |
| 312 | 69.166 | 69.917 | 70.673 | 71.434 | 72.202 |
| 313 | 72.977 | 73.759 | — | — | — |

## 附录二　常用酸、碱的浓度

| 试剂名称 | 密度 /(g·cm⁻³) | 质量分数 /% | 物质的量浓度 /(mol·L⁻¹) | 试剂名称 | 密度 /(g·cm⁻³) | 质量分数 /% | 物质的量浓度 /(mol·L⁻¹) |
|---|---|---|---|---|---|---|---|
| 浓 $H_2SO_4$ | 1.84 | 98 | 18 | HBr | 1.38 | 40 | 7 |
| 稀 $H_2SO_4$ |  | 9 | 2 | HI | 1.70 | 57 | 7.5 |
| 浓 HCl | 1.19 | 38 | 12 | 冰 HAc | 1.05 | 99 | 17.5 |
| 稀 HCl |  | 7 | 2 | 稀 HAc | 1.04 | 30 | 5 |
| 浓 $HNO_3$ | 1.41 | 68 | 16 | 稀 HAc |  | 12 | 2 |
| 稀 $HNO_3$ | 1.2 | 32 | 6 | 浓 NaOH | 1.44 | 41 | 14.4 |
| 稀 $HNO_3$ |  | 12 | 2 | 稀 NaOH |  | 8 | 2 |
| 浓 $H_3PO_4$ | 1.7 | 85 | 14.7 | 浓 $NH_3·H_2O$ | 0.91 | 28 | 14.8 |
| 稀 $H_3PO_4$ | 1.05 | 9 | 1 | 稀 $NH_3·H_2O$ |  | 3.5 | 2 |
| 浓 $HClO_4$ | 1.67 | 70 | 11.6 | $Ca(OH)_2$水溶液 |  | 0.15 |  |
| 稀 $HClO_4$ | 1.12 | 19 | 2 | $Ba(OH)_2$水溶液 |  | 2 | 0.1 |
| 浓 HF | 1.13 | 40 | 23 |  |  |  |  |

## 附录三　常见弱酸、弱碱在水中的解离常数(298.15K)

| 弱酸 | 解离常数 $K_a^\ominus$ |
|---|---|
| $H_3AsO_4$ | $K_{a_1}^\ominus = 5.7 \times 10^{-3}$; $K_{a_2}^\ominus = 1.7 \times 10^{-7}$; $K_{a_3}^\ominus = 2.5 \times 10^{-12}$ |
| $H_3AsO_3$ | $K_{a_1}^\ominus = 5.9 \times 10^{-10}$ |
| $HAsO_2$ | $K_a^\ominus = 6.0 \times 10^{-10}$ |
| $H_3BO_3$ | $K_a^\ominus = 5.8 \times 10^{-10}$ |
| HOBr | $K_a^\ominus = 2.6 \times 10^{-9}$ |

| 弱酸 | 解离常数 $K_a^{\ominus}$ |
|---|---|
| $H_2CO_3$ | $K_{a_1}^{\ominus}=4.2\times10^{-7}; K_{a_2}^{\ominus}=4.7\times10^{-11}$ |
| HCN | $K_a^{\ominus}=5.8\times10^{-10}$ |
| $H_2CrO_4$ | $K_{a_1}^{\ominus}=9.55; K_{a_2}^{\ominus}=3.2\times10^{-7}$ |
| HOCl | $K_a^{\ominus}=2.8\times10^{-8}$ |
| $HClO_2$ | $K_a^{\ominus}=1.0\times10^{-2}$ |
| HF | $K_a^{\ominus}=6.9\times10^{-4}$ |
| HOI | $K_a^{\ominus}=2.4\times10^{-11}$ |
| $HIO_3$ | $K_a^{\ominus}=0.16$ |
| $H_5IO_6$ | $K_{a_1}^{\ominus}=4.4\times10^{-4}; K_{a_2}^{\ominus}=2\times10^{-7}; K_{a_3}^{\ominus}=6.3\times10^{-13}$ |
| $HNO_2$ | $K_a^{\ominus}=6.0\times10^{-4}$ |
| $HN_3$ | $K_a^{\ominus}=2.4\times10^{-5}$ |
| $H_2O_2$ | $K_{a_1}^{\ominus}=2.0\times10^{-12}$ |
| $H_3PO_4$ | $K_{a_1}^{\ominus}=6.7\times10^{-3}; K_{a_2}^{\ominus}=6.2\times10^{-8}; K_{a_3}^{\ominus}=4.5\times10^{-13}$ |
| $H_4P_2O_7$ | $K_{a_1}^{\ominus}=2.9\times10^{-2}; K_{a_2}^{\ominus}=5.3\times10^{-3}; K_{a_3}^{\ominus}=2.2\times10^{-7}; K_{a_4}^{\ominus}=4.8\times10^{-10}$ |
| $H_3PO_3$ | $K_{a_1}^{\ominus}=5.0\times10^{-2}; K_{a_2}^{\ominus}=2.5\times10^{-7}$ |
| $H_2SO_4$ | $K_{a_2}^{\ominus}=1.0\times10^{-2}$ |
| $H_2SO_3$ | $K_{a_1}^{\ominus}=1.7\times10^{-2}; K_{a_2}^{\ominus}=6.0\times10^{-8}$ |
| $H_2SiO_3$ | $K_{a_1}^{\ominus}=1.7\times10^{-10}; K_{a_2}^{\ominus}=1.6\times10^{-12}$ |
| $H_2Se$ | $K_{a_1}^{\ominus}=1.5\times10^{-4}; K_{a_2}^{\ominus}=1.1\times10^{-15}$ |
| $H_2S$ | $K_{a_1}^{\ominus}=1.3\times10^{-7}; K_{a_2}^{\ominus}=7.1\times10^{-15}$ |
| $H_2SeO_4$ | $K_{a_2}^{\ominus}=1.2\times10^{-2}$ |
| $H_2SeO_3$ | $K_{a_1}^{\ominus}=2.7\times10^{-2}; K_{a_2}^{\ominus}=5.0\times10^{-8}$ |
| HSCN | $K_a^{\ominus}=0.14$ |
| $H_2C_2O_4$ | $K_{a_1}^{\ominus}=5.4\times10^{-2}; K_{a_2}^{\ominus}=5.4\times10^{-5}$ |
| HCOOH | $K_a^{\ominus}=1.8\times10^{-4}$ |
| HAc | $K_a^{\ominus}=1.8\times10^{-5}$ |
| $ClCH_2COOH$ | $K_a^{\ominus}=1.4\times10^{-3}$ |
| $Cl_2CHCOOH$ | $K_a^{\ominus}=5.0\times10^{-2}$ |
| $Cl_3CCOOH$ | $K_a^{\ominus}=0.23$ |
| $^+NH_3CH_2COOH$(氨基乙酸盐) | $K_{a_1}^{\ominus}=4.5\times10^{-3}; K_{a_2}^{\ominus}=2.5\times10^{-10}$ |
| $CH_3CHOHCOOH$(乳酸) | $K_a^{\ominus}=1.4\times10^{-4}$ |
| $C_6H_5OH$(苯酚) | $K_a^{\ominus}=1.1\times10^{-19}$ |
| ⬡—COOH<br>　 —COOH | $K_{a_1}^{\ominus}=1.1\times10^{-3}; K_{a_2}^{\ominus}=3.9\times10^{-6}$ |
| CH(OH)COOH<br>\|<br>CH(OH)COOH | $K_{a_1}^{\ominus}=9.1\times10^{-4}; K_{a_2}^{\ominus}=4.3\times10^{-5}$ |

| 弱酸 | 解离常数 $K_a^{\ominus}$ |
| --- | --- |
| CH$_2$COOH<br>\|<br>C(OH)COOH<br>\|<br>CH$_2$COOH | $K_{a_1}^{\ominus}=7.4\times10^{-4}$；$K_{a_2}^{\ominus}=1.7\times10^{-6}$；$K_{a_3}^{\ominus}=4.0\times10^{-7}$ |
| O=C—C=C—C—C—CH$_2$OH (结构式) | $K_{a_1}^{\ominus}=5.0\times10^{-5}$；$K_{a_2}^{\ominus}=1.5\times10^{-10}$ |
| EDTA | $K_{a_1}^{\ominus}=1.0\times10^{-2}$；$K_{a_2}^{\ominus}=2.1\times10^{-3}$；$K_{a_3}^{\ominus}=6.9\times10^{-7}$；$K_{a_4}^{\ominus}=5.9\times10^{-11}$ |

| 弱碱 | 解离常数 $K_b^{\ominus}$ |
| --- | --- |
| NH$_3$ • H$_2$O | $K_b^{\ominus}=1.8\times10^{-5}$ |
| N$_2$H$_4$（联氨） | $K_b^{\ominus}=9.8\times10^{-7}$ |
| NH$_2$OH（羟胺） | $K_b^{\ominus}=9.1\times10^{-9}$ |
| CH$_3$NH$_2$（甲胺） | $K_b^{\ominus}=4.2\times10^{-4}$ |
| C$_2$H$_5$NH$_2$（乙胺） | $K_b^{\ominus}=5.6\times10^{-4}$ |
| (CH$_3$)$_2$NH（二甲胺） | $K_b^{\ominus}=1.2\times10^{-4}$ |
| (C$_2$H$_5$)$_2$NH（二乙胺） | $K_b^{\ominus}=1.3\times10^{-8}$ |
| C$_6$H$_5$NH$_2$（苯胺） | $K_b^{\ominus}=4\times10^{-10}$ |
| H$_2$NCH$_2$CH$_2$NH$_2$ | $K_{b_1}^{\ominus}=8.5\times10^{-5}$；$K_{b_2}^{\ominus}=7.1\times10^{-8}$ |
| HOCH$_2$CH$_2$NH$_2$（乙醇胺） | $K_b^{\ominus}=3.2\times10^{-5}$ |
| (HOCH$_2$CH$_2$)$_3$N（三乙醇胺） | $K_b^{\ominus}=5.8\times10^{-7}$ |
| (CH$_2$)$_6$N$_4$（六次甲基四胺） | $K_b^{\ominus}=1.4\times10^{-9}$ |
| (吡啶结构式) | $K_b^{\ominus}=1.7\times10^{-9}$ |

## 附录四　某些难溶电解质的溶度积常数(298.15K)

| 化学式 | $K_{sp}^{\ominus}$ | 化学式 | $K_{sp}^{\ominus}$ |
| --- | --- | --- | --- |
| AgAc | $1.9\times10^{-3}$ | Ag$_2$MoO$_4$ | $2.8\times10^{-12}$ |
| Ag$_3$AsO$_4$ | $1.0\times10^{-22}$ | AgNO$_2$ | $3.0\times10^{-5}$ |
| AgBr | $5.3\times10^{-13}$ | Ag$_3$PO$_4$ | $8.7\times10^{-17}$ |
| Ag$_2$CO$_3$ | $8.3\times10^{-12}$ | Ag$_2$SO$_4$ | $1.2\times10^{-5}$ |
| AgCl | $1.8\times10^{-10}$ | AgSCN | $1.0\times10^{-12}$ |
| Ag$_2$CrO$_4$ | $1.1\times10^{-12}$ | AgOH | $2.0\times10^{-8}$ |
| AgCN | $5.9\times10^{-17}$ | Ag$_2$S | $2.0\times10^{-49}$ |
| Ag$_2$Cr$_2$O$_7$ | $2.0\times10^{-7}$ | Ag$_2$S$_3$ | $2.1\times10^{-22}$ |
| AgIO$_3$ | $3.1\times10^{-8}$ | Al(OH)$_3$（无定形） | $1.3\times10^{-33}$ |
| Ag$_2$C$_2$O$_4$ | $5.3\times10^{-12}$ | AuCl | $2.0\times10^{-13}$ |
| AgI | $8.3\times10^{-17}$ | AuCl$_3$ | $3.2\times10^{-25}$ |

| 化学式 | $K_{sp}^{\ominus}$ | 化学式 | $K_{sp}^{\ominus}$ |
|---|---|---|---|
| $BaC_2O_4 \cdot H_2O$ | $2.3 \times 10^{-8}$ | $CuOH$ | $1.0 \times 10^{-14}$ |
| $BaCO_3$ | $2.6 \times 10^{-9}$ | $Cu_2S$ | $2.0 \times 10^{-48}$ |
| $BaF_2$ | $1.8 \times 10^{-7}$ | $CuBr$ | $6.9 \times 10^{-9}$ |
| $Ba(NO_3)_2$ | $6.1 \times 10^{-4}$ | $CuCl$ | $1.7 \times 10^{-7}$ |
| $Ba_3(PO_4)_2$ | $3.4 \times 10^{-23}$ | $CuCN$ | $3.5 \times 10^{-20}$ |
| $BaSO_4$ | $1.1 \times 10^{-10}$ | $CuI$ | $1.2 \times 10^{-12}$ |
| $\alpha\text{-}Be(OH)_2$ | $6.7 \times 10^{-22}$ | $CuCO_3$ | $1.4 \times 10^{-9}$ |
| $Bi(OH)_3$ | $4.0 \times 10^{-31}$ | $Cu(OH)_2$ | $2.2 \times 10^{-20}$ |
| $BiPO_4$ | $1.3 \times 10^{-24}$ | $Cu_2P_2O_7$ | $7.6 \times 10^{-16}$ |
| $Bi_2S_3$ | $1.0 \times 10^{-87}$ | $CuS$ | $6.0 \times 10^{-36}$ |
| $BiI_3$ | $7.5 \times 10^{-19}$ | $FeCO_3$ | $3.1 \times 10^{-11}$ |
| $BiOBr$ | $6.7 \times 10^{-9}$ | $Fe(OH)_2$ | $8.0 \times 10^{-16}$ |
| $BiOCl$ | $1.6 \times 10^{-8}$ | $Fe(OH)_3$ | $4.0 \times 10^{-28}$ |
| $BiONO_3$ | $4.1 \times 10^{-5}$ | $FeS$ | $6.0 \times 10^{-18}$ |
| $CaC_2O_4 \cdot H_2O$ | $2.3 \times 10^{-9}$ | $FePO_4$ | $1.3 \times 10^{-22}$ |
| $CaCO_3$ | $2.9 \times 10^{-9}$ | $Hg_2Br_2$ | $5.8 \times 10^{-28}$ |
| $CaCrO_4$ | $7.1 \times 10^{-4}$ | $Hg_2CO_3$ | $8.9 \times 10^{-17}$ |
| $CaF_2$ | $1.5 \times 10^{-10}$ | $Hg_2S$ | $1.0 \times 10^{-47}$ |
| $Ca_3(PO_4)_2$(低温) | $2.1 \times 10^{-33}$ | $Hg_2(OH)_2$ | $2.0 \times 10^{-24}$ |
| $Ca(OH)_2$ | $4.6 \times 10^{-6}$ | $Hg(OH)_2$ | $3.0 \times 10^{-25}$ |
| $CaHPO_4$ | $1.8 \times 10^{-7}$ | $HgCO_3$ | $3.7 \times 10^{-17}$ |
| $CaSO_4$ | $9.1 \times 10^{-6}$ | $HgBr_2$ | $6.3 \times 10^{-20}$ |
| $CaWO_4$ | $8.7 \times 10^{-9}$ | $Hg_2Cl_2$ | $1.4 \times 10^{-18}$ |
| $CdCO_3$ | $5.27 \times 10^{-12}$ | $HgI_2$ | $2.8 \times 10^{-29}$ |
| $Cd_2[Fe(CN)_6]$ | $3.2 \times 10^{-17}$ | $HgS$(红色) | $4.0 \times 10^{-53}$ |
| $CdC_2O_4 \cdot 3H_2O$ | $9.1 \times 10^{-5}$ | $Hg_2CrO_4$ | $2.0 \times 10^{-9}$ |
| $Cd(OH)_2$(沉淀) | $5.3 \times 10^{-15}$ | $Hg_2I_2$ | $5.3 \times 10^{-29}$ |
| $Ce(OH)_3$ | $1.6 \times 10^{-20}$ | $Hg_2SO_4$ | $7.9 \times 10^{-7}$ |
| $Ce(OH)_4$ | $2.0 \times 10^{-28}$ | $K_2[PtCl_6]$ | $7.5 \times 10^{-6}$ |
| $Co(OH)_2$(陈) | $2.3 \times 10^{-16}$ | $Li_2CO_3$ | $8.1 \times 10^{-4}$ |
| $CoCO_3$ | $1.4 \times 10^{-13}$ | $LiF$ | $1.8 \times 10^{-3}$ |
| $Co_2[Fe(CN)_6]$ | $1.8 \times 10^{-15}$ | $Li_3PO_4$ | $3.2 \times 10^{-9}$ |
| $Co[Hg(SCN)_4]$ | $1.5 \times 10^{-6}$ | $MgCO_3$ | $6.8 \times 10^{-6}$ |
| $\alpha\text{-}CoS$ | $4.0 \times 10^{-21}$ | $MgF_2$ | $7.4 \times 10^{-11}$ |
| $\beta\text{-}CoS$ | $2.0 \times 10^{-25}$ | $Mg(OH)_2$ | $5.1 \times 10^{-12}$ |
| $Co_3(PO_4)_2$ | $2.0 \times 10^{-35}$ | $Mg_3(PO_4)_2$ | $1.0 \times 10^{-24}$ |
| $Cr(OH)_3$ | $6.3 \times 10^{-31}$ | $MgNH_4PO_4$ | $2.0 \times 10^{-13}$ |

| 化学式 | $K_{sp}^{\ominus}$ | 化学式 | $K_{sp}^{\ominus}$ |
|---|---|---|---|
| $MnCO_3$ | $2.2 \times 10^{-11}$ | $Sn(OH)_2$ | $5.0 \times 10^{-27}$ |
| MnS(无定形) | $2.0 \times 10^{-10}$ | $Sn(OH)_4$ | $1.0 \times 10^{-56}$ |
| MnS(晶形) | $2.5 \times 10^{-13}$ | SnS | $1.0 \times 10^{-25}$ |
| $Mn(OH)_2$ | $1.9 \times 10^{-13}$ | $SnS_2$ | $2.0 \times 10^{-27}$ |
| $Ni_3(PO_4)_2$ | $5.0 \times 10^{-31}$ | $SrCO_3$ | $5.6 \times 10^{-10}$ |
| $\alpha$-NiS | $3.2 \times 10^{-19}$ | $SrCrO_4$ | $2.2 \times 10^{-5}$ |
| $\beta$-NiS | $1.0 \times 10^{-24}$ | $SrSO_4$ | $3.4 \times 10^{-7}$ |
| $\gamma$-NiS | $2.0 \times 10^{-26}$ | $SrF_2$ | $2.4 \times 10^{-9}$ |
| $NiCO_3$ | $1.4 \times 10^{-7}$ | $SrC_2O_4 \cdot H_2O$ | $1.6 \times 10^{-7}$ |
| $Ni(OH)_2$(新) | $5.0 \times 10^{-16}$ | $Sr_3(PO_4)_2$ | $4.1 \times 10^{-28}$ |
| PbS | $8.0 \times 10^{-28}$ | TlCl | $1.9 \times 10^{-4}$ |
| $PbCO_3$ | $1.5 \times 10^{-13}$ | TlI | $5.5 \times 10^{-8}$ |
| $PbBr_2$ | $6.6 \times 10^{-6}$ | $Tl(OH)_3$ | $1.5 \times 10^{-44}$ |
| $PbCl_2$ | $1.7 \times 10^{-5}$ | $Ti(OH)_3$ | $1.0 \times 10^{-40}$ |
| $PbCrO_4$ | $2.8 \times 10^{-13}$ | $TiO(OH)_2$ | $1.0 \times 10^{-29}$ |
| $PbI_2$ | $8.4 \times 10^{-9}$ | $ZnCO_3$ | $1.2 \times 10^{-10}$ |
| $Pb(N_3)_2$(斜方) | $2.0 \times 10^{-9}$ | $Zn(OH)_2$ | $1.2 \times 10^{-17}$ |
| $PbSO_4$ | $1.8 \times 10^{-8}$ | $Zn_3(PO_4)_2$ | $9.1 \times 10^{-33}$ |
| $Pb(OH)_2$ | $1.43 \times 10^{-20}$ | $Zn_2[Fe(CN)_6]$ | $4.1 \times 10^{-16}$ |
| $PbF_2$ | $2.7 \times 10^{-8}$ | $\alpha$-ZnS | $2.0 \times 10^{-24}$ |
| $PbMoO_4$ | $1.0 \times 10^{-13}$ | $\beta$-ZnS | $2.0 \times 10^{-22}$ |
| $Pb_3(PO_4)_2$ | $8.0 \times 10^{-43}$ | | |

## 附录五　不同温度下无机化合物和有机酸的金属盐在水中的溶解度

| 物质 | 分子式 | $T/℃$ | | | | | | | | |
|---|---|---|---|---|---|---|---|---|---|---|
| | | 0 | 10 | 20 | 30 | 40 | 60 | 80 | 90 | 100 |
| 氯化铝 | $AlCl_3$ | 43.9 | 44.9 | 45.8 | 46.6 | 47.3 | 48.1 | 48.6 | | 49.0 |
| 硝酸铝 | $Al(NO_3)_3$ | 60.0 | 66.7 | 73.9 | 81.8 | 88.7 | 106 | 132 | 153 | 160 |
| 硫酸铝 | $Al_2(SO_4)_3$ | 31.2 | 33.5 | 36.4 | 40.4 | 45.8 | 59.2 | 73.0 | 80.8 | 89.0 |
| 氯化铵 | $NH_4Cl$ | 29.4 | 33.2 | 37.2 | 41.4 | 45.8 | 55.3 | 65.6 | 71.2 | 77.3 |
| 磷酸二氢铵 | $NH_4H_2PO_4$ | 22.7 | 29.5 | 37.4 | 46.4 | 56.7 | 82.5 | 118 | | 173 |
| 碳酸氢铵 | $NH_4HCO_3$ | 11.9 | 16.1 | 21.7 | 28.4 | 36.6 | 59.2 | 109 | 170 | 354 |
| 磷酸氢铵 | $(NH_4)_2HPO_4$ | 42.9 | 62.9 | 68.9 | 75.1 | 81.8 | 97.2 | | | |
| 硫酸亚铁铵 | $(NH_4)_2Fe(SO_4)_2$ | 12.5 | 17.2 | 26.4 | 33 | 46 | | | | |
| 硝酸铵 | $NH_4NO_3$ | 118 | 150 | 192 | 242 | 297 | 421 | 580 | 740 | 871 |

续表

| 物质 | 分子式 | T/℃ | | | | | | | | |
|---|---|---|---|---|---|---|---|---|---|---|
| | | 0 | 10 | 20 | 30 | 40 | 60 | 80 | 90 | 100 |
| 草酸铵 | $(NH_4)_2C_2O_4$ | 2.2 | 3.21 | 4.45 | 6.09 | 8.18 | 14.0 | 22.4 | 27.9 | 34.7 |
| 硫酸铵 | $(NH_4)_2SO_4$ | 70.6 | 73.0 | 75.4 | 78.0 | 81 | 88 | 95 | | 103 |
| 亚硫酸铵 | $(NH_4)_2SO_3$ | 47.9 | 54.0 | 60.8 | 68.8 | 78.4 | 104 | 144 | 150 | 153 |
| 硫氰酸铵 | $NH_4SCN$ | 120 | 144 | 170 | 208 | 234 | 346 | | | |
| 三氯化锑 | $SbCl_3$ | 602 | | 910 | 1087 | 1368 | 72℃完全混溶 | | | |
| 五氧化二砷 | $As_2O_5$ | 59.5 | 62.1 | 65.8 | 69.8 | 71.2 | 73.0 | 75.1 | | 76.7 |
| 三氧化二砷 | $As_2O_3$ | 1.20 | 1.49 | 1.82 | 2.31 | 2.93 | 4.31 | 6.11 | | 8.2 |
| 二水氯化钡 | $BaCl_2 \cdot 2H_2O$ | 31.2 | 33.5 | 35.8 | 38.1 | 40.8 | 46.2 | 52.5 | 55.8 | 59.4 |
| 氢氧化钡 | $Ba(OH)_2$ | 1.67 | 2.48 | 3.89 | 5.59 | 8.22 | 20.94 | 101.4 | | |
| 碘酸钡 | $Ba(IO_3)_2$ | | | 0.035 | 0.046 | 0.057 | | | | |
| 硝酸钡 | $Ba(NO_3)_2$ | 4.95 | 6.67 | 9.02 | 11.48 | 14.1 | 20.4 | 27.2 | | 34.4 |
| 硼酸 | $H_3BO_3$ | 2.67 | 3.73 | 5.04 | 6.72 | 8.72 | 14.81 | 23.62 | 30.38 | 40.25 |
| 硝酸镉 | $Cd(NO_3)_2$ | 122 | 136 | 150 | 167 | 194 | 310 | 713 | | |
| 硫酸镉 | $CdSO_4$ | 75.4 | 76.0 | 76.6 | | 78.5 | 81.8 | 66.7 | 63.1 | 60.8 |
| 氢氧化钙 | $Ca(OH)_2$ | 0.189 | 0.182 | 0.173 | 0.160 | 0.141 | 0.121 | | 0.086 | 0.076 |
| 四水硝酸钙 | $Ca(NO_3)_2 \cdot 4H_2O$ | 102 | 115 | 129 | 152 | 191 | | 358 | | 363 |
| 一水硫酸钙 | $CaSO_4 \cdot H_2O$ | | | 0.32 | 25℃ 0.29 | 35℃ 0.26 | 45℃ 0.21 | 65℃ 0.145 | 75℃ 0.12 | 0.071 |
| 二水硫酸钙 | $CaSO_4 \cdot 2H_2O$ | 0.223 | 0.244 | 18℃ 0.255 | 0.264 | 0.265 | 65℃ 0.244 | 75℃ 0.234 | | 0.205 |
| 硝酸铵铈(Ⅲ) | $Ce(NH_4)_2(NO_3)_5$ | | 242 | 276 | 318 | 376 | 681 | | | |
| 硝酸铵铈(Ⅳ) | $Ce(NH_4)_2(NO_3)_6$ | | | 135 | 150 | 169 | 213 | | | |
| 硫酸铵铈(Ⅲ) | $Ce(NH_4)(SO_4)_2$ | | | 5.53 | 4.49 | 3.48 | 2.02 | 1.33 | | |
| 硝酸铬(Ⅲ) | $Cr(NO_3)_3$ | 5℃ 108 | 15℃ 124 | 25℃ 130 | 35℃ 152 | | | | | |
| 氯化钴 | $CoCl_2$ | 43.5 | 47.7 | 52.9 | 59.7 | 69.5 | 93.8 | 97.6 | 101 | 106 |
| 硝酸钴 | $Co(NO_3)_2$ | 84.0 | 89.6 | 97.4 | 111 | 125 | 174 | 204 | 300 | |
| 硫酸钴 | $CoSO_4$ | 25.5 | 30.5 | 36.1 | 42.0 | 48.8 | 55.0 | 53.8 | 45.3 | 38.9 |
| 七水硫酸钴 | $CoSO_4 \cdot 7H_2O$ | 44.8 | 56.3 | 65.4 | 73.0 | 88.1 | 101 | | | |
| 氯化铜 | $CuCl_2$ | 68.6 | 70.9 | 73.0 | 77.3 | 87.6 | 96.5 | 104 | 108 | 120 |
| 硝酸铜 | $Cu(NO_3)_2$ | 83.5 | 100 | 125 | 156 | 163 | 182 | 208 | 222 | 247 |
| 五水硫酸铜 | $CuSO_4 \cdot 5H_2O$ | 23.1 | 27.5 | 32.0 | 37.8 | 44.6 | 61.8 | 83.8 | | 114 |
| 氯化氢 | $HCl$ | 82.3 | 77.2 | 72.1 | 67.3 | 63.3 | 56.1 | | | |
| 碘 | $I_2$ | 0.014 | 0.02 | 0.029 | 0.039 | 0.052 | 0.100 | 0.225 | 0.315 | 0.445 |
| 六水三氯化铁 | $FeCl_3 \cdot 6H_2O$ | 74.4 | | 91.8 | 106.8 | | | | | |
| 六水硝酸铁(Ⅱ) | $Fe(NO_3)_2 \cdot 6H_2O$ | 113 | 134 | | | 266 | | | | |

续表

| 物质 | 分子式 | $T/℃$ | | | | | | | | |
|---|---|---|---|---|---|---|---|---|---|---|
| | | 0 | 10 | 20 | 30 | 40 | 60 | 80 | 90 | 100 |
| 七水硫酸亚铁 | $FeSO_4 \cdot 7H_2O$ | 28.8 | 40.0 | 48.0 | 60.0 | 73.3 | 100.7 | 79.9 | 68.3 | 57.3 |
| 乙酸铅 | $Pb(C_2H_3O_2)_2$ | 19.8 | 29.5 | 44.3 | 69.8 | 116 | | | | |
| 硝酸铅 | $Pb(NO_3)_2$ | 37.5 | 46.2 | 54.3 | 63.4 | 72.1 | 91.6 | 111 | | 133 |
| 氯化锂 | $LiCl$ | 69.2 | 74.5 | 83.5 | 86.2 | 89.8 | 98.4 | 112 | 121 | 128 |
| 氢氧化锂 | $LiOH$ | 11.91 | 12.1 | 12.35 | 12.70 | 13.22 | 14.63 | 16.56 | | 19.12 |
| 硝酸锂 | $LiNO_3$ | 53.4 | 60.8 | 70.1 | 138 | 152 | 175 | | | |
| 氯化镁 | $MgCl_2$ | 52.9 | 53.6 | 54.6 | 55.8 | 57.5 | 61.0 | 66.1 | 69.5 | 73.3 |
| 硝酸镁 | $Mg(NO_3)_2$ | 62.1 | 66.0 | 69.5 | 73.6 | 78.9 | 78.9 | 91.6 | 106 | |
| 硫酸镁 | $MgSO_4$ | 22.0 | 28.2 | 33.7 | 38.9 | 44.5 | 54.6 | 55.8 | 52.9 | 50.4 |
| 硝酸锰 | $Mn(NO_3)_2$ | 102 | 118 | 139 | 206 | | | | | |
| 硫酸锰 | $MnSO_4$ | 52.9 | 59.7 | 62.9 | 62.9 | 60.0 | 53.6 | 45.6 | 40.9 | 35.3 |
| 氯化镍 | $NiCl_2$ | 53.4 | 56.3 | 60.8 | 70.6 | 73.2 | 81.2 | 86.6 | | 87.6 |
| 硝酸镍 | $Ni(NO_3)_2$ | 79.2 | | 94.2 | 105 | 119 | 158 | 187 | 188 | |
| 六水硫酸镍 | $NiSO_4 \cdot 6H_2O$(淡蓝) | | | 40.1 | 43.6 | 47.6 | 55.6 | 64.5 | 70.1 | 76.7 |
| | （绿） | | | 44.4 | 46.6 | 49.2 | | | | |
| 七水硫酸镍 | $NiSO_4 \cdot 7H_2O$ | 26.2 | 32.4 | 37.7 | 43.4 | 50.4 | | | | |
| 草酸 | $H_2C_2O_4$ | 3.54 | 6.08 | 9.52 | 14.23 | 21.52 | 44.32 | 84.5 | 120 | |
| 硫酸铝钾 | $KAl(SO_4)_2$ | 3.00 | 3.99 | 5.90 | 8.39 | 11.7 | 24.8 | 71.0 | 109 | |
| 溴酸钾 | $KBrO_3$ | 3.09 | 4.72 | 6.91 | 9.64 | 13.1 | 22.7 | 34.1 | | 49.9 |
| 溴化钾 | $KBr$ | 53.6 | 59.5 | 65.3 | 70.7 | 75.4 | 85.5 | 94.9 | 99.2 | 104 |
| 碳酸钾 | $K_2CO_3$ | 105 | 108 | 111 | 114 | 117 | 127 | 140 | 148 | 156 |
| 氯酸钾 | $KClO_3$ | 3.3 | 5.2 | 7.3 | 10.1 | 13.9 | 23.8 | 37.6 | 46.0 | 56.3 |
| 氯化钾 | $KCl$ | 28.0 | 31.2 | 34.2 | 37.2 | 40.1 | 45.8 | 51.3 | 53.9 | 56.3 |
| 铬酸钾 | $K_2CrO_4$ | 56.3 | 60.0 | 63.7 | 66.7 | 67.8 | 70.1 | | 74.5 | |
| 重铬酸钾 | $K_2Cr_2O_7$ | 4.7 | 7.0 | 12.3 | 18.1 | 26.3 | 45.6 | 73.0 | | |
| 铁氰化钾 | $K_3Fe(CN)_6$ | 30.2 | 38 | 46 | 53 | 59.3 | 70 | | | 91 |
| 亚铁氰化钾 | $K_4Fe(CN)_6$ | 14.3 | 21.1 | 28.2 | 35.1 | 41.4 | 54.8 | 66.9 | 71.5 | 74.2 |
| 碘酸钾 | $KIO_3$ | 4.60 | 6.27 | 8.08 | 10.3 | 12.6 | 18.3 | 24.8 | | 32.3 |
| 碘化钾 | $KI$ | 128 | 136 | 144 | 153 | 162 | 176 | 192 | 198 | 206 |
| 草酸钾 | $K_2C_2O_4$ | 25.5 | 31.9 | 36.4 | 39.9 | 43.8 | 53.2 | 63.6 | 69.2 | 75.3 |
| 高锰酸钾 | $KMnO_4$ | 2.83 | 4.31 | 6.34 | 9.03 | 12.6 | 22.1 | | | |
| 过二硫酸钾 | $K_2S_2O_8$ | 1.65 | 2.67 | 4.70 | 7.75 | 11.0 | | | | |
| 硫酸钾 | $K_2SO_4$ | 7.4 | 9.3 | 11.1 | 13.0 | 14.8 | 18.2 | 21.4 | 22.9 | 24.1 |
| 硫氰酸钾 | $KSCN$ | 177 | 198 | 224 | 255 | 289 | 372 | 492 | 571 | 675 |
| 硝酸银 | $AgNO_3$ | 122 | 167 | 216 | 265 | 311 | 440 | 585 | 652 | 733 |
| 硫酸银 | $Ag_2SO_4$ | 0.57 | 0.70 | 0.80 | 0.89 | 0.98 | 1.15 | 1.36 | 1.36 | 1.41 |

续表

| 物质 | 分子式 | T/℃ | | | | | | | | |
|------|--------|-----|-----|-----|-----|-----|-----|-----|-----|-----|
| | | 0 | 10 | 20 | 30 | 40 | 60 | 80 | 90 | 100 |
| 乙酸钠 | $NaC_2H_3O_2$ | 36.2 | 40.8 | 46.4 | 54.6 | 65.6 | 139 | 153 | 161 | 170 |
| 四硼酸二钠 | $Na_2B_4O_7$ | 1.11 | 1.60 | 2.56 | 3.86 | 6.67 | 19.0 | 31.4 | 41.0 | 52.5 |
| 溴化钠 | $NaBr$ | 80.2 | 85.2 | 90.8 | 98.4 | 107 | 118 | 120 | 121 | 121 |
| 碳酸钠 | $Na_2CO_3$ | 7.00 | 12.5 | 21.5 | 39.7 | 49.0 | 46.0 | 43.9 | 43.9 | |
| 氯酸钠 | $NaClO_3$ | 79.6 | 87.6 | 95.9 | 105 | 115 | 137 | 167 | 184 | 204 |
| 氯化钠 | $NaCl$ | 35.7 | 35.8 | 35.9 | 36.1 | 36.4 | 37.1 | 38.0 | 38.5 | 39.2 |
| 铬酸钠 | $Na_2CrO_4$ | 31.7 | 50.1 | 84.0 | 88.0 | 96.0 | 115 | 125 | | 126 |
| 重铬酸钠 | $Na_2Cr_2O_7$ | 163 | 172 | 183 | 198 | 215 | 269 | 376 | 405 | 415 |
| 磷酸二氢钠 | $NaH_2PO_4$ | 56.5 | 69.8 | 86.9 | 107 | 133 | 172 | 211 | 234 | |
| 氟化钠 | $NaF$ | 3.66 | | 4.06 | 4.22 | 4040 | 4.68 | 4.89 | | 5.08 |
| 甲酸钠 | $NaCHO_2$ | 43.9 | 62.5 | 81.2 | 102 | 108 | 122 | 138 | 147 | 160 |
| 碳酸氢钠 | $NaHCO_3$ | 7.0 | 8.1 | 9.6 | 11.1 | 12.7 | 16.0 | | | |
| 磷酸氢二钠 | $Na_2HPO_4$ | 1.68 | 3.53 | 7.83 | 22.0 | 55.3 | 82.8 | 92.3 | 102 | 104 |
| 氢氧化钠 | $NaOH$ | | 98 | 109 | 119 | 129 | 174 | | | |
| 次氯酸钠 | $NaClO$ | 29.4 | 36.4 | 53.4 | 100 | 110 | | | | |
| 碘酸钠 | $NaIO_3$ | 2.48 | 4.59 | 8.08 | 10.7 | 13.3 | 19.8 | 26.6 | 29.5 | 33.0 |
| 硝酸钠 | $NaNO_3$ | 73.0 | 80.8 | 87.6 | 94.9 | 102 | 122 | 148 | | 180 |
| 亚硝酸钠 | $NaNO_2$ | 71.2 | 75.1 | 80.8 | 87.6 | 94.9 | 111 | 133 | | 160 |
| 磷酸钠 | $Na_3PO_4$ | 4.5 | 8.2 | 12.1 | 16.3 | 20.2 | 29.9 | 60.0 | 68.1 | 77.0 |
| 硫酸钠 | $Na_2SO_4$ | 4.9 | 9.1 | 19.5 | 40.8 | 48.8 | 45.3 | 43.7 | 42.7 | 42.5 |
| 硫化钠 | $Na_2S$ | 9.6 | 12.1 | 15.7 | 20.5 | 26.6 | 39.1 | 55.0 | 65.3 | |
| 亚硫酸钠 | $Na_2SO_3$ | 14.4 | 19.5 | 26.3 | 35.5 | 37.2 | 32.6 | 29.4 | 27.9 | |
| 五水硫代硫酸钠 | $Na_2S_2O_3 \cdot 5H_2O$ | 50.2 | 59.7 | 70.1 | 83.2 | 104 | | | | |
| 钨酸钠 | $Na_2WO_4$ | 71.5 | | 73.0 | | 77.0 | | 90.8 | | 97.2 |
| 氯化锶 | $SrCl_2$ | 43.5 | 47.7 | 52.9 | 58.7 | 65.3 | 81.8 | 90.5 | | 101 |
| 氢氧化锶 | $Sr(OH)_2$ | 0.91 | 1.25 | 1.77 | 2.64 | 3.95 | 8.42 | 20.2 | 44.5 | 91.2 |
| 硝酸锶 | $Sr(NO_3)_2$ | 39.5 | 52.9 | 69.5 | 88.7 | 89.4 | 93.4 | 96.9 | 98.4 | |
| 氯化锌 | $ZnCl_2$ | 342 | 363 | 395 | 437 | 452 | 488 | 541 | | 614 |
| 硝酸锌 | $Zn(NO_3)_2$ | 98 | | 138 | 211 | | | | | |
| 硫酸锌(正交) | $ZnSO_4$ | 41.6 | 47.2 | 53.8 | 61.3 | 70.5 | 75.4 | 71.1 | | 60.5 |
| 硫酸锌(单斜) | | | 54.4 | 60.0 | 65.5 | | | | | |

资料来源：Lange's Handbook of Chemistry. 15th ed. 1999.

溶解度用物质在温度 $T$ 时,溶解在 100g 水中配制成饱和溶液所需质量(g)来表示

# 附录六　常见离子和化合物的颜色

## 1. 离子

### (1) 无色离子。

阳离子：$Na^+$，$K^+$，$NH_4^+$，$Mg^{2+}$，$Ca^{2+}$，$Ba^{2+}$，$Al^{3+}$，$Sn^{2+}$，$Sn^{4+}$，$Pb^{2+}$，$Bi^{3+}$，$Ag^+$，$Zn^{2+}$，$Cd^{2+}$，$Hg_2^{2+}$，$Hg^{2+}$。

阴离子：$BO_2^-$，$C_2O_4^{2-}$，$Ac^-$，$CO_3^{2-}$，$SiO_3^{2-}$，$NO_3^-$，$NO_2^-$，$PO_4^{3-}$，$MoO_4^{2-}$，$SO_3^{2-}$，$SO_4^{2-}$，$S^{2-}$，$S_2O_3^{2-}$，$F^-$，$Cl^-$，$ClO_3^-$，$Br^-$，$BrO_3^-$，$I^-$，$SCN^-$，$[CuCl_2]^-$。

### (2) 有色离子。

| 离子 | 颜色 | 离子 | 颜色 |
|---|---|---|---|
| $[Cu(H_2O)_4]^{2+}$ | 浅蓝色 | $[Co(NH_3)_5(H_2O)]^{3+}$ | 粉红色 |
| $[Cu(NH_3)_4]^{2+}$ | 深蓝色 | $[Co(NH_3)_4CO_3]^+$ | 紫红色 |
| $[CuCl_4]^{2-}$ | 黄色 | $[Co(CN)_6]^{3-}$ | 紫色 |
| $[Cr(H_2O)_6]^{3+}$ | 紫色 | $[Co(SCN)_4]^{2-}$ | 蓝色 |
| $[Cr(H_2O)_4Cl_2]^+$ | 暗绿色 | $FeCl_6^{3-}$ | 黄色 |
| $[Cr(NH_3)_3(H_2O)_3]^{3+}$ | 浅红色 | $[Fe(C_2O_4)_3]^{3-}$ | 黄色 |
| $[Cr(NH_3)_5(H_2O)]^{2+}$ | 橙黄色 | $FeF_6^{3-}$ | 无色 |
| $[Cr(H_2O)_6]^{2+}$ | 蓝色 | $[Fe(NCS)_n]^{3-n}$ | 血红色 |
| $[Cr(H_2O)_5Cl]^{2+}$ | 浅绿色 | $[Fe(H_2O)_6]^{2+}$ | 浅绿色 |
| $[Cr(NH_3)_2(H_2O)_4]^{3+}$ | 紫红色 | $[Fe(H_2O)_6]^{3+}$ | 淡紫色 |
| $[Cr(NH_3)_4(H_2O)_2]^{3+}$ | 橙红色 | $[Fe(CN)_6]^{4-}$ | 黄色 |
| $[Cr(NH_3)_6]^{3+}$ | 黄色 | $[Fe(CN)_6]^{3-}$ | 浅橘黄色 |
| $CrO_2^-$ | 绿色 | $I_3^-$ | 浅棕黄色 |
| $Cr_2O_7^{2-}$ | 橙色 | $[Mn(H_2O)_6]^{2+}$ | 肉色 |
| $CrO_4^{2-}$ | 黄色 | $MnO_4^{2-}$ | 绿色 |
| $[Co(H_2O)_6]^{2+}$ | 粉红色 | $MnO_4^-$ | 紫红色 |
| $[Co(NH_3)_6]^{2+}$ | 黄色 | $[Ni(H_2O)_6]^{2+}$ | 亮绿色 |
| $[Co(NH_3)_6]^{3+}$ | 橙黄色 | $[Ni(NH_3)_6]^{2+}$ | 蓝色 |
| $[CoCl(NH_3)_5]^{2+}$ | 红紫色 | | |

## 2. 化合物

### (1) 氧化物。

| 氧化物 | 颜色 | 氧化物 | 颜色 |
|---|---|---|---|
| $Ag_2O$ | 暗棕色 | $Cr_2O_3$ | 绿色 |
| $CuO$ | 黑色 | $CrO_3$ | 红色 |
| $Cu_2O$ | 暗红色 | $CoO$ | 灰绿色 |

续表

| 氧化物 | 颜色 | 氧化物 | 颜色 |
|---|---|---|---|
| $Co_2O_3$ | 黑色 | $Ni_2O_3$ | 黑色 |
| FeO | 黑色 | PbO | 黄色 |
| $Fe_2O_3$ | 砖红色 | $Pb_3O_4$ | 红色 |
| $Fe_3O_4$ | 黑色 | $TiO_2$ | 白色或橙红色 |
| $Hg_2O$ | 黑褐色 | $V_2O_3$ | 黑色 |
| HgO | 红色或黄色 | $VO_2$ | 深蓝色 |
| $MnO_2$ | 棕褐色 | $V_2O_5$ | 红棕色 |
| NiO | 暗绿色 | ZnO | 白色 |

（2）氢氧化物。

| 氢氧化物 | 颜色 | 氢氧化物 | 颜色 |
|---|---|---|---|
| $Al(OH)_3$ | 白色 | $Mg(OH)_2$ | 白色 |
| $Bi(OH)_3$ | 白色 | $Mn(OH)_2$ | 白色 |
| $Co(OH)_2$ | 粉红色 | $Ni(OH)_2$ | 浅绿色 |
| $Co(OH)_3$ | 褐棕色 | $Ni(OH)_3$ | 黑色 |
| $Cr(OH)_3$ | 灰绿色 | $Pb(OH)_2$ | 白色 |
| $Cd(OH)_2$ | 白色 | $Sb(OH)_3$ | 白色 |
| $Cu(OH)_2$ | 浅蓝色 | $Sn(OH)_2$ | 白色 |
| Cu(OH) | 黄色 | $Sn(OH)_4$ | 白色 |
| $Fe(OH)_2$ | 白色或苍绿色 | $Zn(OH)_2$ | 白色 |
| $Fe(OH)_3$ | 红棕色 |  |  |

（3）氯化物。

| 氧化物 | 颜色 | 氧化物 | 颜色 |
|---|---|---|---|
| AgCl | 白色 | $Hg(NH_3)Cl$ | 白色 |
| $Hg_2Cl_2$ | 白色 | $CoCl_2$ | 蓝色 |
| $PbCl_2$ | 白色 | $CoCl_2 \cdot H_2O$ | 蓝紫色 |
| CuCl | 白色 | $CoCl_2 \cdot 2H_2O$ | 紫红色 |
| $CuCl_2$ | 棕色 | $CoCl_2 \cdot 6H_2O$ | 粉红色 |
| $CuCl_2 \cdot 2H_2O$ | 蓝色 | $FeCl_3 \cdot 6H_2O$ | 黄棕色 |

（4）溴化物。

AgBr　　　　$CuBr_2$　　　　$PbBr_3$

淡黄色　　　　黑紫色　　　　白色

（5）碘化物。

| 碘化物 | 颜色 | 碘化物 | 颜色 |
|---|---|---|---|
| $AgI$ | 黄色 | $PbI_2$ | 黄色 |
| $Hg_2I_2$ | 黄褐色 | $CuI$ | 白色 |
| $HgI_2$ | 红色 | | |

（6）卤酸盐。

| 卤酸盐 | 颜色 | 卤酸盐 | 颜色 |
|---|---|---|---|
| $Ba(IO_3)_2$ | 白色 | $KClO_4$ | 白色 |
| $AgIO_3$ | 白色 | $AgBrO_3$ | 白色 |

（7）硫化物。

| 硫化物 | 颜色 | 硫化物 | 颜色 |
|---|---|---|---|
| $Ag_2S$ | 灰黑色 | $MnS$ | 肉色 |
| $As_2S_3$ | 黄色 | $PbS$ | 黑色 |
| $CuS$ | 黑色 | $SnS$ | 灰黑色 |
| $Cu_2S$ | 黑色 | $SnS_2$ | 金黄色 |
| $CdS$ | 黄色 | $Sb_2S_3$ | 橙色 |
| $FeS$ | 棕黑色 | $Sb_2S_5$ | 橙红色 |
| $Fe_2S_3$ | 黑色 | $ZnS$ | 白色 |
| $HgS$ | 红色或黑色 | | |

（8）硫酸盐。

| 硫酸盐 | 颜色 | 硫酸盐 | 颜色 |
|---|---|---|---|
| $Ag_2SO_4$ | 白色 | $Cr_2(SO_4)_3 \cdot 18H_2O$ | 蓝色 |
| $BaSO_4$ | 白色 | $Cu_2(OH)_2SO_4$ | 浅蓝色 |
| $CaSO_4$ | 白色 | $CuSO_4 \cdot 5H_2O$ | 蓝色 |
| $CoSO_4 \cdot 7H_2O$ | 红色 | $[Fe(NO)]SO_4$ | 深棕色 |
| $Cr_2(SO_4)_3 \cdot 6H_2O$ | 绿色 | $Hg_2SO_4$ | 白色 |
| $Cr_2(SO_4)_3$ | 紫或红色 | $PbSO_4$ | 白色 |

（9）碳酸盐。

| 碳酸盐 | 颜色 | 碳酸盐 | 颜色 |
|---|---|---|---|
| $Ag_2CO_3$ | 白色 | $FeCO_3$ | 白色 |
| $BaCO_3$ | 白色 | $MnCO_3$ | 白色 |
| $CaCO_3$ | 白色 | $Ni_2(OH)_2CO_3$ | 浅绿色 |
| $Cu_2(OH)_2CO_3$ | 暗绿色 | $Zn_2(OH)_2CO_3$ | 白色 |
| $CdCO_3$ | 白色 | | |

（10）磷酸盐。

| 磷酸盐 | 颜色 | 磷酸盐 | 颜色 |
|---|---|---|---|
| $Ag_3PO_4$ | 黄色 | $CaHPO_4$ | 白色 |
| $Ba_3(PO_4)_2$ | 白色 | $FePO_4$ | 浅黄色 |
| $Ca_3(PO_4)_2$ | 白色 | $MgNH_4PO_4$ | 白色 |

（11）铬酸盐。

| 铬酸盐 | 颜色 | 铬酸盐 | 颜色 |
|---|---|---|---|
| $Ag_2CrO_4$ | 砖红色 | $FeCrO_4 \cdot 2H_2O$ | 黄色 |
| $BaCrO_4$ | 黄色 | $PbCrO_4$ | 黄色 |
| $CaCrO_4$ | 黄色 | | |

（12）硅酸盐。

| 硅酸盐 | 颜色 | 硅酸盐 | 颜色 |
|---|---|---|---|
| $BaSiO_3$ | 白色 | $MnSiO_3$ | 肉色 |
| $CuSiO_3$ | 蓝色 | $NiSiO_3$ | 翠绿色 |
| $CoSiO_3$ | 紫色 | $ZnSiO_3$ | 白色 |
| $Fe_2(SiO_3)_3$ | 棕红色 | | |

（13）草酸盐。

| $CaC_2O_4$ | $Ag_2C_2O_4$ | $FeC_2O_4 \cdot 2H_2O$ |
|---|---|---|
| 白色 | 白色 | 黄色 |

（14）拟卤素。

| 拟卤素 | 颜色 | 拟卤素 | 颜色 |
|---|---|---|---|
| $AgCN$ | 白色 | $CuCN$ | 白色 |
| $AgSCN$ | 白色 | $Cu(SCN)_2$ | 黑绿色 |
| $Cu(CN)_2$ | 浅棕黄色 | $Ni(CN)_2$ | 浅绿色 |

（15）其他含氧酸盐。

| $Ag_2S_2O_3$ | $BaSO_3$ |
|---|---|
| 白色 | 白色 |

（16）其他化合物。

| 化合物 | 颜色 | 化合物 | 颜色 |
|---|---|---|---|
| $Ag_3[Fe(CN)_6]$ | 橙色 | $K_2Na[Co(NO_2)_6]$ | 黄色 |
| $Ag_4[Fe(CN)_6]$ | 白色 | $(NH_4)_2Na[Co(NO_2)_6]$ | 黄色 |
| $Cu_2[Fe(CN)_6]$ | 红棕色 | $NaAc \cdot Zn(Ac)_2 \cdot 3[UO_2(Ac)_2] \cdot 9H_2O$ | 黄色 |
| $Co_2[Fe(CN)_6]$ | 绿色 | $Na_2[Fe(CN)_5NO] \cdot 2H_2O$ | 红色 |
| $Fe_4^{III}[Fe^{II}(CN)_6]_3 \cdot xH_2O$ | 蓝色 | $Zn_2[Fe(CN)_6]$ | 白色 |
| $K_2[PtCl_6]$ | 黄色 | $Zn_3[Fe(CN)_6]_2$ | 黄褐色 |
| $K_3[Co(NO_2)_6]$ | 黄色 | | |

## 附录七　常用标准电极电势表(298.15K)

### 1. 在酸性溶液中

| 电极 | 电极反应 | $E^{\ominus}/V$ |
|---|---|---|
| $N_2/N_3^-$ | $3N_2+2H^++2e^-\Longrightarrow 2HN_3$ | $-3.09$ |
| $Li^+/Li$ | $Li^++e^-\Longrightarrow Li$ | $-3.0401$ |
| $Cs^+/Cs$ | $Cs^++e^-\Longrightarrow Cs$ | $-3.026$ |
| $Rb^+/Rb$ | $Rb^++e^-\Longrightarrow Rb$ | $-2.98$ |
| $K^+/K$ | $K^++e^-\Longrightarrow K$ | $-2.931$ |
| $Ba^{2+}/Ba$ | $Ba^{2+}+2e^-\Longrightarrow Ba$ | $-2.912$ |
| $Sr^{2+}/Sr$ | $Sr^{2+}+2e^-\Longrightarrow Sr$ | $-2.899$ |
| $Ca^{2+}/Ca$ | $Ca^{2+}+2e^-\Longrightarrow Ca$ | $-2.868$ |
| $Ra^{2+}/Ra$ | $Ra^{2+}+2e^-\Longrightarrow Ra$ | $-2.8$ |
| $Na^+/Na$ | $Na^++e^-\Longrightarrow Na$ | $-2.71$ |
| $La^{3+}/La$ | $La^{3+}+3e^-\Longrightarrow La$ | $-2.379$ |
| $Mg^{2+}/Mg$ | $Mg^{2+}+2e^-\Longrightarrow Mg$ | $-2.372$ |
| $Be^{2+}/Be$ | $Be^{2+}+2e^-\Longrightarrow Be$ | $-1.847$ |
| $Al^{3+}/Al$ | $Al^{3+}+3e^-\Longrightarrow Al$ | $-1.662$ |
| $Ti^{2+}/Ti$ | $Ti^{2+}+2e^-\Longrightarrow Ti$ | $-1.630$ |
| $Zr^{4+}/Zr$ | $Zr^{4+}+4e^-\Longrightarrow Zr$ | $-1.45$ |
| $Mn^{2+}/Mn$ | $Mn^{2+}+2e^-\Longrightarrow Mn$ | $-1.185$ |
| $V^{2+}/V$ | $V^{2+}+2e^-\Longrightarrow V$ | $-1.175$ |
| $Se/Se^{2-}$ | $Se+2e^-\Longrightarrow Se^{2-}$ | $-0.924$ |

续表

| 电极 | 电极反应 | $E^{\ominus}/V$ |
|---|---|---|
| $Zn^{2+}/Zn$ | $Zn^{2+}+2e^-\!=\!\!=\!Zn$ | $-0.7618$ |
| $Cr^{3+}/Cr$ | $Cr^{3+}+3e^-\!=\!\!=\!Cr$ | $-0.744$ |
| $Ga^{3+}/Ga$ | $Ga^{3+}+3e^-\!=\!\!=\!Ga$ | $-0.549$ |
| $Fe^{2+}/Fe$ | $Fe^{2+}+2e^-\!=\!\!=\!Fe$ | $-0.447$ |
| $Cr^{3+}/Cr^{2+}$ | $Cr^{3+}+e^-\!=\!\!=\!Cr^{2+}$ | $-0.407$ |
| $Cd^{2+}/Cd$ | $Cd^{2+}+2e^-\!=\!\!=\!Cd$ | $-0.4030$ |
| $Ti^{3+}/Ti^{2+}$ | $Ti^{3+}+e^-\!=\!\!=\!Ti^{2+}$ | $(-0.373)$ |
| $Tl^+/Tl$ | $Tl^++e^-\!=\!\!=\!Tl$ | $-0.336$ |
| $Co^{2+}/Co$ | $Co^{2+}+2e^-\!=\!\!=\!Co$ | $-0.28$ |
| $Ni^{2+}/Ni$ | $Ni^{2+}+2e^-\!=\!\!=\!Ni$ | $-0.257$ |
| $Mo^{3+}/Mo$ | $Mo^{3+}+3e^-\!=\!\!=\!Mo$ | $-0.200$ |
| $AgI/Ag$ | $AgI+e^-\!=\!\!=\!Ag+I^-$ | $-0.1522$ |
| $Sn^{2+}/Sn$ | $Sn^{2+}+2e^-\!=\!\!=\!Sn$ | $-0.1375$ |
| $Pb^{2+}/Pb$ | $Pb^{2+}+2e^-\!=\!\!=\!Pb$ | $-0.1262$ |
| $WO_3/W$ | $WO_3+6H^++6e^-\!=\!\!=\!W+3H_2O$ | $-0.090$ |
| $H^+/H_2$ | $2H^++2e^-\!=\!\!=\!H_2$ | $\pm0.000$ |
| $AgBr/Ag$ | $AgBr+e^-\!=\!\!=\!Ag+Br^-$ | $+0.07133$ |
| $S_4O_6^{2-}/S_2O_3^{2-}$ | $S_4O_6^{2-}+2e^-\!=\!\!=\!2S_2O_3^{2-}$ | $+0.08$ |
| $Sn^{4+}/Sn^{2+}$ | $Sn^{4+}+2e^-\!=\!\!=\!Sn^{2+}$ | $+0.151$ |
| $Cu^{2+}/Cu^+$ | $Cu^{2+}+e^-\!=\!\!=\!Cu^+$ | $+0.153$ |
| $AgCl/Ag$ | $AgCl+e^-\!=\!\!=\!Ag+Cl^-$ | $+0.2223$ |
| $Ge^{2+}/Ge$ | $Ge^{2+}+2e^-\!=\!\!=\!Ge$ | $+0.24$ |
| $Cu^{2+}/Cu$ | $Cu^{2+}+2e^-\!=\!\!=\!Cu$ | $+0.3419$ |
| $Fe(CN)_6^{3-}/Fe(CN)_6^{4-}$ | $Fe(CN)_6^{3-}+e^-\!=\!\!=\!Fe(CN)_6^{4-}$ | $+0.358$ |
| $Cu^+/Cu$ | $Cu^++e^-\!=\!\!=\!Cu$ | $+0.521$ |
| $I_2/I^-$ | $I_2+2e^-\!=\!\!=\!2I^-$ | $+0.5355$ |
| $MnO_4^-/MnO_4^{2-}$ | $MnO_4^-+e^-\!=\!\!=\!MnO_4^{2-}$ | $+0.558$ |
| $Te^{4+}/Te$ | $Te^{4+}+4e^-\!=\!\!=\!Te$ | $+0.568$ |

| 电极 | 电极反应 | $E^{\ominus}/V$ |
|---|---|---|
| $Rh^{2+}/Rh$ | $Rh^{2+}+2e^-\!\!=\!\!=\!\!Rh$ | $+0.600$ |
| $Fe^{3+}/Fe^{2+}$ | $Fe^{3+}+e^-\!\!=\!\!=\!\!Fe^{2+}$ | $+0.771$ |
| $Hg_2^{2+}/Hg$ | $Hg_2^{2+}+2e^-\!\!=\!\!=\!\!2Hg$ | $+0.7973$ |
| $Ag^+/Ag$ | $Ag^++e^-\!\!=\!\!=\!\!Ag$ | $+0.7996$ |
| $NO_3^-/N_2O_4$ | $2NO_3^-+4H^++2e^-\!\!=\!\!=\!\!N_2O_4(g)+2H_2O$ | $+0.803$ |
| $Hg^{2+}/Hg$ | $Hg^{2+}+2e^-\!\!=\!\!=\!\!Hg$ | $+0.851$ |
| $Hg^{2+}/Hg_2^{2+}$ | $2Hg^{2+}+2e^-\!\!=\!\!=\!\!Hg_2^{2+}$ | $+0.920$ |
| $Pd^{2+}/Pd$ | $Pd^{2+}+2e^-\!\!=\!\!=\!\!Pd$ | $+0.951$ |
| $Br_2/Br^-$ | $Br_2+2e^-\!\!=\!\!=\!\!2Br^-$ | $+1.066$ |
| $Pt^{2+}/Pt$ | $Pt^{2+}+2e^-\!\!=\!\!=\!\!Pt$ | $+1.18$ |
| $ClO_4^-/ClO_3^-$ | $ClO_4^-+2H^++2e^-\!\!=\!\!=\!\!ClO_3^-+H_2O$ | $+1.189$ |
| $MnO_2/Mn^{2+}$ | $MnO_2+4H^++2e^-\!\!=\!\!=\!\!Mn^{2+}+2H_2O$ | $+1.224$ |
| $O_2/H_2O$ | $O_2+4H^++4e^-\!\!=\!\!=\!\!2H_2O$ | $+1.229$ |
| $Tl^{3+}/Tl^+$ | $Tl^{3+}+2e^-\!\!=\!\!=\!\!Tl^+$ | $+1.252$ |
| $Cl_2/Cl^-$ | $Cl_2+2e^-\!\!=\!\!=\!\!2Cl^-$ | $+1.3583$ |
| $Cr_2O_7^{2-}/Cr^{3+}$ | $Cr_2O_7^{2-}+14H^++6e^-\!\!=\!\!=\!\!2Cr^{3+}+7H_2O$ | $(+1.36)$ |
| $HIO/I_2$ | $2HIO+2H^++2e^-\!\!=\!\!=\!\!I_2+2H_2O$ | $+1.439$ |
| $PbO_2/Pb^{2+}$ | $PbO_2+4H^++2e^-\!\!=\!\!=\!\!Pb^{2+}+2H_2O$ | $+1.455$ |
| $BrO_3^-/Br_2$ | $2BrO_3^-+12H^++10e^-\!\!=\!\!=\!\!Br_2+6H_2O$ | $+1.482$ |
| $Au^{3+}/Au$ | $Au^{3+}+3e^-\!\!=\!\!=\!\!Au$ | $+1.498$ |
| $MnO_4^-/Mn^{2+}$ | $MnO_4^-+8H^++5e^-\!\!=\!\!=\!\!Mn^{2+}+4H_2O$ | $+1.507$ |
| $HClO_2/Cl^-$ | $HClO_2+3H^++4e^-\!\!=\!\!=\!\!Cl^-+2H_2O$ | $+1.570$ |
| $HBrO/Br_2$ | $2HBrO+2H^++2e^-\!\!=\!\!=\!\!Br_2+2H_2O$ | $+1.596$ |
| $HClO/Cl_2$ | $2HClO+2H^++2e^-\!\!=\!\!=\!\!Cl_2+2H_2O$ | $+1.611$ |
| $MnO_4^-/MnO_2$ | $MnO_4^-+4H^++3e^-\!\!=\!\!=\!\!MnO_2+2H_2O$ | $+1.679$ |
| $PbO_2/PbSO_4$ | $PbO_2+SO_4^{2-}+4H^++2e^-\!\!=\!\!=\!\!PbSO_4+2H_2O$ | $+1.6913$ |
| $Au^+/Au$ | $Au^++e^-\!\!=\!\!=\!\!Au$ | $+1.692$ |
| $Ce^{4+}/Ce^{3+}$ | $Ce^{4+}+e^-\!\!=\!\!=\!\!Ce^{3+}$ | $+1.72$ |
| $H_2O_2/H_2O$ | $H_2O_2+2H^++2e^-\!\!=\!\!=\!\!2H_2O$ | $+1.776$ |
| $S_2O_8^{2-}/SO_4^{2-}$ | $S_2O_8^{2-}+2e^-\!\!=\!\!=\!\!2SO_4^{2-}$ | $+2.010$ |
| $F_2/F^-$ | $F_2+2e^-\!\!=\!\!=\!\!2F^-$ | $+2.866$ |

## 2. 在碱性溶液中

| 电极 | 电极反应 | $E^{\ominus}/V$ |
|---|---|---|
| $Ca(OH)_2/Ca$ | $Ca(OH)_2 + 2e^- \rule[0.5ex]{1.5em}{0.4pt} Ca + 2OH^-$ | $-3.02$ |
| $Mg(OH)_2/Mg$ | $Mg(OH)_2 + 2e^- \rule[0.5ex]{1.5em}{0.4pt} Mg + 2OH^-$ | $-2.690$ |
| $[Al(OH)_4]^-/Al$ | $[Al(OH)_4]^- + 3e^- \rule[0.5ex]{1.5em}{0.4pt} Al + 4OH^-$ | $-2.328$ |
| $SiO_3^{2-}/Si$ | $SiO_3^{2-} + 3H_2O + 4e^- \rule[0.5ex]{1.5em}{0.4pt} Si + 6OH^-$ | $-1.697$ |
| $Cr(OH)_3/Cr$ | $Cr(OH)_3 + 3e^- \rule[0.5ex]{1.5em}{0.4pt} Cr + 3OH^-$ | $-1.48$ |
| $[Zn(OH)_4]^{2-}/Zn$ | $[Zn(OH)_4]^{2-} + 2e^- \rule[0.5ex]{1.5em}{0.4pt} Zn + 4OH^-$ | $-1.199$ |
| $SO_4^{2-}/SO_3^{2-}$ | $SO_4^{2-} + H_2O + 2e^- \rule[0.5ex]{1.5em}{0.4pt} SO_3^{2-} + 2OH^-$ | $-0.93$ |
| $HSnO_2^-/Sn$ | $HSnO_2^- + H_2O + 2e^- \rule[0.5ex]{1.5em}{0.4pt} Sn + 3OH^-$ | $-0.909$ |
| $H_2O/H_2$ | $2H_2O + 2e^- \rule[0.5ex]{1.5em}{0.4pt} H_2 + 2OH^-$ | $-0.8277$ |
| $Ni(OH)_2/Ni$ | $Ni(OH)_2 + 2e^- \rule[0.5ex]{1.5em}{0.4pt} Ni + 2OH^-$ | $-0.72$ |
| $AsO_4^{3-}/AsO_2^-$ | $AsO_4^{3-} + 2H_2O + 2e^- \rule[0.5ex]{1.5em}{0.4pt} AsO_2^- + 4OH^-$ | $-0.71$ |
| $AsO_2^-/As$ | $AsO_2^- + 2H_2O + 3e^- \rule[0.5ex]{1.5em}{0.4pt} As + 4OH^-$ | $-0.68$ |
| $SbO_2^-/Sb$ | $SbO_2^- + 2H_2O + 3e^- \rule[0.5ex]{1.5em}{0.4pt} Sb + 4OH^-$ | $-0.66$ |
| $SO_3^{2-}/S_2O_3^{2-}$ | $2SO_3^{2-} + 3H_2O + 4e^- \rule[0.5ex]{1.5em}{0.4pt} S_2O_3^{2-} + 6OH^-$ | $-0.571$ |
| $Fe(OH)_3/Fe(OH)_2$ | $Fe(OH)_3 + e^- \rule[0.5ex]{1.5em}{0.4pt} Fe(OH)_2 + OH^-$ | $-0.56$ |
| $S/S^{2-}$ | $S + 2e^- \rule[0.5ex]{1.5em}{0.4pt} S^{2-}$ | $-0.476$ |
| $NO_2^-/NO$ | $NO_2^- + H_2O + e^- \rule[0.5ex]{1.5em}{0.4pt} NO + 2OH^-$ | $-0.46$ |
| $CrO_4^{2-}/Cr(OH)_3$ | $CrO_4^{2-} + 4H_2O + 3e^- \rule[0.5ex]{1.5em}{0.4pt} Cr(OH)_3 + 5OH^-$ | $-0.13$ |
| $O_2/HO_2^-$ | $O_2 + H_2O + 2e^- \rule[0.5ex]{1.5em}{0.4pt} HO_2^- + OH^-$ | $-0.076$ |
| $Co(OH)_3/Co(OH)_2$ | $Co(OH)_3 + e^- \rule[0.5ex]{1.5em}{0.4pt} Co(OH)_2 + OH^-$ | $+0.17$ |
| $Ag_2O/Ag$ | $Ag_2O + H_2O + 2e^- \rule[0.5ex]{1.5em}{0.4pt} 2Ag + 2OH^-$ | $+0.342$ |
| $O_2/OH^-$ | $O_2 + 2H_2O + 4e^- \rule[0.5ex]{1.5em}{0.4pt} 4OH^-$ | $+0.401$ |
| $MnO_4^-/MnO_4^{2-}$ | $MnO_4^- + e^- \rule[0.5ex]{1.5em}{0.4pt} MnO_4^{2-}$ | $+0.558$ |
| $MnO_4^-/MnO_2$ | $MnO_4^- + 2H_2O + 3e^- \rule[0.5ex]{1.5em}{0.4pt} MnO_2 + 4OH^-$ | $+0.595$ |
| $MnO_4^{2-}/MnO_2$ | $MnO_4^{2-} + 2H_2O + 2e^- \rule[0.5ex]{1.5em}{0.4pt} MnO_2 + 4OH^-$ | $+0.60$ |
| $ClO^-/Cl^-$ | $ClO^- + H_2O + 2e^- \rule[0.5ex]{1.5em}{0.4pt} Cl^- + 2OH^-$ | $+0.81$ |
| $O_3/OH^-$ | $O_3 + H_2O + 2e^- \rule[0.5ex]{1.5em}{0.4pt} O_2 + 2OH^-$ | $+1.24$ |

资料来源：CRC Handbook of Chemistry and Physics. 81st ed. 2000-2001. 括号中的数据取自 Lange's Handbook of Chemistry. 15th ed. 1999.

## 附录八 某些常见配合物的稳定常数(298.15K)

| 配离子 | $K_f^\ominus$ | 配离子 | $K_f^\ominus$ | 配离子 | $K_f^\ominus$ |
|---|---|---|---|---|---|
| $[AgCl_2]^-$ | $1.84 \times 10^5$ | $[Cd(en)_3]^{2+}$ | $1.2 \times 10^{12}$ | $[FeBr]^{2+}$ | $4.17$ |
| $[AgBr_2]^-$ | $1.96 \times 10^7$ | $[Cd(EDTA)]^{2-}$ | $2.5 \times 10^{16}$ | $[FeCl]^{2+}$ | $24.9$ |
| $[AgI_2]^-$ | $4.80 \times 10^{10}$ | $[Co(NH_3)_4]^{2+}$ | $1.16 \times 10^5$ | $[Fe(C_2O_4)_3]^{3-}$ | $1.6 \times 10^{20}$ |
| $[Ag(NH_3)]^+$ | $2.07 \times 10^3$ | $[Co(NH_3)_6]^{2+}$ | $1.3 \times 10^5$ | $[Fe(C_2O_4)_3]^{4-}$ | $1.7 \times 10^5$ |
| $[Ag(NH_3)_2]^+$ | $1.67 \times 10^7$ | $[Co(NH_3)_6]^{3+}$ | $1.6 \times 10^{35}$ | $[Fe(EDTA)]^{2-}$ | $2.1 \times 10^{14}$ |
| $[Ag(CN)_2]^-$ | $2.48 \times 10^{20}$ | $[Co(NCS)_4]^{2-}$ | $1.0 \times 10^3$ | $[Fe(EDTA)]^-$ | $1.7 \times 10^{24}$ |
| $[Ag(SCN)_2]^-$ | $2.04 \times 10^8$ | $[Co(EDTA)]^{2-}$ | $2.0 \times 10^{16}$ | $[HgCl_4]^{2-}$ | $1.2 \times 10^{15}$ |
| $[Ag(S_2O_3)_2]^{3-}$ | $2.9 \times 10^{13}$ | $[Co(EDTA)]^-$ | $1 \times 10^{36}$ | $[Hg(CN)_4]^{2-}$ | $3.0 \times 10^{41}$ |
| $[Ag(en)_2]^+$ | $5.0 \times 10^7$ | $[Cr(OH)_4]^-$ | $7.8 \times 10^{29}$ | $[Hg(EDTA)]^{2-}$ | $6.3 \times 10^{21}$ |
| $[Ag(EDTA)]^{3-}$ | $2.1 \times 10^7$ | $[Cr(EDTA)]^-$ | $1.0 \times 10^{23}$ | $[Hg(en)_2]^{2+}$ | $2.0 \times 10^{23}$ |
| $[Al(OH)_4]^-$ | $3.31 \times 10^{33}$ | $[CuCl_2]^-$ | $6.91 \times 10^4$ | $[HgI_4]^{2-}$ | $5.7 \times 10^{29}$ |
| $[AlF_6]^{3-}$ | $6.9 \times 10^{19}$ | $[CuCl_3]^{2-}$ | $4.55 \times 10^5$ | $[Hg(NH_3)_4]^{2+}$ | $2.0 \times 10^{19}$ |
| $[Al(EDTA)]^-$ | $1.3 \times 10^{16}$ | $[CuI_2]^-$ | $7.1 \times 10^8$ | $[Ni(CN)_4]^{2-}$ | $2.0 \times 10^{31}$ |
| $[Ba(EDTA)]^{2-}$ | $6.0 \times 10^7$ | $[Cu(SO_3)_2]^{3-}$ | $4.13 \times 10^8$ | $[Ni(NH_3)_6]^{2+}$ | $5.5 \times 10^8$ |
| $[Be(EDTA)]^{2-}$ | $2 \times 10^9$ | $[Cu(NH_3)_4]^{2+}$ | $2.30 \times 10^{12}$ | $[Ni(en)_3]^{2+}$ | $2.1 \times 10^{18}$ |
| $[BiCl_4]^-$ | $7.96 \times 10^6$ | $[Cu(P_2O_7)_2]^{6-}$ | $8.24 \times 10^8$ | $[Ni(C_2O_4)_3]^{4-}$ | $3.0 \times 10^8$ |
| $[BiCl_6]^{3-}$ | $2.45 \times 10^7$ | $[Cu(C_2O_4)_2]^{2-}$ | $2.35 \times 10^9$ | $[PbCl_3]^-$ | $2.4 \times 10^1$ |
| $[BiBr_4]^-$ | $5.92 \times 10^7$ | $[Cu(CN)_2]^-$ | $9.98 \times 10^{23}$ | $[Pb(EDTA)]^{2-}$ | $2.0 \times 10^{18}$ |
| $[BiI_4]^-$ | $8.88 \times 10^{14}$ | $[Cu(CN)_3]^{2-}$ | $4.21 \times 10^{28}$ | $[PbI_4]^{2-}$ | $3.0 \times 10^4$ |
| $[Bi(EDTA)]^-$ | $6.3 \times 10^{22}$ | $[Cu(CN)_4]^{3-}$ | $2.03 \times 10^{30}$ | $[PtCl_4]^{2-}$ | $1.0 \times 10^{16}$ |
| $[Ca(EDTA)]^{2-}$ | $1 \times 10^{11}$ | $[Cu(NH_3)_4]^{2+}$ | $2.3 \times 10^{12}$ | $[Pt(NH_3)_6]^{2+}$ | $2.0 \times 10^{35}$ |
| $[Cd(NH_3)_4]^{2+}$ | $2.78 \times 10^7$ | $[Cu(EDTA)]^{2-}$ | $5.0 \times 10^{18}$ | $[Zn(CN)_4]^{2-}$ | $1.0 \times 10^{18}$ |
| $[Cd(CN)_4]^{2-}$ | $1.95 \times 10^{18}$ | $[FeF]^{2+}$ | $7.1 \times 10^6$ | $[Zn(EDTA)]^{2-}$ | $3.0 \times 10^{16}$ |
| $[Cd(OH)_4]^{2-}$ | $1.20 \times 10^9$ | $[FeF_2]^{2+}$ | $3.8 \times 10^{11}$ | $[Zn(en)_3]^{2+}$ | $1.3 \times 10^{14}$ |
| $[CdBr_4]^{2-}$ | $5.0 \times 10^3$ | $[Fe(CN)_6]^{3-}$ | $4.1 \times 10^{52}$ | $[Zn(NH_3)_4]^{2+}$ | $4.1 \times 10^8$ |
| $[CdCl_4]^{2-}$ | $6.3 \times 10^2$ | $[Fe(CN)_6]^{4-}$ | $4.2 \times 10^{45}$ | $[Zn(OH)_4]^{2-}$ | $4.6 \times 10^{17}$ |
| $[CdI_4]^{2-}$ | $4.05 \times 10^5$ | $[Fe(NCS)]^{2+}$ | $9.1 \times 10^2$ | $[Zn(C_2O_4)_3]^{4-}$ | $1.4 \times 10^8$ |

## 附录九　某些常用试剂的配制

| 试剂名称 | 浓度 | 配制方法 |
| --- | --- | --- |
| 三氯化铋 $BiCl_3$ | $0.1mol \cdot L^{-1}$ | 溶解 31.6g $BiCl_3$ 于 330mL 6mol $\cdot L^{-1}$ HCl 中,搅拌溶解,然后加水稀释至 1L |
| 三氯化锑 $SbCl_3$ | $0.1mol \cdot L^{-1}$ | 溶解 22.8g $SbCl_3$ 于 330mL 6mol $\cdot L^{-1}$ HCl 中,搅拌溶解,然后加水稀释至 1L |
| 三氯化铬 $CrCl_3$ | $0.1mol \cdot L^{-1}$ | 取 26.7g $CrCl_3 \cdot 6H_2O$,加入 20mL 6mol $\cdot L^{-1}$ HCl 溶液,搅拌溶解,然后加水稀释到 1L |
| 三氯化铁 $FeCl_3$ | $0.1mol \cdot L^{-1}$ | 取 27g $FeCl_3 \cdot 6H_2O$,加入 25mL 6mol $\cdot L^{-1}$ HCl 溶液,搅拌溶解,然后加水稀释到 1L |
| 硫酸亚铁 $FeSO_4$ | $0.1mol \cdot L^{-1}$ | 取 28g $FeSO_4 \cdot 7H_2O$ 溶解于少量水中,加入 8mL 6mol $\cdot L^{-1}$ $H_2SO_4$,用水稀释至 1L,然后加几枚去油、去锈的小铁钉 |
| 硝酸汞 $Hg(NO_3)_2$ | $0.1mol \cdot L^{-1}$ | 取 33.4g $Hg(NO_3)_2 \cdot 2H_2O$ 溶解于 1L 0.6mol $\cdot L^{-1}$ $HNO_3$ 溶液中 |
| 硝酸亚汞 $Hg_2(NO_3)_2$ | $0.1mol \cdot L^{-1}$ | 取 56.1g $Hg_2(NO_3)_2 \cdot \frac{1}{2}H_2O$ 溶解于 1L 0.6mol $\cdot L^{-1}$ $HNO_3$ 溶液中,然后加入少量金属汞 |
| 硫酸氧钛 $TiOSO_4$ | $0.1mol \cdot L^{-1}$ | 取 19g 液态 $TiCl_4$ 于 220mL 1:1 $H_2SO_4$ 中,用水稀释至 1L(注意,液态 $TiCl_4$ 在空气中强烈发烟,因此在通风橱中配制) |
| 氯化氧钒 $VO_2Cl$ | | 取 1g 偏钒酸铵固体,加入 20mL 6mol $\cdot L^{-1}$ HCl 溶液和 10mL 水 |
| 氢硫酸 ($H_2S$ 饱和溶液) | 约 $0.1mol \cdot L^{-1}$ | 将 $H_2S$ 气体缓慢地通入水中,直至饱和 |
| 五氰亚硝酰合铁(Ⅲ)酸钠 $Na_2[Fe(CN)_5NO]$ | 质量分数 1% | 取 1g 五氰亚硝酰合铁(Ⅲ)酸钠(亚硝酰铁氰化钠)溶解于 100mL 水中,保存于棕色瓶中,如果溶液变蓝绿色就不能用了 |
| 硅酸钠 $Na_2SiO_3$ | $d=1.06$ | 将市售硅酸钠(水玻璃)液体($d=1.52$)用水按下列体积比稀释:水玻璃:水=1:9~10 |
| 乙酸铅 $Pb(Ac)_2$ | $0.1mol \cdot L^{-1}$ | 取 38g $Pb(Ac)_2 \cdot 3H_2O$ 溶解于约 100mL 水及 5mL 6mol $\cdot L^{-1}$ HAc 溶液中,然后稀释至 1L |
| 硝酸铅 $Pb(NO_3)_2$ | $1mol \cdot L^{-1}$ | 取 331g $Pb(NO_3)_2$ 溶于 600mL 水及 70mL 6mol $\cdot L^{-1}$ $HNO_3$ 溶液中,然后加水稀释到 1L |
| 钼酸铵 $(NH_4)_6Mo_7O_{24}$ | $0.05mol \cdot L^{-1}$ | 取 12.4g 压碎的钼酸铵$[(NH_4)_6Mo_7O_{24} \cdot 4H_2O]$,在不断搅拌下分次加入到 200mL 4mol $\cdot L^{-1}$ $HNO_3$ 溶液中,直至完全溶解,长时间存放后,可能有少量沉淀析出,清液仍可使用 |
| 硫化铵 $(NH_4)_2S$ | $3mol \cdot L^{-1}$ | 取 200mL 浓氨水,缓慢通入 $H_2S$ 气体直至饱和,再加 200mL 浓氨水后,加水稀释至 1L |

| 试剂名称 | 浓度 | 配制方法 |
|---|---|---|
| 碳酸铵<br>$(NH_4)_2CO_3$ | $1mol \cdot L^{-1}$ | 取95g研细的$(NH_4)_2CO_3$于1L 2mol·$L^{-1}NH_3$·$H_2O$中 |
| 硫化钠<br>$Na_2S$ | $1mol \cdot L^{-1}$ | 取120g $Na_2S$·$9H_2O$和20g NaOH溶于水中,稀释至1L |
| 氯化亚锡 $SnCl_2$ | $0.1mol \cdot L^{-1}$ | 取22.6g $SnCl_2$·$2H_2O$溶解于330mL 6 mol·$L^{-1}$HCl溶液中,然后加水稀释至1L |
| 氨-氯化铵缓冲液<br>$NH_3$-$NH_4Cl$ | (pH=10) | 取20g $NH_4Cl$溶于50mL水中,再加100mL浓氨水混合均匀,然后加水稀释至1L |
| 氯水 | | 在水中缓慢通入氯气直至饱和,保存于磨口瓶中,最长可达3~6日 |
| 溴水 | | 将液溴分次滴入水中后,剧烈振荡,直至饱和,操作时应戴橡胶或塑料手套,并需在通风柜中进行 |
| 碘水 | $0.01mol \cdot L^{-1}$ | 取5g KI溶于20mL水中,再加入2.6g $I_2$,搅拌全溶后,加水稀释至1L |
| 奈斯勒试剂 | | 取50g KI溶于50~100mL水中,分次加入57.5g $HgI_2$,搅拌全溶后,加水稀释至250mL,然后再加6mol·$L^{-1}$NaOH溶液,静置后,取清液保存于棕色瓶中 |
| 淀粉溶液 | 质量分数0.5% | 取1g淀粉和5mg $HgI_2$(作防腐剂)置于小烧杯中,加少量水调成糊状,然后倒入200mL沸水中,煮沸20min |
| 酚酞 | | 取0.5g酚酞溶解于500mL体积分数为90%的乙醇中 |
| 甲基橙 | 质量分数0.1% | 取0.5g甲基橙溶解于500mL热水中 |
| EDTA | $0.5mol \cdot L^{-1}$ | 取37.2g乙二胺四乙酸二钠($Na_2H_2Y$·$2H_2O$)溶解于约100mL热水,然后加水稀释至200mL |
| 镁试剂(Ⅰ) | | 取0.01g对硝基苯偶氮间苯二酚溶解于1L 1mol·$L^{-1}$NaOH溶液中 |
| 二乙酰二肟<br>(丁二酮肟) | | 取2g二乙酰二肟溶解于200mL体积分数为95%的乙醇中 |
| 铬黑T指示剂 | | 将铬黑T和烘干的NaCl按照质量比1:100的比例研细、混合均匀,保存于棕色瓶中,或取0.5g铬黑T溶解于10mL $NH_4Cl$-$NH_3$缓冲溶液后,用无水乙醇稀释至100mL,保存于棕色瓶中,可使用一个月 |
| 钙指示剂 | | 将钙指示剂和烘干的NaCl按照质量比1:50的比例研细、混合均匀,保存于棕色瓶中 |

| 试剂名称 | 浓度 | 配制方法 |
|---|---|---|
| 品红溶液 | 质量分数 0.1% | 取 0.1g 品红溶于 100mL 水中 |
| 二苯硫腙 | | 取 0.1g 二苯硫腙溶解于 1L $CHCl_3$ 或 $CCl_4$ 中 |
| 邻二氮菲 | 质量分数 0.25% | 取 0.5g 邻二氮菲溶解于 200mL 水中 |
| 靛蓝溶液 | | 在干燥试管中加入 1mL 浓 $H_2SO_4$ 和等体积的靛蓝粉,混匀,加热至开始沸腾为止,冷却后加入到 200mL 水中 |
| 化学除油液 | | 取 40g NaOH、50g $Na_2CO_3$ 和 30g $Na_3PO_4$ 溶解于 1L 水中 |
| 乙酸铀酰锌 | | 10g $UO_2(Ac)_2 \cdot 2H_2O$ 和 6mL $6mol \cdot L^{-1}$ HAc 溶于 50mL 水中;30g $Zn(Ac)_2 \cdot 2H_2O$ 和 3mL $6mol \cdot L^{-1}$ HCl 溶于 50mL 水中。将上述两种溶液混合,24h 后取清液使用 |
| 钴亚硝酸钠 $Na_3[Co(NO_2)_6]$ | | 溶解 230g $NaNO_2$ 于 500mL 水中,加入 165mL $6mol \cdot L^{-1}$ HAc 和 30g $Co(NO_3)_2 \cdot 6H_2O$,放置 24h,取其清液,稀释至 1L,并保存于棕色瓶中,此溶液已呈橙色,若变成红色,表示分解,应重新配制 |
| 铝试剂 | | 1g 铝试剂溶于 1L 水中 |
| 蛋白质溶液 | | 取 25mL 蛋清加入 100~150mL 蒸馏水中,搅匀后用 3~4 层纱布过滤 |
| 硫代乙酰胺 | 质量分数 5% | 5g 硫代乙酰胺溶于 100mL 水中 |
| 溴化百里酚蓝 | 质量分数 0.1% | 1g 指示剂溶于 1L 20% 乙醇中 |
| 甲基红 | 质量分数 0.1% | 1g 指示剂溶于 1L 60% 乙醇中 |

# 附录十　常用基准物质的干燥条件和应用

| 基准物质 | | 干燥后的组成 | 干燥温度/℃ | 标定对象 |
|---|---|---|---|---|
| 名称 | 分子式 | | | |
| 碳酸氢钠 | $NaHCO_3$ | $Na_2CO_3$ | 270~300 | 酸 |
| 碳酸钠 | $Na_2CO_3 \cdot 10H_2O$ | $Na_2CO_3$ | 270~300 | 酸 |
| 硼砂 | $Na_2B_4O_7 \cdot 10H_2O$ | $Na_2B_4O_7 \cdot 10H_2O$ | 放在含 NaCl 和蔗糖饱和液的干燥器中 | 酸 |
| 碳酸氢钾 | $KHCO_3$ | $K_2CO_3$ | 270~300 | 酸 |
| 草酸 | $H_2C_2O_4 \cdot 2H_2O$ | $H_2C_2O_4 \cdot 2H_2O$ | 室温空气干燥 | 碱或 $KMnO_4$ |
| 邻苯二甲酸氢钾 | $KHC_8H_4O_4$ | $KHC_8H_4O_4$ | 110~120 | 碱 |
| 重铬酸钾 | $K_2Cr_2O_7$ | $K_2Cr_2O_7$ | 140~150 | 还原剂 |
| 溴酸钾 | $KBrO_3$ | $KBrO_3$ | 130 | 还原剂 |
| 碘酸钾 | $KIO_3$ | $KIO_3$ | 130 | 还原剂 |

续表

| 基准物质 | | 干燥后的组成 | 干燥温度/℃ | 标定对象 |
| 名称 | 分子式 | | | |
| --- | --- | --- | --- | --- |
| 铜 | Cu | Cu | 室温干燥器中保存 | 还原剂 |
| 三氧化二砷 | $As_2O_3$ | $As_2O_3$ | 同上 | 氧化剂 |
| 草酸钠 | $Na_2C_2O_4$ | $Na_2C_2O_4$ | 130 | 氧化剂 |
| 碳酸钙 | $CaCO_3$ | $CaCO_3$ | 110 | EDTA |
| 硝酸铅 | $Pb(NO_3)_2$ | $Pb(NO_3)_2$ | 室温干燥器中保存 | EDTA |
| 氧化锌 | ZnO | ZnO | 900～1000 | EDTA |
| 锌 | Zn | Zn | 室温干燥器中保存 | EDTA |
| 氯化钠 | NaCl | NaCl | 500～600 | $AgNO_3$ |
| 氯化钾 | KCl | KCl | 500～600 | $AgNO_3$ |
| 硝酸银 | $AgNO_3$ | $AgNO_3$ | 220～250 | 氯化物 |

# 附录十一　国际相对原子质量表

| 符号 | 名称 | 相对原子质量 | 符号 | 名称 | 相对原子质量 | 符号 | 名称 | 相对原子质量 |
| --- | --- | --- | --- | --- | --- | --- | --- | --- |
| Ac | 锕 | [227] | Cu | 铜 | 63.546 | Li | 锂 | 174.967 |
| Ag | 银 | 107.8682 | Dy | 镝 | 162.50 | Lu | 镥 | 24.305 |
| Al | 铝 | 26.98154 | Er | 铒 | 167.26 | Mg | 镁 | 54.9380 |
| Am | 镅 | [243] | Eu | 铕 | 151.96 | Mn | 锰 | 95.94 |
| Ar | 氩 | 39.948 | F | 氟 | 18.998403 | Mo | 钼 | 14.0067 |
| As | 砷 | 74.9216 | Fe | 铁 | 55.847 | N | 氮 | 22.98977 |
| At | 砹 | [210] | Fr | 钫 | [223] | Na | 钠 | 92.9064 |
| Au | 金 | 196.9665 | Ga | 镓 | 69.72 | Nb | 铌 | 144.24 |
| B | 硼 | 10.81 | Gd | 钆 | 157.25 | Nd | 钕 | 20.179 |
| Ba | 钡 | 137.34 | Ge | 锗 | 72.59 | Ne | 氖 | 58.69 |
| Be | 铍 | 9.01218 | H | 氢 | 1.0079 | Ni | 镍 | 15.9994 |
| Bi | 铋 | 208.9804 | He | 氦 | 4.00260 | O | 氧 | 190.2 |
| Br | 溴 | 79.904 | Hf | 铪 | 178.49 | Os | 锇 | 30.97376 |
| C | 碳 | 12.011 | Hg | 汞 | 164.9304 | P | 磷 | 231.0359 |
| Ca | 钙 | 40.08 | Ho | 钬 | 126.9045 | Pa | 镤 | 207.2 |
| Cd | 镉 | 112.41 | I | 碘 | 114.82 | Pb | 铅 | 106.42 |
| Ce | 铈 | 140.12 | In | 铟 | 192.22 | Pd | 钯 | [145] |
| Cl | 氯 | 35.453 | Ir | 铱 | 39.0983 | Pm | 钷 | [145] |
| Co | 钴 | 58.9332 | K | 钾 | 83.80 | Po | 钋 | 140.9077 |
| Cr | 铬 | 132.9054 | Kr | 氪 | 138.9055 | Pr | 镨 | |
| Cs | 铯 | 132.9054 | La | 镧 | 6.941 | Pt | 铂 | 195.08 |

| 符号 | 名称 | 相对原子质量 | 符号 | 名称 | 相对原子质量 | 符号 | 名称 | 相对原子质量 |
|------|------|------|------|------|------|------|------|------|
| Ra | 镭 | 226.0254 | Si | 硅 | 28.0855 | Tl | 铊 | 204.383 |
| Rb | 铷 | 85.4678 | Sm | 钐 | 150.36 | Tm | 铥 | 168.9342 |
| Re | 铼 | 186.207 | Sn | 锡 | 118.69 | U | 铀 | 238.0289 |
| Rh | 铑 | 102.9055 | Sr | 锶 | 87.62 | V | 钒 | 50.9415 |
| Rn | 氡 | [222] | Ta | 钽 | 180.9479 | W | 钨 | 183.85 |
| Ru | 钌 | 101.07 | Tb | 铽 | 158.9254 | Xe | 氙 | 131.29 |
| S | 硫 | 32.06 | Tc | 锝 | [98] | Y | 钇 | 88.9059 |
| Sb | 锑 | 121.75 | Te | 碲 | 127.60 | Yb | 镱 | 173.04 |
| Sc | 钪 | 44.9559 | Th | 钍 | 232.0381 | Zn | 锌 | 65.38 |
| Se | 硒 | 78.96 | Ti | 钛 | 47.88 | Zr | 锆 | 91.22 |